火电厂设备
状态检修技术与管理

——精密点检 故障诊断 预知排查 风险管控

沙德生 陈 江 编著

HUODIANCHANG SHEBEI
ZHUANGTAI JIANXIU JISHU YU GUANLI

中国电力出版社
CHINA ELECTRIC POWER PRESS

内 容 提 要

设备状态检修的核心内容是设备状态监测、设备寿命管理和设备以可靠性为中心的状态检修。利用设备可利用的状态监测技术可以实现设备的预知性检修；理解并应用设备寿命管理的理念和方法可以延长关键部件的寿命；实施以可靠性为中心的状态检修，可以找到各设备和设备部件的风险以及防范措施。而点检、精密点检的管理体制则会为顺利达到上述目的提供组织保证。

本书立足于火电设备的系统管理，探讨用技术和管理手段实现预知性检修甚至状态检修和优化检修；力求通过大量的技术和管理案例帮助或引导解决设备管理推进过程中的技术疑难问题和管理疑难问题。

本书主要面向火电设备管理的技术人员和管理人员，希望通过从浅入深、从易到难、从简到繁的叙述，帮助管理人员理清思路，帮助技术人员找到解决问题的方法。

本书可供电力、石化、冶金等行业从事设备管理的技术人员和管理人员、设备检修和维护人员阅读，可供动力设备、流体设备等相关专业师生阅读，也可作为设备运行人员借鉴之用。

图书在版编目(CIP)数据

火电厂设备状态检修技术与管理：精密点检 故障诊断 预知排查 风险管控/沙德生，陈江编著. —北京：中国电力出版社，2016.5（2024.3 重印）

ISBN 978-7-5123-8954-0

Ⅰ. ①火… Ⅱ. ①沙… ②陈… Ⅲ. ①火电厂-设备-故障诊断 Ⅳ. ①TM621

中国版本图书馆 CIP 数据核字(2016)第 035463 号

中国电力出版社出版、发行
（北京市东城区北京站西街 19 号 100005 http://www.cepp.sgcc.com.cn）
北京九州迅驰传媒文化有限公司印刷
各地新华书店经售

*

2016 年 5 月第一版 2024 年 3 月北京第五次印刷
787 毫米×1092 毫米 16 开本 20 印张 489 千字
印数 9501—10000 册 定价：**80.00** 元

安全、可靠、节能、环保是电力生产管理的永恒主题，设备管理是企业本质安全的基础，是保证可靠、经济及环保运行的基础。

探索设备管理，特别是推进优化检修是我们的不断追求。状态检修技术与管理经过多年积累，结合新技术、新方法、新机制的应用，将助推企业在适应新市场需求，转型升级，提升企业质量和效益，提升竞争力发挥重要作用。

刘国跃

前　言

首先，感谢各位领导、同事和朋友们的支持和帮助，使第一本专业书籍《火电厂设备精密点检及故障诊断案例分析》一书得以顺利发行。随着不断的学习和提高，逐步发现了书中的不足和缺憾，特别是参加中国电力企业联合会组织的到大唐集团、中国电力投资集团公司、华能浙江分公司、浙电嘉兴电厂、国华准格尔电厂、深能源沙角B电厂，以及受邀参加华能江苏分公司、华能海门电厂、华能珞璜电厂、华能塔什店电厂等企业的几十次讲课交流后，触发我要对前一本书进行全面的补充和完善，期望更能贴近工作实际，解决实际问题，为电力设备管理水平的提升尽自己微薄之力。

本书侧重从火电设备系统管理的角度，介绍点检、精密点检和预知性检修的关系，围绕困扰设备管理的四大疑难问题（设备分类问题、检修项目确定问题、巡查的四定问题、设备异常情况下的应急处理问题）明确解决问题的方法，即学会利用集体的智慧和经验，利用风险分析理论，开展以可靠性为中心的状态检修，形成设备故障模式资料库，为点检的四定（定点、定内容、定标准、定周期）等四大问题，提供尽可能准确的、科学的依据，为开展设备管理，找到主要矛盾和主攻方向提供保证。

本书对设备状态监测理论和实践进行了系统的描述，强力推荐可利用的状态监测技术（振动监测、油液监测、红外成像监测、声学监测等）的实施。期望在设备的预知性检修方面获得突破，为避免或减少突发性故障做出成效。尤其是设备的振动状态监测和故障诊断技术，应该得到重视和推广。有专家发表文章，明确提出，没有很好地使用振动故障诊断技术预测和处理设备故障，就谈不上真正的状态检修。美国电力科学研究院研究成果也明确说明：振动监测已经成为很多电厂预知性检修程序中使用的首要技术。如果使用恰当，振动监测将是一个宝贵的工具，它可以在机器发生严重故障前探测和诊断机器故障。所以，本书对振动故障诊断理论及案例进行了翔实描述，体现了从易到难、从简到繁逐步提高的思路，并在《火电厂设备精密点检及故障诊断案例分析》所述案例的基础上，补充了许多新的案例，供大家参考。

本书对设备的寿命管理也进行了探讨。虽然目前设备寿命管理系统预测的准确性没有得到认同，管理系统也未得到广泛的应用，但笔者以为，设备寿命的理念应该得到理解，并在设备管理中得到体现。因为设备管理的最高境界是“设备不生病、少生病!”。消除缺陷、预知性诊断和检修固然重要，而通过保养、维护、控制、改造使设备寿命延长才是设备管理的真谛!

优化检修是指改进检修的所有过程。通过设备状态监测、寿命管理和以可靠性为中心的状态检修方法，分析出设备的故障规律、寿命规律和风险规律，就可以实现设备的状态监测点的优化、内容的优化、标准的优化、周期的优化、检修项目的优化以及维护保养的优化等。由于电力设备高稳定性和可靠性的要求，以及设备的复杂性和可预知性不同，要求对重要设备宁可过检修也不能欠检修。所以重要辅助设备，尤其是重要辅机可以成为预知性检修的试验田和突破口。在取得经验积累的基础上，推广应用于重要设备或低风险的设备。

本书第一篇，解释了点检、精密点检、定修、点检管理、定修管理、预知性检修等，着重比较分析了点检和预知性检修的关系，用点检、精密点检的管理手段和方法达到预知性检修的状态和结果，并用案例对可利用的状态监测技术的使用进行了例证。

本书第二篇，着重就振动状态监测和故障诊断这只设备管理中的“拦路虎”进行了深入的分析和讨论，用理论和实例，力求从浅入深、从易到难，在技术深度上获得突破，为实现真正意义上的预知性检修扫清障碍。

本书第三篇，以寿命管理和以可靠性为中心的检修理论为基础，探讨影响设备寿命的因素和设备的风险影响因素，以及延长寿命和减少风险的措施。用案例作为引导，以期获得共鸣，在设备的寿命管理和可靠性管理推广方面有所成效。力求优化各种检修方法和手段，推动设备状态检修和优化检修的实施。

本书编写过程中，中国华能集团公司副总经理、华能国际电力股份有限公司总经理刘国跃同志进行了审阅并赠言，华能国际电力股份有限公司赵平副总经理亲自审校并提出了许多宝贵的意见和建议，华能集团江苏分公司庞远彤总经理给予了关怀和指导，同时得到了华能集团湖北分公司张国平总经理、华能集团山西分公司张洪刚副总经理、武汉博晟信息科技有限公司贺小明董事长总经理、南京工程学院缪国钧教授、中国电力设备管理协会刘斯颉常务副理事长、中国电力企业联合会科技服务中心刘春文处长、北京必可测科技有限公司何立荣董事长、上海鸣志自动控制设备有限公司范兵副总经理、南京中大趋势测控设备有限公司邹丛林总经理、华能塔什店电厂金建华厂长、华能汕头电厂卢怀钿书记、华能海门电厂孙伟鹏副厂长、华能珞璜电厂周刚副厂长等领导和朋友的支持和关心以及华能淮阴电厂检修部吴国民副主任、华能金陵电厂燃脱部史居旺专工、华能巢湖电厂检修部高开峰专工等的帮助，在此一并表示诚挚的感谢！

限于作者水平，书中难免会有疏漏之处，敬请广大读者批评指正，并提出宝贵意见或建议。

编　者

2016 年 5 月

目　录

第三篇　设备优化检修

第一篇　电厂设备管理

第一章

设备管理概述

“基础不牢，地动山摇。”设备缺陷往往是各类不安全情况的诱因。2013 年 8 月 25 日，某电厂执行“真空泵定期切换试验”启动 1B 真空泵时，汽轮机 PC1B 段进线电源开关 41QJ2 智能脱扣器越级误动，造成汽轮机 PC1B 段母线失电，保安 PC1B 段母线瞬间失电，从而引起小汽轮机速关油压波动，最终导致小汽轮机调阀关闭，锅炉给水流量低，MFT 动作。

一个企业无外乎人、设备、环境、管理，而设备是人手的延伸，帮助人实现各种目标。可以说设备（工具、机器）为人做出了特别贡献，如果设备不稳定、不可靠，将会怎样？必将影响效率甚至影响成败。马蹄铁，因为失去一个钉子，可能导致一个国家的灭亡。电厂的一次非计划停机，可能导致一炉钢水凝固，一群人受冻，甚至电网崩溃。

第一节 设备管理的意义

在我国，火力发电厂（火电厂）以煤炭作为重要能源，占有举足轻重的作用。而由于电力的不可储存性，发出来的电要能在瞬间利用，于是电力设备必须连续不断地运行，否则就要影响企业的生产、家庭生活甚至影响社会的稳定，这给电力企业带来巨大挑战。要求电力企业特别是火电企业安全稳定运行，成为国家和社会的基本要求。对火电企业的管理者而言，必须要承担起这份社会责任。而由于设备事故导致巨大的人身和财产损失的比比皆是。所以，研究设备管理实践及设备管理模式，以提高设备可靠性、安全性、经济性，成为各电力企业对标管理，市场竞争力的主要评价指标。而设备的可靠性又是企业安全性和经济性的基础，只有系统的主要设备和重要辅助设备故障少，没有抢修，一般设备缺陷率低，整个企业都能按部就班地开展计划工作，才能实现真正意义上的安全，从而稳步提高经济性指标。反之，设备非计停次数多，影响负荷的抢修多，缺陷多，整天忙于应付，疲于奔命，何来安全和经济？

设备是企业固定资产的主要组成部分，是企业生产中能供长期使用并在使用中基本保持实物形态的物质资料的总称，也可解释为，进行某项工作或供应某种需要所必需的成套建筑或器物。管理就是界定企业使命，并激励和组织人力资源去实现这个使命。设备管理，即以设备为研究对象追求设备综合效率，应用一系列理论方法，通过一系列技术、组织措施，对设备的物质运动和价值运行进行从规划、设计、安装、使用、维护保养、改造直至报废的全过程管理。

为提高设备的安全性、经济性和可靠性，必须加强设备管理，应用先进的设备管理理论和方法，如精密点检下的预知性检修，寿命管理，以可靠性为中心的状态检修理论等，提前发现缺陷，及时解决问题，控制薄弱环节，以延长设备寿命。特别是近年来有关汽车的可靠性设计和专业维护保养方式以及对人的寿命的重视，通过体检、调养、预防等方法来延长寿命，这些都可以为更好地开展设备管理提供借鉴作用。

第二节 状态检修的演进

在不同时期，根据不同的行业特点和设备管理要求，已经出现了四种检修方式，即事后检修、预防性检修、预知性检修和改进性检修。这些检修方式反映了从粗放到精细管理的演进，相互并不排斥，共同存在并互为补充。

（1）事后检修，又称故障检修或纠错检修，是当设备发生故障或失效时，对设备相关部位进行的非计划性检修。现在设备管理中主要用于不可预知的设备故障问题，或影响设备可靠性较小的所谓的“C”类设备。这种方式可以使设备的零部件发挥最大的效能。

（2）预防性检修（计划性检修）是一种基于时间段的定期检修。它对火电厂主设备如锅炉、汽轮机、发电机、脱硫设备等，无疑是一种保守的检修方式。但随着对设备故障规律的把握，设备部件寿命的延长，关键部位可靠性的提升，预防性检修周期正在不断延长。

（3）预知性检修是避免过多的预防性检修造成的浪费（人力，时间，金钱）而演进过来的更加精确的、更加精细的检修体制。它以设备状态为基础，以预测状态发展趋势为依据。它根据对设备的日常点检、定期重点检查（离线状态监测）、在线状态监测故障诊断所得信息，经过分析处理，判断设备的健康和性能劣化状况，及时发现设备故障的早期征兆，并跟踪发展趋势，从而在设备故障发生前及性能降低到不允许的极限前有计划地安排检修（如利用电力低谷时段处理风机、磨煤机、空气预热器、给水泵等有两套系统的设备的故障）。这种检修方式能及时有针对性地对设备进行检修，不仅可以提高设备可用率，而且可以有效降低检修费用，甚至可以为检修安全过程控制提供充足的保障时间，为技术人员总结设备故障规律，查找设备薄弱环节，进行技术改进或维护控制提供技术支持。

狭义的状态检修即预知性检修，而广义的状态检修，是包括了从设备寿命角度总结的规律和从以可靠性为中心的状态检修中所发现的要素，而进行检修和维护的一种模式。对一些有损坏规律的设备（如材料超温、寿命、磨损等），可以适度提前安排检修。与预防性检修相比，预知性检修更加体现了人的主观能动性和管理精细化。

（4）改进性检修是为了消除设备的先天性缺陷或频发故障，对设备的局部结构或零件的设计加以改进，并结合检修过程实施的检修方式。改进性检修通过检查和修理实践，对设备易出现故障的薄弱环节进行改进，以改善设备的技术性能，提高设备的可靠性和可用率。无论是对电厂的主设备、重要辅机设备还是一般设备都适用，可使设备故障率降低，延长设备寿命，是设备检修管理的重要方式。

从（1）、（2）、（3）、（4）的发展过程可以看出，设备检修的目标是不断提高设备的可靠性、减少停机同时减低成本。特别是状态检修，通过加强状态监测，可以发现早期故障征兆；通过寿命管理分析，可以预知性地判断出设备潜在的故障风险；通过可靠性分析和风险评估，可以找出设备的薄弱部位和部件，并制定有针对性的措施。实施状态检修可以使电厂的安全性、设备的可靠性、经济性进一步提高，使环保指标得到有力保证。

此外，“优化检修”是改进公司检修事务的总过程。优化检修包括改进四个主要检修过程：工作确定、工作控制、工作执行和工程总结。同样，优化检修包括改进一个公司的检修事务、检修管理和商业文化、人员技能和劳动力工作文化、自动化处理及改进检修效率的有效应用，就是说设备检修管理已不仅在技术层面上进行提高，关键是从管理的角度思考怎么达到设备管理、控制与提高。

第三节　设备管理的愿景

设备状态检修所带来的各种优点已被大家认同，并将成为以后设备管理的趋势，但在如何开展及做得更好，并在企业中快速地推广和突破方面，依然有不同的意见和看法。

火力发电厂实施设备状态检修的指导性意见中提出：设备状态检修是根据先进的状态监测和诊断技术提供的设备状态信息，判断设备的异常、预知设备的故障，在故障发生前进行检修的方式，即根据设备的健康状态来安排检修计划，实施设备检修。状态监测是状态检修的基础，而对监测结果的有效管理和科学应用则是状态检修得以实现的保证。

知名专家的观点还有：①状态检修是试图代替固定检修时间周期，根据设备状态确定的一种检修方式，对发电设备实施状态检修的最佳模式是预知性检修和以可靠性为中心的状态检修以及相应的技术支持系统；②普遍的设备状态检修解释为，依据设备的实际状况，通过科学合理的安排检修工作，以最小的资源消耗保持机组的安全，经济，可靠的运行能力。国际上开展状态检修优化的模式有很多，其中主要有三种方式，即以设备可靠性为中心的维修、以设备状态监测为基础的预知性检修和以寿命评估为基础的设备寿命管理等。这些模式的理论不同，使用范围和特点也不同。电厂采用时一般要根据本厂的机组特点和设备维修重点选择一种或将不同的模式组合，产生出适合电厂自身状态的检修模式。

可以说，目前对状态检修概念的理解还有不同的意见，但就核心内容而言，一般包含以设备状态监测为理论的预知性检修、以寿命管理理论为依据的设备寿命管理、以可靠性（RCM）理论为中心的状态检修，和以风险分析为基础的检修（RBM）等。

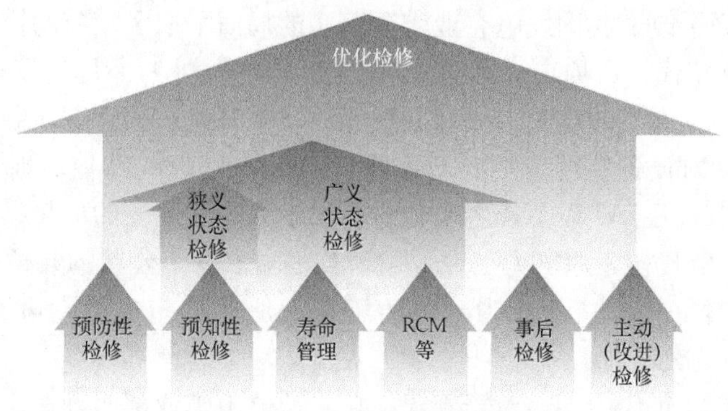

图 1-1　几种检修概念的关系

仅从技术层面理解，状态检修也是相对狭窄的。虽然理论上有一定的总结和提高，但就实际效果而言，无疑需要用管理的理论方法和手段进行卓有成效的拓展和推动。

在状态检修中，确定设备状态需要依靠很多技术，但总结起来可以归类为一些基本的支持技术。从最上层可以归纳为三大基本支持技术：设备状态监测与故障诊断技术、设备可靠性评价与预测技术、设备寿命评估与管理技术。按其技术分类，可以把目前的主要实用技术归纳为性能分析与诊断、振动噪声分析与诊断、红外温度分析与诊断、油液分析与诊断、泄漏分析与诊断等几类。这些诊断技术在发电设备中已得到成功应用，并取得了很好的效果。

诊断技术是多领域综合性技术，随着科学和技术的发展在不断进步，不仅使现有的技术向实时、智能、低成本发展，同时也催生出新的诊断技术。针对设备的动力学行为和故障机理的深入研究，也在不断完善和补充状态诊断和评价方法。作为发电企业，状态检修是其资产优化管理的一部分，也是安全生产的一部分，选择适合本企业的设备诊断技术和管理模式是根本。选择自己能掌握和用好的技术是保障。在三个支持性技术中，可靠性分析主要靠组织领导，发挥相关人员的技术优势，提高对设备及部分部件的关注和防范；寿命管理，需要科研单位、电力科学研究院在高温材料等方面的技术支撑；而设备预知性检修及故障诊断技术，可由电厂技术人员通过不断的应用和总结，提高预知的准确性。在这些主要实用技术中，最难以被消化、吸收并发挥作用的技术是转动设备的振动故障诊断。一个电厂的转动设备有几百台，缺陷最多，故障率最高。而振动故障又最难解决，成为电厂设备管理推动过程中的最大障碍，特别是振动信号的早期捕捉、早期发现，可以为利用低谷不停机消除争取到宝贵的时间，所以这门技术应该引起电厂设备管理领导的重视，并调精兵强将予以攻关，为真正意义上的状态检修和优化检修清扫障碍，铺平道路。

第四节　发电设备管理国内外发展情况

我国电力行业的设备管理体制，是在我国第一个五年计划期间从苏联引进设备的同时引进了当时苏联的设备管理模式。采用这种管理模式，企业的管理层次多，检修的频度和强度大，因而需要大量的管理人员和维修人员，既不利于企业总体效益的提高，又不能集中精力把设备真正管好。随着改革开放的不断深入，我国国民经济的快速增长，电力行业无论从设备的先进性和单机容量上都有大幅度的提升，原有设备管理体制和管理方法倍受质疑，这是点检定修制进入我国电力行业的时代背景[6]。

原电力工业部为了改变我国发电企业管理落实的局面采取了相应的措施：

(1) 20世纪90年代初，原电力工业部在北京举办为期1个月的发电厂管理培训研讨班，邀请了几位日本发电厂的厂长，面对面地研讨日本发电厂的管理体制、管理方法和管理经验，实际也是一次对设备实行全员生产维修（TPM）管理的高端培训。参加这次培训的有我国当时容量在100万kW以上或者是全省容量最大的发电厂的厂长。

(2) 20世纪90年代初，原电力工业部邀请英国国家电力公司的几位厂长在北京就英国发电厂的管理作为时一周的讲座，当时电力工业部所属许多大型发电企业和有关研究院（所）的领导参加了这次培训。

(3) 在20世纪90年代中期，对于新建电厂，原电力工业部明确规定了新厂采用新的管理体制，人员编制大幅度减少。电厂原则上不配检修队伍，要求管理逐步与国际接轨。

(4) 20世纪90年代中期开始，原电力工业部在多次会议上明确在电力设备检修中要逐步推行状态检修，并部署了有关的试点单位。

点检定修制从管理体制到管理方法的全面引进，在我国则是从上海宝钢集团开始的。

上海宝钢集团公司一期工程全套引进日本的设备（包括该钢铁联合企业的自备电厂），在引进设备的同时，花了数千万美元引进全套管理软件，在设备管理上实行点检定修制。上海宝钢自备电厂原来受原电力工业部华东电管局管理，后来划归原冶金部的上海宝钢集团。

上海宝钢自备电厂也是中国电力企业联合会火力发电分会（简称中电联火电分会）的成员厂，在两次电厂厂长的年会上他们介绍了采用点检定修制的成功经验。这些经验表明，他们从不自觉强制实行点检定修制到比较自觉地执行这种管理方法，设备健康情况明显提高，故障减少，在提高设备可靠性（全年未停机）的同时，在降低维修费用上取得明显成效。

作为我国电力行业的行业协会，中电联火电分会根据 1997 年厂长会上确定的管理跨越和创新的思路，认为点检定修制与电力行业深化改革相适应，即新厂新模式可以采用这种体制，老厂的改革可以借鉴这种管理模式。因此，该次会议后决定把点检定修制作为重点研讨和推广的课题。

与此同时，当时原冶金部也从宝钢集团实行点检定修制中总结了这种先进管理模式的优点，并安排十个钢铁企业进行试点。对试点情况进行统计表明，在设备管理上推行点检定修制后，设备的故障率和事故停机率下降 40%，维修费用下降 20%～30%。

点检定修制的先进理念和内涵符合设备管理的客观规律，被世界上很多发达国家所采用；它一进入我国电力行业，就受到众多发电企业的关注。

从点检定修制在电力行业应用推广进程表（见表 1-1）中，可以看到点检定修制的强大生命力，在短短六年多的时间内得到了广泛的应用，目前许多大的发电公司已将其明确为设备管理的基本模式。

表 1-1　　点检定修制在电力行业应用推广进程表

时间	应用和推广单位	推广和应用形式	备　注
1997 年	浙江北仑电厂	继上海宝钢自备电厂后，第一家进行点检定修制试点的大型火力发电厂	先在燃料专业试点，以后逐步推广到全厂，装机容量 300 万 kW(5×60 万 kW)
1998 年初	中电联火电分会和原华东电力企业协会	召开电力行业内第一次设备点检定修管理的研讨会	由上海宝钢集团自备电厂设备管理部门作专题介绍
1998～1999 年	原华东电管局所属三省一市电力公司生产管理部门	召开各省、市所属发电企业在点检定修管理上的具体做法，推出了我国第一本《点检定修管理导则》	由中电联火电分会有关专家作专题介绍
1999 年 5 月	上海电力股份有限公司	为规范原浙江省电力公司所属发电厂（包括水电厂）在点检定修管理上的具体做法，推出了我国第一本属于省公司一级的企业标准	由中电联火电分会科技服务中心协助编写《上海电力股份有限公司点检定修管理导则》

国外在状态检修体制以及相关支持技术方面的研究与实践，都已取得了长足的进展。美国、日本、欧洲各国都有关于这方面的大量报道。奥地利维也纳大学的 Mueller H. 在 1983 年就开始研究火电厂的计算机辅助维修管理[7]。加拿大的 Billinton R. 等在 1984 年发表了在考虑电网互连影响的情况下优化发电设备检修计划的文章。英国中央发电局（Central Electricity Generation Board，CEGB）的 Low M. B. J. 等发表论文，总结中央发电局的状态监测工作，对比研究了状态检修和现有检修方式的优劣。同年，在美国西海岸第 49 届电力工程和运行年会上就有电力设备状态检修的相关文章发表。

进入 20 世纪 90 年代，有关研究集中到以可靠性为中心的维修（RCM）、诊断技术[14]与状态检修、电力系统检修计划优化等问题上。1990 年，苏格兰电力公司的 Brook R. N. T.

等介绍了实施汽轮发电机组振动状态在线监测、推进状态检修[15]的情况。General Physical公司的Cipriano James J. 等研究了延长发电设备寿命以及优化寿命管理中的电厂设备状态评价问题，探讨了状态检修技术的另一个方面。美国机械工程师协会（ASME）开始在核电站推行RCM，提出了一套实施程序Inservice Testing Code（服务中的测试代码），核电站可以根据实际情况修改和扩展这个程序。采用RCM后，核电站的设备可用率由不足80%提高到80%～90%。

1997年，美国的Lukas和Malte等研究了基于润滑油状态监测的状态检修体系，指出润滑油监测、振动监测、性能监测和红外温度监测是状态检修的基本检测手段。

国外已经进入中国市场的、在开发和推广应用状态检修技术方面比较著名的机构有美国电力研究院及其监测诊断中心（EPRI M & D Center）、美国CSI公司、美国ENTEK-IRD公司，以及一些仪器公司，如Bently公司、BMA Advance Maintenance & Cleaning公司（西马力）和其他主要以红外测温设备为主的公司等。它们已将多种诊断和检修系统运用于电厂锅炉、汽轮机、发电机系、辅机系统以及输变电设备上。2000年以来，国外对状态检修的相关研究主要集中在方法的研究、新技术的研究、具体实施系统的研究等方面。美国布法罗大学的Raheja D. 等人提出了一种混合了数据融合和数据挖掘技术的方法，试图对设备健康状态作全面评估，从而得到更加准确的维修决策，构造一个在不同工业领域都能通用的状态检修体系[247]。Amari Suprasad V. 等人采用马尔可夫链，研究了一种设备性能指标的闭环分析方法，给出了一个对不连续劣化系统进行及时监测和维修，使其可用率最大化的状态检修模型[248]。美国路易斯安那州泽维尔大学的Chen Dongyan等人用半马尔可夫决策模型分析连续过程决策和随机时间点决策，研究了设备在劣化期间对系统可用性的影响，提出了确定检测循环周期的方式，从而决定最佳的检查策略和进行预知维修[249,250]。英国罗伯特戈登大学的Arthur N. 提出了一个定量延时维修模型，并在一种设备的离线振动监测中应用，可用于确定最优状态检修间隔，优于传统的定性状态分析[251]。法国的Antoine等人同时考虑零件替换和检查时间决策，研究随机和连续劣化系统的维修费用最小化，建立了基于检查和替换的联合维修模型[252]。法国的Castanier B. 等人分析具有连续非周期监测和维修行为的可维修系统，当系统的状态连续劣化时，利用系统状态的半再生性质建立了一个系统行为随时间变化的随机模型，用于评判维修策略的性能，如系统维修后能达到的长期可用率和期望维修开支等，以达到确定最优维修和检查时间的目的[253]。印度加尔各答管理学院的Saranga Haritha研究了一种设备状态预报装置，目的是预防机械零件的老化失效，并同时提高系统的可靠性和耐用度；对于如何利用合适机会进行维修，进行了评价维修活动花费有效性的研究[254,255]。Kaesche Ⅲ等介绍了一套基于互联网的设备维修规划和决策专家服务系统，这套系统包括决策支持、数据分析、状态监测、健康评价、后果预测和寿命评价六个功能，系统可以利用维修监测数据和设备运行数据[256]。

国内从1996～2002年原国家电力公司重组之前，原国家电力公司以及各网省电力公司组织了若干发电设备状态检修项目和试点工作，通过引进技术和自主研究，培育了一批设备管理先进的电厂，沉淀了一大批骨干人才。在此阶段，原国家电力公司积极立项，支持状态检修的探索工作；华东、华中、东北、华北等网电力公司，以及山东、浙江、河南、上海等省电力公司，都开展了试点工作；北仑电厂、邹县电厂、镇海电厂、沙角C电厂、华能淮阴电厂等坚持开展设备点检工作；华中科技大学、华北电力大学、西安热工研究院等率先开展了状态检修的理论研究和技术开发工作，取得了可喜的基础研究成果，逐步形成了状态检修的理论体系。但是，由于刚起步，状态检修的具体实施方案和理念尚处于形成阶段。2002年原国家电力公司发布的《火力发电厂实施设备状态检修的指导意见》应该是对这一阶段的总结，也是重要的成果。

目前，国内对状态检修的研究与实践随着管理理念和技术的进步不断发展。从1996年开始，我国在电力系统内加快了检修管理现代化的步伐，积极推广状态检修。近几年，很多文章介绍了实施状态检修工作的情况、体会，以及研究成果。据不完全统计，2000年以来，在国内正式刊物上发表的与状态检修或状态维修相关的文献约2553篇。可见，近五六年以来，状态检修问题一直是一个热点。

对涉及发电设备状态检修的文献进行分析，近3年以来发表的文献中，具有实质性内容和可操作性内容的文献明显增加，反映出状态检修工作逐步从解决思想认识向解决实际问题方向发展。其中，部分文献详细介绍了火电厂状态检修的工作实践和成效，对同类企业有借鉴意义；另一部分文献从战略的高度论述状态检修实施策略和发展途径，有利于发电企业在做状态检修顶层设计时参考；有些文献研究信息管理技术在设备管理和状态检修中的实际应用；还有很多文献深入研究了关于状态检修的具体课题，取得了实际成果；重点研究先进实用技术的文献也不在少数，这些研究在若干领域取得了突破。

以点检制为管理模式的设备管理方式在一些电力企业得到了运用，也取得了可喜的成果。但由于点检制带来管理上的相互掣肘，以及技术运用的匮乏，点检及精密点检仍然停留在设备状态监测和诊断分析的水平。点检制特别注重点检人员的责任和点检的过程管理。而状态检修则更加强调所取得的状态和结果，而且在技术理论运用上也有进一步的发展。寿命管理理论、可靠性理论、风险分析理论等使状态检修理论得到了丰富并快速的提升。从设备管理的历程看，点检制下的设备管理，在技术方面具有明显的经验性、粗放性和探索性。而状态检修则除了加强设备状态监测（各种检修模式都可以开展）外，还不断推出新的技术和新的管理理论，使状态检修得到更广泛的认同和推广。可以说点检制下的设备管理是设备管理的初级阶段，而状态检修无论是管理（目标管理）还是技术水平都达到一个新的高度。

华能国际电力股份有限公司，立足具体实际，在设备检修方面进行了卓有成效的探索。20世纪90年代结合引进技术提出了计划检修的细分，即由单一的大、小修调整为A、B、C、D四级检修，根据设备总体状态减少检修时间，降低成本。2004年，21世纪初，结合与美国电科院的合作，提出了根据管理系统设备对象特性的不同分类进行事后、计划、状态、改进等方式的检修，推进了优化检修的开展。

第二章

设备点检定修

目前，设备管理的一种常见方式是点检定修。我们希望通过点检定修的管理模式，实现设备的预知性检修，最终实现状态检修。

点检是设备检修、维护、消缺的前提。而检修、维护、消缺又可以验证点检的效果，促进点检定修的完善和改进。同时，定修的质量除影响设备的好坏外，也影响点检的工作量。

由于设备重要性的不同，点检定修的侧重点也有所不同。一般设备事后检修，就需要进行缺陷管理的内容；主设备、重要辅助设备在没有控制住的情况下，需要进行应急控制和抢修管理。另外，还有一些涉及设备管理的内容，如加油脂等维护保养管理、备品备件等物资及费用管理。有些企业把安全管理内容也涵盖在内，本书不作讨论和展开。

所以，点检定修的核心是点检和定修。点检是定修的基础，而定修时，加强质量控制提高检修质量，保证修后设备的缺陷减少并长周期运行，又反过来减少点检的劳动量，又是点检管理工作好坏的前提条件，可实现正面循环，不断促进设备管理向更好的方向发展；而反之，如果点检管理不好，检修项目不精准或者检修质量差都将造成设备管理的被动。

第一节　点检和精密点检

点检：是借助人的感官和检测工具按照预先制定的技术标准，定人、定点、定周期地对设备进行检查的一种设备管理方法。仅从字面解释就是对某个点检查的一种方式一个过程。

精密点检：是指用检测仪器、仪表，对设备进行综合性测试、检查，或在设备不解体的情况下，运用诊断技术，特殊仪器、工具或特殊方法测定设备的振动、温度、裂纹、变形、绝缘等状态量，并将测得的数据对照标准和历史记录进行分析、比较、判定，以确定设备的技术状况和劣化程度的一种检测方法。

从最初美国提出预防性检修，到日本软件完善，再到中国的消化吸收，特别是设备管理中预知性和状态检修理念和方法的推动，使原来的点检模式和有关制度已经发生了质的变化，简单的和粗放的五感（视、听、触、嗅、味）和一些简单的工器，已经不能满足设备管理的要求。技术上，点检在向精密点检发展，开展设备的预知性诊断。在点检的管理体制中，也发生了一些新的变化。对一些有检修队伍的老企业，实行点检制后，有的蓬勃发展，有的激化矛盾，退回传统的专业管理模式；而对于新的电厂，都无一例外地实行设备部管理下的点检定修制。然后，点检员已从原来的纯粹因设备管理需要，进行设备故障规律分析的单一技术人员，演变成兼有外包队伍安全管理和部分行政管理的角色。无疑，这对于设备管理新的理念的推广有一定影响。点检为设备的主动管理提供了一种最基本，并已被广泛接受的方式。特别是精密点检的开展，为设备的预知性检修提供了保证，并为进行更广泛的状态检修和优化检修提供了条件。

点检日常工作包括：点检标准的编制、点检计划的编制和实施（含定期点检、精密点检和技术监督）、点检实施的记录和分析、点检工作台账。具体内容是：点检巡回检查标准和计划的编制，做到定点、定标准、定人、定周期、定方法、定巡查路线，并正常实施做好实绩记录和分析；建立点检工作台账；开展日常分析和月度总结工作，确定重点关注部位，对有异常现象的一些设备加大巡查力度。

点检的“8定”：定点、定检、定人、定周期、定方法、定量、定作业流程、定点检要求。

（1）定点：科学地分析，找准设备易发生劣化的部位，确定设备的维护点，以及漏点的点检项目和内容。

（2）定检：按照检修技术标准的要求，确定维护检查的参数（如间隙、温度、压力、振动、流量、绝缘等）和正常工作范围。

（3）定人：按区域、设备、人员素质要求，明确专业点检员。

（4）定周期：制定设备的点检周期，按分工进行日常巡检、专业点检和精密点检。

（5）定方法：根据不同设备和点检要求，明确点检的具体方法如用感观或用仪器、工具进行。

（6）定量：采用技术诊断的劣化倾向管理的方法进行设备劣化的量化管理。

（7）定作业流程：明确点检作业的程序，包括点检结果的处理程序。

（8）定点检要求：做到定点记录、定标处理、定期分析、定项设计、定人改进、系统总结。8定中的前6定属于技术操作层面的要求，后2定是对点检管理的要求。

应该说，实施点检定修的核心是点检，而其中最关键的莫过于8定，只有做好8定，做到对设备现实状态的把握和潜在风险的判断分析，才能对计划检修项目和预防性检修项目的准确确定，具有现实意义，也为开展精密点检、状态检修，积累基础资料打下坚实的基础。收集和积累资料是一项繁重的工作，如大海捞针，千百次的检查未必能发现有阶值的状态信息，会导致人的精神麻痹、思想松懈。简单的事，千百次重复不容易，而把简单的事千百次做对，更不容易。要培养点检人员“十年磨一剑”的思想。要从大量的状态数据中，发现规律性的东西，将其变成自己的宝贵财富。特别是相关的管理制度要能激励点检人员吃苦耐劳，敢于创新和勇于担当。对发现隐患和设备隐患的员工进行宣传和表扬，形成发现问题、解决问题、研究问题的氛围。从顶层设计开始，领导和生产部门负责人积极参加点检的分析会，介入点检的日常工作，帮助他们优化检查设备的“穴位”，准确把握设备的重点；优化标准，确定更加精确的标准范围，有利于尽早发现隐患；优化人员结构，把合适的人用到合适的位置，特别是对新进大学生进行专门的培养；优化检查周期，在保证重点突出、兼顾一般原则下，减少巡查的工作量，或者改进在线分析监测设备，加强状态监测力度；优化检查方法，原有的靠五感的如中医中的望、闻、问、切等简单的工具手段，已经不能满足现代化设备的管理需要，不断推进使用如西医的精密诊断的仪器仪表，将逐渐成为主流；优化定量分析，利用统计方法或模糊数学的思维方式，在似乎没有规律、没有关联性的数据中找出规律和趋势。

作为点检定修制的责任主体，点检员不仅通过点检、精密点检、监测和分析等方法手段，提出并确定预知性检修项目、预防性检修项目、维护保养项目、应急抢修方案、缺陷分析等，而且监督检修质量，提供备品等物资支援。

找准设备的“穴位”，找准检查内容、方法、周期、标准，不仅需要个人和集体的努力，还要使用更加科学的方法，即以可靠性为中心的状态检修。

第二节　设　备　定　修

设备定修是在推行设备点检管理的基础上，根据预防性检修的原则和设备点检结果，确定检修内容、检修周期和工期，并严格按计划实施设备检修的一种检修管理方式。其目的是合理延长设备检修周期，缩短检修工期，降低检修成本，提高检修质量，并使日常检修和定期检修负荷达到最均衡状态。

现在，有些电力企业的定修分为大修、中修、小修、节日检修四种类型。这是从传统的大修、小修演变过来的。检修周期也有所变化，小修从八个月变为一年；大修从四年变成六年，在两次大修中间，把小修变成中修。检修内容也从原来盲目的大拆大卸，变成根据运行状态精密判断，进行有侧重、有针对性的检修。把设备按重要程度分为A、B、C三类。点检定修的工作重点放在A、B类设备上。

设备分类原则：A类设备是指该设备损坏后，对人员、电力系统、机组或其他重要设备的安全构成严重威胁的设备，以及直接导致环境严重污染的设备；B类设备是指该设备损坏或在自身的备用设备皆失去作用下，会直接导致机组的可用性、安全性、可靠性、经济性降低或导致互不干涉污染的设备，本身价格昂贵且故障检修周期或者备件采购（或制造）周期较长的设备；C类设备是指除A、B类设备以外的其他发生设备。

根据设备重要性划分的A、B、C类设备，采用不同的定修策略。对A类设备的预防性检修为主要检修方式，并结合日常点检管理、劣化倾向管理和状态监测的结果制定设备的检修周期，并严格执行。对B类设备采用预防性和预知性检修相结合的检修方式，检修周期应根据日常点检、劣化倾向管理和状态检修监测的结果及时调整。对C类设备以事后检修为主要检修方式。

把设备按轻重缓急划分为A、B、C三类设备，无疑是符合设备管理的主导思想的。但由于发电设备的复杂性和可预知性不同，对设备故障规律的掌握不同，因此划分是一项非常困难的事情。目前，未发现一个电厂能做出标准模式，几乎都在摸索和探讨之中，一般都把锅炉、本体、汽轮机本体、发电机、主变压器、脱硫设备、计算机控制中心、继电保护装置、带保护测点自动调节划为A类设备，把锅炉送风机、一次风机、密封风机、磨煤机、捞渣机、给泵、凝泵、循泵、增压风机及风机划为B类设备，其他划分为C类设备。

对A类设备，实施预防性计划检修，制定一定的年修模式。在执行检修项目时，除按标准项目执行之外，还应考虑平时通过状态监测发现的潜在风险，如汽轮机振动等，制定一些特殊项目进行专项研究，查找根源性原因。对B类设备，则侧重于平时的状态监测和预知性检修技术，如振动监测、红外线监测、润滑油监测、声振监测，水化学监测。同时利用寿命管理的方法和以可靠性为中心的状态检修模式，分析出设备的故障规律、寿命规律和风险规律。利用大修、中修、小修的机会彻底解决，同时抓住节日检修机组调停等机会进行重点检查或检修，必要时在低谷不影响发电负荷的情况下有计划地组织检修。对C类设备，则重在消缺。

由此可以看出，对A类设备采用预防性检修是宁可过检修也一定要确保检修内的可靠性。对B类设备采用预知性检修可以做到既不过检修也不欠检修，既保证设备可靠又降低检修费。对C类设备事后检修则会造成欠检修，完全发挥出设备部件寿命，减少费用。

所以B类设备的状态控制变成了设备管理的重点和难点，尤其在对设备预知性检修和状态检修的技术研究和使用上困难更大、要求更高、责任更重。B类设备管理成为引进设备管理中技术创新和管理创新的突破口，自然会带来一定的风险，需要精心组织、精密点检、精确判断、慎重行事，尽可能把损失降到最低限度。无论如何，通过专业化、科学化的管理比听之任之、听天由命，被动检修要好得多。

在推动B类设备预知性检修实现设备受控、状态检修的过程中，可以把好的方法、经验应用于A类设备中。例如，以可靠性为中心的状态检修中的风险分析方法，完全可用于A类设备的项目确定，以增加A类设备检修的主动性、针对性。把寿命理念应用到C类设备中，有针对性地采取延长寿命的措施，则可大大减少C类设备的故障率，也是增加经济性、减少费用的一种方法。

对不同类设备采取不同的方式、方法，目的都是通过检修增加设备的可靠性、经济性。所以只要目的达到，检修手段和方式、方法可以进一步深化扩展。

在定修执行过程中，检修过程管理显得尤为重要。在协调安全、质量、工期等诸多条件中，特别应当注意设备检修质量。质量才是设备管理的出发点和落脚点，才是设备安全、可靠和经济运行的条件和前提，才是全厂安全生产的本质保证。所以抓检修工程质量，应特别注重质量保证体系建设，梳理和细化验收流程和验收标准，严格执行工艺纪律和工艺要求。对技术改造项目和非标项目，按管理流程审批质量控制点（W点、H点）。对标准项目，执行工艺制度。不管遇到什么问题，都不能以牺牲质量来达到某种临时成果，把检修以后的长周期运行作为重要的评价指标，对投运后发生的缺陷按重要程度和对设备安全可靠的经济指标影响大小进行后评价，并给予相应的考核，从而推动检修工程管理实行PDCA，达到良性循环。

定修工作包括：定修计划编制和执行、定修的实绩记录和分析、定修项目的质量监控管理。具体有定修计划的报批和执行、定修项目的修前分析和修后总结、定修项目过程实施中的质量控制和管理。对计划性检修和预知性检修项目，通过诊断分析技术等手段进行修前预判断，通过检修过程（解体）查找设备损坏部位，从而不断总结提高预知性检修水平。

第三节　点检定修管理

做好点检、精密点检直到状态检修，可以为计划检修项目确定提供有力的依据，使检修变得更加科学精准。可以说点检管理是定修管理的基础。而定修时，加强质量控制，提高检修质量，保证修后设备的缺陷减少并长周期运行，又反过来减少点检的劳动量，成为点检管理工作好坏的前提条件，可实现正面循环，不断促进设备管理向更好的方向发展；而反之，如果点检管理不好，检修项目不精准或者检修质量差都将造成设备管理的被动。

为保证点检定修的执行，就必须采取管理手段和方法，制定必要的管理制度，规范流程，规范行为。

涉及点检的管理制度有点检的巡回检查制度、点检的周月度分析会制度、设备异常情况下的管理制度。

涉及定修的管理制度有检修管理制度。

相关联的设备管理制度有设备维护保养管理制度（缺陷管理、设备的润滑给油脂管理、设备的定期切换试验、设备“四保持”）、备品配件管理制度、设备五层防护体系及职责、设备技术监督管理制度、设备预知性检修管理制度等。

一、点检管理

1. 点检的巡回检查

点检的巡回检查传统意义上是携带一些简单的工具，如听棒、测振仪，到现场对设备和管道系统，通过望、闻、问、切等方式进行的检查活动。后来，随着振动分析仪（可以测量位移、速度、加速度、频谱分析、包络分析等）、红外点温仪、红外成像仪以及油颗粒度分析仪、铁谱分析仪等精密点检设备的使用，点检的内容和深度得到扩展。特别是信息技术的发展，使很多状态监测变成了在线监测，如汽轮机振动在线监测和远程诊断、发电机故障在线监测系统、锅炉寿命管理系统、锅炉四管泄漏报警系统等，有的还实现了重要辅机的振动在线监测和分析。很多监测内容不用到现场测量，在自己的计算机上就可以收集分析和判断，大大提高了效率，也大大提高了设备故障诊断的准确性，提高了设备故障的预测、预知水平，同时改变了点检巡回检查的方式和内容。

不管用什么方式实现状态监测的项目，在广度和深度上，应该不断地推进和加强。其中，找准各个敏感的关键点、关键的穴位尤为重要，可以达到事半功倍的效果。点检员个人经验总结，技术组的集体讨论，都可以为寻找到关键部位的潜在隐患提供帮助。相对比较科学的方法是以可靠性为中心的状态检修中的风险分析方法，即召集同类设备的管理专家，采用头脑风暴形式，对每个部件可能造成的设备故障概率和危害度进行定量评估，确定危害度的大小、可检测内容、监测方法、监测周期、监测标准。这种方法得出的结论，虽不能说很完美，但能够找到所有的风险，能够评估所有危害的大小，且毕竟是真正的专家毫无保留的经验积累，具有相对的准确性和一定的权威性，容易被接受和执行，相比较靠老师傅的经验和一个技术组的智慧有了很大的进步。特别是对于一个新的电厂，点检的经验、技术组的水平还很有限，进行一次各类设备专家的风险分析评估，确定监测点、监测内容、监测方法、监测周期、监测标准很有必要。

巡回检查是发现事故隐患、保证安全运行的重要措施之一，是点检员每天最重要的工作。只有认真执行巡回，才能及时发现异常，防止事态扩大。所以，对点检员的巡查要求带有强制性和导向性。要鼓励发现问题、解决问题。

根据设备运行性质及特点确定巡检路线、巡检内容、重点部位、巡检周期、判断标准，还要根据运行方式、检修状态、气候条件等特殊情况，增加巡回检查次数，对薄弱环节要重点检查。

有条件开展精密点检的电厂，可以针对一些重要设备，进行综合监测，实行矩阵管理。

2. 设备状态分析

点检从现场或微机上每天收集数据如振动、温度、运行参数等，有的还有频谱分析、红外监测、油液分析等数据，这些数据可以说量大，面广，繁杂。只靠一个点检员的力量进行分析显然是不够的，尤其是刚毕业的大学生，很难从中发现风险存在的端倪。有些电厂成立设备故障诊断中心，就是一种技术专业化管理的方式，也是一种趋势。但局部的技术优先还不能代替整体的设备管理理念。

从组织上明确专业管理，整体观念，集体意识，共担责任和风险很有必要。否则，不但支离破碎，没有战斗力，而且久而久之，故步自封，独自为大，甚至还不如传统的管理模式。许多电厂，尤其是老厂，实行点检定修模式后，扯皮推诿现象严重，退回了原来的管理方式。

专业分析会制度是打破个人独断，推动整体管理的一个有效的方法。不但能检查各个点检员的工作情况，而且能发挥整体优势，对设备的状态准确地做出判断，制定出精确的方案。同时，对于一支队伍的培养和建立友善的合作氛围至关重要。

专业组会议，主要集中在月度分析会和突发性抢修分析会。

专业组每月讨论的内容应该包括：日常点检执行情况；定期维护、加油脂执行情况；缺陷分析、设备状态参数、劣化趋势（寿命管理）分析、改进意见；检修工艺及检修质量情况和三级验收制度执行情况；备品耗材到货情况；异常情况下的跟踪分析执行情况；对已做的预知性检修准确评价、改造项目跟踪后评价；确定本月预知性检修项目。总结一个月来设备定期分析工作的开展情况，对设备的安全状况作评价，对设备隐患及重大缺陷作分析。月度分析报表见表 1-2。

表 1-2　　专业组月分析报表

序号	分析内容	总体情况	备　注
1	日点检及巡回检查执行情况		
2	定期维护、加油脂执行情况		
3	缺陷分析、劣化趋势、寿命管理分析及改进措施		
4	检修工艺、检修质量及三级验收制度执行情况		
5	备品耗材到位和验收情况		
6	异常情况下的跟踪分析执行情况		
7	对已做的预知性检修进行准确性评价（根据项目）		
8	本月预知性检修项目		

3. 设备异常情况下的管理

设备异常是指设备的运行参数、状态监测数据（振动、温度、异音等）、试验数据出现异常升高，对安全生产构成威胁的状态。发电、检修、点检或其他相关生产人员现场发现设备异常情况后，首先通知运行人员、设备主人或检修班组的班长。设备主人接到通知后，立即到现场确认并以最快的方式通知专业组全体人员。在厂的专业组人员要立即到现场，专业组在专业组长的主持下召开现场会（未到场人员一定要根据通报情况，发表自己的观点和看法），在确认异常情况的性质、危害后，可分三种情况区别对待。①立即采取措施，实施检修。针对设备异常情况，决定立即进行检修，拿出处理意见，同时制定好组织措施和技术措施、安全措施，报相关领导批准后，由检修人员执行。处理结束后，由设备主人做好详细记录，以便以后设备检修时参考。②跟踪观察分析。针对设备异常情况，还没有严重到对安全生产构成直接威胁的立即处理阶段，决定进行跟踪观察的，专业组要明确跟踪观察责任人、观察内容、时间间隔、超限标准及假如超限后的处理预案，并报上一级批准后执行，同时应针对不同设备制作详细跟踪记录表格。对需要 24h 连续跟踪监视的异常情况，做好排班工作。③根据观察分析情况，制订检修计划。设备异常情况下认为可以运行的，要加强观察，在加强跟踪观察的基础上，根据异常情况的性质、潜在危险程度，结合长期积累的寿命（管理）分析经验和状态分析经专业组讨论，确定检修内容，准备好相关备品，结合机组大、中、小修及临检及时处理，开出检修工单，报上级审批后，由检修人员执行。

针对异常情况的特征，应立即举一反三，对同类型设备、同工况下运行设备进行排查，制定措施，把隐患和危害消除在萌芽状态。结合每月召开的专业组会议，讨论评价异常情况下处理过程的合理性、处理方法的正确性、预知性检修的准确性和备品配件到位的及时性，以便进一步提高异常情况下应急处理水平、预知性检修水平。同时制定防范措施，通过调整参数、改进维护和技术改造，延长设备使用寿命。

二、定修管理

定修通常是指有计划的大修、中修和小修，而节日检修也带有一定的计划性，排在检修管理当中。

大修是对发电机组进行全面的解体检查和修理，以保持、恢复或提高设备性能，其标准项目根据发电企业检修规程并参照 DL/T 838—2003《发电企业设备检修导则》和制造厂的要求以及设备的状况、机组性能试验结果而确定。中修是根据机组设备状态评价及系统的特点和运行状况，有针对性地实施部分大修项目和定期滚动检修项目，对大修标准项目进行有条件的删减。小修是根据设备的磨损、老化规律，有重点地对机组进行检查、评估、修理、清扫和消除设备与系统的缺陷，对锅炉进行全面的防磨、防爆检查。节日检修的主要内容是消除设备和系统的缺陷，对锅炉重点部位进行防磨、防爆检查。

大修、中修由于项目多、时间长，计划准备难，组织要求高，特别强调过程控制和节奏的把握，尤其是安全风险大，因此受到各级领导的重视。小修和节日检修主要以消缺为主。有的电厂则会抓住机会，大范围地开展预防性检查和保养维护，如锅炉“四管”的检查，电气、热工设备的清扫等。

这四种检修类型都有一个共同的特点，就是计划性。有计划性就意味着有准备，有目标，有项目，有措施，有方案，有组织管理，有闭环检验，有总结提高。

检修计划必须从实际出发，本着“预防为主、计划检修”的原则，在编制检修项目时必须在研究分析设备和设施基本状态的基础上，以《发电企业设备检修导则》、设备状态评价报告、安全性评价、技术监督、耗差分析和可靠性分析、经济性评价等结果为重点，结合对标和对能耗指标的要求，统筹制定，综合平衡。机组检修要以提高安全、可靠性指标和降低损耗为重点，科学合理地利用好有限的资金、物资和人力。要积极采用成熟可靠的新技术、新工艺、新产品，促进设备健康水平的提高。

所有工作都是围绕检修项目和检修内容这个中心开展的。所以检修项目、检修内容的讨论和确定就显得非常重要。而从设备管理全寿命周期的角度讲，通过检修，要能保证到下一个检修期间的设备可靠性、经济性，就必须在确定项目时，找到每台设备的薄弱环节和潜在隐患。

确定检修项目和检修内容时，应考虑以下方面：①厂家要求的检修项目；②进行较全面的检查、清扫、测量和修理；③进行定期监测、试验、校验和鉴定；④更换已到期的需要定期更换的零部件；⑤技术监督规定进行的一般性检查工作；⑥消除运行中发生的缺陷；⑦重点清扫、检查和处理易损、易磨部件，必要时进行实测和试验；⑧锅炉受热面的防磨、防爆检查；⑨机组辅助设备的检修；⑩A、B级检修前、后必须安排性能试验，修前试验是为了解机组修前经济水平、主辅设备健康水平，修后必须进行性能试验、优化调整试验；⑪特殊项目。对运行的分析报告，应给予足够的重视，特别是对于运行操作、自动投入、保护改进的意见，应尽力完善实施。对于保护人身的安全措施、设备反事故措施、安全评价整改项目，以及脱硫脱硝环保项目，要落实完成。凡是只有停机才能检修的设备，其检修应与机组检修同步进行。

各级检修的标准项目可根据设备的状况、状态监测的分析结果进行增减。大修、中修对于主设备、重要辅助设备，由于倾向于过检修 ，那在确定项目时，应该偏于保守。除非有绝对把握，保证不修也可以维持设备在下一个周期内安全、可靠运行，才可以削减检修项目。但点检在确定项目时，要根据平时的检查分析情况，做出预判断，以便检修解体过程中进行验证。如此进行不断的总结，提高故障诊断和对设备异常预知判断的水平。小修、节日临检，由于时间紧、费用低，能开展的检修有限，必须考虑好钢用在刀刃上，合理优化检修项目、检修内容。除像中速磨的C磨必须过检修外，其他设备项目要充分分析设备状态，力争不出现过检修。当然，也不能欠检修，追求恰到好处。

检修的质量管理是设备管理中重要的一环，甚至可以决定设备的安全稳定运行，反映设备管理的好坏。检修后的长周期运行是反映质量管理与控制成效的一个关键指标。也就是说，检修的一切工作应该紧紧围绕检修质量，以达到修后长周期运行的目标来开展。与检修质量有关的工作主要有质量控制、备品配件、检修节奏。

检修质量的好坏的关键是质量控制。要做到质量受控，最有效的方式是建立质量体系，制定质量计划书，编制作业指导书。在检修前，下发所有检修项目的质量控制点，即质量待检点和见证点（W/H）。尤其是技改项目，会有很多需要把关和验证的地方，应该明确说明，保证质量在控、受控。检修过程中，作为设备最主要的管理人员，应加大对检修过程的检查和监督力度，特别是工艺方面，有些没有什么标准，全靠工人的技艺，这就更需要全过程的旁站监督控制。检修后，还有许多检验性质的试验，如气密性试验、水压试验、转机试转、大联锁试验以及开机过程的电气汽机，还有热态性能试验等。试验过程中发现的问题，除了及时解决，还需举一反三，将同类问题彻底解决。

备品配件的验收和及时到货情况是会影响检修质量的。假如备品配件到货迟，验收时，即使发现存在质量问题，也已经没有时间更换，而只好让步接收，给修后的设备埋下了隐患。

一些管理者认为，安全、质量、进度是相互矛盾的。抓进度，安全和质量就得不到保证；抓质量，慢工出细活，则会延长时间，导致最后的抢过去，威胁安全；抓安全，措施多，工作慢，工期长，抢工期，质量差。其实，问题的关键是工作计划的科学性和工作执行的节奏性。如果能制订详细的、科学的检修计划，各项工作有序开展，则安全、质量和进度都能达到很好的控制。特别是设备解体，修理后的组装时期，是保证质量的关键阶段，留有足够的时间和投入足够的人力才能使质量得到保障。

修后总结，做好记录和台账，为可能出现的异常情况提供分析的资料，也可为下次检修提供经验。

三、设备维护保养管理

1. 设备缺陷管理

凡因设备原因导致威胁安全生产、影响经济运行、污染文明生产环境等异常情况，均为设备缺陷。

设备缺陷的管理是设备管理的重要环节，各有关人员均应加强对设备缺陷的管理，掌握设备缺陷的发生及发展规律，应能及时发现并主动消除设备缺陷。

设备缺陷管理是电厂日常管理中最重要、最主要、最基础、最频繁的一项工作。设备管理好的厂，设备缺陷平均每天十几条；差的厂，每天有几十条。这些缺陷日复一日，年复一年，如不能及时消除，则日积月累，堆积如山，会严重时危及机组的安全稳定运行。特别是有些缺陷，一旦发生，会严重威胁到人身安全或造成重大设备损坏，必须得到控制和及时处理。对于一般缺陷，也应该快速处理，避免积压而影响备用或影响运行人员处理突发事件的手段。所以说，电厂使用什么样的方法和手段加强缺陷管理都是应该的。有的厂提出“小缺陷不过天，大缺陷不过夜”连续处理，日事日清；有的厂提倡预知性检修，追求“避免大缺陷，减少小缺陷”，以有没有突发性抢修，作为评价设备管理好坏的标准。控制大缺陷，减少小缺陷应该是设备管理努力争取的一个目标。

为实现设备管理的精细化，一般把缺陷分为三类：“一类设备缺陷”（也称重大缺陷）指严重威胁系统主设备安全运行及人身安全的重大缺陷；“二类设备缺陷”（也称重要缺陷）指暂时不影响机组继续运行，但对设备安全经济运行和人身安全有一定威胁，继续发展将导致设备停止运行或损坏，需机组停役或降低出力才能消除的缺陷，以及虽对设备安全经济运行和对人身安全没有威胁，也不影响出力，但造成严重环境污染的缺陷；“三类设备缺陷”指不需要停用主设备或降低出力，可随时消除的设备缺陷，以及不影响主设备的运行，可结合检修或停机备用期间进行消除的缺陷。

对于三类缺陷，有一部分应该给予重视，如影响重要辅助设备备用的缺陷、可能有威胁电气或热工保护的风险以及需解除保护或联锁的缺陷等。这些缺陷虽没有影响主设备安全稳定运行，没有降低负荷处理，但是，对于非计划停运要求越来越高的今天，应该力求排除这类风险。

开展点检、精密点检的目的就是加强对设备运行状态的认知，及时监测、掌握设备的各项健康指标，力争做到预知性检修。特别是一、二类的设备缺陷，无论采用什么精密点检的方法和手段，都必须尽力控制。如果出现了一、二类缺陷，应加强组织领导，人员及时到位，严格执行异常情况下的有关管理制度。对三类缺陷，应做好日常的统计分析工作，力争通过技术改造（小改小革）等手段和方法，减少缺陷发生率。每周召开缺陷分析会是梳理、分析缺陷，督促缺陷完成的一个有效方法。每周缺陷分析报表见表1-3和表1-4。

表 1-3　　全厂周缺陷分析报表

序号	专业	Ⅰ类缺陷数	Ⅱ类缺陷数	Ⅲ类缺陷数	总计	原因分析

表 1-4　　每周缺陷分析报表

序号	缺陷名称	类型	缺陷原因分析	采取措施	延长寿命措施	备注

注　原因：①人为误动；②寿命到期；③检修工艺；④维护不到位；⑤设计存在问题。
采取措施：①临时处理；②检修；③举一反三。
延长寿命措施：①改造（小改小革）；②定期维护加强。

2. 设备的润滑管理

一个电厂，一台机组就有几百台转动设备，有几千个转动部位点。转动部位的润滑主要靠润滑油（润滑脂）。所以，电厂设备维护管理的一项重要内容是排油、补油、滤油、换油管理。

这项工作看似简单，但想做好，能保持转机转动部位温度不高并不容易，特别是夏天，油脂润滑的部位温度突然升高的现象比比皆是。

一般对稀润滑油，通过化学监督、油务管理，能及时发现油质变化情况，通过滤油、换油就能保持润滑油的品质。而油脂则存在流淌性和充满度问题，导致轴承腔室中的润滑脂新旧不均，多少不均，轴承温度变化较大。有些电厂对重点设备的重点部位，增加排油、补油的次数，达一个月一次，对于保护转动部件，防止温度突然升高有积极作用。但现场技术人员的一些观点、一些疑虑，不得不引起注意和重视。那就是，由于害怕加油后轴承温度升高，使得加油的点检员出现心理负担，害怕加油，或者说不敢多加油，这样每次加油的质量就大打折扣了。其实，加油后温度升高是正常的，新的油脂进入轴承，由于剪切作用，油脂就会发热，引起温度升高。有一种可能存在的，由于新旧油脂在轴承腔室里不均匀，加油时很可能出现新加的油脂把旧的带有颗粒的油脂推到轴承间隙中，引起摩擦而快速升温。解决的办法是，在排油前，先尽量把旧油脂排尽，避免大的颗粒进入轴承滚道。另外，为防止意外，加油时，要打开排油口，这样即使出现温度升高，也会使融化的油及时排出，减少轴承腔室中油的充满度，对降低温度非常有利。有的厂为打消这些顾虑，或者说是为了降低加油引起温度升高出现异常的可能性，夏天把加油时间放在夜间。有的干脆规定，在机组停运过程中进行全面、彻底的排油、加油，这样即使有问题也不怕了。

生产厂家的要求是定期、定量加油。而事实上，由于运行环境不同，运行时间不同，运行方式不同，油脂的劣化时间是不同的。开展油的清洁度、铁谱等精密分析，进行精细化管理，是设备管理的一大进步。

3. 设备的定期切换试验

电厂的重要辅助设备，尤其是重要转机，一用一备的情况比较多，如汽轮机给水泵、凝结水泵、循环水泵、内冷水泵、EH 油泵、闭式泵、开式泵、锅炉密封风机、脱硫浆液循环水泵等。

设备定期切换试验，不仅可以验证控制部分的正确性，也可以发现备用设备是否能够真正备用。那么停用的设备是否能真正备用呢？很多电厂并没有引起重视，这就给突发事件、应急处置带来了隐患。为确保停用备用设备在下一个周期内，始终处于完好状态，在停用前，应该进行一次完整的状态评估。由点检员利用振动分析仪进行一次全面的体检，测量振动的位移、速度、加速度、频谱分析，结合轴承温度以及流量、压力，电机电流等运行参数，给出综合评价。如果发现一些异常或潜在问题，则可以利用停运期间彻底处理。

4. 设备“四保持”

设备“四保持”：保持设备外观整洁，保持设备结构完整，保持设备的性能和精度，保持设备的自动化水平。

“四保持”是对设备管理的一项基本要求。及时消除设备“八漏”（漏煤、漏粉、漏灰、漏渣、漏油、漏水、漏汽、漏浆），保持卫生整洁，是创一流企业的需要。而保持设备结构完整，保持设备的性能和精度，保持设备的自动化水平，是保证安全经济运行的前提。特别是自动化投入水平，不仅影响运行人员的劳动量，还给运行操作埋下隐患。

设备管理中，经常因为各种理由、各种原因，检修、维护不到位，导致设备由原来自动的变成电动的，由电动变成手动，由手动变成了不动。而一个好的企业的设备管理，应该把自动控制水平作为一个评价标准，提高自动化的投入率，追求高水平的自动控制，以提高生产效率。把不动变成手动，把手动改成电动，把电动改成自动，从而不断提高设备管理水平。

四、设备点检管理的五层防护体系

第一层防护线是运行岗位值班员负责对设备进行日常巡检，以及时发现设备异常或故障。

第二层防护线是专业点检员按区域设备分工负责设备专业点检，应积极创造条件实行跨专业点检。

第三层防护线是设备工程师或点检员在日常巡检和专业点检的基础上，根据职责分工组织有关专业人员对设备进行精密点检或技术诊断。

第四层防护线是设备工程师或专业点检在日常巡检、专业点检及精密点检的基础上，根据职责分工负责设备劣化倾向管理。

第五层防护线是专业主管、设备工程师或专业点检员，根据职责分工对经济性指标进行综合性精密检测和性能指标测定，以确定设备的性能和技术经济，评价点检效果，合理安排点检管理。五层防护线既体现以点检为核心的精神，又充分发挥与点检管理有关的运行巡检、技术监督、定期试验等工作，做到五层防护各有重点，不产生重复点检，设备数据信息流畅通，分工和职责明确，达到点检工作优化的目标。

第一层和第二层防护线侧重于设备的每日巡查，发现表象上的一些缺陷或故障。第三层和第四层则从精度和深度上，对 A、B 类设备中可能产生影响非计划停运或降低负荷的一、二类缺陷的设备部位进行精细化管理和深入研究。第五层防护线提出经济性指标问题。经济性指标固然是点检工作的一项内容，但设备可靠性，如非计停情况，缺陷影响负荷情况和设备预知性检修情况则更应该作为对点检评价的重要指标。虽说运行人员或一般点检员发现深层次的潜在风险比较困难，但绝不应该打消他们的学习热情，应该鼓励他们刻苦钻研系统参数的相关分析和趋势分析以及故障诊断技术。运行人员和点检员是设备主人，对于设备的任何不正常情况，都要追根求源，找到合理的解释。运行人员和一般点检员如能介入设备的状态监测和分析，发现潜在危险并及时上报使设备异常得到处理，则要重奖，从而调动大家的积极性。

根据学习到的理论并经过一定的事件和经验积累，即可对设备的故障特征、故障原理、故障规律，有一定的预期性把握，从而制定出设备控制非计停措施、设备控制异常措施。

在做好内部数据收集，趋势分析，举一反三，消除隐患经验总结的同时，应该加强对九项监督项目的学习和理解。从其他厂或上级技术支持单位（如西安热工研究院）或制造厂家获得有关设备故障、设备改进等可借鉴的技术措施，把一些风险消灭在萌芽状态。

有些电厂成立设备故障诊断中心，重点是开展精密点检，推动新技术、新工具、新理论的应用，可作为防护体系的一项重要内容而发挥应有的作用。

第四节 点检定修制

点检定修制是以点检人员为责任主体的全员设备维修管理制度。可见，点检、点检员、点检定修制只是设备管理不断演进过程中的一个名称，一种专业化管理模式，是设备管理不断成熟的必然产物。

一、点检定修制的引进、推广和演进

中电联火电分会根据1997年厂长年会上的意见，确定了管理跨越和创新的思路，认为点检定修制是与电力企业深化改革相适应的。即新厂新模式可以采用这种体制，老厂的改革可以借鉴这种管理模式。

1998年初，中电联火电分会和华东电管局又在浙江镇海电厂召开电力企业内第一次设备点检定修研讨会。由于点检定修制的内涵与客观需要相适应，得到许多电厂的认同和推广。

1999年，中电联火电分会科技服务中心代编写公司点检定修管理导则。

2002年，中国电力企业联合会标准化部上报国家经济贸易委员会电力司安排，发电设备点检定修管理导则。

目前，国内五大发电公司、浙能、粤电、国华及华润等主要发电企业，对点检模式各有不同的理解。有的坚定信念，整体实行点检制，做到五统一（统一模式、统一组织、统一制度、统一标准，统一评价），而有的仍在试点旁观阶段。也有的在原来模式的基础上进行了进一步优化，把点检整建制的划归检修部管理，既独立行使职权、承担责任，又便于与检修班组的协调配合，达成设备管理的默契。新建电厂几乎都无一例外地实行点检管理模式，但由于点检人员少、人员新，还负责安全联系的角色，因此取得突出成效的情况还不多见。

二、点检定修制内涵

点检定修制，从组织结构上来讲，完全从原来的检修队伍中剥离出来，成为针对设备特点进行研究的专业技术组织。从管理层次上，直属于厂部，并代表厂部行使管理职能。

1. 点检定修制的特点

（1）点检定修制明确了点检员为设备主人，对设备管理的全过程负责，包括日常检查记录统计分析与检修项目制定，检修过程质量控制，备品配件计划采购，设备异常情况下跟踪分析，每月设备状态判定和每月预知性检修项目报批下发等。

（2）点检定修制明确了以简易点检手段为基础，逐步使用更加精确的各种诊断技术手段和设备管理理论，从精密点检、预知性检修、状态检修直至优化检修。

（3）点检定修制明确了用PDCA循环的方法，持续改进优化各个点、各种检查的内容、每次检修的项目、每次预知性诊断的成败、每个设备状态的标准等，包括组织的动态调整、

优化管理结构。

（4）点检定修制明确全员参与的要求，特别是运行部门要积极配合点检工作，除了日常巡查，查找设备存在的缺陷外，还应该支持点检制度的维护、保养和检查计划，为设备保养和提前发现问题提供条件。

（5）点检定修制明确规定了点检员对检修部外包人员的技术指导，要求规范检修工艺行为和保证检修质量，严格执行作业指导书、质量计划书和质量验收制度。对技术改造项目，提前下发 W 点和 H 点验收要求。

（6）点检定修制明确规定了设备承包行为，追求设备可控受控，提倡“没有就是本事，摆平就是水平”。减少设备故障率，特别是保证主要设备和重要辅助设备的良好状态，使健康水平逐步提高。

（7）点检定修制明确提出，通过对设备故障规律的把握和预知性检修，增加工作的计划性，减少突发性故障抢修。

（8）点检定修制提倡站在设备全寿命的角度，通过合理的改进、标准的执行、状态参数的优化、维护保养的到位，使设备寿命周期延长。

2. 目前点检定修制存在的问题和解决方法

（1）现阶段，大量新建电厂的设备管理人员都是新进厂的大学生，对设备的功能结构、检修工艺和质量标准，还没有一定的经验，当然对设备的故障规律、状态情况无从把握，使点检定修制不能发挥出应有的作用。

解决的方法：以老带新，签订师徒合同；送出去参加检修，提高对检修工艺和质量的认识和动手能力；开展技术讲课和技术讨论；建立主动学习激励机制。

（2）点检定修制的管理结构不甚合理。把点检组放在设备部属于职能部门，会带来失去监督的风险。因为利益相关，设备部的内部问题绝不会主动向厂领导反应，而厂领导也不可能了解每个点检员的日常工作，久而久之点检员的管理质量有所下降。

解决的方法：点检队伍放在检修部，设备部专门起监督作用和控制主设备的状态监测。

（3）点检的定位有失偏颇，特别是新建厂把现场的安全也纳入点检管理，大大增加点检员的心理压力，不能使点检员全身心地投入设备的研究当中。

解决的方法：明确点检的职责重点是设备管理，安全应由检修部专人负责。

（4）当设备管理部与检修部外包队伍存在比较尖锐的矛盾时点检人员会分成管理人员、检修人员或外包队伍，没有长远眼光。点检员想考核不敢下手，检修或外包队伍有事才干。

解决的方法：除点检对设备承包外，检修部（外包队伍）也要确定相应的人员进行检修承包，形成利益共担。

第三章

设备状态检修

在火力发电厂中，预知性检修监测系统可节省检修的成本，避免灾难性故障。为了确定需要哪一种工具，必须设定检修优先级，并给每一个电厂设备分等级。识别具有高检修成本的系统；确定所对应部件的贵重程度；区分关键和非关键系统。因此，预知性检修技术广泛应用于几乎每一个电厂系统。选择这些系统的建议标准如下：①必须对电厂范围内所包括的电厂设备进行详细说明并以优先次序排列；②应以故障和检修要求的检修记录分析以及其他因素为基础。

设备重要性分类：

（1）高优先级标准。

1）系统故障造成安全危害。

2）系统故障造成环境危害。

3）系统故障造成强制停机。

4）长期存在问题的系统。

5）对发电至关重要的系统。

（2）中等优先级标准。

1）修理代价高昂。

2）由于灾难性故障而必须在容量降低时运行的电厂。

3）冗余/备用系统存在。

4）备用系统故障造成强制停机。

（3）低优先级标准。

1）灾难性故障不会造成停机。

2）修理成本等于或超过更换成本。

第一节　设备状态监测与诊断

“人体健康”与“机器健康”从仿生学角度来理解是相同的，故障诊断是把医学诊断的基本思想推广到工程中去而形成的设备故障诊断技术。广义地说，设备故障诊断由状态监测、故障诊断、状态预测、安全保障和维修决策等主要环节组成（见图 1-2）。但实际上，安全保障和维修决策也可以划到设备管理的范畴中去。

设备状态监测与故障诊断是一个有机整体。状态监测是故障诊断的基础、先决条件及必要手段，它相当于医生“号脉”的手指、诊断听诊器、放射检查的 X 光机等；而故障诊断则是综合利用监测数据和信息进行决策的部分，好的故障诊断系统就像有经验的医生。

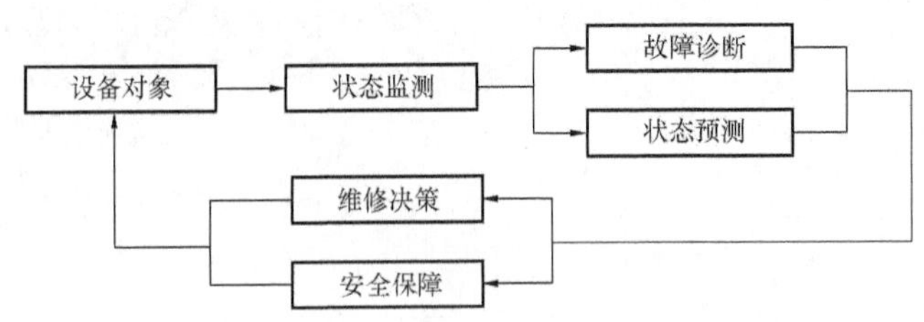

图 1-2　设备状态监测与故障诊断的主要环节

电厂的设备管理人员每天都在做着与图 2-1 流程相似的工作。状态检修要求将这些工作从隐性的思考和传统的习惯中提取出来，形成规范的流程，或利用组织与技术保障体系达到监测和诊断的目的，还可以应用现代计算机系统与人工智能技术实现监测和诊断，从而为状态检修提供科学的决策依据。

设备状态监测与故障诊断以设备和由设备所组成的系统及相应的功能过程为研究对象，包括三个层次的任务：一是设备运行的状态监测，二是设备状态异常时的故障诊断，三是设备故障的早期诊断与早期预报。

状态监测是预知性检修和状态检修的基础。状态监测是对设备进行诊断的第一步工作，即采集设备（包括机组或零部件）在运行中的各种信息，通过传感器把这些信息变为电信号或其他物理量信号，输入信号处理系统中进行处理，以便得到能反映设备运行状态的参数，从而实现对设备运行状态的监测和下一步诊断工作。在这些信息和信号中，有的是有用的，能反映设备故障部位的症状，这种信息我们称为征兆，或称故障征兆；有的并不是诊断所需要的目标信号，因此需要处理和排除。为了提取征兆信号，人们尚要做些特征信号的提取工作，这也由信号处理系统来完成。有时将征兆信号与特征信号等同看待，不再加以区分。但是无论是征兆信号还是特征信号，必须都是能够准确反映故障源存在的有效信号，能作为诊断决策的依据或充分依据。

从理想上来说，所有电厂最好配备所有的状态监测仪器。但每一个能应用的预知性检修技术都有一定的成本，所以应用所有的状态监测仪器通常是不切实际的。因而，电厂部件的状态监测及诊断系统，应该根据需要确定安装的优先顺序。

刚开始进行预知性检修的尝试时，最好将精密点检诊断中心与检修、运行、工程设计和数据管理人员联系协调起来。当还是初级阶段，运行和点检的检查可以提供一定有价值的数据时，精密点检的人员可以配备较少的数量。

设备状态监测与故障诊断的内容可以概括为诊断信息的获取和信息的处理两个大部分，具体包括以下四个方面：

（1）状态监测与特征信号提取。在设备的合适部位布置传感器，获取征兆，形成待检模式。

（2）状态识别与诊断。将待检模式与样板模式进行对比，根据主要性能指标高于或低于期望目标范围认定故障。根据故障程度分别给予早期警报、紧急警报或强迫停机等处置。

（3）状态分析与预测。根据检测信息找出故障源，就其设备和系统性能指标的影响程度做出估计，综合给定故障等级，预测设备状态的发展趋势。

（4）决策处理。根据故障等级的评价，对设备系统形成正确的干预决策，做出修改操作，控制及其他临时性维护或停机维修的决定。

监测与诊断的一般步骤如图 1-3 所示，其中的核心是对比环节。

一、确定设备状态风险程度

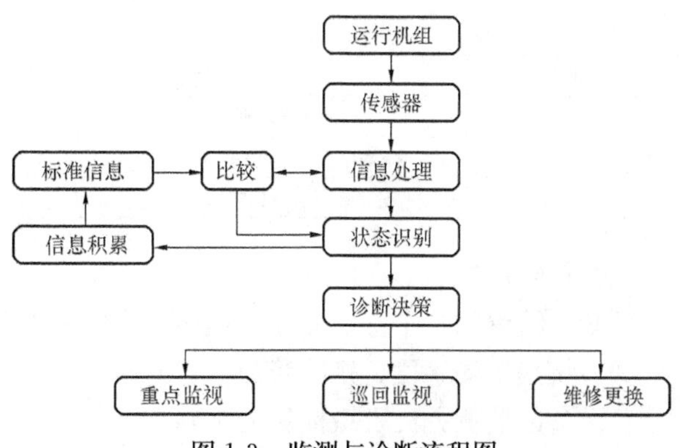

图 1-3　监测与诊断流程图

预知性检修最困难范围之一：是整个探测到的故障分类和确定每一修理项目应采用什么样的优先级。这是一个仅仅经验和实践会提供解决方法的范围。

当报道基于诊断测试的机器状态时，常规的检修经常变成一种紧急事件。为了避免该状况，总是准备回答问题，“如果不采取动作将会发生什么?”除了开始问题之外，管理层将要掌握，“问题严重到何种程度?”

表 1-5 所示的是作为设置修理优先等级的指南提供的。实际的修理优先规定电厂应用将极大地取决于目前检修实践。这是作为包括建议的修理动作的预知性检修人员指南而提供的。

表 1-5　　设备状态判断及对策

等级	状态描述	备　注
1	状态正常	未发现问题
2	发现缺陷	对长期运行不严重
3	发现缺陷	需要在下一停机时修理。密切监测变化（每周）
4	发现缺陷	需要在下一利用率时修理。加大监测频率（每日）
5	发现缺陷	需要立即修理

二、数据分析

状态监测信息中有 5 种方法可用来提供关于电厂设备状态的信息：

将预知性检修变量与一个绝对、已知极限相比较。例如，凝结水中的溶解氧不应超过 20mg/L。

电厂有时会使用基于以前课堂上学过的极限。例如，轴承温度不应超过 180T。

相互事件指示两个或多个状态监测和过程参数。例如，锅炉管泄漏探测系统显示锅炉的一个部件中声发射活度增加，温度稍稍降低。少量泄漏指示尽管系统报警尚未达到。

预知性检修参数改变的改变率可以给出故障类型的指示，并且使工程师可以不再强调正在扩大的故障。例如，长期趋势显示振动增加，表示磨损正常。

当无其他信息可利用时，统计分析可用来设定修理优先。当大量机器上的数据可利用时，该方法特别有效，显示了根据统计学优先考虑修理的方案是如何被使用的。

例如，如果我们使用平均数加上一个标准偏差来设定第一等级，那么我们假定大于该值的任何测量值同样大于所有测定值的 67%。该机器必须更密切地加以注意。对于其他报警等级可以做出类似的声明，见表 1-6。

表 1-6　　实　　例

等级测量	报警等级	总数的百分比
1	低于平均值＋（1）σ	<67%
2	平均值＋（1）σ	67%

续表

等级测量	报警等级	总数的百分比
3	平均值＋（2）σ	97%
4	平均值＋（3）σ	99%
5	高于平均值＋（3）σ	99%

三、持续改进

预知性检修的一个重要方面是程序的连续修改和改进。

四、精确监测手段，矩阵管理

各设备的监测方法及指标见表1-7。

表1-7　　各设备的监测方法及指标

项目	一次风机	密封风机	送风机	吸风机	给水泵	凝结水泵	循环水泵	增压风机	电动机电缆头
在线振动	√	√	√	√	√			√	
离线振动						√	√		
温度	√	√	√	√	√	√	√	√	
温升速度				√				√	
红外测温									√
油分析			√		√			√	

第二节　状态监测诊断方法与评价

选择适当的状态监测技术是至关重要的。故障分析或根本原因分析可能对为评价设备状况而选择最佳状态监测方法是有帮助的。

监测方法：在线或定期，技术类型（振动、热力、声学、化学等）。

频率：监测的频繁程度。

监测点：传感器放置地点。

验收标准：评价好坏。

当开始预知性检修程序时，识别可能已经存在的一些状态监测技术是至关重要的。这些技术的个别应用应根据电厂需要进行评估。可利用的技术一般有振动、油分析、热成像法、水化学工况和性能等。所有这些技术已证明对电厂是有益的。在执行该评估时，检查基本的系统特点和输入到预知性检修程序的数据的一致性。通过检查现有技术的有效性，可以制定关于扩大在某些区域中的应用或实施新的系统的决策，以满足预知检修的目的。

对于一些监测过程而言，外请专家可以提供一种在经济上更可行的选择方法。油分析一般由外委更上一级的实验室来进行。

有几种特别适合于增强预知性检修程序的监测和诊断技术，一般包括振动分析、热成像法、电动机电流监测、润滑油分析、水化学工况监测、基于声学的性能监测等。对于发电设备，目前用于状态检修的监测与诊断技术主要有以下几种。

（1）振动监测与诊断（轴系振动、扭振、管道振动监测诊断等）。

（2）油液分析、监测与诊断（铁谱、光谱、色谱诊断等）。

(3) 温度监测与诊断（红外线热成像诊断等）。

(4) 声波监测与诊断（声发射和超声发射诊断等）。

(5) 电气参数监测与诊断（局部放电监测、铁芯电流监测、绝缘监测等）。

(6) 应力/应变监测与诊断（热应力、动应力监测与诊断）。

(7) 位移和位置监测与诊断（膨胀监测、阀位监测等）。

(8) 核射线监测与诊断（TA、成分分析等）。

(9) 化学分析、监测与诊断（氢纯度、氧量监测等）。

(10) 性能监测与诊断（效率、单耗等监测诊断）。

一、振动分析

振动分析可以采取几种不同的形式。最常见的和代价最小的方法是利用便携式振动探头和数据收集器的定期振动监测程序。程序包括在正式监视路由上定期获得数据，用便携式设备收集数据，然后将数据记录器上的信息下载到一台计算机，以便处理、显示和趋势分析。从计算机开始，分析数据可用于输入到其他预告性检修程序模块并进行归档。

定期振动监测依赖测量。其主要目的在于探测可以指示问题开始点的这些等级的改变，若忽略问题的开始点，则最终会导致故障。在早期阶段可探测到问题时，可以更有效地完成检修。必要的备件可以进行提前订购，并且以已计划好的为基础进行修理，而不是等待灾难性故障的来临。

定期振动监测各种标绘选择的能力，而这些选择对振动问题分析中的诊断是必不可少的。可利用的标绘选择包括：

(1) 振幅对频率：任何点的全部或部分振幅谱。

(2) 趋势标绘图/多趋势标绘图：在一个专用传感器或在一些时间期内传感器上收集的数据的显示。

(3) 瀑布状谱标绘图：相同点的多频率谱的显示，在 Z 轴指示数据收集时间的情况下用三维标绘在典型应用中，在机器轴承上收集的数据是水平、垂直和轴向方向的；同样，主要的过程参数，诸如机器速度，读数是以速度或加速度为单位收集的。

可以使用数据收集器来收集数据，或者将它与个人计算机结合在一起来使用。在后一种应用中，机器路由被编程到个人计算机中然后被“下载”到数据收集器，并且诊断简单地遵循要收集路由中每件设备上的振动数据的路由。在路由完成之后，振动数据被“上传”到个人计算机。个人计算机执行趋势功能，以及超过预定值的任何读数的最初数据分析。可以自动生成一份用于超过预定值的所有点的“特别报告”，然后分析这些值以确定要采取什么动作（若有的话）。

有永久安装系统的情况下，振动分析同样可以进行。在诸如汽轮发动机组的主要旋转设备上通常采用该方法。这些永久安装的系统使用多种探头类型，而输出经常实时显示于电厂操作员的控制台上并且输入到振动分析和诊断计算机中。这提供了机器状态和报警点的在线指示，以及分析和趋势的历史数据。

汽轮发电机组通常具有专门用于探测极大和快速的振动变化的汽轮机监视仪表（TSI）系统；这不是设计用来预先考虑或预先警告可能问题的，也不提供诊断信息。此外，一些转子/轴承问题不可能兼有极大的振动偏移，因而要监测和诊断振动等级的变化，要求使用精密复杂的传感器和设备。

连续振动监测系统具有帮助振动专家跟踪和采用振动信号分析技术来诊断转子/轴承振动相关问题的能力。该系统作为由电站运行和维护工程师增强整个状态监测的检修计划，并提高初期故障探测和诊断中可靠性和利用率的一个“工具”来使用。自动采集、存储和动态数据解释的系统功能有助于振动相关问题的早期识别和故障查找。

在典型的连续振动监测系统中，现场传感器被硬接线至一台处理计算机，这为分析人员提供了执行振动相关设备异常的全面深入分析的一个工具。此外，控制室操作员必不可少的，并且可以提供对可控制电厂过程参数进行调节的间接信息的所有静态数据，在文件中做了分类并定期传送（通常每分钟几次）到电厂控制系统网络。在电厂控制系统网络上，目前静态值的转子图片显示可供各种控制系统终端位置处的操作员和诊断人员使用。

效益：提供初始的故障探测；避免强制停机；降低由于最小化损坏而引起的检修成本；避免可能不需要的预防检修的检修成本。

在一家电力企业或电厂，估计自实施定期振动程序以来，导致每年可节约成本200 000美元。

连续振动系统给操作员提供动态振动数据，连同需要确定机器的目前健康状况、强调任何现有问题范围、并根据过去运行工况帮助预测有可能发生问题的场所和时间的其他静态信号数据。

系统使在线和离线数据可以结合到一个系统数据库，在该数据库上可以执行报警、极限检验、数据趋势、偏差监测、预知监测等。

二、热成像法

热成像法是一种监测设备状态的相对新的但现在广泛接受的方法。在大多数情况下，便携式红外线（IR）扫描器被用来记录多种旋转机器和电气部件的热成像。它提供诸如轴承、电动机、电气接头、或导体此类部件的非接触式温度指示。热成像法同样用来检查热交换器、锅炉外壳或管道隔热材料的异常状态。泄漏阀门和凝汽器管也可以用IR热成像法来探测。绝对温度或相对温度通常来识别通过其他测量方法不能探测到的初始故障状态。

运行的电厂设备表面的热辐射形式往往是温度变化首先可观察到的指示。有确定操作员注意到一些可观察到特性改变的这些状态之一的通用方法时，热的电动机轴承、泄漏凝汽器管或有故障的电气接头可能存在。改变要被人们所认识到，必须在幅度上相对较大。除非它在一个装有仪表的位置上发生，否则通常不会被人觉察到。由于设备的位置或有危害环境，如开关装置中高电压套管不可能接近，所以热成像法提供了观察该设备上较小或极大温差的方法。

热成像法程序利用各行各业的调查步骤提供了监测电厂的运行或无仪表安装区域中温度的能力。该程序的目的在于证实被调查的部件是否可在它们的设计温度范围内运行。典型的热成像法程序以基本方法为起点，当用户获得设备方面的经验及使用技术来监测其他区域时很可能扩大到多种部件。除了旋转机器和电气设备外，其他应用可包括确定凝汽器空气渗入或管子泄漏、顶篷管调查或锅炉外壳；简而言之，在绝对或相对温度下的任何系统或部件是正常或异常性能或运行工况的一种指示。

所有对象的热辐射能量与它们的温度成比例。通过使用正确的设备，可以测量该能量以获得部件的温度而无需与此部件直接接触。典型的热成像法系统使用一种类似于标准VHs录像机的连续监测摄像机，除了IR摄像机对一个对象上放射的红外线能量有反应外，还分配一种与观察到的温度一致的颜色（灰度）。

在定期的各行各业调查中，观察到在正常温度状态之外运行的任何部件均被记录，拍摄热成像照片（温谱图）和常规照片以图解说明涉及的区域。这些照片，连同所观察的位置和温度，以及其他注释被添加到汇总报告。

典型程序部件包括诸如泵、风机、磨煤机和电动机之类的旋转设备，诸如电动机控制中心操纵盘和断路器之类的负荷中心部件，诸如断路器、变压器和接头之类的开关装置部件也可包括在内。机械部件包括疏水器和安全阀及诸如锅炉外壳、顶篷和隔热材料之类的其他部件。

效益：增加部件寿命；降低检修成本；避免灾难性故障。

一家大型电厂估计自使用热成像法调查以来，每年节约成本 500 000 美元。

三、电动机电流监测

电动机电流监测是通过使用电流互感器和便携式数据记录器记录电动机电流谱来执行的。在将记录的数据下载到计算机之后，分析程序开始寻找可以指示断裂的转子线棒或其他问题的电流谱的形式。

出于大多数目的，可以利用已在电动机控制中心就位的电流互感器对任何规格的机器实施电流监测。尽管电流互感器只设计用于线频率运行，但是标准的电流互感器通常能够可靠地传递频率完全处于千赫范围内的信号。然而，该情况仅用于在极大线频率部件上叠加的少量信号，像这样的互感器会快速超过具有相当大的幅度的高频电流的热极限。使用电流互感器可以很方便地监测一个位置的电动机数量。

当在转子中出现一根断裂的线棒时，产生谐波磁通量，从而在定子绕组中感应出电流。这些谐波将在电流谱中产生可见的峰值。

典型的电动机监测程序由使用带有钳位电流互感器（TA）的便携式测试设备每月各行各业监视组成。数据是通过将 TA 固定到电动机单相的二次线路而获得的。该二次线路往往是为监测每一台电动机而设置的，允许使用控制室中这些二次线路来控制主控制室中电流指示器相同的现有线路。

一旦数据被采集到，便携式设备就把它下载到一个计算机程序中，该程序提供了产生振动谱中采用的类似功能。一般将所有谱进行保存以便将来参考。

电站测试工程师和电气检修的报告包括关于断裂线棒是否存在的每台电动机的数据（谱）和评估。断裂的转子线棒的任何指示将促使特定机器的监测频率增大。同样，在发现问题的时候要通知相关人员进行电气检修，以便把可能存在的任何检修相关的问题联系起来。

该技术的另一用途是在脱离运行而进行检修的任何电动机上对电动机电流进行分析。这在被运行工厂进行修理之前考虑到断裂的定子线棒可能的测定法。假如在修理车间可用到的任何电动机要置于一个加载状态，那么它也应有利于在那时断裂的转子线棒的电动机的评估。

效益：电动机电流监测可以指示不能由其他方法探测到但可能是以后电动机故障预兆的问题。这允许校正动作或强度监视要按需要或以计划为依据执行。

四、润滑油分析

润滑油分析包括定期采样选定的油流以探测颗粒或污染物，这些颗粒或污染物可以指示轴承故障、过热或其他机器问题。以该方式使用，润滑油变成感觉系统的一部分。油样品的分析通常是在远距离进行的，并且延长时间内的数据分析将指示在高可靠性情况下部件的状况，因而可用来预测何时需要校正动作及校正动作应如何进行。

铁粉记录的粒子分析提供了振动数据探测之前的设备缺陷的指示。化学分析同样是有利的，并且可以显示。例如，互感器中的初始故障状态归因于隔热材料的损坏。定期分析提供关于问题是否在延长时间变得更显著或保持目前状况。

油样品被送到一个外部实验室（在大多数情况），在那里进行铁粉记录和/或分光镜分析。指示少量的或严重问题的任何油样品被进一步检查并将直接通知与动作的建议课程一道交给电站。指示正常油状态的样品结果在两周之内送至电站。

效益：避免强制停机；避免轴承损坏；降低检修开支；对预测检修间隔有所帮助。

一家电力企业已估计自从应用润滑油分析（仅铁粉记录术）以来，每年节约成本 50 000 美元以上。

五、水化学工况监测

水化学工况监测在火力发电厂运行中是必要的。在大多数情况下，实验室分析的定期样品是从凝结水、给水和/或蒸汽系统中抽取的。该分析显示化学药品添加速率调整或诸如凝汽器泄漏之类的其他状态的需要。在线监测系统增加了水化学工况失调的接近实时的指示，而不具有“成批测试”可利用信息的能力。这不但提供了诸如凝汽器泄漏问题的更早期的识别，集中于恒定监视和趋势，也规定了化学处理程序的更紧密控制。

连续水化学工况监测系统要求在线安装化学工况仪表，而现场传感器提供在要求场合的就地指示，并且也将信号发送至过程计算机，以便开发供电站操作员使用的图形和趋势。它提供多种在线屏幕，帮助电厂药剂师和操作员保持水的品质。详细显示诸如钠、电导率和溶解氧之类的系统参数，并且可以对照建立的目标值进行评估，每个目标值具有一个相关的动作等级。

加上专家的系统软件，系统可能提供诊断问题校正信息。例如，上面提到的动作等级帮助药剂师确定异常的幅度并了解正确的响应时间。典型的动作等级可能如下：

动作等级 1：有一种污染物和腐蚀积累的可能性。一周内值回到正常等级。

动作等级 2：杂质和腐蚀积累会出现。在 24h 内值回到正常等级。

动作等级 3：经验表明快速腐蚀可能发生，这可以通过在 4h 内校正异常情况而得以避免。

系统可能包括一个出现故障后帮助用户查找水质扰动的诊断屏幕。诊断评估使用基于化学知识的规则连同在线过程值以产生诊断和校正动作。全部的水质参数的在线观点和历史观点可从系统中得到。在线评估采用过程流程图的形式显示，并且历史观点在趋势图中显示。

效益：容许化学变化的定义可归因于机组运行方式和状态；允许循环系统污染的快速识别以容许按需要修理或其他响应动作，防止或最小化由腐蚀引起的设备损坏；提供需要正确控制化学处理程序的监视能力。

六、声学监测

声学监测设备已在几个不同区域得以应用。它们包括锅炉管、给水加热器、蒸汽联箱和阀门的泄漏探测。相对新的应用包括互感器和其他充油式电气设备内电弧产生的冲击波的探测。目前在使用其他监测方式之前，该技术在确定通电设备中初期的，潜在灾难性电气故障状态时特别有用。

在锅炉管泄漏探测系统中，蒸汽通过锅炉管中的孔逸出，产生一种峰值在 1～5kHz 范围内的宽带噪声。在将锅炉中声压波连至传感器的波导上装配的高温传感器，被安装在已有故障历史的锅炉的位置中。锅炉中产生的声压波从管子泄漏开始由传感器进行探测并被转变成一种电信号。泄漏附近的传感器上的信号随泄漏规模成比例增加，趋势标绘图上监测的等级增加直到等级超过预设置报警点。各种传感器读数的相对幅度允许泄漏位置的大致估计。

给水加热器（FWH）管泄漏通常根据加热器水位、流速或水化学主况变化而探测到。因为流体的容量极大，所以所有这些方法要求极大的泄漏才能被察觉到，在发现泄漏之前可能要几小时或几天。管泄漏探测的延迟可能因为热效率损失而降低电厂效率；并且，如果管泄漏一段时间仍然未被探测到，即使是很短的一段时间，逸出的给水也可能损坏邻近管子，进一步增加修理时间和开支。

确定系列中哪一个加热器在泄漏也可能是困难的任务。不但在探测泄漏中有一个延迟，而且在一些情况下将不适当地 FWH 从管线中拆下，会增加已经无效率的情形。在早期探测到泄漏时，将泄漏的加热器从管线中拆下而其他加热器保持运行往往是可能的，从而避免完全的停机并将性能效率退化减至最少。

在给水泄漏探测系统中，传感器装配在加热器的不同位置上。当一个孔在加热器管中扩大时，流经节流孔的流体产生声压波。这些波由传感器进行探测并被转变成电信号。泄漏由远程报警指示的报警灯和触点进行预告，并且来自信号处理设备上的模拟输出可以用来提供任何辅助外围设备，诸如数据分析计算机、控制室记录器或分布控制系统上声学等级的指示。系统可以提供技术人员在预测给水加热器管故障中所利用的趋势、报警信息和图形。

声学探测器可用来探测采用类似技术的蒸汽联箱中的泄漏。一种这样的系统使用连接到不锈钢波导上的加速计，而波导被焊接到联箱上。这些传感器产生用来在控制盘上指示泄漏的信号并且输入到一台显示目前值、报警和趋势信息的诊断计算机中。

阀门泄漏的声探测可以用永久安装的或便携式设备来进行。流经阀门的流体将提供声活动的信号。当阀门关闭时，声等级应降到零（考虑到背景噪声等级）。这会指示阀门已就座并且没有泄漏存在。若探测到泄漏，则要对阀门进行安排以采取检修动作。

声发射（AE）传感技术可能在运行中的电力变压器监测中特别有用。变压器故障主要影响着变压器内部与绝缘降级有关的局部放电（PD）。该绝缘击穿引起使油绝缘因子损坏的电弧，并且如果电弧继续存在，则产生爆炸性气体。每一 PD 传送到箱壁。在裂纹形成期间，这些应力波在性质上类似于在固体中传送的应力波，并且产生包含一种数量上可感觉到的在 150kHz 频率范围内能量的 AE 信号。那些信号可以很容易地区分发射到变压器的其他信号。

通过考虑 AE 信号的强度、放射源的近似位置和估计有关活动的等级，经常要估计问题的强度并对其原因进行可靠的评价。

效益（所有声系统）：提供较少管子泄漏的早期探测；接近管子泄漏位置；估计管子泄漏的强度；提供强度增加的监测；避免强制停机和灾难性故障；降低检修开支；延长设备寿命；提高效率；帮助避免人员伤害；提供正确阀座的指示；提供经过已关闭阀门的流体泄漏的指示；提供变压器绝缘击穿的指示。

一家电力企业已估计自从在线锅炉管泄漏探测系统安装以来，每年节约成本大约为 175 000美元。使用管泄漏探测系统也避免在一台 350MW 发电机组上频繁更换给水加热器，在 20 年时期内将实现每年 200 000 美元的费用节约。

七、电厂性能监测

通过使用整个电厂仪表上获得的性能监测数据，电力企业可以降低电厂耗热率，改进检修进度安排，并且更有效率地调度机组。降低耗热率，减少了燃料消耗及排放物，并且可以帮助推迟额外发电容量的需要。使用性能监测数据，可以指示设备缺陷，允许检修需要的计划。可以通过降低停机频率和时间长度来帮助提高机组利用率。根据提供实际电力产生成本的更佳估计，保持整个机组运行循环的耗热率改变的意识（与定期耗热率试验相反），改进经济调度能力。

电厂性能监测提供关于热循环中每一主要系统和部件的间接和长期趋势信息。当任何被监测的参数性能损坏时，电厂操作员和预知性检修分析人员可着重于需要采取校正动作的特殊区域或部件。通常会用其他诊断系统上的更详细信息或观察结果来补充该信息，导致产生改变性能状况的问题的有计划的、有次序的和有成本效益的校正。

一个性能监测系统使用可为特定电厂装置定制的模块化计算例行程序。该积木式方法允许类似部件的复制以构成总的系统，并使更新像设备那样的系统或运行工况改变更加容易。可利用的典型计算数据是：锅炉效率、锅炉管末清洁度、汽轮机级效率、汽轮机循环系统热平衡、凝汽器性能、给水加热器性能、空气预热器性能、可控制的损耗参数、在线机组递增耗热率、不确定性分析。

效益：在线性能监测对火力发电厂和核电站的总的电厂热循环性能和个别设备部件的分析有所帮助。效益可应用于多种功能性区域：电厂操作员可以调整控制系统以获得更佳的效率；检修人员可以基于个别部件参数来评价设备修理或检修的需要；电厂工程师可以评估被提议的设计改变与系统“假设分析”能力的影响；管理层可以保持经济调度决策的实时性能数据；电厂操作员可以更好地跟踪，进行趋势分析、故障查找和报告电厂性能；性能工程师可以获得实时性能指标，交互使用性能计算、执行、配置和结果；设备和电厂性能数据可以方便地存储和检索；模式化容许系统在电厂设备、运行循环系统或仪表的改变上有所更新。

第三节　状态监测及诊断实践与案例

目前，信息技术迅猛发展，各种状态监测仪器仪表和系统品种繁多，有的实现了状态诊断的智能化，有的开展了远程专家诊断。但就监测内容而言，常见的可利用的技术主要是振动监测诊断、红外成像监测诊断、油液监测诊断、声振监测诊断。

一、振动监测诊断实践

某厂 1993 年汽轮机组配备的本特利振动监测仪表，又于 1997 年购买东南大学 ZXP-1075 振动分析仪，后来逐步配备了 SA-77、VM-10、YHD-500 等振动分析仪。2003 年在重要辅机（转机）上加装本特利 System1 振动在线分析系统，开始进行振动故障诊断的分析处理。随着二、三机组投产，汽轮机增加了 YHD 诊断分析系统和 CWS 远程诊断系统；重要辅机实现了振动在线监测；配置了 VM-11、VM-12 等离线分析仪表。

汽轮发电机组一般都安装了 TSI 系统，但缺少对机组振动数据的深入挖掘，如振动波形、频谱、倍频的幅值和相位等故障特征数据，不能提供用于机组故障分析的专用图谱工具。汽轮机 Advaced TDM 有 TDM 的全部功能，可以对机组运行过程中的振动数据进行深入分析，获取包括转速、振动波形、频谱、倍频的幅值和相位等特征数据；还克服了 TDM 的不足，可以接入负荷、功率、压力、温度、流量、胀差等过程量，进行相关分析；特别是可以通过网络，实现在线远程诊断。

本特利 System 1 是一个模块化、可扩展的软件平台，运行于微软 Windows NT 操作系统上，用于管理与工厂设备资产相关的数据和信息。System 1TM 的核心是提供可用性信息，用“异常事件管理”方式管理设备资产，能够提供任何底层故障诊断图形，满足深入分析的需要。System 1TM 所支持的振动分析图形有当前值、趋势、时基图、半频谱图、半频谱覆盖图、瀑布图、多变量图、数据列表。

在重要辅机上进行振动状态监测与分析的设备有吸风机、送风机、给水泵、磨煤机。振动监测的数据点与位置：吸风机本体轴承组水平方向 1 个、轴向 1 个，共 2 个；送风机本体轴承组水平方向 1 个，轴向 1 个，发电机前、后水平及后轴向各 1 个，共 5 个；给泵主泵体前后轴承座水平方向各一个，发电机轴承座水平方向各一个，共 4 个；磨煤机小牙轮轴承非侧水平方向 1 个；两套系统总计 24 个振动传感器。

通过使用这些仪器，处理了大量的振动问题。

案例一： 汽轮发电机组方面，2 号（220MW）机组大修后开机，在升速过程中监视汽轮发电机组各瓦振动，并能通过频谱、轴心轨迹等分析状态情况。在转速达 400r/min 时，就发现 1 号瓦处的轴心轨迹非常乱，没有一点规则，再检查瓦的温度也上升很快，于是立即打闸停机。经检查发现，1 号瓦的一个进油法兰在检修时加装了堵板，装复时未及时拆除，导致缺油烧瓦。试想，如果当时未能从 1 号瓦处的轴心轨迹发现蛛丝马迹，后果将很难想象。

案例二： 5 号（330MW）机组开机时，发现 3 号轴振振动异常，3*Y* 方向振动较大，经分析频谱为一倍频，波形也正常，但查看轴心轨迹时发现，轨迹图形为斜 45°角，线路拉出规则的长方形外形。初步判断，不能排除振动探头存在问题。决定停机检查，最后发现 3*Y* 向振动探头接线松动，接触不好。由于发现及时，处理迅速，未造成任何影响。

案例三： 1 号炉甲磨煤机装上 BTL 在线状态监测系统后，及时发现了一次小牙轮振动增大的异常情况，趋势图如图 1-4 所示：立即检查发现，引起振动的原因是，由于小牙轮上

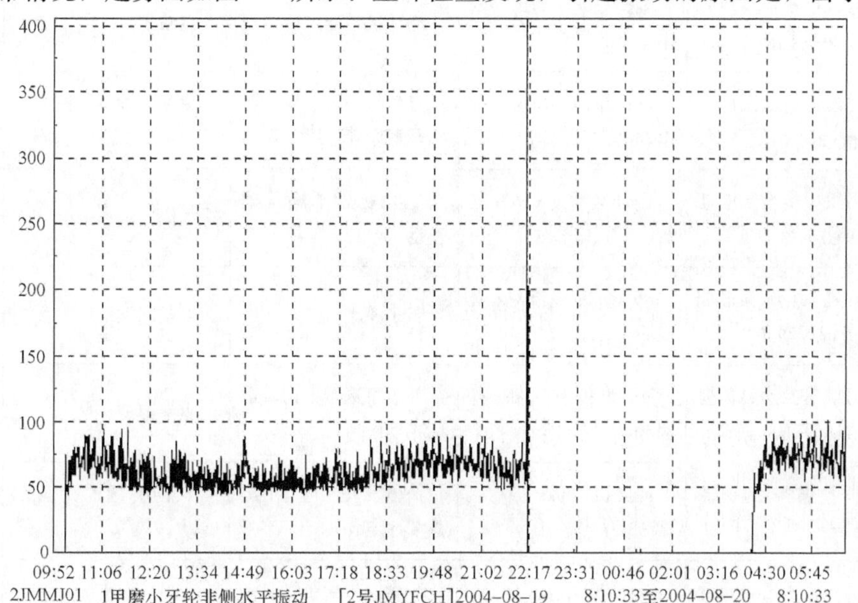

图 1-4　1 号炉甲磨煤机装上辅机状态监测系统后小牙轮振动趋势图

有三个齿的表面出现脱皮，最大的有拇指大小，深达1mm。如不能及时发现，很有可能发生小牙轮或大牙轮断齿，甚至更大的设备事故。

处理过的各类振动汇总见表1-8。

表1-8　　　　处理过的各类振动汇总

序号	故障现象	特　征	原　因	措　施	备注
1	1号机乙凝结水泵电动机（变频）水平方向振动	变频运行时，有共振转速，并不稳定	管系水力共振	排空的同时提高水位高度	
2	2号机甲凝结水泵电动机（定速）水平方向振动	振动频率1X；有低频；不稳定	联轴器柱销重量有差别，基础不牢	加固基础，每次检修对柱销称重，对称安装	
3	3号机甲凝结水泵电动机水平方向振动	振动频率10Hz	电动机上轴承保持架损坏	更换电动机上轴承	
4	2号循环水泵中间水导轴承水平方向振动	振动频率1X	中间水导轴承与轴不同心；加新的硬盘根，导致偏心	更换成软盘根	
5	3号循环水泵中间水导轴承水平方向振动异音	振动频率不稳定，声音异常	下水导轴承脱落	大修更换	
6	6号循环水泵电动机水平方向振动	振动频率1X；不稳定；逐渐增大	下部支撑差；轴系加工精度差	基础改造，轴系改造	
7	7号循环水泵电动机水平方向振动	振动频率1X	电动机风叶与入口导流的环氧树脂板碰摩	调整间隙	
8	1号机甲给水泵前置泵联侧轴向振动	轴向振动不稳定；轴串动	电动机轴向定位错误	重新定位	
9	1号机乙给水泵前置泵非侧轴向振动	轴向振动不稳定；轴串动	电动机与前置泵齿性联轴器咬死	更换联轴器，注意维护加油	
10	2号机甲给水泵电动机水平方向振动	振动频率1X；有倍频；不稳定	电动机轴承座基础松动	加固基础	
11	3号机A给水泵非侧水平方向振动异音	振动频率1X；有高频	转子碰摩	调整间隙	
12	3号机B给水泵前置泵非侧水平方向振动	振动频率4X；有高频	前置泵选型太大，水力不匹配	更换泵型	
13	钢球磨煤机大小牙轮振动	冷开机振动；振动频率63Hz	筒体及大牙轮上下冷热膨胀不均	长期备用时用盘车盘动	
14	1号炉乙磨电动机联侧轴承座水平振动	振动频率1X	柱销联轴器销孔磨大外圈共振	更换联轴器	

续表

序号	故障现象	特　征	原　因	措　施	备注
15	2号炉甲磨出口管道振动	与磨内的钢球滑落频率一致	气流脉动，共振	在螺旋管上加板调频，在出口料斗壁上加竖板整流	
16	1号炉乙排轴承座振动飘移	振动频率 1*X*；不稳定	叶轮背弧结粉	开槽	
17	1号炉甲排轴承座振动异音	振动频率 1*X*；振动加速度 $a>100\text{mm/s}^2$	轴承内圈断成四块	更换轴承	
18	2号炉乙排电动机联侧轴向振动	开机1小时后逐渐增大；轴向振动频率 1*X*	电动机轴向膨胀受阻	用垫片调整轴向间隙	
19	2号炉乙排电动机水平方向振动	电动机从下到顶部逐渐增大，振动频率 1*X*	支撑系统结构共振	对电动机结构进行全面加固	
20	1号炉甲送风机电动机轴向振动	开机后逐渐增大；轴向振动频率 1*X*	新换的轴承外圈支撑端盖孔径太小，轴向膨胀严重受阻	更换端盖	
21	1号炉甲送风机本体水平方向振动	振动频率 1*X*；有不稳定成分	径向轴承外圈磨松	更换轴承组	
22	2号炉乙送风机本体水平方向振动	振动频率 1*X*；有高频分量；轴承温度高	轴承组短轴与密封片摩擦	更换轴承组	
23	2号炉甲送风机本体水平方向振动	振动频率 1*X*；有不稳定成分	叶轮与新的轴承组轴径配合太松	更换轴承组	
24	2号炉甲送风机电动机轴向振动	轴向振动频率 1*X*、2*X*	风机本体推力轴承装反	更换轴承	
25	2号炉乙吸风机电动机非侧水平方向振动	振动频率 1*X*、2*X*；轴瓦水平方向有磨损	电动机断条	更换电动机	
26	3号炉B吸风机本体水平方向振动	振动频率 1*X*；	叶轮不平衡	做动平衡	
27	启动炉吸风机轴承座振动	振动频率 1*X*；有明显低频分量；不稳定	水泥基础在土中断裂	重做基础	
28	2号（6kV）空压机进口滤清器振动	振动频率 1*X*	支撑系统结构共振	把进口管刚性连接	
29	2号供油泵轴承座联侧水平振动	振动频率 1*X*	联轴器铸造质量差，有气孔	临时做动平衡，后更换	

续表

序号	故障现象	特　征	原　因	措　施	备注
30	5号甲皮带电动机轴向振动	轴向振动频率1X	电动机与减速机液力偶合器轴向顶死，没有间隙	重新调整轴向间隙	
31	5号乙皮带电动机水平方向振动（新）	振动频率1X	基础共振	加固	
32	3号炉脱硫增压风机突发性振动	振动频率1X	叶片断	更换	
33	一次风机轴承座非侧水平方向振动	振动频率1X	机翼形叶片内结灰	做动平衡	
34	15MW供热汽轮机	2号瓦、3号瓦轴瓦座轴向振动1X	2号瓦座底部连接刚度差，瓦枕无球面	临时抬高3号瓦座，减少2号瓦承载。大修，2号瓦、3号瓦台板基础重做	
35	330MW汽轮机	3号瓦轴向振动飘移大	油挡结碳，碰摩且3号瓦承载轻，阻尼小，抗汽流干扰能力差	油挡改造，并把3号瓦标高抬高0.03mm	

二、红外成像监测诊断

从2000年购买PM525热成像仪对电气设备进行状态监测以来，先后发现了很多设备问题，并得到及时解决，有力地保证了电气设备的安全稳定运行。举例如下。

（1）对升压站设备进行检查发现7213刀开关A相、7503刀开关B相、46 733刀开关B相发热达100℃左右，如长时间不处理会烧坏设备，随后申请设备停役检查发现刀开关动静触头接触不良并进行了处理，设备运行后检查处理效果很好。

（2）对5号主变压器进行检查，发现其主封母联通管接头处发热达110℃左右，如长时间不处理会引燃附近5号主变压器低压侧的橡胶波纹管，造成5号主变压器低压侧接地进而跳机，利用5号机调停机会检查发现主封母联通管法兰接头处漏装了绝缘垫，立即加装了绝缘垫，开机后检查正常，该处温度为当时环境温度。

（3）发现3号发电机出口电流互感器底部固定螺钉温度高达120℃左右，如不及时处理，时间长了会烧坏电流互感器而引起停机。利用3号机调停机会检查发现，3号发电机出口电流互感器底部固定螺钉处漏装了绝缘垫，立即加装了绝缘垫，开机后检查该处温度为50℃左右。

（4）对1号～6号发电机励磁电刷进行检查，发现不少电刷温度高，并及时处理，避免了不少因发电机励磁电刷打火而造成的停机事故。

（5）发现7011刀开关接头发热，46 301刀开关接线座发热，703CT接头发热并及时处理，设备投入运行后跟踪检查正常。

（6）发现1号主变压器220kV C相套管内部导电接头发热、2号主变压器B相TA连接板发热等故障并及时处理，设备投入运行后跟踪检查正常。将设备故障控制在萌芽状态，为设备的预知性检修提供了及时准确的依据。

（7）46 041 刀开关接头发热，46 042 刀开关接头发热，利用热成像仪跟踪检查，其温度最高达 179°，为及时处理两把刀开关发热问题提供了直接的依据。

（8）输煤Ⅱ段 3 号转运站车间盘电源（刀开关编号 050）：B、C 相熔断器下触头处温度高达 122℃。对接触面进行处理，去除氧化层。

（9）220kV 升压站 4671 开关Ⅰ母刀开关 46 711 三相中间触头发热。

（10）220kV 升压站Ⅰ、Ⅲ母分段 4500 开关Ⅰ母刀开关 45 001 的三相中间触头有发热现象。

（11）220kV 升压站 3 号主变压器 4603 开关Ⅲ母刀开关 46 031 三相中间触头发热，B 相开关侧导电座发热。

（12）220kV 升压站Ⅰ、Ⅲ母分段 4500 开关Ⅲ母刀开关 45002 的 A 相中间触头有发热现象。

（13）220kV 升压站Ⅱ、Ⅳ段母线分段 4600 开关所属 TA 的 C 相端部 C_1 出线处温度（18℃左右）高于 A、B 相端部温度（34℃左右）。

（14）测量 5 号发电机各氢冷器进出水温差，发现 C 氢冷器进水 34℃，出水 31℃，同时测量 A、B、D 氢冷器进水温度 14℃，出水温度 27～32℃，判断 C 氢冷器气堵断水。立即联系运行值班人员，打开 C 氢冷器排空气门，进行了约 10min 的排空气，直至排出水。在此期间，连续测量 C 氢冷器进水温度，从 34℃降至 14℃，与其他氢冷器进水温度持平；出水温度约 38℃，较其他氢冷器出水略高，增大发电机氢气温度调节阀开度后，出水温度降至 32℃，恢复正常。作为后续控制措施，要求 C 氢冷器排空气门保持 1/8 圈的微开排气状态，防止气堵断水。

（15）4 号主变压器 4604 开关所属 TA 的 C 相导电排 C_2 根部有发热现象。检修人员和江苏金科厂家人员共同处理，已紧固 TA 内部发热部位和其他引线螺钉，运行时跟踪测量确认无异常。

（16）在二期制氢站巡查设备时，发现制氢站整流柜输出母排接头温度 80℃，中午时测量输出母排温度上升到 120℃，及时与运行部门联系停运设备，发现表面氧化严重。检修处理后，经满负荷连续试运行温度正常，避免了一起因制氢整流柜过热损坏而导致制氢系统停运故障的发生，保证了制氢设备运行的可靠性和安全性。

图 1-5 是利用红外技术发现的设备故障的部分图片。

三、油液监测诊断

2002 年我厂购买了 ABAKUS 颗粒计数仪，开展油液分析的项目主要有 EH 油（抗燃油）、汽轮机油、给泵润滑油等。通过定期分析，及时发现了 EH 油等颗粒度超标的情况，为及时滤油，减少设备故障，做出了贡献。在 EH 油的管理上作用尤为特出。油品质量要求很高（5 级以下），在购买 ABAKUS 颗粒计数仪以前，EH 油都是送到省电力科学研究院化验，收费高且化验不及时，导致调节调门的伺服阀经常卡涩，严重影响机组调节性能，威胁机组稳定运行。开展油的清洁度管理后，把油质始终控制在优良范围（3 级左右），确保了 EH 油系统的安全稳定，十多年时间里，没有发生一次伺服阀的卡涩情况，大大提高了调节系统的可靠性。另外，还可以对汽轮机润滑油进行控制，要求在 8 级以下，我们现在控制到 7 级。现在又对油液监测对象进行了扩展，对斗轮机的液压油也进行了检测，并督促维护人员加强滤油。

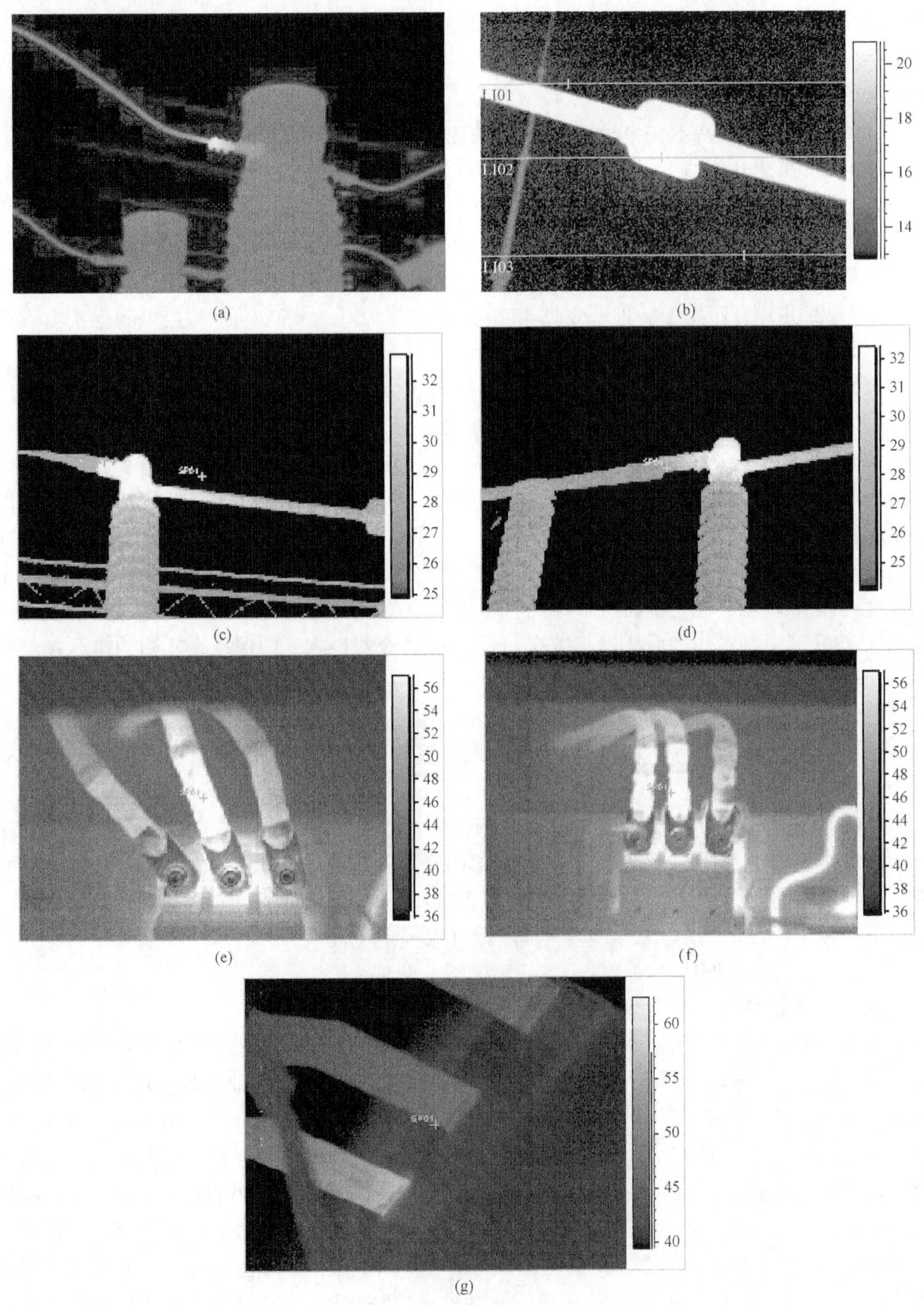

图 1-5　设备故障的红外图片

表 1-9 是给泵油务管理的统计情况。

表 1-9 **油质异常情况统计表**

取样设备	抗燃油箱		取样日期	2015 年 7 月 28 日	
油样牌号	抗燃油				
试验要求	正常监督				
分析结果					
项　　目	3 号机	4 号机	5 号机	6 号机	标准
密度（20℃，g/cm³）	—	—	—	—	1.13～1.17
闪点（℃）	—	—	—	—	≥235
运动黏度（mm²/s）	—	—	—	—	39.1～52.9
酸值（mgKOH/g）	0.15	0.11	0.15	0.11	≤0.15
颗粒度（NAS 级）	2	2	3	3	≤6 级
矿物油含量（%）	—	—	—	—	≤4
自燃点（℃）	—	—	—	—	≥530
电阻率（20℃，Ω·cm）	1.29×10^{10}	4.82×10^{10}	6.15×10^{10}	6.26×10^{10}	$\geq6.0\times10^{9}$
水分（mg/L）	437.8	494.0	578.3	288.2	≤1000
氯含量（mg/kg）	—	—	—	—	≤100
外观	透明	透明	透明	透明	透明
颜色	深黄色	黄色	黄色	黄色	桔红
备　注					

HNH-ZD.07-JD11-26　　　　FD-2012-JX012

×××电厂

油质劣化通知单见表 1-10。

表 1-10 **油质劣化通知单**

设备名称	3 号机组小汽泵		发现时间	9：00	
取样点	3 号机组小汽泵				
劣化项目	颗粒污染度（NAS1638）达 7 级				
项目控制标准	油质透明，无沉积水、无杂质，颗粒污染度不大于（NAS1638）6 级				
建议采取措施： 建议尽快滤油至合格					
分析人	×××	班组	×××	执行人	×××

四、声振监测诊断

目前，影响火力发电厂发电机组可用率的主要因素，集中反映在锅炉的系统设备上，而锅炉故障主要是由于“四管”泄漏所造成的非计划停机。四管爆漏是热力发电厂中常见的多发性故障，已成为影响我国发电设备安全稳定运行的主要因素。2011 年江苏省网区域所辖电厂四管泄漏造成非计划停机占非计划停机总数的 37.7%。而多年的运行实践证明，故障出现初期，其泄漏量及范围都不大，一般经过几天或十几天，泄漏程度会逐渐增高，发展为破坏性泄漏而爆管。局部的泄漏还会冲刷周围邻近的管壁，造成连锁性破坏，危及整个锅炉运行的安全。

因此，如何实现对锅炉承压受热面的轻微泄漏早期发现，并对泄漏发展趋势进行可视化的定量监测，对妥善安排检修策略及缩短检修时间、降低临检率具有重要意义。

我厂开展声振监测的设备主要是锅炉四管泄漏报警系统。该系统有以下特点：

(1) 具有锅炉“四管”轻微泄漏的早期诊断及报警功能。

(2) 具有历史趋势记录对泄漏发展的自动跟踪功能。

(3) 以不同颜色实时显示各测点的正常、异常、泄漏及故障状态。在监测系统显示器上包含了系统功能的所有界面和菜单（见图 1-6）。这些界面均可为用户提供随时的参数修改、记录检索、历史数观察、噪声分析、图表打印等。

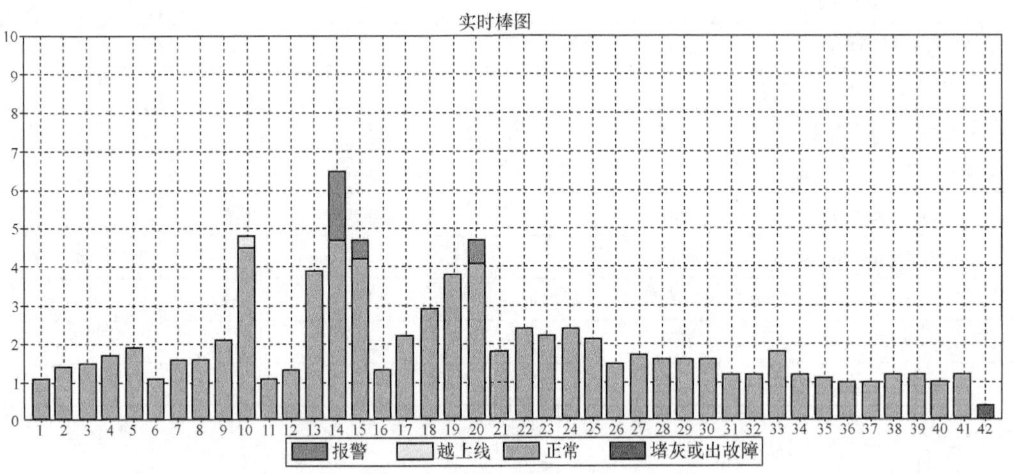

图 1-6　系统功能界面

实践充分证明，锅炉泄漏在线监测系统的确比人工能提早发现锅炉的轻微泄漏。

2011 年 11 月 12 日，我厂 3 号炉泄漏监测系统报警，指出 14 号测点附近发生泄漏，运行人员多次检查，直到停炉之前仍然听不到任何泄漏声音。2012 年 1 月 20 日春节期间，节日调停，对 14 号点出现过的报警不放心，决定打压试验检查，结果发现距 14 号测点附近的顶棚夹层的水冷壁管发生轻微泄漏，并及时处理，避免了起炉之后的再停炉，减少一次非计划停机，产生重大经济效益。

图 1-7 记录了泄漏发展的详细过程，由图 1-7（b）可以看出 11 月 12 日历史曲线已经开始显示泄漏迹象。

由图 1-7 可见，本次泄漏轻微，而且发展过程缓慢，从 11 月 12 日泄漏报警，1 月 20 日节日停机，经历了 68 天。可见泄漏监测系统确实可以比人工大大提早发现轻微泄漏，事实上依靠人工监测泄漏，发现时往往泄漏已经发展到十分严重的程度。

结果证明，锅炉承压管泄漏监测设备报警准确，对轻微泄漏比人工提前发现泄漏 15 天以上。锅炉承压管泄漏在线监测系统，为分析、监测泄漏，合理选择停机时机，防止事故扩大，缩短停机时间及减少经济损失，提高机组等效系数，避免误停炉，减少经济损失提供可

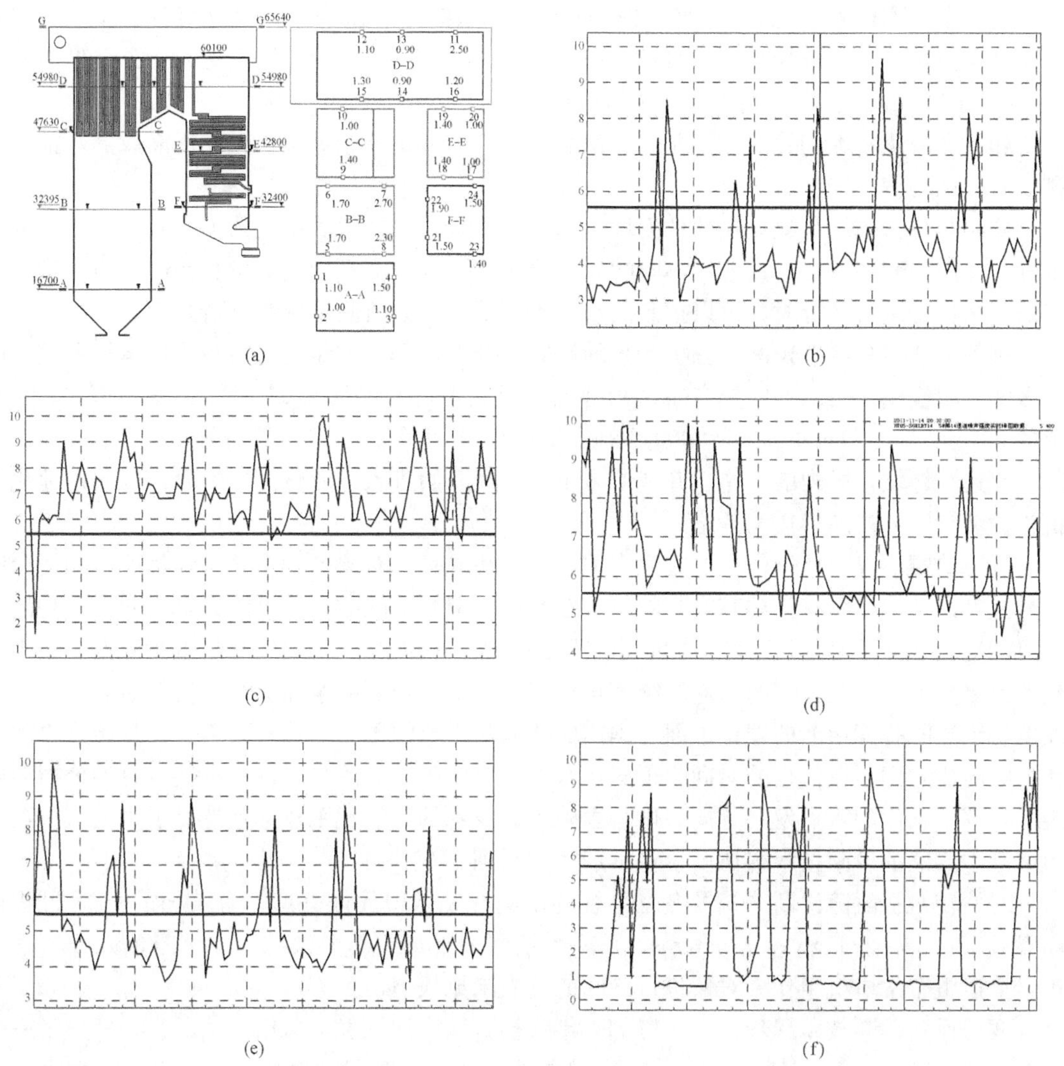

图 1-7 泄漏发展的详细过程

(a) 测点布置图；(b) 2011 年 11 月 2 日（未报警）；(c) 2011 年 11 月 12 日在线监测值（报警）；(d) 2011 年 11 月 13 日，数值已开始逐步走低；(e) 2012 年 1 月 4 日稳定在 4～5 之间；(f) 2 月 9 日漏点处理后机组启动的数值

靠的手段。

第四节 状态监测仪器仪表及系统

国外多家公司均已形成种类齐全的在线监测仪表产品系列，既可以作为设备简单监测使用，也可以参与设备的闭环控制和保护。随着计算机技术和信息技术的发展，仪表走上了智能化的道路，成为大型计算机系统的有机部分。

在我国，许多汽轮发电机组上安装的美国本特利·内华达（Bently Nevada）公司生产的 7200 系列、3300 系列、3500 系列监视仪表系统和菲利普公司生产的 RMS-700 系统都是成熟的状态监测仪表系统。爱默生（Emerson）、恩泰克（Entek）、罗克韦尔（Rockwell）、申克（Schenck）等公司的状态检测仪表系统也开始大量用于发电设备及系统中。我国经过20年的努力，也逐步有产品进入到主流应用中。

随着自动化技术的发展，智能化状态监测包（monitoringagent）也在逐渐成熟，推动监测仪表领域的重大进步。

监测与分析系统是建立在软件模块上的监控装置，它和仪表系统的根本差别在于其柔性很好，在同一套硬件之上，采用不同的软件模块就可以适应不同的对象和使用环境。当以分析的复杂程度进行区分时，可以把监测与分析系统分开为监测系统和分析系统。

国外发电设备状态监测与分析系统的研究与开发，经过数年的努力和现场运行考核，已有多家公司推出了自己的成熟产品，并得到广泛应用，如美国的M800A系统、IQ/2000系统的5915系统、Trendmaster 2000系统和ADRE系列系统、S501系统等。

在这个领域，国内的工作也开展了多年，已经开始进入产业化推广阶段，以其本地化和价格优势与国外产品形成竞争格局。

故障诊断不仅与监测信息的收集有关，而且还与具体对象的动力学特性相关，如两台同型号故障设备，尽管有某类基本相同的状态数据，但其反映的故障可能完全不同。这是故障本身的复杂性和不确定性所致，同时也是监测数据只可能是采集到的有限重要数据，还不能包罗万象所致。因此，好的诊断系统应该与特定对象有很好的亲和关系。资料表明，国外在发电机组故障智能诊断的理论方面与国内的研究水平差距不大，一些著名公司开始这方面工作的时间比它们制造仪表的时间晚很多，有的也只做简单故障分析诊断，甚至有的公司明确表示这不是它们的重点发展方向；但是国外先进技术的产业化工作远远超过了国内，一项成熟或基本成熟的诊断技术很快就会在其产品中看到。

对旋转机械故障诊断系统及专家系统的研究开发做得比较好产品有美国的PDS过程诊断系统（process diagnosis system）、EA系统（engineer assistsystem）和Nspectr-2系统等，而以整个发电机组作为对象进行诊断的，尚未见报道。

我国设备诊断技术起步于20世纪80年代初，从应用在发电机组的情况看，经过了一个起落过程。80年代后期到90年代初期，在国内监测诊断技术蓬勃发展的推动下，发电机组状态监测和故障诊断技术得到快速发展，技术研究的主体是国内重要的大学和研究院所，如清华大学、西安交通大学、华中科技大学、哈尔滨工业大学、机械部电工研究所、西安热工研究院等。但是，1995年以前的研究工作主要定位于通过故障诊断解决设备安全问题。事实证明，这对发电机组不是最主要的，因为发电机组有自身快速可靠的保护系统，企业投入所带来的产出都是潜在的间接效益，所以对企业的吸引力减小。因此，90年代中期，发电设备监测与诊断技术的发展逐步走入低谷。1998年以后，主要研究单位和研究人员逐步认识到，状态监测与故障诊断更重要的应用领域是设备现代管理，特别是维修机制的变革。与此同时，发电企业也逐步开始推行状态检修，为设备监测诊断技术的应用提供了新的舞台。从90年代末以来，发电设备监测诊断技术又进入新的发展期。在这个发展期中，企业逐渐成为技术的主体，监测诊断技术很快产业化。重要大学和研究院所中坚持这个研究方向的队伍除了继续开展深入的基础研究外，也开始将监测诊断技术与设备状态评价、检修决策等交叉，研究工作理性化，已经开始有新的成果涌现。

回顾我国发电设备监测诊断技术的发展，大型旋转机械，特别是汽轮发电机组的状态监测与故障诊断技术研究是其中最辉煌的一页。“七五”攻关完成了单台200MW汽轮发电机组的监测诊断系统的研究，“八五”攻关提交了“多台200MW汽轮发电机组的监测诊断系统”和“单台300MW汽轮发电机组的监测诊断系统”的技术成果，同时还围绕监测诊断进行了若干机理性专题研究，如汽轮发电机组机械故障的研究、汽轮发电机组机电耦合动态分析与扭振研究、汽轮发电机组各种流体诱发振动分析研究、汽轮发电机组各种热力状态诱发故障的研究、汽轮机调节系统故障诊断研究等。“七五”“八五”技术攻关把我国的有关监测诊断技术推到接近世界水平的行列，其中若干研究成果已经处于世界先进水平。20世纪90年代后期的技术发展和产业化与这些研究工作和在此期间的人才培养密不可分。

就目前国内发电设备技术装备来看，机组的状态监测是比较完善的，而故障诊断功能薄弱，特别是在智能诊断，充分利用统计数据和专家知识为大型机组经济安全运行服务及科学制定检修决策方面还相当欠缺。虽经过20多年的发展，监测诊断技术仍然存在一些亟待解决的问题，有些甚至成了制约其继续发展的瓶颈，主要有以下几点：

（1）传感器技术。诊断是建立在监测信息基础上的，但是许多重要状态信息还不能准确采集，如火焰、汽轮机转子温度、电机绝缘变化等，因此要研制可靠性、稳定性好、精度高的多品种传感器及复合式传感器。

（2）信号分析与信号处理技术。信息技术发展很快，从传统的时频域分析发展到短时傅里叶分析、Wigner谱分析、小波分析、信息融合等，但解决从有限的信息中提取设备状态和故障征兆的问题还常显得力不从心。

（3）人工智能与专家诊断系统。从1985年以来，国内许多研究机构开展了这一技术的研究工作，几乎成了诊断技术的发展主流，但在工程应用方面，远未达到人们期望的水平，其中问题的症结仍然是知识获取和知识应用问题。如何将该领域专家的知识总结成置信度高的规则或学习样本，是摆在我们面前的重要任务。增强系统推理计算能力及自学能力也是专家系统获得实际应用的前提条件。智能化仍将是今后诊断技术的主要发展趋势。

（4）监测诊断系统的开发和研究。这是人们花精力最多的一个研究方向，从20世纪80年代单机巡检到上、下位机式的主从机结构，再到今天的以网络为基础的分布式结构和远程有线、无线结构，系统结构越来越复杂，实时性越来越高，功能也越来越强。目前国内开发研制的监测诊断系统，普遍存在的问题是系统可靠性和稳定性较差，还需要改进。

（5）综合自动化系统。监测诊断系统必须由单纯的监测诊断向监测、控制、诊断、管理、维修、调度的集成化方向发展，由专业性试验研究中心实现遥测、遥信、遥诊、遥控。监测、诊断将直接服务于设备的运行维修、管理乃至参与生产控制和调度，变计划检修为状态检修。

（6）闭环功能少，所起的作用有限。闭环监控将逐步取代目前的开环监控与诊断，使设备管理逐渐融入生产实时管理。

（7）设备领域故障机理研究。机理研究是监测诊断技术推广使用的领域知识的基础，必须加强，它现在已经成了诊断技术应用的限制瓶颈。

电厂设备状态监测仪器仪表配备建议如下。

（1）汽机专业。

1）本体：配在线振动监测系统，带分析诊断功能，可以优化数据库，优化逻辑、三维动画（北京必可测）、远程诊断等。

2）辅机：配振动仪（可测位移、速度、加速度）、点温仪、振动分析仪、真空氦子检漏仪等。循泵配无线振动监测装置、温度接、发装置（小神探）；有条件振动实现在线监测。

3）油务管理：配油颗粒度（清洁度）监测仪、铁谱分析仪等。

（2）锅炉专业。

1）本体：配四管泄漏监测报警系统、锅炉管寿命管理监测系统、红外成像仪。

2）辅机：配振动仪（可测位移、速度、加速度）、点温仪、振动分析仪等。有条件地使用振动在线监测系统。

（3）电气专业。配发电机故障诊断系统、变压器油色谱分析系统、红外成像仪及各种专业诊断分析仪器（如直流接地监测仪）等。

（4）热控专业：红外成像仪等。配先进的振动仪器仪表、红外成像仪、颗粒度仪和铁谱分析仪、四管泄漏报警仪及设备管理及信息管理系统介绍见附录三。

第二篇　转动设备振动监测与故障诊断

某电力科学研究成果表明，振动监测已经成为很多电厂预知性检修程序中使用的首要技术。如果使用恰当，振动监测将是一个宝贵的工具，它可以在机器发生严重故障前探测和诊断机器故障。

有专家公开宣称，没有开展转动设备振动监测诊断进行预知性检修的研究，就谈不上开展状态检修。

电力设备常见的故障模式：异常振动、疲劳、腐蚀、蠕变、磨损、脆性及塑性断裂、绝缘劣化等。电力设备故障的概率典型调查，见表 2-1。

表 2-1　　电力设备故障的概率典型调查

故障模式	转动设备	静止设备	电气设备	仪表设备	其他	合计
异常振动	72		1	1	1	75
磨损	47	10		3	3	61
腐蚀	6	44	1	3	2	56
裂纹	20	25		1	2	48
绝缘劣化	2	3	28		1	34
异常声音	27			2		29
疲劳	18	8		2	1	29
泄漏	6	14	3		3	26
油劣化	7	5			6	18
材质劣化	6	8	1	2	2	19
松弛	8	2			2	12
异常温度	5	3		1	2	11
堵塞		5			2	7
剥离	4	4				8
其他	9	6	11	1	4	31
合计	237	137	45	16	29	461

从表 2-1 中可知：转动设备故障占整个故障的比例达 237/461，即 51.4%；而转动设备中异常振动的比例又达 72/237，近 30%。从表 2-1 缺陷统计和主设备的故障危害性来说，电厂转动设备的振动问题总是牵动各级领导的神经，是重点研究和公关的主要技术之一。

针对概率最大的故障模式，设置状态监测装置加以跟踪分析，可有效提高设备故障诊断的准确性。为此，下面进行专门的分析讨论。

第一章

转动设备振动故障诊断理论基础

第一节 转子振动的概述

转子动力学是转动机械振动的理论基础，是研究转机振动问题的基本知识。

一、简谐振动的基本概念和方法

机械振动：是指质点或机械动力系统在某一稳定平衡位置附近随时间变化做的一种往复式运动。它是一种广泛存在的普遍运动形式，自然界中随处可见。

和其他机械运动一样，振动的形态用位移、速度和加速度来描述。

振动可以划分为简谐振动、周期振动、非周期振动和随机振动四种形式。

简谐振动：运动量随时间按谐和函数的形式变化。

周期振动：运动量的变化经过一个固定的时间间隔不断重复。

非周期振动：运动量的变化随时间不呈现重复性变化。

随机振动：对任一给定时刻的运动量不能预先确定。

对于位移、速度、加速度等运动量，随时间按谐和函数变化后的简谐运动，标准数学表达式为

$$x = A\sin(\omega t + \varphi) = A\sin(2\pi ft + \varphi) = A\sin(2\pi/T + \varphi) \tag{2-1}$$

$$T = 1/f \quad \omega = 2\pi f$$

式中 A——位移幅值，它是指做简谐振动的物体离开平衡位置的最大距离，量值是单峰值，即振动测量中经常用到的峰峰振幅值的一半，mm或μm；

ω——圆频率，每秒中转过的弧度，rad/s；

f——振动频率，每秒振动次数，Hz；

T——振动周期，运动重复一次所需要的时间，s；

φ——初始相位角。

把表达式展开，即可得到一条曲线，如图2-1所示，这条曲线可以看作矢量$\boldsymbol{A}$从初始位置φ起，以角速度ω绕原点O逆时针匀速度转动，在y轴上投影的连线。任一时刻，矢量$\boldsymbol{A}$与x轴的夹角为$\omega t+\varphi$，它在y轴上的投影即是式（2-1）中的x。

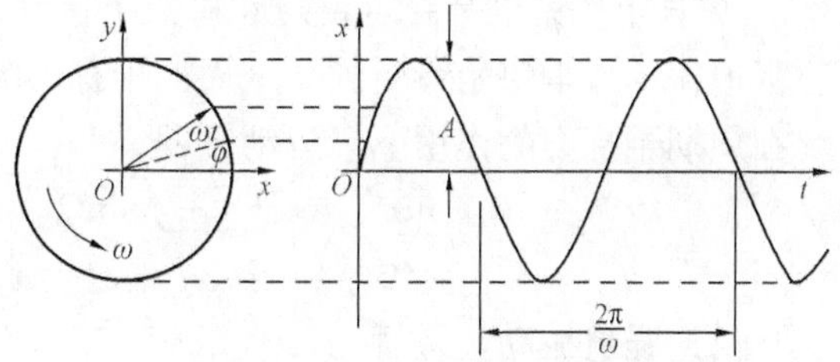

图2-1 简谐振动振幅-时间曲线

将式（2-1）对时间t求导，得到速度量

$$\begin{aligned} v &= \mathrm{d}x/\mathrm{d}t = A\omega\cos(\omega t + \varphi) \\ &= v\cos(\omega t + \varphi) \\ &= v\sin(\omega t + \varphi + \pi/2) \end{aligned} \tag{2-1}$$

式中 $v=A\omega$，是最大速度。

将式（1-2）对时间 t 求导，得到加速度 a：

$$a = \mathrm{d}v/\mathrm{d}t = -A\omega^2 \sin(\omega t + \varphi)$$
$$= -a\sin(\omega t + \varphi)$$
$$= a\sin(\omega t + \varphi + \pi)$$

式中　a——最大加速度，$a=A\omega^2$。

二、单自由度振动

1. 单自由度系统无阻尼自由振动（见图 2-2）

振动系统的自由度：是指在任何时刻确定系统在空间的几何位置所需要的独立坐标的个数。若简化为一个质点，且只能在一个方向运动的振动系统，则称为单自由度系统。

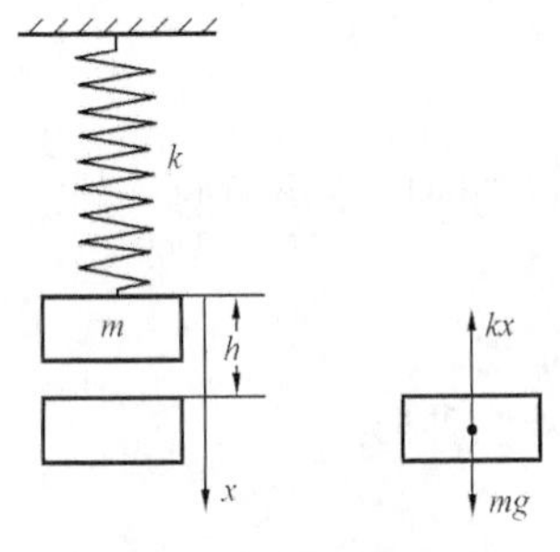

图 2-2　单自由度无阻尼自由振动模型

阻尼：运动过程中系统能量的耗散作用。

线性黏性阻尼：振动系统的元部件受到一大小与其速度成正比，方向与速度方向相反的力作用时所出现的一种能量耗散作用。线性黏性阻尼系数是指线性黏性阻尼压力与速度的比值。临界阻尼：使偏离平衡位置时所出现的一种能量耗散作用的单自由度系统，无振动地回到初始位置的最小黏性阻尼。阻尼比是指在线性黏性阻尼系统中，实际阻尼系数与临界阻尼系数之比，欠阻尼指阻尼比小于 1 的阻尼；过阻尼指阻尼比大于 1 的阻尼。

在无阻尼情况下，运动方程为

$$S_{st}=mg/R$$

式中　m——物体的质量；

g——重力加速度；

R——弹簧刚度。

自由振动：这种仅仅依靠运动系统内的弹簧的弹力来维持的振动，称为自由振动。

由牛顿第二定律：

$$mg=-kx$$

可算出：频率 $f=(R/m)^{1/2}\pi$ 即振动频率与弹簧刚度的平方根成正比，与质量的平方根成正比。刚度越高，振动频率越高。质量越大，振动频率越低。这一结论对于一般的振动系统有普遍的意义。这个 f 称为系统的固有频率。

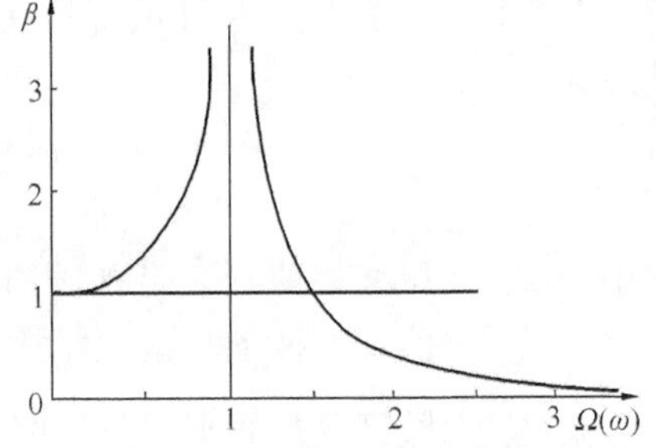

图 2-3　单自由度无阻尼强迫振动幅频特性曲线

2. 单自由度无阻尼强迫振动和周期干扰力（见图 2-3）

强迫振动：重块始终受到一个周期干扰力的作用（外界周期性激励所激起的稳态振动）。

在周期干扰力的作用下，运动方程

$$mx'' = -kx + p\sin\Omega t$$
$$x = c_1\cos\omega t + c_2\sin\omega t + q/(\omega^2 - \Omega^2)\sin\Omega t$$

只讨论强迫振动，特解为

$$x = (p/R\sin\Omega t)(1/d/\omega^2)$$

取 $\beta=1/1-\Omega^2/\omega^2$，称为放大因子。

绘制 β— (Ω/ω) 曲线，即为幅频率特性曲线。

（1）当 Ω 与 ω 相等，振幅无穷大，这种情况，即为共振。

（2）当 $\Omega=0$ 时，$\beta=1$，重块位移为零。

（3）当 $\Omega=\infty$时，放大因子趋于零，强迫振动项的振幅趋于零。

实际的振动系统不会是这样的无阻尼状态，阻尼力总是或多或少的存在。一般有接触面摩擦，空气或其他流体、材料的内摩擦等。

3. 单自由度系统有阻尼的自由振动（见图 2-4）

以黏滞阻尼为例：

$$mx''=-kx-cx'$$

设 $2n=c/m$，$\omega_d^2=\omega^2-n^2$，ω_d 称为阻尼自由振动的角频率。

$$x=e^{-nt}(c_1\cos\omega_d t+c_2\sin\omega_d t)$$

可以看出，计入阻尼后的振动频率要比阻尼的自由振动的频率有所减少。

4. 单自由度有阻尼的强迫振动

计入阻尼后的强迫振动方程为

$$mx''=-kx-cx'+p\sin\Omega t$$

$$x=e^{-nt}(c_1\cos\omega_d t+c_2\sin\omega_d t)+m\cos\Omega t+N\sin\Omega t$$

由于因子 e^{-nt}，自由振动随时间的持续要逐渐衰减下来。强迫振动借干扰力的作用无限期地保持着，形成与干扰力同频的稳态振动。

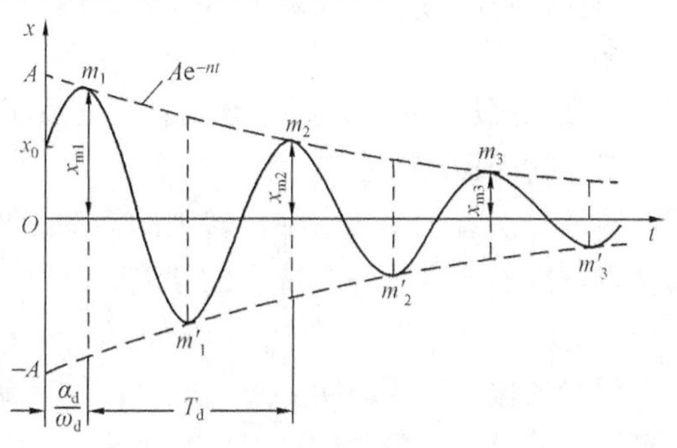

图 2-4 单自由度有阻尼自由振动振幅-时间曲线

稳态振动可表示为

$$x=A\cos(\Omega t-\theta)$$

$$A=(M^2+N^2)^{1/2}$$

$$\theta=\tan^{-1}(2n\omega/\omega_d^2/1-\Omega^2/\omega_d^2)$$

引入阻尼比

$$r=n/\omega_d=c/cx$$

相位

$$\theta=\tan^{-1}(2R\omega/\omega_d)/(1-\Omega^{2/1}\omega_d^2)$$

可以看出，具有黏滞阻尼的稳态强迫振动，是一种具有定常振幅为 A，相位为 θ 和频率为 Ω 的简谐振动。

放大因子为

$$\beta=1/[(1-\Omega^2-\omega_d^2)^2+(2r\Omega/\omega_d)^2]^{1/2}$$

作出幅频特性曲线和相频特性曲线（见图 2-5）。

由幅频特性曲线得出：放大因子不仅取决于 Ω/ω_d，还取决于阻尼比 γ。有阻尼后的情况和无阻尼时的幅频特性相比，随阻尼的增加，其振动的最大振幅由无穷大变为有限值。阻尼越大，共振时最大振幅越小。另外，β 的最大值发生在干扰力频率 Ω 与固有频率 ω_d 之比

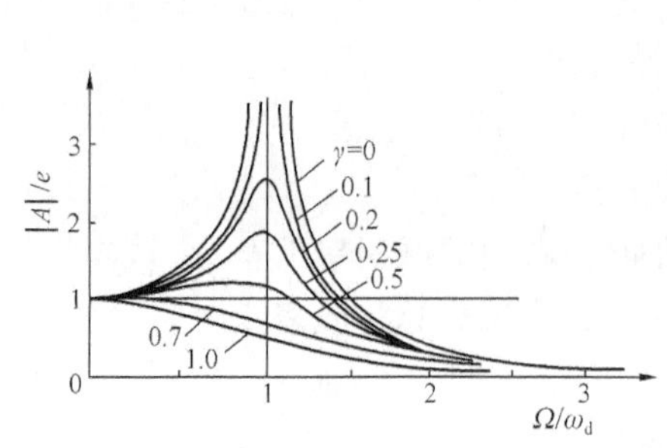

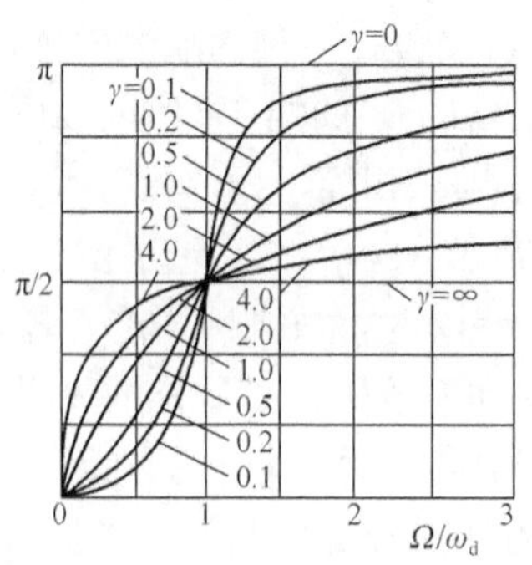

图 2-5 单自由度有阻尼强迫振动辐频、相频特性曲线

略小于 1 的时刻。

由相频特性得出在零阻尼的情况下，Q 随 Ω 的增大呈阶跃变化。对于所有的（Ω/ω_d）<1的值，振动与干扰力同相，即 $\theta=0$；对于所有的（Ω/ω_d）>1 的值，振动与干扰力反相，即 $\theta=180°$。

当存在阻尼时，Q 随Ω/ω_d 的增大连续变化。在 $0<$（Ω/ω_d）<1 的区间，Q 的值为$0°\sim90°$，在 $1<$（Ω/ω_d）$<\infty$区间，Q 的值为 $90°\sim180°$。当 $\Omega/\omega_d=1$ 时不管阻力大小，Q 总是等于 $90°$。这就是说，共振时振动总是滞后于力 $90°$。

三、转子振动

转轴可以看作梁的一种，转轴的振动现象在许多方面服从梁的振动规律，但又有其自身的特点，因而产生了许多特有的性能。

$$\Omega_i = n^2\pi^2/e^2 \quad \omega_i = I^2\pi^2/L^2(EI/PA)$$

对梁的振动，要说明一点：任一阶固有频率与跨距（L）平方成反比，与单位长度质量的平方根成反比，与弯曲刚度的平方根成正比。

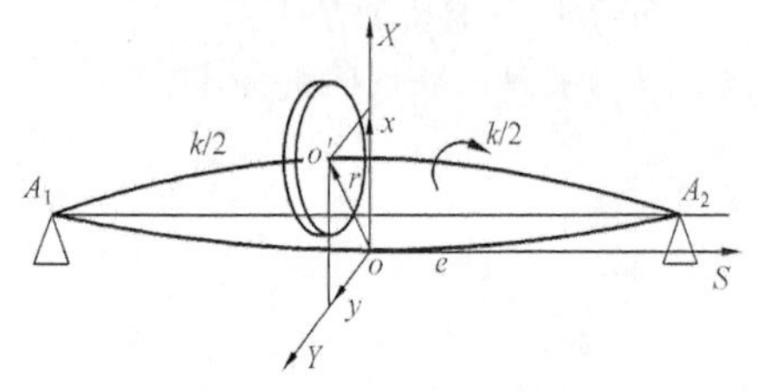

图 2-6 单圆盘转子模型

转子中最简单的模型为单圆盘转子（见图 2-6）。轴的两端为简支，一个圆盘固定在轴的中部，又称为 Jeffcost 转子。它最早用来研究高速旋转机械转子的不平衡响应。

由于圆盘重力的作用，转轴要发生弯曲变形，静态即产生挠曲。如果圆盘的质心和转动中心重合，圆盘转动后的挠曲线是不变的。

如对转动中的圆盘一侧施加一个横向冲击，转轴的弹性会使得圆盘做横向振动，圆盘的中心移动，做频率为 ω_n 的平面简谐振动。由于在 x 和 y 方面不相等，所以轨迹是个椭圆。中心的这种运动是涡动，或称为进动，ω_n 称为进动角速度。如果是顺转向运动叫正进动或称正向涡动；如果是逆转向的运动，称为反进动，即反向涡动。

注意讨论的是转动中的圆盘受到一个横向冲击后的响应，涡动频率 ω_n 取决于圆盘质量 m 和转轴刚度 R，和转子转速无关。涡动频率 ω_n 与单自由度的固有频率的物理意义相同，不同的是这里的圆盘在互为正交的两个坐标内做同频率的简谐振动，形成的是平面运动周期轨迹。

当圆盘存在偏心的质量时，将产生不平衡振动响应。这个响应是围绕着点 O 的运动，这个运动同样称进功或涡功。从绝对坐标上看，这里有两种运动，一个是圆盘绕 O 的自身运动，一个是 O 绕圆盘的静态中心 O' 的涡动。

$$Z = d(\Omega/\omega_n)^2/[1-(\Omega/\omega_n)^2]$$

由此得出：

（1）转轴的涡动频率和偏心质量引起的激动力频率相同，即和转动频率相同。

（2）涡动振幅的相位和激振力同相或者反相。当 $\Omega<\omega_n$ 时，涡动振幅 ∞' 与质心离心力方面 σ_e 同相。$\Omega>\omega_n$ 时，∞' 与 $O'C$ 反相。但不论是哪种情况，转动中心 O，圆盘中心 O' 和质心 C 三点始终在同一直线上，这条直线以角速度 Ω 绕 O 转动。站在圆盘上，会看到圆盘以同样的角速度 Ω 绕 O 点转动。这样就形成了转动与涡动同步的现象，O' 点和 C' 点的轨迹是两个半径不相等的圆。

由于三点的相对位置在固定转速下保持不变，使得转子上朝外的点在转子转动一周中始终朝外，形成所谓的“弓形回转”。弓形回转是转子振动的一种非常重要的形态，这时的转子变形形状在转动过程中保持不变，转子不承受交变应力。在绝对坐标系上，从转子侧面看到的是弯曲转子的投影，弯曲的转子由于转动呈现上下弯曲的平面投影曲线，这就是大多数人所理解的“振动”。

可以知道，$\Omega=\omega_n$ 时振幅趋于无限大。由于实际中存在阻尼，此时振幅会达到一个有限的峰值。这时的 ω_n 称为转轴的临界转速。

计入阻尼后，算出：

$$|A| = e(\Omega/\omega_n)^2/\{[1-(\Omega/\omega_n)^2]^2+(2n/\omega_n)^2(\Omega/\omega_n)^2\}^{1/2}$$

$$\tan\theta = (2n/\omega_n)(\Omega/\omega_n)/[1-(\Omega/\omega_n)]^2$$

由此可以得到幅频的响应曲线和相频响应曲线，见图 2-7。

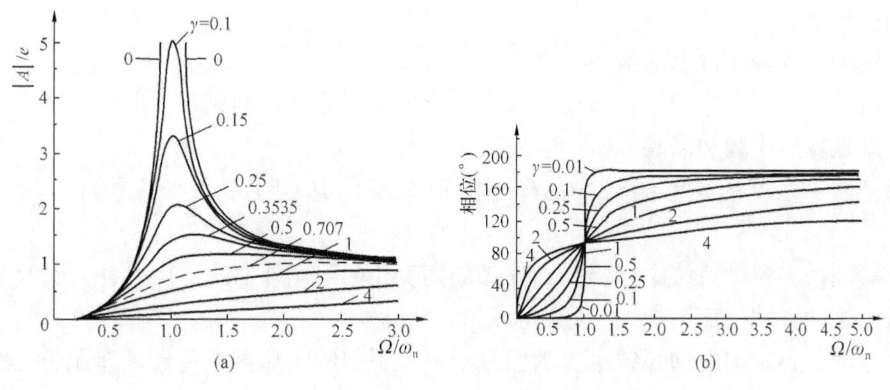

图 2-7　有阻尼单圆盘转子振动幅频、相频特性曲线

（a）辐频响应曲线；（b）相频响应曲线

幅频特性曲线表明，最大振幅不是发生在 $\Omega=\omega_n$ 时，而是在 Ω 略大于 ω_n 处。

相频特性曲线表明，当 $\Omega<\omega_n$ 时，涡动振幅的相位和激振力的相位差在 0°～90°；当 $\Omega=\omega_n$ 时，相位差为 90°；当 $\Omega>\omega_n$ 时，相位差在 90°～180°；当 $\Omega\gg\omega_n$，相位差为 180°。此时质心位于 O 和 O' 之间，如图 2-8 所示，振幅趋近于偏心率 e，远小于共振点前后的振幅。

这就是有些转子穿过临界转速到很高转速后，振动变小且十分平稳的原因。

计入阻尼的单转子振动的这两个特性和单自由度系统有阻尼振动时的特性是一样的。

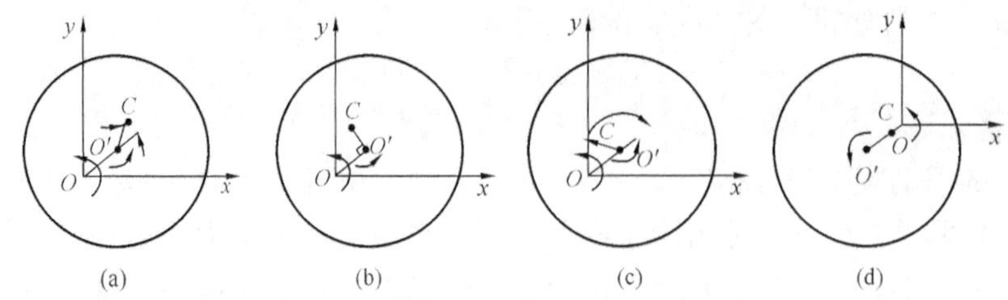

图 2-8　单圆盘转子在不同转速下，回转中心 O、圆盘几何中心 O' 和质心 C 的位置关系

(a) $\Omega<\omega_n$；(b) $\Omega=\omega_n$；(c) $\Omega>\omega_n$；(d) $\Omega\geqslant\omega_n$

第二节　转子系统振动故障诊断技术

对转子系统，可以采用多种方式，如通过测取振动、温度，进行油液分析，监听噪声以及进行系统参数分析，寻找发现它们在运转中存在的隐患，并可以采取适当的预防措施，控制破坏事故的发生。

转子系统的一个显著特征是，转子做连续高速运动，即使非常轻微的一些机械缺陷或损伤也会引起转子系统的振动。这些振动包括从几乎微不足道的振动直到严重的足以将机械破坏的振动。因而转子系统的故障，往往都是由异常振动的形式表现出来的。显然，从转子系统的振动信号及其频谱分析中，一般可以获得较多的、重复性好的、可靠性高的故障信号，据此可以诊断故障。依靠处理分析转子系统振动信号来诊断故障的方法，成为最有效和最广泛使用的一种方法。

一、转子系统异常振动的类型

如果将转子系统产生的异常振动，按发生频率进行分类，则大致可以分为三个典型的频带区域，即低频、中频和高频。

如果把转子系统的异常振动按其产生的形态来分类，则可分为强迫振动和自激振动两种。

强迫振动：在振动系统中，当受到外部周期变化的强制外力时，由该外力引起的异常振动称为强迫振动，即外部周期性激励所激起的稳态振动。

自激振动：是指因振动系统本身的固有频率所引起的明显振动现象，即在非线性机械系统内，由非振荡性能量转变为振荡激励所产生的振动。

二、转子系统异常振动的原因

引起转子系统异常振动的原因有很多，其产生机理十分复杂，故在转子系统故障中，对振动原因和机理均做过深入的研究。由于引起转子系统振动的原因多种多样，用来判断其故障的信息也随之而异。所以就正确判明转子系统故障而言，详细分析其振动原因是很重要的。

JS. SOHRE 在美国机械工程师协会（ASME）上发表的论文中，对转子系统振动原因及其现象的分析中，对各种振动原因可能出现的经验百分数，均给出了较系统的资料和数据，见表 2-2。

第三节　振动监测基本名词术语图谱

一、有关的名词和术语

机械振动是指物体围绕其平衡位置附近来回摆动并随时间变化的一种运动。

机械振动通常以其幅值、周期（频率）和相位来描述，它们是描述振动的三个基本参量。以下介绍在振动测量和分析中经常用到的有关名词和术语。

1. 振动的基本参量：幅值、周期（频率）和相位

（1）幅值：表示物体动态运动或振动的幅度，它是机械振动强度的标志，也是机器振动严重程度的一个重要指标。机器运转状态的好坏绝大多数情况是根据振动幅值的大小来判别的。振幅的大小可以表示为峰-峰值（P-P）、单峰值（0-P）、有效值（RMS）或平均值（average）。峰-峰值等于正峰和负峰之间的最大偏差值，单峰值等于峰-峰值的 1/2。只有在纯正弦波的情况下，均方根值才等于峰值的 0.707 倍，平均值等于峰值的 0.637 倍。而平均值在振动测量中一般很少使用。

图 2-9 中振动的峰-峰值、单峰值、有效值和平均值之间的换算关系：峰-峰值＝2×单峰值＝2×21/2×有效值。表述振动幅值的大小时，通常采用振动的位移、速度或加速度。一般在振动测量中，除特别注明外，振动位移（D）以峰-峰值表示，单位一般是微米（μm）或密耳（mil）；振动速度（v）常用有效值表示，单位为毫米/秒（mm/s）或英寸/秒（IPS）。振动速度的有效值又称为“振动烈度”。有的行业的设备振动标准就是以“振动烈度”来作为基础的。振动加速度（A）积分一次即为振动速度；而振动速度再积分一次就成了振动位移。即

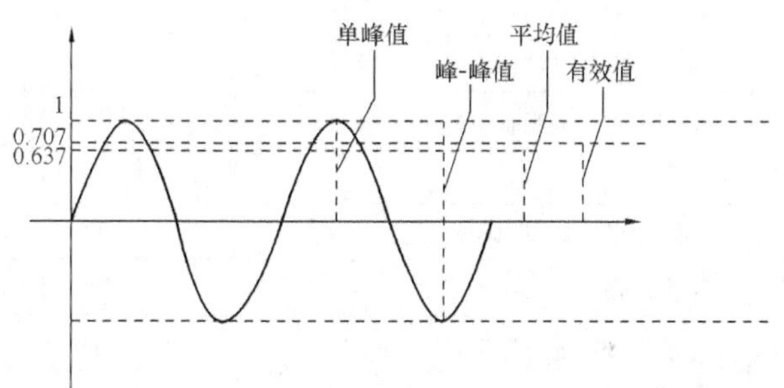

图 2-9　振动的峰-峰值、单峰值、有效值和平均值之间关系

$$v=2\pi fD;\ A=2\pi fv=\ (2\pi f)\ 2D$$

以上仅仅对简谐振动而言是正确的，因其频率 f 为一常数；而对于一个复杂振动或波形来说，由于其振动频率 f 的多重性而会带来误差。

（2）周期：物体完成一个完整的振动所需要的时间，以 T_0 表示。单位一般是用秒来表示。例如一个单摆，它的周期就是重锤从左运动到右，再从右运动回左边起点所需要的时间。

（3）频率：振动物体在单位时间（1s）内所产生振动的次数，即 Hz，以 f_0 表示。很显然，$f_0=1/T_0$。对于旋转机械的振动来说，存在下述令人感兴趣的频率：①转动轴的旋转频率；②各种振动分量的频率；③机器自身和基础或其他附着物的固有频率。

表 2-2 所示为振动原因和现象。

表 2-2　　　　振　动　原

序号	振动原因	指示频率（N 为旋转频率）										
		(0～40%)N	(40%～50%)N	(50%～100%)N	$1\times N$	$2\times N$	3以上 $\times N$	$\frac{1}{2}\times N$	$\frac{1}{4}\times N$	$1/n\times N$ (n=6，8，10)	不规则	特高频
1	制造时的不平衡				90	5	5					
2	轴的永久变形，轴部件的缺损				90	5	5					
3	轴的瞬时变形				90	5	5					
4	瞬时的 壳体扭曲	←10→			80	5	5					
	永久的 壳体扭曲	←10→			80	5	5					
5	基础的扭曲		20		50	20					10	
6	密封部分相接触	←10→			20	10	10			10	10	10
7	轴的接触（轴向）	←20→			30	10	10			10	10	10
8	轴线不重合（轴偏心）				40	50	10					
9	配管应力（因配管引起的应力）				40	50	10					
10	轴颈(径向)轴承的偏心				80	20						
11	轴承损伤	20→			40	20						
12	轴承与支座的自激振动（油膜振荡等）	10	70					10	10			
13	不均匀的轴承支承刚性（水平、垂直方向）					80	20					
14	止推轴承的损伤	90→										10
15*	轴（过盈配合）未充分预紧（松弛）	40	40	10							10	
16*	轴承衬套未充分预紧（松弛）	90→									10	
17*	轴承箱（支架）未充分预紧（松弛）	90→									10	
18*	壳体支座未充分预紧（松弛）	50→									50	
19	传动装置齿轮精度过低或损伤						20				20	60
20	联轴节精度过低或损伤	10	20	10	20	30	10					

因　和　现　象

振动方向与振动产生部位									转速的变化与振幅的增减										
振动的方向			轴振动	轴承部分壳体振动	壳体振动	基础振动	配管振动	联轴节振节	转速上升时						转速下降时				
垂直	水平	轴向							一定	增加	减少	峰值	急增	急减	一定	增加	减少	急增	急减
40↓	50↓	10↓	90↓	10↓						100		临界转速时有峰值					100		
										100									
									30	60	5		5		30	5	50	5	10
									30	50	5		5	10	30	5	50	5	10
									40	60					40		60		
			40	30	10	10	10		20	80					20		80		
30	40	30	80	10	10				10	70			10	10	10		70	10	10
30	40	30	70	10	20				10	40	10		20	20	10		50	20	20
20	30	50	80	10	10				20	30	10		20	20	20		40	20	20
20	30	50	80	10	10				20	40			20	20	20		40	20	20
40	50	10	90	10					40	50	10				40	10	50		
30	40	30	70	20	10				10	50	10		20	10	10	10	50	10	20
40	50	10	50	20	20	20				10			90				10		90
40	50	10	40	30	30					40		50	10				40		10
20	30	50	60	20	20				20	50	10		10	10	20	10	50	10	10
40	50	10	60	20	20								90	10				10	90
40	50	10	80	10	10								90	10				10	90
40	50	10	70	20	10								90	10				10	90
40	50	10	50	20	30								90	10				10	90
30	50	20	80	10	10				20	20	20	20	10	10	20	20	20	10	10
30	40	30	70	20				10	10	20		20	40	10	10		20	10	40

序号	振动原因	指示频率（N为旋转频率）										
		(0～40%) N	(40%～50%) N	(50%～100%) N	$1\times N$	$2\times N$	3以上 $\times N$	$\frac{1}{2}\times N$	$\frac{1}{4}\times N$	$1/n\times N$ (n=6，8，10)	不规则	特高频
21	轴、轴承系统极限（临界）				100							
22	联轴节极限（临界）				100	或齿轮的啮合过紧						
23	外伸（悬臂）极限（临界）				100							
24	壳体结构上的共振		10		70	10		10				
25	支座结构上的共振		10		70	10		10				
26	基础结构上的共振		20		60	10		10				
27	压力脉动	伴有共振是很难办的									100	
28	由电气系统引起的振动						↓					
29	由其他振源传来的振动						↓				90	
30	由阀门引起的振动						↓					100
31**	半速涡动（分频共振）		很少见，调查流体力学振动源						←100→			
32	谐波共振					←100→						
33	阻尼涡动	80	10	10								
34	临界转速				100							
35	共振				100							
36	油膜振荡		100	流体力学的轴浮起								
37	共振涡动		100									
38	干涡动											100
39	因间隙引起的振动	10	80	10								
40	扭转共振				40	20	20				20	
41	瞬时的扭曲				50						50	

注　表中数字是以%来表示各振动原因出现的可能性。

* 以最低的临界转数表示共振频率。

** 以下按基本机理分类。

*** 假如轴承自激振荡。

续表

振动方向与振动产生部位									转速的变化与振幅的增减										
振动的方向			轴振动	轴承部分壳体振动	壳体振动	基础振动	配管振动	联轴节振节	转速上升时						转速下降时				
垂直	水平	轴向							一定	增加	减少	峰值	急增	急减	一定	增加	减少	急增	急减
40	50	10	70	30						20		80					20		
20	40	40	10	10				80		20		80		松弛			20	50	
40	50	10	70	10				20		30		70					30		
40	50	10		40	40	10	10			20		80					20		
40	50	10		20	50	20	10			20		80					20		
30	40	30		10	40	40	10			20		80					20		
30	40	30	涡动或共振发生		30	30	40		90	10%——外来干扰因素　90　10　——→									
30	40	30	↓		40	40	20		90						90	↓			
30	40	30	↓		40	40	20		90						90	↓			
30	40	30	↓		80	10	10		80				10	10	80	↓		10	10
30	40	40	20***	80***	20	20	20			20		20	30	30			20	30	30
30	40	20	20	10	10	30	30		20	20		60			20		20		
40	50	10	80	20									90	10				10	90
40	50	10	60	40						20		80					20		
40	40	20	20	10	20	30	20			20		80					20		
40	50	10	80	20									100						100
40	50	10	20	20	20	20	20						80	20				20	80
30	40	30	40	20	20	10		10					80	20	80				20
40	50	10	70	10	10			10					80	20	20			20	60
扭转			100	40	40			10		20		30	30	20	20			20	30
	↓		100	40	40			10				50	30	20				30	20

由于某些机器故障仅仅在某些特定的频率下才产生振动，这种现象就有助于区别各种不同种类的机器故障。例如，不平衡故障的结果一定会导致工频能量的异常升高。但是，反过来我们必须注意到，振动频率和机器故障的关系并不是一一对应的。也就是说，某一特定频率的振动，可能和多种机器的故障有关联。因此，我们不要企图将某一固定的振动频率与某一特定的机器故障建立直接的联系。在对旋转机械进行振动分析与故障诊断时，振动的频率是非常重要的参量，是分析振动原因的重要依据。它有助于我们对机器的故障进行判别，根据振动频率可以初步查明振动的性质和来源。但是，它仅仅只是一种参量而已。为了得到正确的诊断结论，我们还必须对机器所有的参量进行估计和分析。振动频率可采用赫兹（Hz）、周/分钟（CPM）、转/分钟（r/min）等度量单位，或以相对于转速频率的倍数为度量单位，如一倍频（1*X*）、二倍频（2*X*）、半频（0.5*X*）……

（4）相位：是指旋转机械测量中某一瞬间机器的选频振动信号（如基频）与轴上某一固定标志（如键相器）之间的相位差。相位可用来描述某一特定时刻机器转子的位置，一个好的相位测量系统能够确定每一个传感器所在的机器转子上“高点”相对机器轴系上某一固定的标志点的位置。而平衡状态的变化将会引起“高点”位置的变化，这种变化也会通过相位角的变化而表示出来。相位的单位为度（°），通常振动相位在0°～360°范围内变化。振动的相位在振动分折中十分重要，它不仅反映了不平衡分量的相对位置，在动平衡中必不可少，而且在故障诊断中也能发挥重要作用。下面以单摆的简谐振动为例，专门介绍一下振动位移、速度、加速度三者之间的相位关系（见图2-10）。

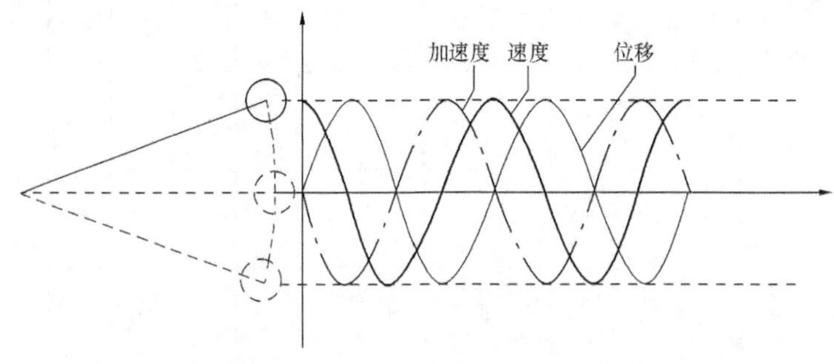

图2-10　振动位移、速度、加速度三者之间的相位关系

把一个单摆横向来看，当重锤向上摆，通过起始点时，其位移为零，而速度为正方向最大，加速度为零；当重锤运动到上死点时，位移为正方向最大，速度为零，加速度为负方向最大；重锤向下回起始点时，位移为零，速度为负方向最大，加速度为零；当重锤运动到下死点时，位移为负方向最大，而此时速度为零，加速度为正方向最大。

结论：振动速度相位超前振动位移90°；振动加速度相位超前振动速度90°；振动加速度相位超前振动位移180°。相位如果没有明确指明，其角度增加的方向总是与转子的转动方向相反。

2. 通频振动、选频振动、工频振动

通频振动表示振动原始波形的振动幅值。

选频振动表示所选定的某一频率正弦振动的幅值。

工频振动表示与所测机器转子的旋转频率相同的正弦振动的幅值。对于工作转速为6000r/min的机器，工频振动频率是100Hz。工频振动又称为基频振动。

3. 径向振动、水平振动、垂直振动、轴向振动

径向振动是指垂直于机器转轴中心线方向的振动。径向振动有时也称为横向振动。

水平振动是指与水平方向一致的径向振动。

垂直振动是指与垂直方向一致的径向振动。

轴向振动是指与转轴中心线同一方向的振动。

4. 同步振动、异步振动

同步振动是指与旋转频率成正比变化的振动频率成分。一般情况（但不是全部情况）下，同步成分是旋转频率的整数倍或者整分数倍，不管转速如何，它们总保持这一关系，如一倍频（1X），二倍频（2X），三倍频（3X），…，半频（1/2X），三分之一倍频（1/3X）等。

异步振动是指与旋转频率无关的振动频率成分，也可称为非同步运动。

5. 谐波、次谐波、亚异步、超异步

一个复杂振动信号所含的频率等于旋转频率整数倍的信号分量，称为谐波、超谐波或同步。

一个复杂振动信号中所含的频率等于旋转频率分数倍的信号分量，称为次谐波或分数谐波。

亚异步振动是指频率低于旋转频率的非同步振动分量。

超异步振动是指频率高于旋转频率的非同步振动分量。

6. 相对轴振动、绝对轴振动、轴承座振动

转子的相对轴振动是指转子轴相对于轴承座的振动，一般用非接触式电涡流传感器来测量。

转子的绝对轴振动是指转子轴相对于大地的振动，它可用接触式传感器或用一个非接触式电涡流传感器和一个惯性传感器组成的复合传感器来测量。两个传感器所测量的值进行矢量相加就可得到转子轴相对于大地的振动。

轴承座振动是指轴承座相对于大地的振动，它可用速度传感器或加速度传感器来测量。

7. 自由振动、受迫振动、自激振动、随机振动

自由振动一般是指力学体系在经历某一初始扰动（位置或速度的变化）后，不再受外界力的激励和干扰的情形下所发生的振动。根据扰动的类型，力学体系以自身的一种或多种固有频率发生自由振动。

受迫振动是指在外来力的激励下而产生的振动。通常，受迫振动按照激励力的频率振动。

自激振动是指由振动体自身所激励的振动。维持振动的交变力是由运动本身产生或控制的。自激振动通常有下述特点：

（1）振动频率为亚异步或超异步，与转子旋转不同步。

（2）自激振动的频率以转子的固有频率为主。

（3）多数为径向振动。

（4）振幅可能发生急剧上升，直到受非线性作用，以极限圆为界。

（5）振幅的变化与转速或负荷关系密切。

（6）失稳状态下的振动能量来源于系统本身。

随机振动是指描述系统振动的状态变量不能用确切的时间函数来表述，无法确定状态变量在某瞬时的确切数值，其物理过程具有不可重复性和不可预知性，也就是在任何时刻，其振动的大小不能正确预知的振动。

8. 高点和重点

高点是指当转轴和振动传感器之间的距离最近时，转轴上振动传感器所对应的那一点任一时刻的角位置。也意味着当振动传感器产生正的峰值振动信号时，转轴表面振动传感器对应点的位置。高点可能随转子的动力特性的变化（如转速变化）而移动。

重点是指在转轴上某一特定横向位置处不平衡矢量的角位置。重点一般不随转速变化。

在一定的转速下，重点和高点之间的夹角称为机械滞后角。

9. 刚度、阻尼和临界阻尼

刚度是一种机械或液压元件在负载作用下的弹性变化量。一般机械结构的刚度包括静刚度和动刚度两个部分，静刚度决定于结构的材料和几何尺寸；而动刚度既与静刚度有关，又与连接刚度和共振状态有关。

阻尼是指振动系统中的能量转换（从机械能转换成另一种能量形式，一般是热能），这种能量转换抑制了每次振荡的振幅值。当转轴运动时，阻尼来自轴承中的油、密封等。

临界阻尼是指能够保证系统回到平衡位置而不发生振荡所要求的最小阻尼。

10. 共振、临界转速、固有频率

共振是振幅和相位的变化响应状态，由对某一特殊频率的作用力敏感的相应系统所引起。一个共振通常通过振幅的显著增加和相应的相位移动来识别。在共振发生时，当激振频率稍有变化（频率上升或下降）时，其振动响应就会明显地减小。

每一个转子连同支持它的轴承组成的系统，都有若干阶横向振动的固有频率，每一阶固有频率又有它所对应的振型。

在一定的转速下，某一阶固有频率可以被转子上的不平衡力激起，这个与固有频率一致的转速就称为临界转速。

当系统做自由振动时，其振动的频率只与系统本身的质量（或转动惯量）、刚度和阻尼有关。这个由系统的固有性质所决定的振动频率，称为系统的固有频率。

11. 分数谐波共振、高次谐波共振和参数激振

当以频率 f 激振时，因频率 f/n（n 等于 2 及其以上的正整数）接近于系统的固有频率而引起的共振称为分数谐波共振。

当以频率 f 激振时，因频率 nf（n 等于 2 及其以上的正整数）接近于系统的固有频率而引起的共振称为高次谐波共振。

参数激振是指由质量、弹性等因素随时间周期变化的激振。由极不对称的截面或由此引起的不同的抗弯强度可能产生参数振动。

12. 涡动、正进动和反进动

转轴的涡动（或称为进动）常定义为转轴的中心围绕轴承的中心所做的转动。

正进动是指与转轴转动方向相同的涡动。

反进动是指与转轴转动方向相反的涡动。

13. 同相振动和反相振动

在一对称转子中，若两端支持轴承在同一方向（垂直或水平）的振动相位角相同，则称

这两个轴承的振动为同相振动。若两端支持轴承在同一方向（垂直或水平）的振动相位角相差 180°，则称这两个轴承的振动为反相振动。

根据振动的同相分量和反相分量可初步判断转子的振型。

14. 轴振型和节点（见图 2-11）

轴振型是指在某一特定转速下，作用力所引起的转子合成偏离形状，是转子沿轴向偏离的三维表示。

节点是指在所给定的振型中，轴上的最小偏离点。由于残留不平衡状态的改变，或其他力的改变，或者约束条件的改变（如轴承间隙的变化），节点都可能很容易地沿轴向改变它的位置。节点也常指轴上最小绝对位移点。节点两边的运动相位角差 180°。

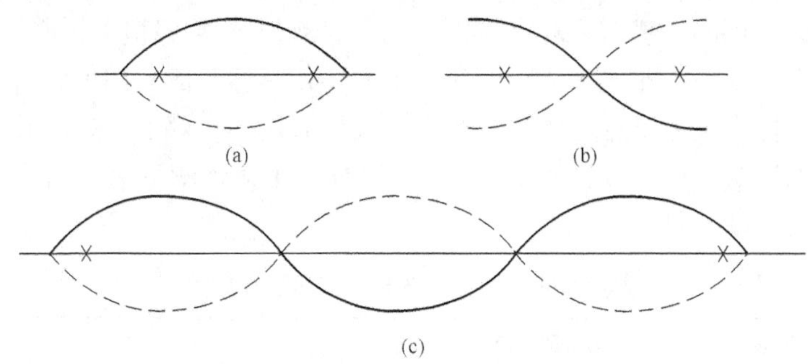

图 2-11　轴振型和节点

(a) 一阶主振型；(b) 二阶主振型；(c) 三阶主振型

15. 转子挠曲

转子挠曲是指转子弹性弯曲值，现场习惯称为挠度。转子挠曲分为静挠曲和动挠曲，静挠曲是静止状态的转子在自重或预载荷作用下产生的弹性弯曲值，沿转子轴线上不同的点，静挠曲值不同；动挠曲是旋转状态的转子在不平衡力矩和其他交变力作用下产生的弹性弯曲值，转子动挠曲又分同步挠曲和异步挠曲两种，这两种挠曲将直接叠加到转轴振动上。

16. 电气偏差、机械偏差、晃度

电气偏差是非接触式电涡流传感器系统输出信号误差的来源之一，转轴每转一圈，该偏差就重复一次。传感器输出信号的变化并不是来自探头所测间隙的改变（动态运动或位置的变化），而通常是来自于转轴表面材料电导率的变化或转轴表面上某些位置局部磁场的存在。(转子磁化后，其频谱特征为 $2X$、$4X$、$6X$ 等，比较高，且差不多高。)

机械偏差也是电涡流传感器系统输出信号误差的来源之一。传感器所测间隙的变化，并不是由转轴中心线位置变化或转轴动态运动所引起的，通常来源于转轴的椭圆度、损坏、键标记、凹陷、划痕、锈斑或由转轴上的其他结构所引起的。

转轴的晃度，或称为轴的径向偏差，是电气偏差和机械偏差的总和。在轴的振动标准中规定，其数值不能超过相当于许用振动位移的 25%或 6μm 这两者中的较大值。通常电涡流传感器在低转速（工作转速的 10%左右）下测得的轴的振动值基本就相当于转轴的晃度值。大部分情况下，晃度与振动为同一方向，相反的情况很少。

17. 偏心和轴心位置

在转子平衡领域，偏心是指转子质量中心偏离转轴回转中心的数值，此偏心是引起转轴振动最主要的激振力；而在机组运行监测中，偏心是指轴颈中心偏离轴瓦中心的距离，也称为偏心位置或轴心位置，通过对偏心的监测可以发现转子承受的外加载荷和轴瓦工作状态。

18. 间隙电压、油膜压力

间隙电压是指电涡流传感器测量的直流电压，其值反映了轴颈和探头间的间隙。由此可给出转子扬度、支承载荷、轴心位置等有关信息。

油膜压力反映了轴承支承油膜的厚度及稳定性，该压力能帮助诊断轴瓦稳定性等方面的问题。

二、传感器的基本知识

1. 振动传感器

现场振动测试采用的传感器一般有非接触式电涡流传感器、速度传感器、加速度传感器和复合传感器（它是由一个非接触传感器和一个惯性传感器组成）四种。每一种传感器都有它们固有的频响特性，决定了各自的工作范围。如果采用的传感器在超出其线性频响区域工作时，测量得到的读数会产生较大的偏差。表 2-3 列出了振动测量中常用的一些传感器的性能和适用范围及优、缺点等。

表 2-3　　常用的振动传感器及其性能和适应范围

传感器种类	频响特性	测量适用范围	优点	缺点
电涡流传感器	0～5000Hz 或 0～10000Hz	①转轴相对振动轴心轨迹。 ②轴承油膜厚度。 ③轴位移和胀差。 ④转速和相位	①非接触测量。 ②测量范围宽。 ③灵敏度高。 ④抗干扰能力强。 ⑤不受介质影响。 ⑥结构简单	①对被测材料敏感。 ②存在机械偏差和电气偏差的可能及影响。 ③安装较复杂
速度传感器	10～500Hz 或 10～1000Hz	轴承座的绝对振动	①不需电源，简单方便。 ②灵敏度高。 ③输出信号大、输出阻抗低，电气性能稳定性好，不受外部噪声干扰	①动态范围有限。 ②尺寸和质量大。 ③弹簧件易失效。 ④受高温影响较大
加速度传感器	0.2～10 000Hz 或更高	轴承座的绝对振动	①频响范围宽。 ②体积小、质量轻。 ③灵敏度高	①不易在高温环境下使用。 ②装配困难、成品率低
复合传感器	0～2000Hz	①转轴绝对振动。 ②转轴相对振动。 ③轴承座的绝对振动。 ④转轴在轴承间隙内的径向位移	①非接触测量。 ②无磨损。 ③牢固可靠	①对被测材料敏感。 ②安装较复杂

2. 电涡流振动位移传感器的工作原理

电涡流传感器的结构如图 2-12 所示，电涡流传感器的原理（见图 2-13）介绍如下。

由前置放大器的高频振荡器向传感器的头部线圈供给一个高频电流，线圈所产生的交变磁场在具有铁磁性能的被测物体的表面就会产生电涡流。由该电涡流所产生的磁场在方向上与传感器的磁场相反，因而对传感器具有阻抗。当传感器与被测物体的表面间隙较小时，电涡流也较强，阻抗较大，传感器最终的输出电压变小；当传感器与被测物体的表面间隙变大时，电涡流会变弱，阻抗变小，传感器最终的输出电压变大。涡流的强弱与间隙的大小成正比，因而，传感器的输出与振动位移成正比。

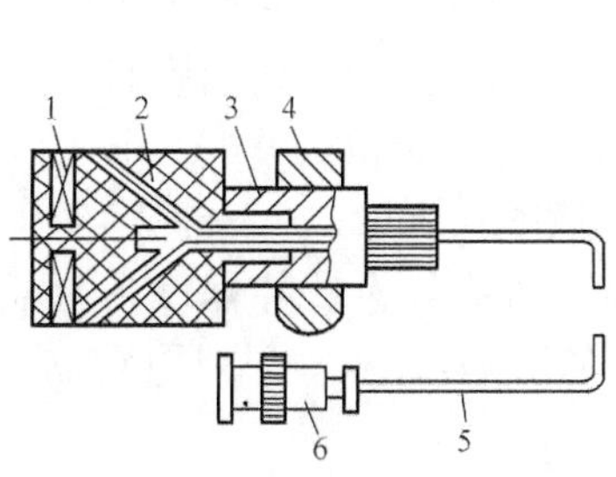

图 2-12　电涡流传感器结构图

1—线圈；2—框架；3—框架衬套；4—支座；5—电缆；6—插头

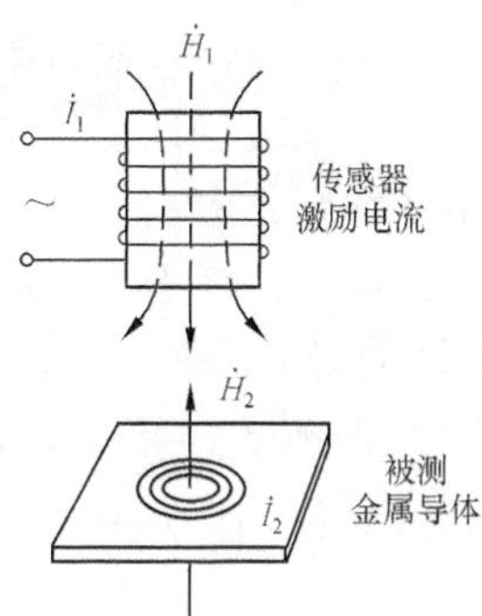

图 2-13　电涡流传感器原理图

3. 电动力式振动速度传感器的工作原理

电动力式振动速度传感器的结构如图 2-14 所示。

固定在壳体内部的永久磁铁，随着外壳与振动物体一起振动，同时，由于内部由弹簧固定着的线圈不能与磁铁同步运动，磁铁的磁感线被线圈以一定的速度切割，从而产生了电动势输出。而所输出的电动势的大小则与磁通量的大小和线圈匝数（在此处均系常数）以及线圈切割磁感线的速度成正比，所以我们可以得到和磁铁的运动速度成正比的输出电动势，即传感器的输出电压与被测物体的振动速度成正比。

4. 压电式加速度传感器的工作原理

压电式加速度传感器（见图 2-15）是以某些晶体元件受力后会在其两个表面产生不同电荷的压电效应为转换原理。

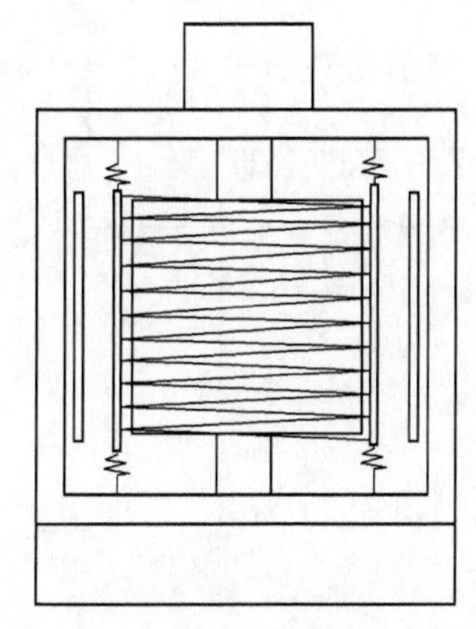

图 2-14　振动速度传感器的结构示意图

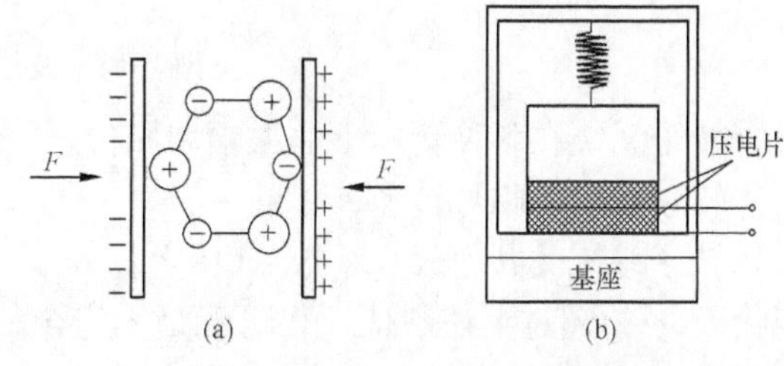

图 2-15　压电式加速度传感器

(a) 压电原理图；(b) 加速度传感器的结构模型

某些晶体，当沿着一定的方向受到外力的作用时，其内部的晶格会发生变化，产生极化现象，同时在晶体的两个表面上便产生了符号相反的电荷；当外力去掉以后，就又恢复到原来的不带电状态；当作用力方向改变时，所产生的电荷的极性也随之改变；晶体受力所产生的电荷量与外力的大小成正比，而力的大小与物体的运动加速度大小成正比：$F=ma$，上述现象称为正压电效应。反之，如对晶体施加一交变电场，晶体本身将产生机械变形，称为逆压电效应，也称电致伸缩效应（应用在电声器材如扬声器、超声波探头等）。

压电加速度计的频响范围极宽，最高可达几十千赫，测量范围特大，最大可达十几万个g，多用于高频振动检测中，如齿轮、滚动轴承等的接触式测量中。一般需与电荷放大器配合使用，且电荷放大器前的连接电缆较易受到干扰。现在，有些加速度传感器（如 PCB）把放大电路集成到传感器内，这样一来，外界干扰的影响极小，可靠性也得到了大幅度的提高。

三、状态监测常用图谱

1. 波德图

波德图是反映机器振动幅值、相位随转速变化的关系曲线，如图 2-16 所示。图形的横坐标是转速，纵坐标有两个，一个是振幅的峰-峰值，另一个是相位。从波德图上我们可以得到以下信息：

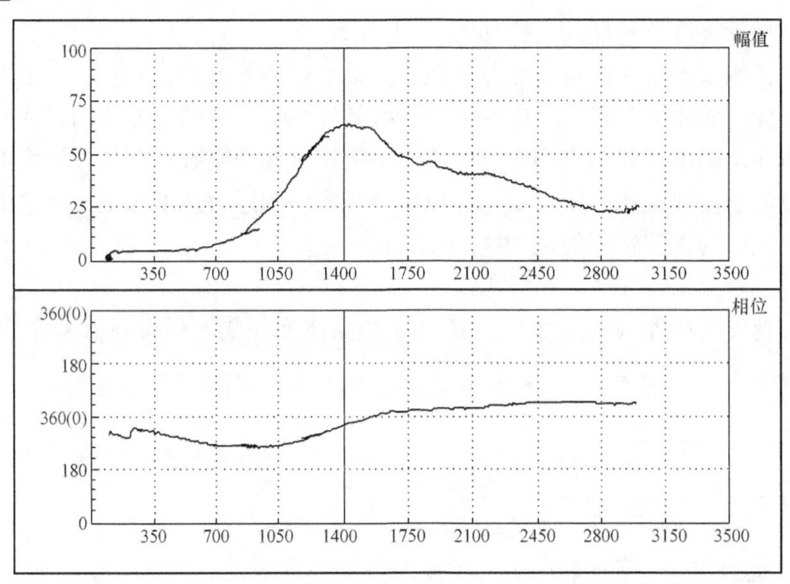

图 2-16　波德图

（1）转子系统在各种转速下的振幅和相位；

（2）转子系统的临界转速；

（3）转子系统的共振放大系数（$Q=A_{max}/\varepsilon$）；一般小型机组 Q 为 3～5 甚至更小，而大型机组为 5～7；超过上述数值，很可能是不安全的；

（4）转子的振型；

（5）系统的阻尼大小；

（6）转子上机械偏差和电气偏差的大小；

（7）转子是否发生了热弯曲。

由这些数据可以获得有关转子的动平衡状况和振动体的刚度、阻尼特性等动态数据。

2. 极坐标图

极坐标图是把振幅和相位随转速变化的关系用极坐标的形式表示出来，如图 2-17 所示。图中用一旋转矢量的点代表转子的轴心，该点在各个转速下所处位置的极半径就代表了轴的径向振幅，该点在极坐标上的角度就是此时振动的相位角。这种极坐标表示方法在作用上与波德图相同，但它比波德图更为直观。

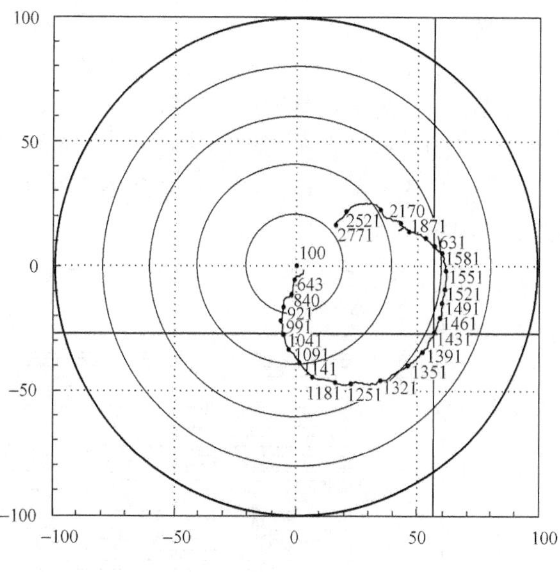

图 2-17　极坐标图

振幅-转速曲线在极坐标图中是呈环状出现的，临界转速处在环状振幅最大，且此时从弧段上标记的转速应该显示出变化率为最大。用电涡流传感器测试轴的振动时，在极坐标图中可以很容易得到轴的原始晃度矢量，即与低转速所对应的矢量。从带有原始晃度的图形中得到扣除原始晃度后的振动曲线很容易，为此，只要将极坐标系的坐标原点平移到与需要扣除的原始晃度矢量相对应的转速点即可，原图的曲线形状保持不变。这样，原曲线在新坐标系中的坐标即是扣除原始晃度后的振动响应。

3. 频谱瀑布图

在某一测点在启停机（或正常运行中）时连续测得的一组频谱图按时间顺序组成的三维谱图就是频谱瀑布图，如图 2-18 所示。其中，z 轴是时间轴相同阶次频率的谱线集和 z 轴是平行的。从图 2-18 中可以清楚地看出各种频率的振幅随时间是如何变化的。

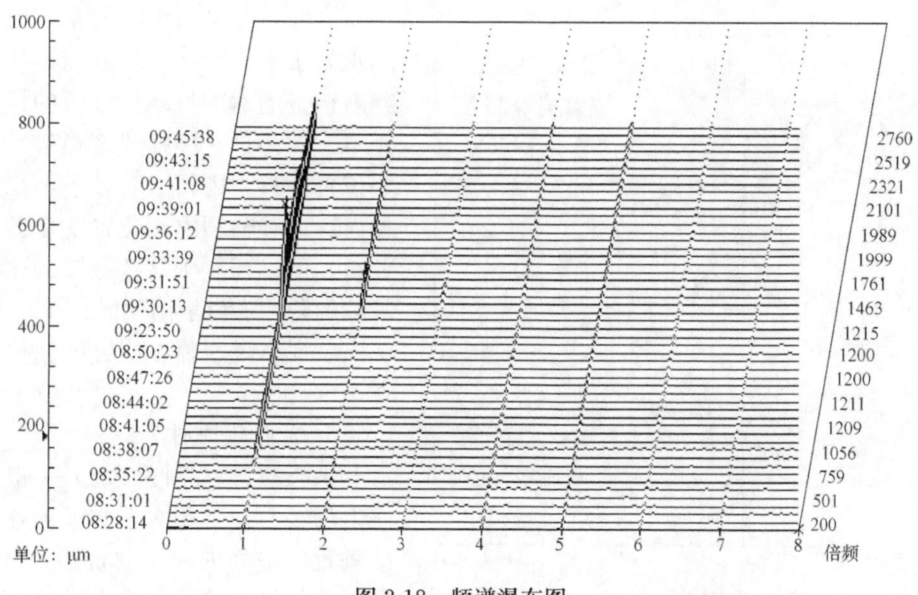

图 2-18　频谱瀑布图

4. 极联图

极联图（见图 2-19）是在启停机转速连续变化时，不同转速下得到的频谱图依次组成的三维谱图。它的 z 轴是转速，工频和各个倍频及分频的轴线在图中都是以 0 点为原点向外发射的倾斜的直线。在分析振动与转速有关的故障时是很直观的。该图常用来了解各转速下振动频谱的变化情况，可以确定转子的临界转速及其振动幅值、半速涡动或油膜振荡的发生和发展过程等。

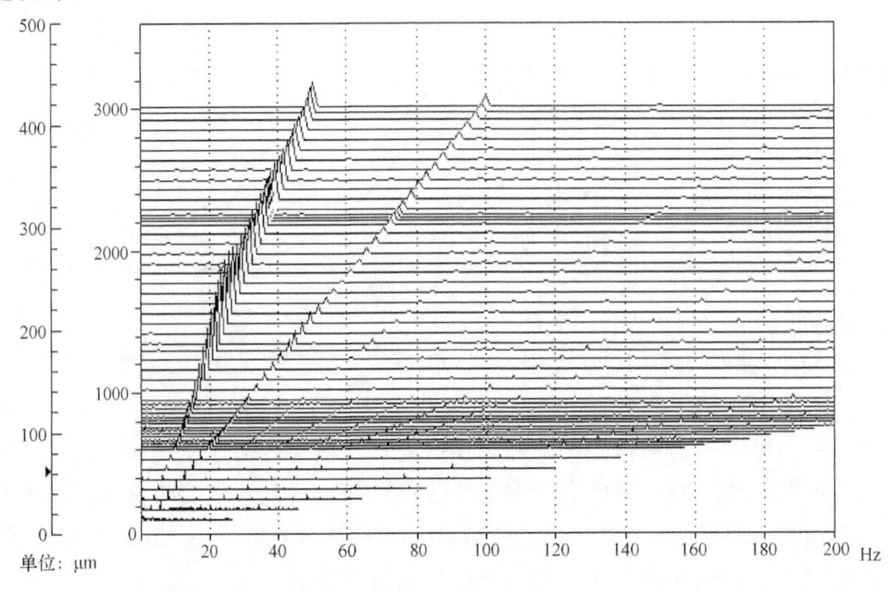

图 2-19　极联图

5. 轴心位置图

轴心位置图（见图 2-20）用来显示轴颈中心相对于轴承中心的位置。这种图形提供了转子在轴承中稳态位置变化的观测方法，用以判别轴颈是否处于正常位置。

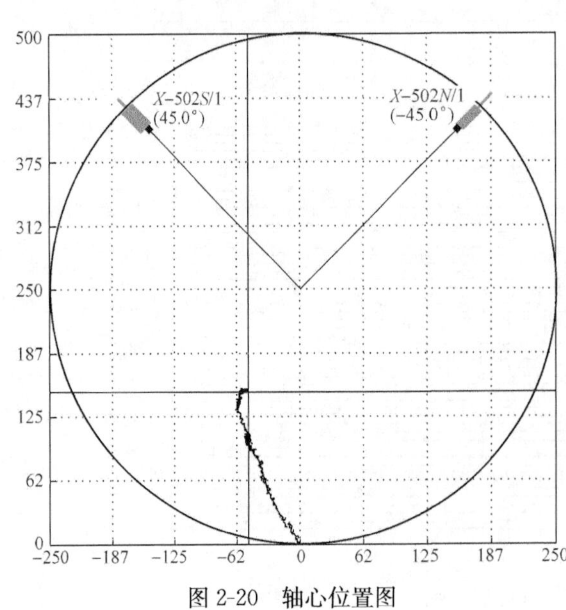

图 2-20　轴心位置图

当轴心位置超出一定范围时，说明轴承处于不正常的工作状态，从中可以判断转子的对中好坏，轴承的标高是否正常，轴瓦是否磨损或变形等。如果轴心位置上移，则预示着转子不稳定的开始。通过对轴颈中心位置变化的监测和分析，可以预测到某些故障的来临，为故障的防治提供早期预报。

一般来说，轴心位置的偏位角应该在 20°～50°。

6. 轴心轨迹图

轴心轨迹（见图 2-21）一般是指转子上的轴心一点相对于轴承座在其与轴线垂直的平面内的运动轨迹。通常，转子振动信号中除了包含由不平衡引起的基频振动分量之外，还存在由于油膜涡动、油膜振荡、气体激振、摩擦、不对中、啮合等原因引起的分数谐波振动、亚异步振动、高次谐波振动等各种复杂的振动分量，使得轴心轨迹的形状表现出各种不同的特征，其形状变得十分复杂，有时甚至非常的混乱。

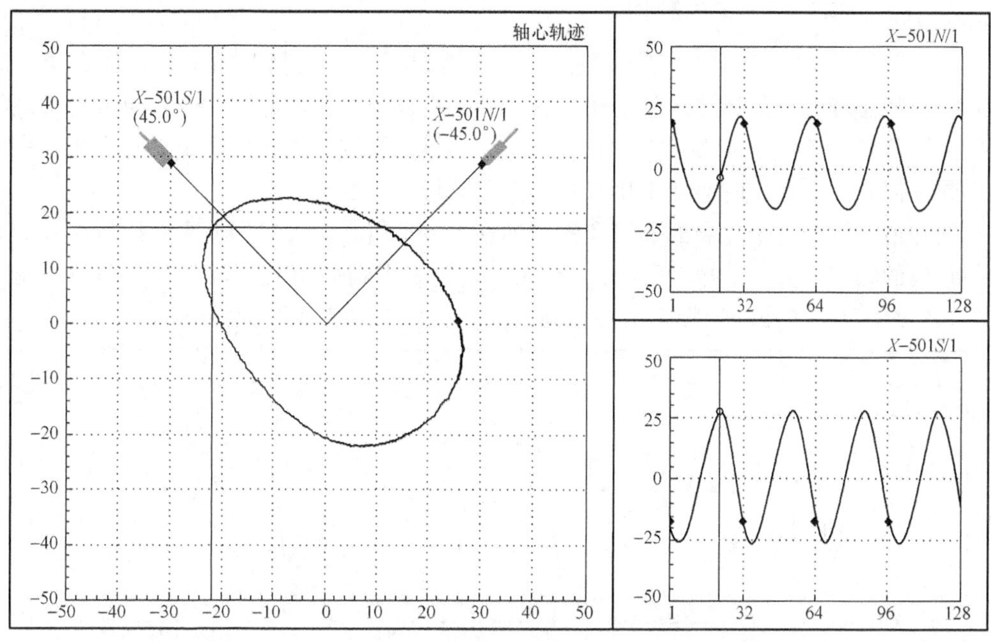

图 2-21　轴心轨迹图（提纯）

7. 振动趋势图

在机组运行时，可利用趋势图（见图 2-22）来显示、记录机器的通频振动、各频率分量的振动、相位或其他过程参数是如何随时间变化的。

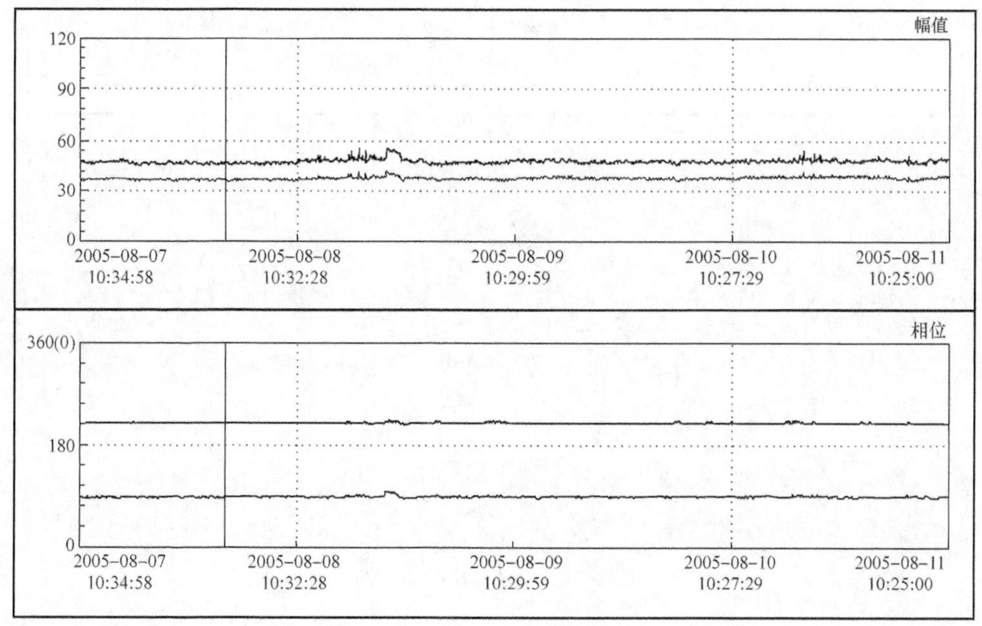

图 2-22　振动趋势图

这种图形以不同长度的时间为横坐标，以振幅、相位或其他参数为纵坐标。在分析机组振动随时间、负荷、轴位移或其他工艺参数变化时，这种图给出的曲线十分直观，对于运行管理人员来说，用它来监视机组的运行状况是非常有用的。

8. 波形频谱图

在对振动信号进行分析时，在时域波形图上可以得到一些相关的信息，如振幅、周期（即频率）、相位和波形的形状及其变化。这些数据有助于对振动起因的分析及振动机理的研究。但由于从波形图上不能直接得到我们所需要的精确数据，现在已经很少有人用它来确定振动参数。但它可以在实时监测中用来观察振动的形态和变化。

我们知道，对于一个复杂的非谐和的周期性的振动信号，可以用傅立叶级数展开的方法得到一系列的频率成分。对振动波形进行 FFT 处理则得到振动的频谱分布，即频谱图（见图 2-23），该图反映了振动的频率结构。频谱分析示意图如图 2-24 所示。

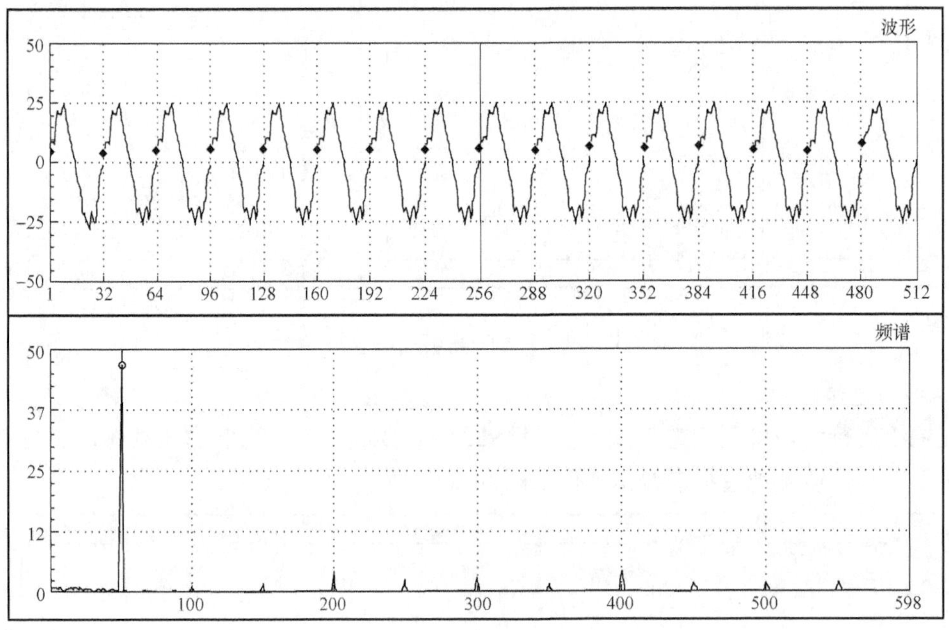

图 2-23　波形频谱图

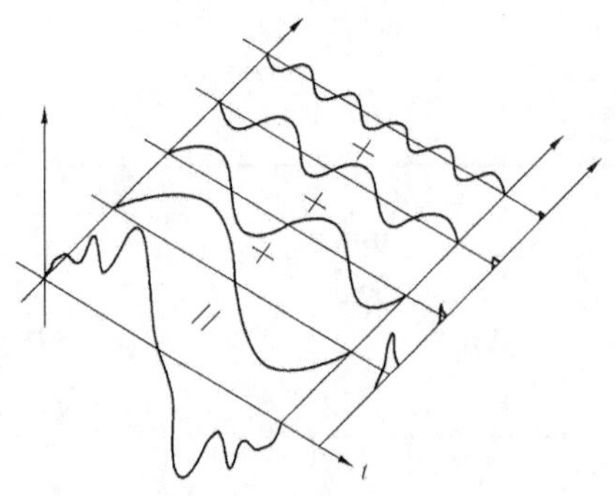

图 2-24　频谱分析的示意图

第二章

转动设备振动故障诊断案例

转子系统异常振动多数是在低频范围内产生的强迫振动。引起异常振动常见的原因有：不平衡、不对中，松动、摩擦，滚动轴承损坏，齿轮故障，轴向振动，流体诱导振动等。

第一节　不平衡引起的振动及案例

经验表明，最简单的而又很重要的引起振动的原因就是不平衡。有关统计资料表明，不平衡所造成的振动，约占转子系统振动原因的 30%。可以认为，转子系统的不平衡是其最重要的故障原因。

一般转子出厂前，要做低速、高速动平衡试验，不具备条件的，也会做静平衡试验。但随着运行时间加长，转子叶轮等会出现不均匀磨损和积灰，以及可能局部更换部件、靠背轮等，造成转子的质量偏心。当转子每转动一转，就会产生一次不平衡质量所产生的离心惯性力的周期性冲击，便引起转子产生异常的强迫振动。

一、不平衡的三种情况

转子质量中心和旋转中心之间存在差异导致不平衡的三种情况：

1. 静不平衡

静不平衡指不平衡力作用在一个平面上的不平衡。其“重点”只存在于一个平面内，如图 2-25 (a) 所示，当存在静不平衡的转子旋转时，会产生一个周期性作用的离心力，使其形成一个阶的振动。当轴的转速为 n 时 (r/min)，其振动频率 (Hz) 为

$$f_r = n/60$$

2. 偶不平衡

偶不平衡指不平衡力作用在转子相对的两个侧面上的不平衡。其重点存在两个平面内，如图 2-25 (a) 所示，当转子转动时，由每一侧的不平衡质量产生相反的离心力，使转子产生振动。

3. 动不平衡

转子上既有静不平衡又有偶不平衡，称为动不平衡。这是属于多个平面内有不平衡的情况，也是最常见的不平衡形式。偶不平衡与动不平衡的每个平面的不平衡量所激发的横向振动与静不平衡是一样的，只是在各个平面上产生的振动相位和幅值大小有差异，而其频率都等于轴频率 f_r。

特别应该注意的是，冷态平衡的转子，在热态时由于受热不均、摩擦等可能造成转子热弯曲而引起不平衡，它们的振动特性相同。

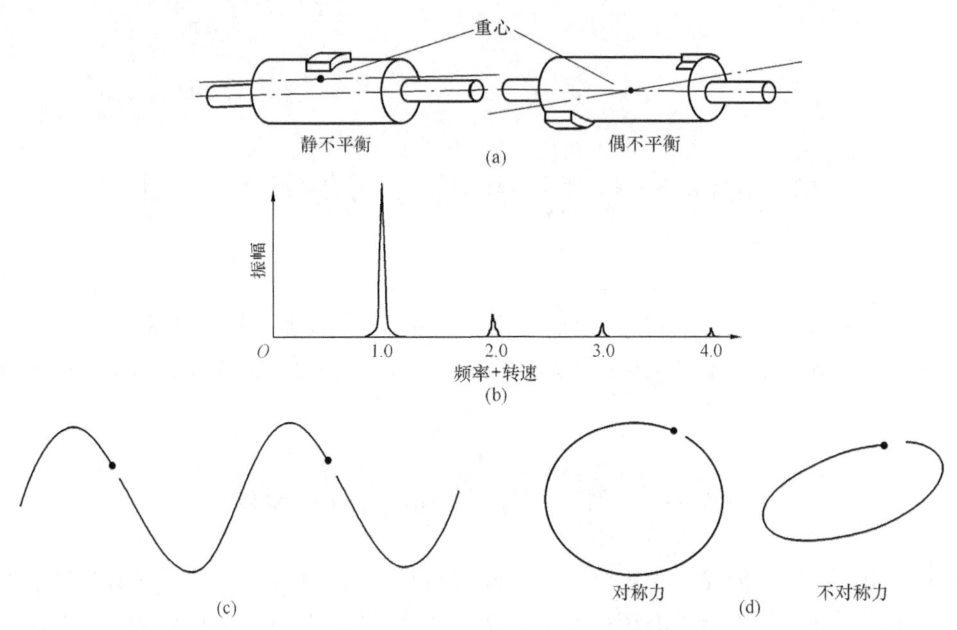

图 2-25 不平衡的特性

(a) 静不平衡和偶不平衡；(b) 频谱；(c) 波形；(d) 轴运动轨迹

二、不平衡转子的振动信号的典型特征

不平衡转子的振动信号，其时间波形和频谱图一般具有如下典型特征：

(1) 原始时域波形的形状接近一个纯正弦波。

(2) 振动信号的频谱图中，谐波能量主要集中在转子的工作频率（1*X*）上，即基频振动成分所占的比例很大，而其他倍频成分所占的比例相对较小。

(3) 在升降速过程中，当转速低于临界转速时，振幅随转速的增加而上升。当转速越过临界转速之后，振幅随转速的增加而减小，并趋向于一个较小的稳定值。当转速等于或接近临界转速时，转子将会产生共振，此时的振幅具有最大峰值。

(4) 当工作转速一定时，振动的相位稳定。

(5) 转子的轴心轨迹呈椭圆形。

(6) 转子的涡动特征为同步正进动。

(7) 纯静不平衡时，支承转子的两个轴承同一方向的振动相位相同，而纯偶不平衡时支承转子的两个轴承振动呈反相，即相位差 180°。但实际转子一般既存在一定的静不平衡，又存在一定的偶不平衡（即存在动不平衡），此时支承转子的两个轴承的同一方向振动相位差在 0°～180°之间变化。

(8) 在转子外伸端不平衡情况下可能会产生很大的轴向振动。在转子外伸端不平衡时，支承转子的两轴承的轴向振动相位相同。

(9) 因介质不均匀结垢时，工频幅值和相位是缓慢变化的。

图 2-26 所示为×××汽轮机转子不平衡的波形频谱图。

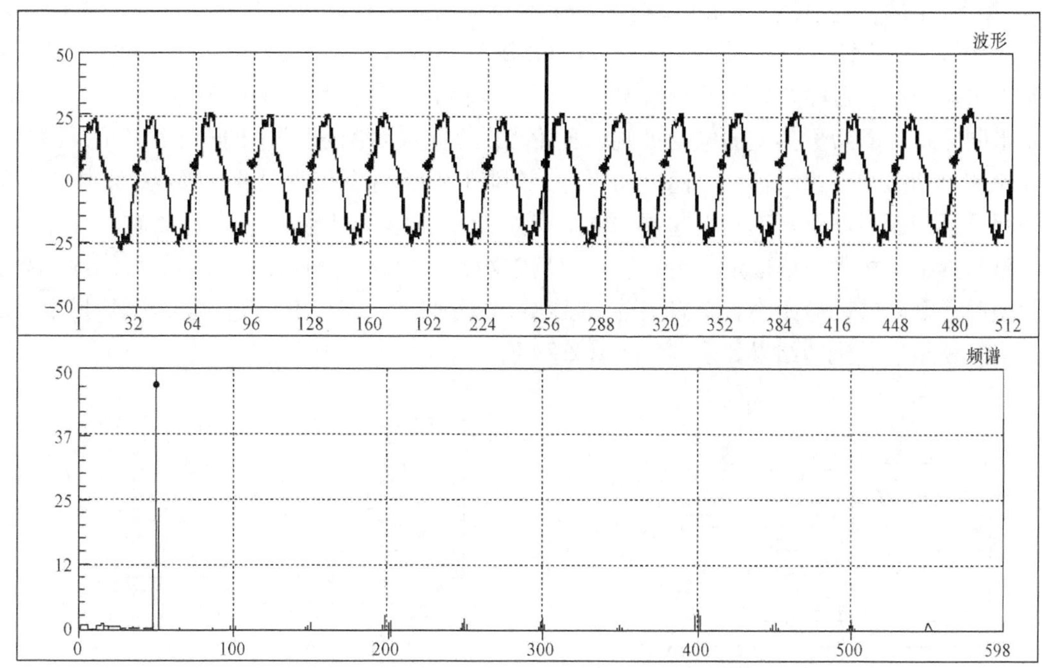

图 2-26　×××汽轮机转子不平衡的波形频谱图

案例一：燃油供油泵大修后试转出现振动

振动数据见表 2-4。

表 2-4　振动数据

序号	测振位置	振动值（μm）		
		—	⊥	⊙
1	泵联侧	200	40	50
2	泵非侧	90	30	45
3	电动机联侧	20	10	10

1. 原始情况

本台泵型号为 65Y-50×7，转速 2985r/min。供油泵与电动机联结结构示意图如图 2-27 所示。

大修前本台泵的振动就较大，泵联侧水平振动达 90μm，超过标准 500μm 的范围。大修中更换了 7 只叶轮中的首末级叶轮，同时因电动机侧靠背轮与泵侧靠背轮原本不配套，更换上与泵侧联轴器配套的另一半。

2. 分析及处理

由表 2-4 可以看出，振动主要发生在泵联侧径向水平方向上。

用 SA—77 振动分析仪测量结果如图 2-28 所示。

由图 2-28 可看出，振动的主要成分是一倍

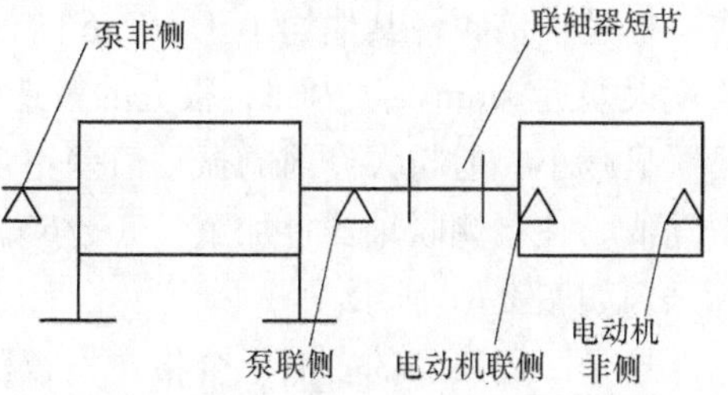

图 2-27　供油泵与电动机联结结构草图

频，49.75Hz 的振动值达 180μm 左右，二倍频与三倍频的振动分量也很小，可以排除中心问题。200Hz～5kHz 段振动分量很小，可以排除轴承损坏等高频分量。用排除法，可以初步断定，振动原因可能是以下几种情况：①泵轴弯曲；②后更换上的叶轮未做动平衡试验；③支承刚度低；④后更换上的电动机侧靠背轮出现严重质量问题。由于同时更换了泵的首末级叶轮和电动机侧半边联轴器，而电动机与泵的联接是弹性联接，只要更换上去的电动机侧联轴器质量问题不严重，不会引起泵侧轴承座如此大的振动。因此决定先检查轴与叶轮的情况，重新拆泵，按大修标准重新组装。拆除后轴均符合要求，排除了轴弯曲的可能性。装上叶轮做静平衡，转动后始终有 1 点偏下，证明叶轮有偏重，存在不平衡。决定仍然换上旧的首末级叶轮组装，试转结果如表 2-5 和图 2-29 所示。

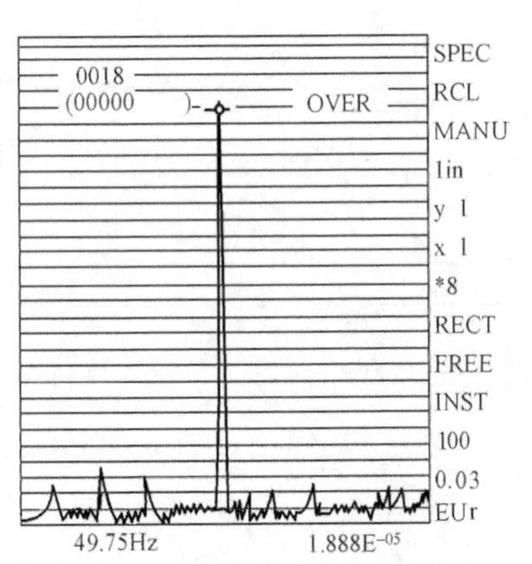

图 2-28　泵固定端水平径向振动频谱分析（一）

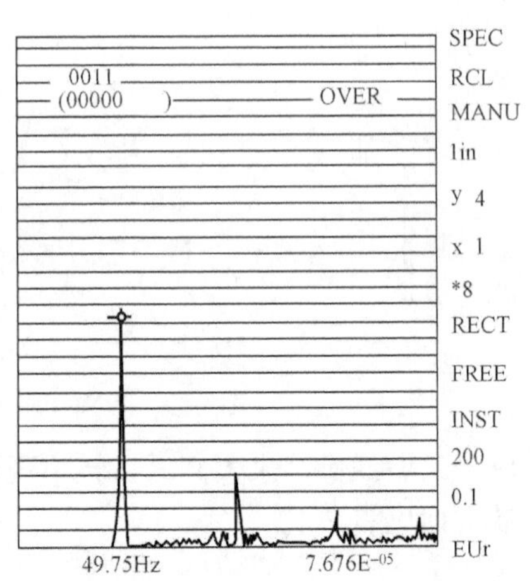

图 2-29　泵固定端水平径向振动频谱分析（二）

表 2-5　　**试转结果**

序号	测振位置	振动值（μm）		
		—	⊥	⊙
1	泵联侧	130	20	20
2	泵非侧	30	10	20
3	电动机联侧	15	10	10

由表 2-5、图 2-29 可以看出，振动明显减小，除泵联侧径向水平方向振动超标外，主要成分仍是一倍频，其他均小于 50μm 的标准。重新检查电动机侧联轴器，测量检查发现，同心度误差近 1mm，且内部有很大的铸造气孔，更换后，试转结果如图 2-30 所示。这时振动已明显减小，但与大修前的振动值差不多，仍然超标。做动平衡，用闪光测振仪测出相位与振动值，在泵侧联轴器上加重，50g/60。试转结果，泵联侧径向水平振动为 30μm，达到了标准，如图 2-31 所示。

这是一起典型的备品不合格，检查验收不认真引起的重复消缺的现象，可是说是出乎意料的情况。

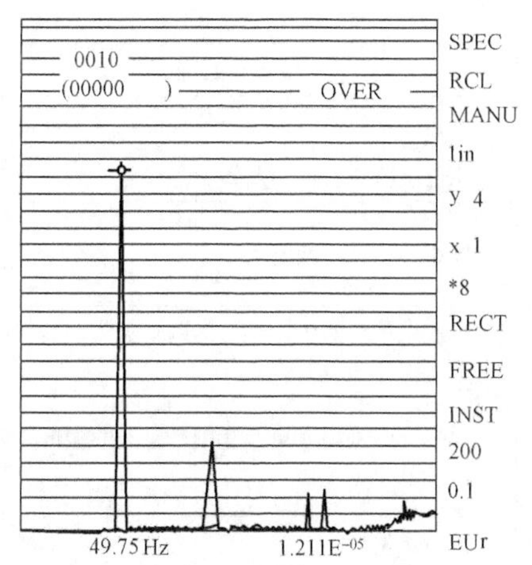

图 2-30　泵固定端水平径向振动频谱分析（三）

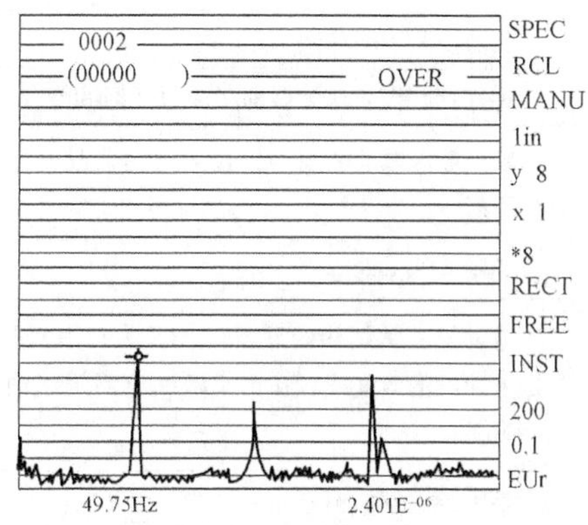

图 2-31　泵固定端水平径向振动频谱分析（四）

案例二：循泵 64LKXA-24.5 电动机水平方向振动

1. 性能特性及常见故障

64LKXA-Z4.5 立式混流泵的主要性能参数：流量 Q 为 5.4m³/s，扬程 H 为 24.5m，转速为 495r/min，电动机功率为 1800kW，长沙水泵厂生产。

常见振动故障见表 2-6。

表 2-6　立式混流泵常见振动故障

序号	异常振动和噪声原因	应采取的措施
1	装配精度不高	提高装配精度
2	吸入水面过低	提高水位
3	汽蚀	提高水位，调整运行工况
4	轴承损坏	更换轴承
5	轴弯曲	校直
6	电动机故障	修理
7	联轴器螺栓松动损坏	拧紧或更换螺栓
8	运动部件不平衡	检修
9	基础不紧固	增加基础刚性
10	排出管路影响	检查排除影响

电动机型号为 YKKL1800-12-1730-1，功率为 1800kW，电压为 6kV，转速为 495r/min，湘潭电机股份有限公司生产。

电动机常见振动故障见表 2-7。

表 2-7　电动机常见振动故障

序号	异常振动和噪声原因	检查与处理
1	转子不平衡	将电动机与负载不对接，再做检查

续表

序号	异常振动和噪声原因	检查与处理
2	安装不紧固或基础不好	重新拧紧螺栓，检查垫片加固，安装固定
3	零件相摩擦表现为振动相位角随时间变化	检查空隙是否均匀及转子是否弯曲
4	转子笼条断裂表现为振幅随时间而改变，多数发生在负载运行时	检查转子，更换笼条
5	轴中心线未对准	将机组重新对中，将基础调整到正确的平面
6	电动机支承结构的共振，表现为在电动机底脚处振动大，随着速度的改变或者在电动机断电后迅速消失，电动机支座刚度差	加强支座刚度或更换基础，避开共振区
7	推力轴承安装不好	重新调整
8	轴承损坏	更换轴瓦或轴承

2. 故障现象及特点

7号循环水泵为二期主设备的主要配套辅助设备。试运行时，发现电动机上部水平方向振动较大，达180μm。为此，请电动机厂技术人员来现场做高速动平衡试验。在电动机的冷却风机叶轮上加重1600g，振动降至90μm，但再想继续加重减小振动时，效果却不明显，而且每次所加重量与振动减小的数值并不成比例。只能就此作罢，维持运行。

可是随着运行时间的推移，振动值又越来越大，一个月后竟然达到200μm，已不能正常运行。重新进行分析处理。

经现场测量分析，发现有以下特征：①振动不太稳定，变化达50μm；②振动的主要频率为一倍频；③上水导轴承处，水平振动也有较大变化，达40μm左右；④电动机上的振动值，从上到下逐渐减小；⑤在承载电动机圆形台板基础上，测得台板上的垂直振动值沿水流方向变化明显，最大差别达70μm，如图2-32所示。

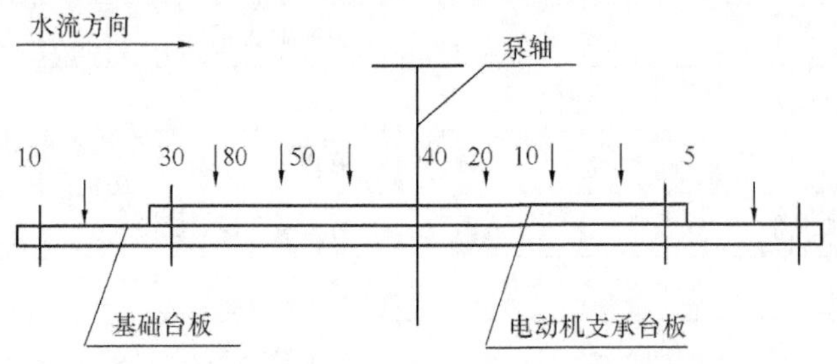

图2-32　台板上的垂直振动

由于此类泵型的水泵部分为整体安装，整体吊入泵坑，对泵体的振动情况没有检测的手段，没能提供有效信息。

3. 原因分析与查找

从了解的处理经过以及现场检查发现的振动特征，经分析认为：通过在冷却风机的叶轮上做高速动平衡试验，应该说有一定的效果，但并未抓到问题的实质或者说处理方法并不准确。

由以上的特征，分析认为有以下几种可能：①冷却风机叶轮与导流体碰磨；②基础刚度沿水流方向，在泵轴中心线两侧严重不对称，或者说，在泵轴中心线的进水侧，连接刚度差；③泵与电动机的同心度或者轴系的摆度存在问题，超出了质量标准；④转子轴系不平衡。

首先对冷却风机叶轮与导流体的情况进行了检查，没有发现碰磨痕迹，排除了碰磨的可能性。同时考虑到上次在电动机叶轮上做高速动平衡试验的不彻底性，以及检查出的基础问题和可能存在的泵的制造、安装质量问题，决定对泵全面解体，检查，大修。

在泵解体检查过程中，发现以下问题：①下水导磨损较重，并偏心；②轴系摆度超标；③上水导处的下半部分联轴器与泵轴配合较松，有间隙；④叶轮存在不平衡分量，约580g。

可以看出，原来的泵确实存在制造、安装上的质量问题。由于拆除基础台板的困难太大，就没有对台板连接刚度进行检查。

4. 处理方案及效果评价

经过处理，消除了叶轮上的不平衡分量（还剩余100g左右），调整同心度在100μm以内，摆度符合要求，同时更换了上水导处的联轴器。

重新组装后试转，电动机上部水平振动仍然达150μm。虽然振动有所减小（50μm），但说明还有其他原因未找到。

再次测量分析比较，发现振动的基本特征没有变化，一倍频分量仍然是重要成分；电动机上的振动值，从上到下逐渐减小；在承载电动机的圆形台板基础上，测得台板上的垂直振动值沿水流方向变化明显。但是，也发现有明显的不同点：①电动机整体及上水导处的振动比较稳定；②基础台板上沿水流方向的垂直振动变化值，较大修前有所降低。

鉴于振动信号中稳定的一倍频分量，又排除了水泵本体和轴系的不平衡因素，以及上次在冷却风机叶轮上做动平衡试验的效果，决定对电动机重新做高速动平衡试验。但是，这次所做动平衡试验的方法与上一次不完全相同。上一次，只是在冷却风机的叶轮上加重，而这次决定在上部冷却风机的叶轮上和下部联轴器上同时加重，属于双平面动平衡。

用闪光测振仪测得数据如表2-8和表2-9所示。

表2-8　处理前测得数据

振　动　值		相　位	
电动机上	电动机下	电动机上	电动机下
148μm	45μm	∠15	∠150

加重：在上部冷却风机的叶轮上和下部联轴器上各加重1200g，相位角为∠240。

表2-9　处理后测得数据

振　动　值		相　位	
电动机上	电动机下	电动机上	电动机下
75μm	18μm	∠140	∠150

按照国家标准，振动值75μm，对应500r/min的转机，已经达到优良水平。关键要看，是否会像第一次做完动平衡试验后一样，出现逐渐增大的情况。

为此，设备运行后，安排了专人跟踪观察，一个月没有出现异常，三个月也未发现变化。至此可以说，困扰几个月的振动问题终于得到了解决。

从这次处理的过程来看，引起设备振动的原因是多方面的，有泵本身的制造、安装质量问题，有转子轴系的质量不平衡（叶轮和电动机）问题，还可能有支承基础的刚度不均匀问题等。所以，处理振动问题不能仅简单考虑是哪一方面的问题，而应该从多方面因素去考虑、分析，并逐条排除。

案例三：凝泵 NL-180 电动机水平振动

1. 性能特性及常见故障

16NL-180 型凝结水泵是筒式定轴四级离心泵，设计流量 550m³/h，扬程 180m 水柱，凝结水温度不超过 53℃。生产厂家为上海水泵厂。JSL430-4 电动机的型号为 JSL，额定容量为 430kW，电压为 6kV，电流为 49A，极数为 4 极，相数为 3 相，频率为 50Hz，上海电机厂生产。

常见振动噪声故障，见表 2-10。

表 2-10　　常见振动噪声故障

序号	可能原因	消除方法
1	泵内或吸入管内有空气	重新灌泵，驱除空气
2	吸上扬程过高或灌注水高度不够，或吸入管中水压力小于或接近于强化压力	降低标高，减少吸入管阻力
3	在流量极小处运行	加大流量或安装旁通循环管
4	泵轴与电动机轴不同心	校正
5	转动部分与固定部分碰摩	校正轴线
6	轴承损坏	更换
7	转动部分不平衡	做检查并消除
8	轴承盖内油过多或太脏	按油位计加油换油

结构特征如图 2-33 所示。

2. 现象及振动特点

＃2 机组乙凝泵大修后试转时，发现电动机顶部水平方向振动较大，达 120μm。

经全面检查、测量和分析，发现存在以下特征：①从电动机顶部到基础，再到水泵的基础，振动逐渐减小；②经频谱分析，主要振动频率为 1X；③振动存在不稳定成分，飘移量达 50μm；④振动相位比较稳定。频谱图形如图 2-34 所示。

3. 原因分析及查找

由振动的主要成分为一倍频，可以判断出问题应集中在转子上，是轴弯曲或不平衡；而由振动呈现出从上到下逐渐减小和振动飘移的特点，可以判断出支撑系统薄弱，易受振动干扰。为此决定做动平衡试验，加重位置选在电动机与泵联接的靠背轮上。加重 100g∠100，加重半径 R＝200mm，结果振动值却增加到 450μm。经计算，影响系数达 420μm/100g。由加重对振动产生的影响，说明用加重的方法可以削弱振动，同时，从加重位置在联轴器上，加重半径只有 R＝200mm 的情况下，影响系数达 420μm/100g，又可以说明不平衡质量对振动的影响是很大的，也说明电动机的支撑刚度比较薄弱，对振动的敏感系数比较大。

经重新调整加重 30g∠200，位置仍然在靠背轮的螺栓上，加重半径 R＝200mm。电动

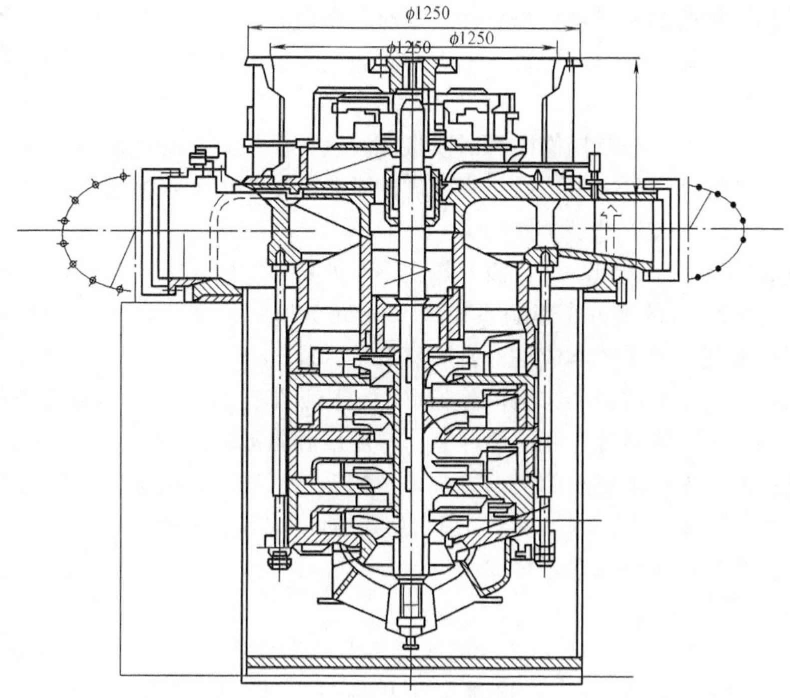

图 2-33　凝结水泵结构

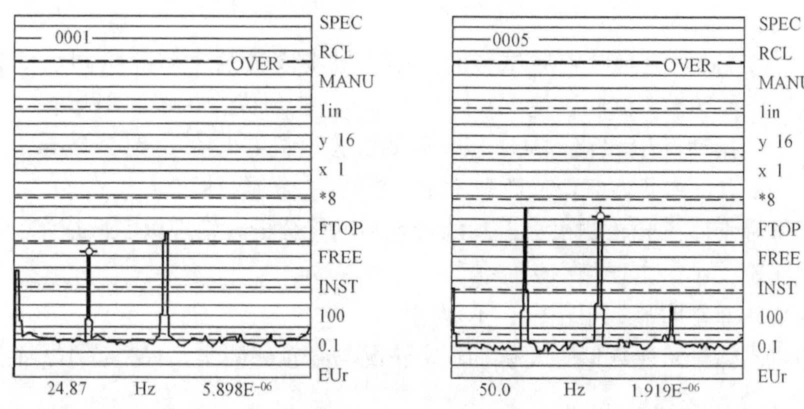

图 2-34　频谱图形

机上部振动值下降到 40μm 以下，按振动标准，达到优良水平。

30g 不平衡质量影响振动 120μm。那么质量偏差从何而来呢？从以上做动平衡试验的过程可以看出，加重位置的选择是正确的，也就是说不平衡质量来自于靠背轮，为查找到这一不平衡的真正原因，对联轴器上的 12 颗螺栓进行了详细检查，并进行了称重比较。这种联轴器为弹性橡胶联轴器，检查中发现有的螺栓上缺少橡胶圈，有的橡胶圈磨损较重。经称重比较，发现有两颗质量相差达 15g，有两颗质量相差达 10g，其他的比较均匀。于是决定对螺栓进行修复、称重并按照对称调整的要求进行重新装复，且拿掉了上次的 30g 加重。经试转，振动值小于 50μm，符合标准要求。

4. 处理及效果评价

通过加重做动平衡试验，使振动问题得到了解决，又通过认真细致的检查，发现了不平衡的原因。引起不平衡的原因是大修后在装复对轮螺栓时，没有注意到螺栓的磨损情况，随意装复，从而导致螺栓质量的不均匀、不对称。通过修复、调整，消除了不平衡分量，使振动减少到优良水平。

在凝泵以后的大、小修及抢修中都对联接螺栓进行了检查和配重调整，再未出现类似情况。从本次振动的处理过程来看，虽然在处理的思路上是正确的，但也走了不少弯路，在处理问题的方式、方法上有待进一步提高。

对这种立式凝结水泵认识不足，没有想到不平衡量对它的影响系数有如此之大，在靠背轮半径只有 $R=200$mm 的地方，影响系数达 420μm/100g。应该说，这种泵的支撑刚度是较差的，对不平衡或其他因素的响应是非常敏感的。

在以后通过做动平衡试验的方法消除振动时，应吸取这次教训，除应考虑转子的质量、转速、加重半径的影响因素外，还应该注意支撑刚度和阻尼的影响。

对一些支撑刚度差、阻尼小的支撑系统出现的振动问题，在消除时，除应该进行基础加固外，还应该尽量减少不平衡力，使转子上的部件质量均匀、平衡。

案例四：排粉机轴承座振动飘移诊断

1. 性能特性及结构

排粉机型号为 M5-36-11NO. 21D 为高效耐磨型，流量为 11.43～17.4×10^4 m^3/h，扬程 $H=11.9$kPa，转速为 1480r/min，成都电力机械厂生产。电动机为 Yf500-2 型，功率为 800kW，转速为 1480r/min. 电压为 6kV，东方电机厂生产。

2. 故障现象及特点

1 号炉乙排粉风机，更换叶轮后试转时，排粉机本体轴承座靠叶轮侧水平振动偏大达 110μm，通过做现场动平衡试验，使振动降到 20μm，达到优良标准。但运行一天后，却发生了奇怪的现象。振动发生飘移，从 20μm 开始缓慢升高，最高达到 160μm，然后缓慢下降，又到 20μm 左右，如此往复但又飘忽不定，没有一定的规律可循。

经过对本体轴承座靠叶轮侧水平振动的检查和测量分析，发现以下特征：

(1) 振动无论大小，主要频率为一倍频。

(2) 振动飘移非常明显，不稳定、不规则。

(3) 排粉机本体轴承座靠联轴器侧的振动情况与叶轮侧同步，只是偏小，而对电动机没有影响。

3. 原因分析与查找

由特征 (3) 可以排除是电动机的影响，也可以说，问题集中在轴承座的叶轮侧。而由特征 (2) 和特征 (1) 还不能排除由以下因素导致：①轴承座基础螺栓松动；②轴承座端盖连接螺栓松动；③轴承外圈或内圈紧力不足，松动；④叶轮上存在不稳定的不平衡质量。前面 3 种情况均属于基础松动，这一类型原因造成的振动特征一般表现为不稳定、不规则，同时在频谱上表现为一倍频。通过对基础螺栓复紧，重新检查轴承外圈或内圈紧力和连接螺栓复紧，排除了松动的可能。那么问题就集中到叶轮上，叶轮上存在不稳定的不平衡质量的最大可能是叶轮积粉，煤粉不断沉积又不断脱落，形成不稳定的不平衡质量，表现为振动的不稳定、不规则。打开风机进口风门检查，发现叶轮上 15 个叶片的背弧侧均积有大量煤粉，最厚的有 20mm。

风机叶片背弧侧积粉问题，是一种比较常见的现象，引起振动的情况也比较多，且这一类型的叶片形状大多是后弯型。而此类风机叶片刚好是后弯型，原本有少许积粉，但并不严重，并没有引起大的振动。经仔细检查和核实，发现原来叶轮进行了改造，为了防磨在叶片的迎风面和进风头部均加装了陶瓷盔甲，形状如图 2-35 所示。

4. 处理方案与效果评价

解决风机叶片积粉问题最好的方法是把叶片设计成机翼型。这样在运行中，在叶片的迎风面和背风面都会有层流风，把煤粉吹走，使煤粉不至于堆积。改变叶片形状或类型几乎不可能，所以怎样自动减少叶片背风面的煤粉堆积量，就成为解决本台设备故障的关键。经现场仔细观察和分析，找到了一个比较巧妙的方法，即在叶片进风头部背风面的陶瓷盔甲上，人为打磨出三道气流通道，风就可以从这里吹散后面的积粉，如图 2-36 所示。

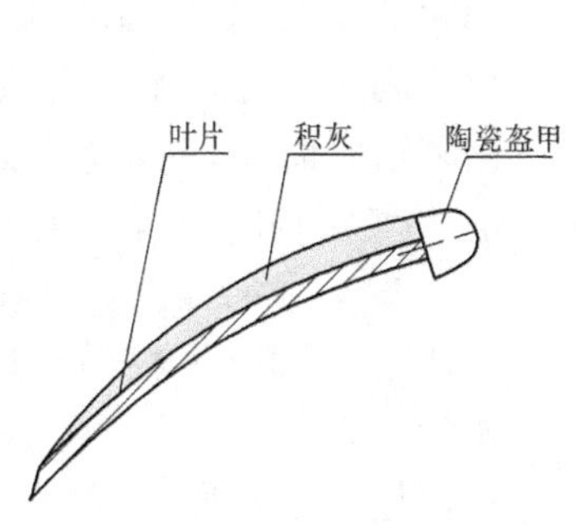

图 2-35　叶轮积粉

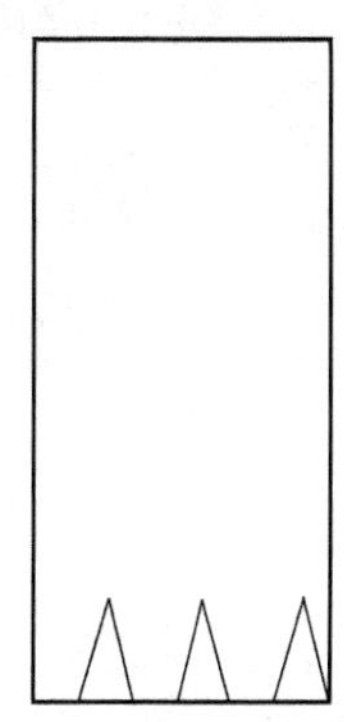

图 2-36　人为打磨三道气流通道

按此方案实施后，振动飘移现象明显减少，变化量小于 30μm，可以说问题基本得到了解决。从分析和处理过程看，分析的思路是正确的，处理的方法也是比较巧妙的。这次异常情况的发生，应该说与在叶片上加装陶瓷盔甲有直接的关系。虽然说，加装陶瓷盔甲提高了叶片的耐磨性，但却带来了积粉这一新的问题，造成了设备的不稳定振动。所以，在制定设备改造方案时，不但要考虑针对性解决的问题，还要注意可能产生的负面影响，找出措施或预案。

遇见过的不平衡引起的振动见表 2-11。

表 2-11　　曾出现过不平衡引起的振动

序号	设　备	振动特征	振动原因	备　注
1	GGH 电动机	1N	电动机后风扇不平衡	GH 准格尔电厂
2	轴流增压风机	1N，突增	积灰随机脱落	HN 珞璜电厂
3	一次离心风机	1N	机翼型叶片磨损灌灰	GX 新海电厂
4	汽轮机	1N，停机后开机振动大	中心孔进油	HN 淮阴电厂
5	动叶可调送风机	1N，停用后开机振动大	动叶调节油漏进动叶头	HN 南通电厂

第二节　中心不正引起的振动及案例

转子系统的另一个重要振源是不对中。不对中，是指用联轴器连接起来的两根轴的中心线存在偏差，有平衡偏移，轴线成角偏移，或者是两者的组合偏差。

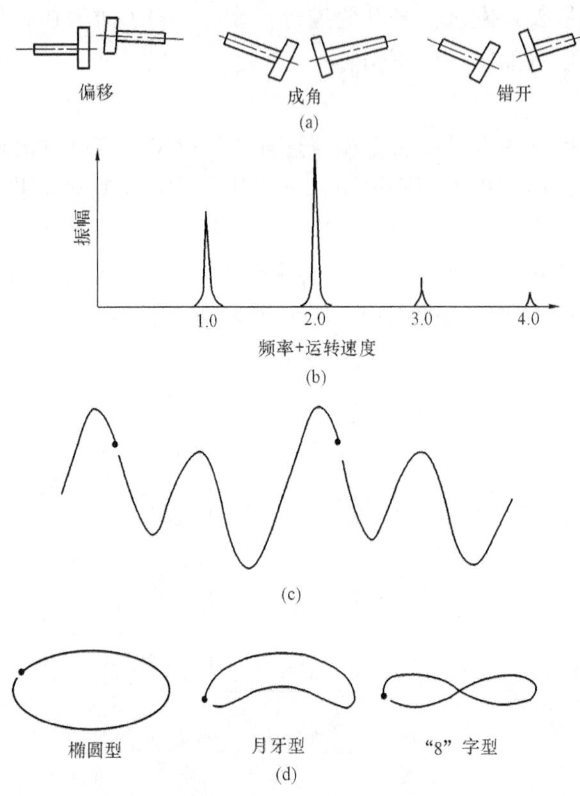

图 2-37　不对中故障的特征

(a) 不对中类型；(b) 频谱；(c) 波形；(d) 轴运动轨迹

造成不对中的原因：检修安装工艺（冷态）、地座、热态偏移等。

不对中可引起转子在径向和轴向的振动。当不对中性不严重时，其振动的频率成分为旋转基本频率 f_r；当不对中性严重时，则产生旋转基本频率的高频次成分，如 $2f_r$，$3f_r$，二阶频率上的振动伴有不对中的征兆。

有关研究指出，当在二阶频率振幅是运转频率振幅的 30%～75%时，此不对中可被联轴器承受相当长的时间；当二阶频率振幅是运转频率振幅的 75%～150%时，其联轴器可能会发生故障。应加强对其状态的监测。当二阶运转频率振幅的超过运转频率振幅的 150%时，不对中对联轴器产生严重作用。联轴器可能已产生加速磨损和极限故障。

不对中故障的特征（见图 2-37）如下。

（1）转子径向振动出现二倍频，以一倍频和二倍频分量为主。轴系不对中越严重，二倍频所占的比例就越大，多数情况甚至二倍频能量超过一倍频能量。

（2）振动信号的原始时域波形呈畸变的正弦波（见图 2-38）。

（3）联轴器两侧相邻两个轴承的油膜压力呈反方向变化，一个油膜压力变大，另一个则

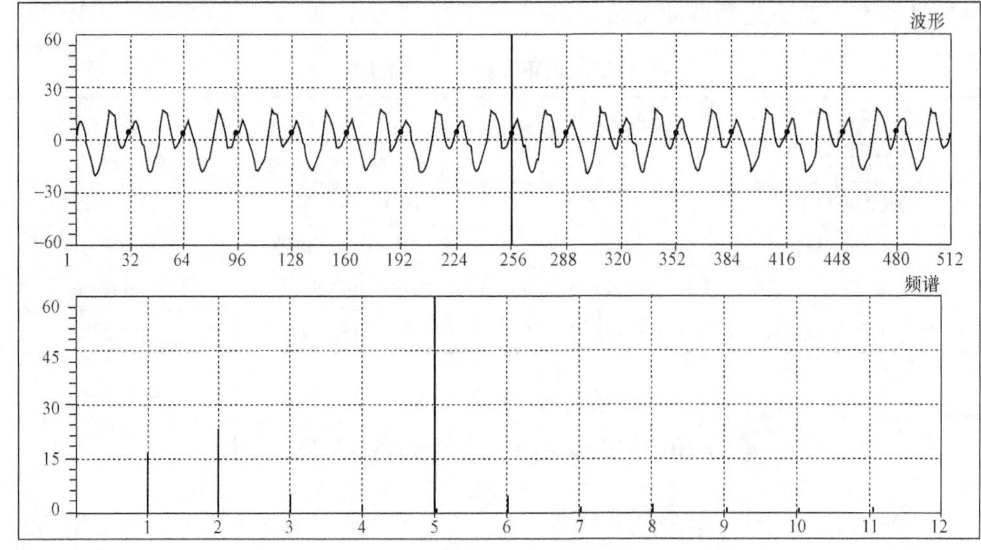

图 2-38　×××汽轮机转子对中不良的波形频谱图

变小。

（4）联轴器不对中时轴向振动较大，振动频率为一倍频，振动幅值和相位稳定。

（5）联轴器两侧的轴向振动基本上呈现出180°反相的。

（6）典型的轴心轨迹为月牙形（见图2-39）、香蕉形（见图2-40），严重对中不良时的轴心轨迹可能出现“8”字形（见图2-41）。涡动方向为同步正进动。

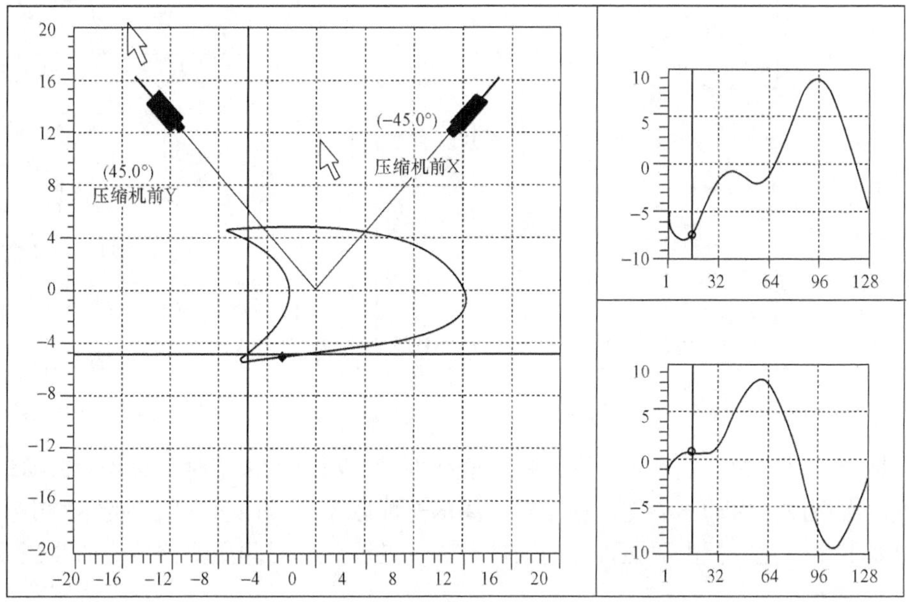

图2-39　×××压气机有对中不良倾向的轴心轨迹图

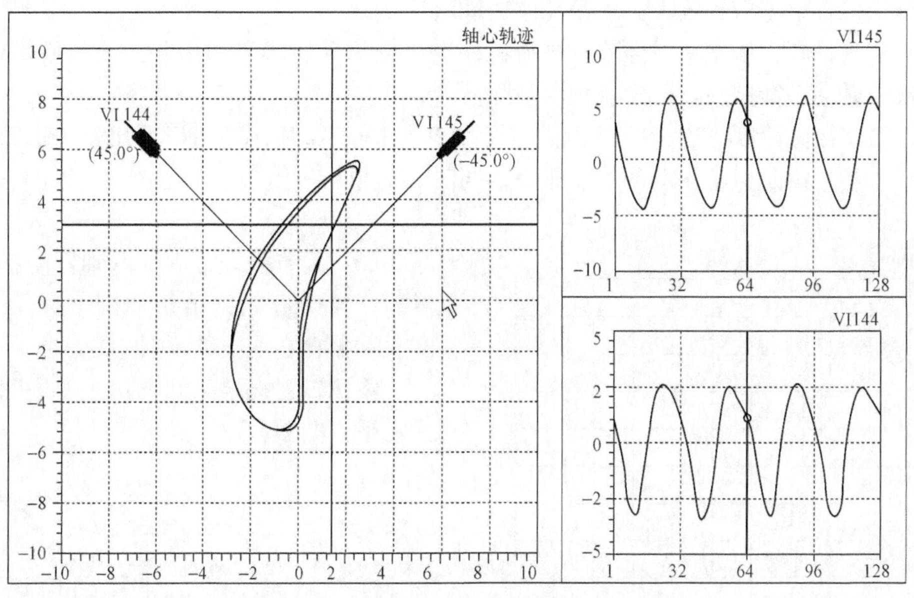

图2-40　呈香蕉形的轴心轨迹图

（7）振动对负荷变化敏感。当负荷改变时，由联轴器传递的转矩立即发生改变。如果联轴器不对中，则转子的振动状态也立即发生变化。一般振动幅值随着负荷的增加而升高。

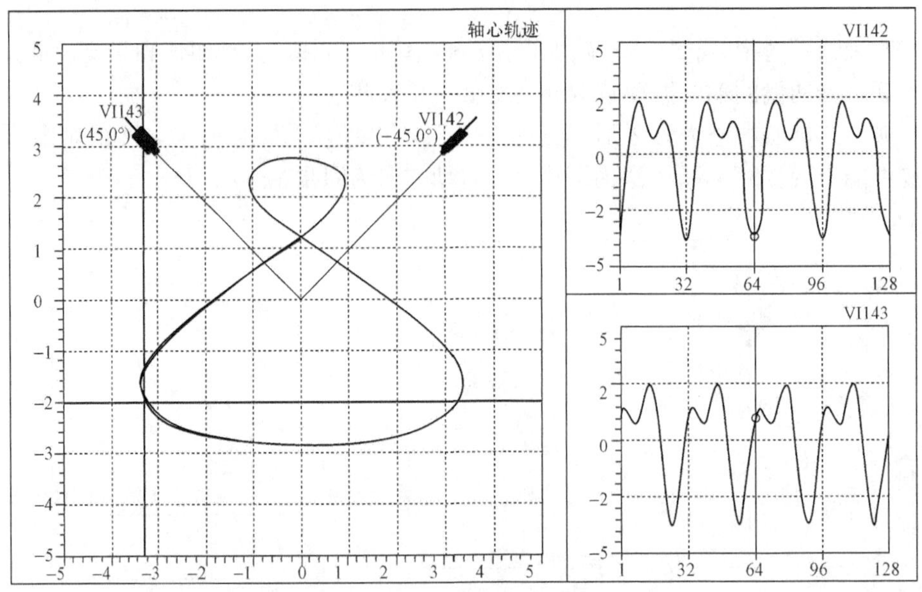

图 2-41 呈“8”字形的轴心轨迹

(8) 轴承不对中包括偏角不对中和标高变化两种情况。轴承不对中时径向振动较大，有可能出现高次谐波，振动不稳定。由于轴承座的热膨胀不均匀而引起轴承的不对中，使转子的振动也要发生变化。但由于热传导的惯性，振动的变化在时间上要比负荷的改变滞后一段时间。

案例一： M5-36-N021D 排粉机振动诊断

该排粉机轴承座振动较大，水平径向振动值达 120μm。

(1) 初步诊断：依据平时经验，排粉机振动多数为转子不平衡引起。因而用 ZXP-Ⅱ型闪光测振仪做动平衡试验，但没有彻底消除。

(2) 精密故障诊断：用 1075 扫频分析，结果如图 2-42 所示。可以看出，一倍频分量最大说明转子不平衡是引起振动的主要原因；同时二倍频与三倍频分量也较大，说明存在明显的不对中现象。

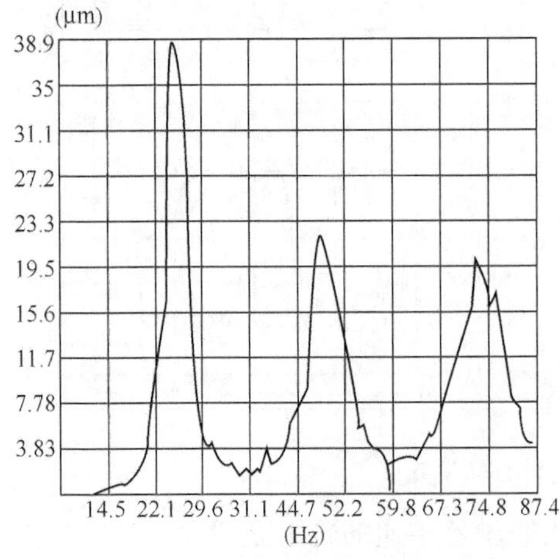

图 2-42 M5-36-N021D 排粉机振动频谱分析结果

(3) 检查处理：拆除联轴器防护罩，测量靠背轮中心，其结果如图 2-43 所示，证实联轴器存在明显的不对中。

案例二： 循泵 1200HLQ-16 中间水导轴承水平方向振动

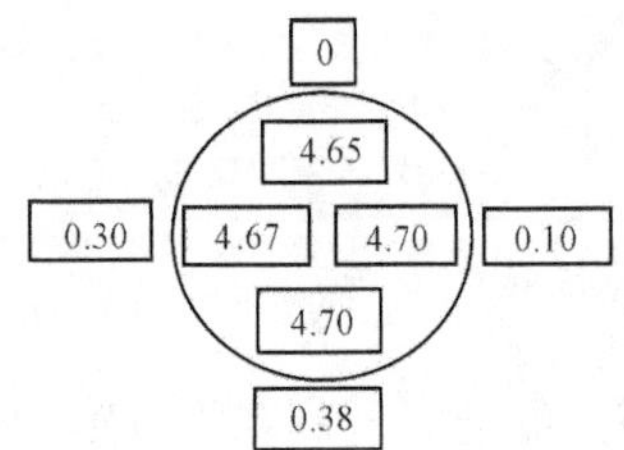

图 2-43 MS-36-N021D 排粉机找中心结果

1. 性能特性及结构

1200HLQ-16 型混流泵为导叶式叶片可调节泵，泵的扬程范围为 11～22m，流量为 2280～18 000m³/h。生产厂家：上海锅炉厂。图 2-44 所示为混流泵结构特征。

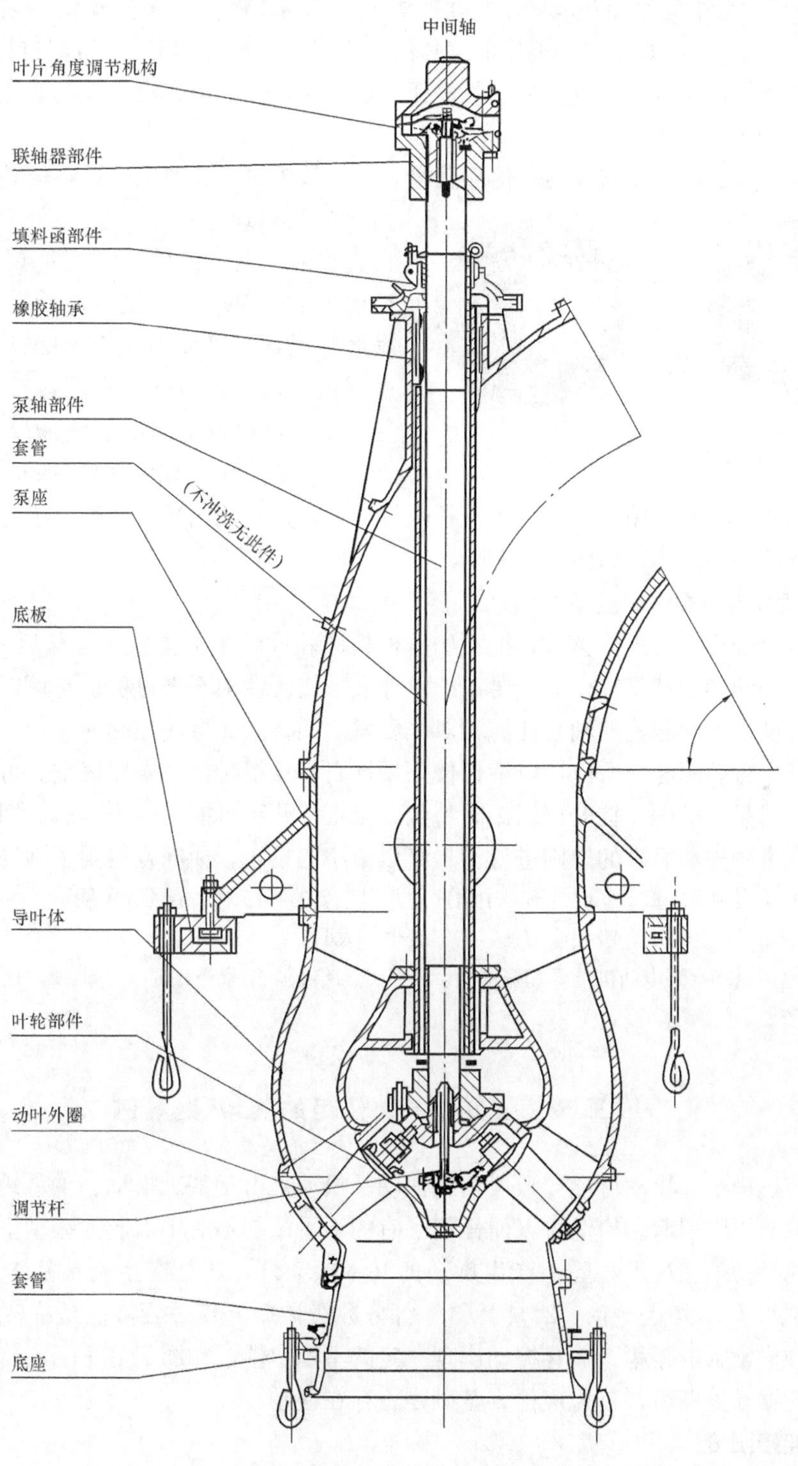

图 2-44 混流泵结构特征

电动机：型号为 YL1250-12/1730，功率为 1250kW，电压为 610V，电流为 159V，极数为 12，相数为 3，频率为 50Hz。

2. 故障现象及特点

2 号循环水泵中间水导轴承处出现水平方向振动达 100μm，经振动仪器频谱分析，振动的主要成分为 10Hz，即为一倍频分量。其他地方，上部电动机处、下部导叶体处的振动都较以前有所增加，而且主要成分也是一倍频分量。导叶体处声音没有大的变化。

3. 原因分析与查找

由振动的特点即主要成分为一倍频分量，可以认为振动的原因应该在转轴上，一种可能是叶轮处出现了问题，另一种可能是轴弯曲。检查这种类型泵的叶轮需要把泵彻底隔离，还要抽水，很困难。首先应该检查上水导处轴的摆度情况，当把水导处的密封盘根拿出来时，发现盘根是一种很硬的石墨盘根。检查轴与水导的间隙，发现轴向出水侧的反方向偏移了近 2mm。由此可以知道，引起振动的主要原因是轴与孔不同心，再加上用很硬的石墨盘根强行把轴移正，就相当于使轴发生弯曲，所产生的影响与轴弯曲是一样的，如图 2-45 所示。

图 2-45　轴弯曲

4. 处理方案与效果评价

根据以上分析决定进行尝试，把石墨盘根换成软性的牛油盘根，运行后一切恢复正常。假如泵的同心和摆度都是符合标准要求的，那么采用硬性的石墨盘根也是可以的。但如果泵的同心或摆度出现问题，即轴与孔的相对位置发生偏移，如再使用硬的盘根，就可能使轴发生弯曲，产生振动问题。所以，以后再使用硬性石墨盘根时，一定要慎重。可以说，此次处理问题的方式是正确的。首先根据振动特点，锁定了几种可能的原因，然后用排除法进行逐条排除，并本着先易后难的原则进行。最终以最小的投入，使问题得到了圆满解决。

注：(1) 本案例中，振动原因是不对中引起的，但表现的特征中二倍频并不明显，主要是因为它的支撑结构是橡胶水导，弹性大，吸收能力强，特征表现不太明显。

(2) 某电厂循环水泵电动机上导瓦振动大，特征是二倍频，结果查出是由于支顶四块导瓦的四个顶锥中有一个松了。

第三节　基础松动引起的振动及案例

在旋转机械中，松动可能导致严重的振动。松动是由于基础松动、轴承约束松弛、过大的配合间隙等原因引起。松动可以使任何已有的不平衡、不对中引起的振动更加严重。

在出现松动的情况下，除了产生旋转的基本振动外，还会产生旋转基本频率的高次成分。如 $2f_r$、$3f_r$，也会产生 $1/2f_r$、$1/3f_r$ 等分数级谐振。其一般特征是旋转频率的一系列谐频上出现异常大的振幅，而且振动出现一定的不稳定性，如图 2-46 所示。

在一般振动诊断中，首先应检查基础是否存在松动。

一、连接刚度

测量每一个连接部件的振动值，两个相邻部件振幅之差，称为差别振动值，由差别振动

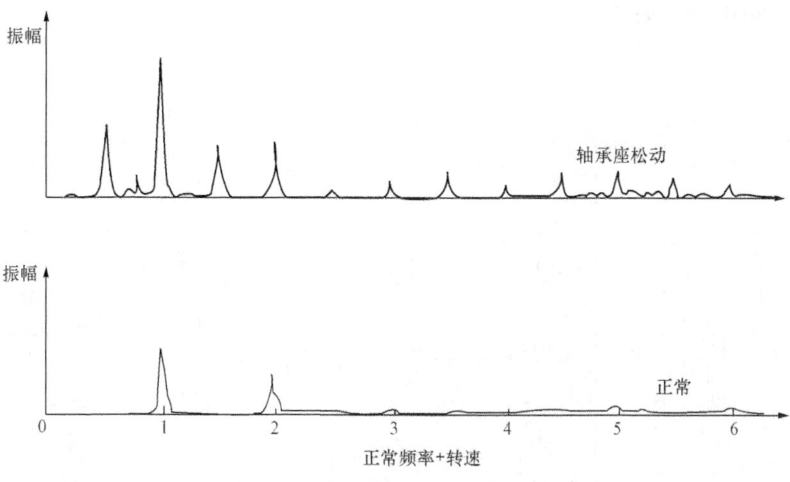

图 2-46　松动的频谱特征

值判明两个连接部件的连接刚度是否正常。对于一般轴承座来说，在同一轴向位置（如图 2-46 所示），测点上下标高差在 100mm 以内的两个连接部件，在连接坚固情况下，其差别振动值应能小于 2μm；滑动面之间正常的差别振动值应小于 5μm；对于发电机后轴承座与台板之间有绝缘垫者，其差别振动值应小于 7μm。当两个相邻部件差别振动值明显大于这些数值时，即可判定轴承座连接刚度不足。差别振动值越大，故障越为严重。在测量轴承各点振动时，除测量垂直振幅和相位外，必要时对该点水平和轴向振动也应测量；在测量时若发现差别振动值异常，必须复测一遍；只有两次测量结果基本一致，数据才能认为可靠。

造成轴承座与台板之间差别振动值过大的原因是轴承座底面或台板变形，因此安装时必须仔细修刮，使其摩擦面紧密贴合，减小差别振动值，提高连接刚度。

造成台板与基础之间差别振动值过大的原因是由于二次灌浆不充实，垫铁走动，垫铁间距过大和吃力不均，垫铁接触不良等，使轴承座垂直方向上的连接刚度降低。台板垫铁过高，虽然对轴承座垂直方向的动刚度影响不大，但会显著降低轴承座水平和轴向的动刚度，为此台板垫铁高度建议不要超过 8mm。

造成台板与基础接触不良的另一个原因是垫铁与基础表面接触不严实，在振动力的作用下，造成垫铁移动或承载力降低，所以在安装时垫铁下面的基础应打平，保证接触严实。

案例一：启动炉引风机 Y4-73-1111D 轴承座振动诊断

1. 性能参数及结构。

风机性能参数见表 2-12。

表 2-12　　风机性能参数

技术参数	额定工况	技术参数	额定工况
型号	1Y4-73-1111D	功率	55kW
全压	2432－2402Pa	流量	43900～54700m^3/h
转速	1450r/min	介质重度	0.745kgf/m^3（1kgf/m^3＝9.8N/m^3）
介质温度	200℃	出厂日期	1991 年 12 月
厂家	南通风机厂		

风机结构如图 2-47 所示。

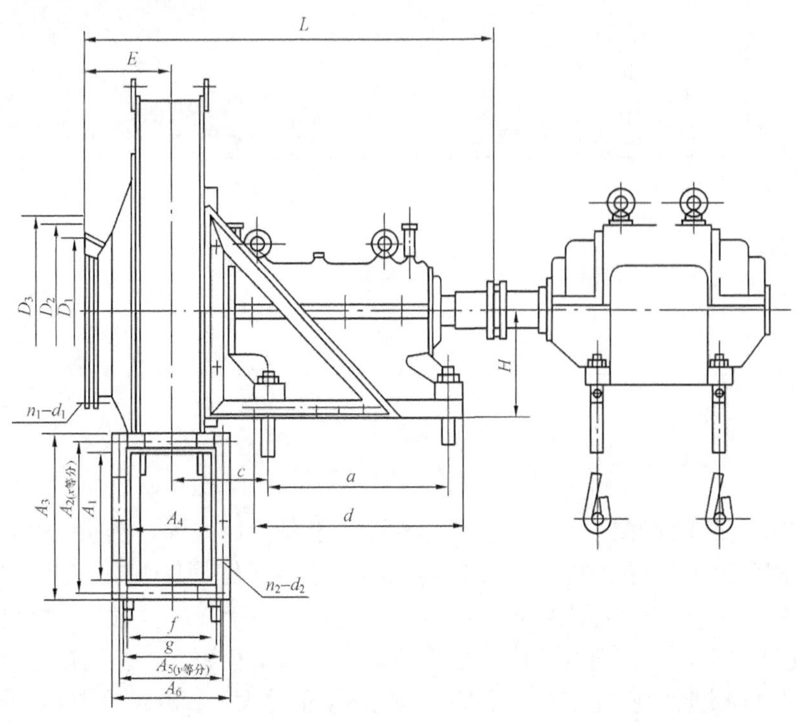

图 2-47　风机结构

2. 现象及振动特征

启动炉是作为应急使用的设备，一般情况下不用，但为保证应急设备的可靠，需要定期试开。在一次试开吸风机时，发现吸风机本体、电动机振动都很大，最大的在吸风机本体轴承座叶轮侧水平方向上，振动值达到 250μm。当时没有仔细检查分析，认为本体轴承出了问题，立即更换了轴承，试开后发现没有变化；又认为电动机出了问题，更换电动机，仍然没有效果；后来按要求对风机叶轮做高速动平衡试验，加重 150g，还是没有反应。这才引起重视，对故障设备进行了全面的检查、测量和分析，发现存在以下特征：

(1) 风机本体部分振动大，电动机振动也大，而且整个混凝土基础振动都大，见表 2-13。

(2) 从轴承座到混凝土基础再到地面，振动值逐渐减小，但在紧靠地面处混凝土基础的径向水平振动值还有 70μm，在距离混凝土基础 2m 的地方，还能测量到垂直振动值达到 40μm，如图 2-48 所示。

(3) 频谱分析的情况是，没有高频分量，一倍频分量也不明显，并且在 200Hz 频率范围内的振动成分都不稳定，变化很大。

表 2-13　　　　风机本体与电动机振动

位置	风机本体			电动机		
	⊥	—	⊙	⊥	—	⊙
振动值	200	250	150	190	245	145

3. 原因分析与查找

从处理过程可以看出，电动机、风机轴承及叶轮都不存在问题，从特征（3）频谱分析的结果，没有二倍频分量，可以排除电动机与风机轴的中心问题。排除了以上问题，结合在紧靠地面处混凝土基础的径向水平振动值还有 70μm，在距离混凝土基础 2m 的地方，还能测量到垂直振动值达到 40μm。基础之间差别振动值和基础以外的混凝土地面上垂直振动如此之大，还是很少见的。再加上频谱分析出，在 200Hz 频率范围内的振动成分都不稳定，变化很大。说明混凝土基础出现了严重问题，因为如果是一般的连接刚度差或松动，频谱分析的表现为一倍频分量、三倍频分量比较大，也可能激发起许多倍频分量；如果单纯的是基础刚度阻尼小，则多表现为一倍频分量。

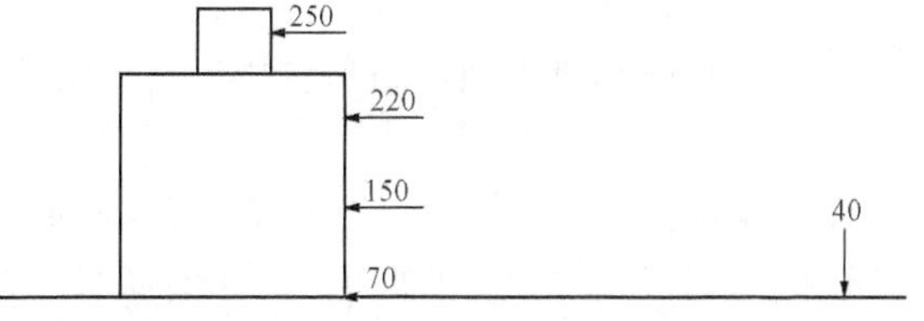

图 2-48 从轴承座到混凝土基础再到地面的振动值

4. 处理方案与效果评价

从以上分析中可以看出，基础出现了严重问题，在基础下面很可能出现了断裂。按要求拆除水泥基础，在拆除过程中发现，混凝土强度太小，成分中水泥太少，黄沙太多，有许多地方一碰就散了。对基础重新浇筑，待凝固后，风机投入运行，一切恢复正常。可以说这是一起严重的基础质量事件，应引起土建部门的重视。从处理的过程来看，通过反复拆装、更换等方法才排除许多问题，找到真正的原因，这样的结果是既劳民又伤财，还影响机组的安全备用。据了解，许多电厂对振动问题都束手无策，往往通过反复拆装的方法进行检查分析。这需要对转动设备的故障诊断技术认真学习研究。

案例二：排粉机电动机振动诊断

1. 性能特性及结构

排粉机型号为 M5-36-11NO. 21D，原配电动机为东方电机厂生产 YF500-2-4 型电动机，后配电动机为湘潭电机厂生产，型号为 YF500-2-4 型，电动机功率为 800kW，转速为 1490r/min，质量为 4450kg，结构尺寸如图 2-49 所示。

2. 现象及振动特征

从投产以来，除电动机轴承损坏导致电动机振动大外，没有发生过因其他因素导致电动机振动大而影响设备安全运行的情况。当换上某电机厂生产的 YF500-2-4 型备用电动机后，电动机振动变得很大，尤其是电动机上部的风冷却器，水平径向振动值最大达 350μm。厂家来人对地脚支承及冷却器与电动机之间的连接进行加固，振动值从 350μm 下降到 200μm，这样维持运行了一个多月。为了彻底消除隐患，保证设备安全稳定运行，又进行了认真的分析和处理，处理后的电动机冷却器最大振动值为 50μm，轴承处最大振动值为 30μm，使设备安全得到了保证。其特征如下。

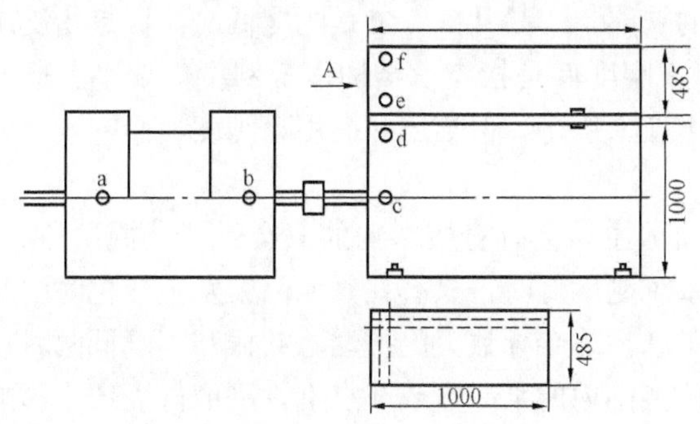

图 2-49 冷却器内管子（ϕ23mm×1mm，共 371 根均匀分布）

(1) 空转时振动很小。

(2) 满载时振动很大，频率为工频。

(3) 电动机轴承振动受到排粉机轴承处振动的影响。

(4) 本台电动机停用，另一台排粉机电动机带负荷运行时，本台电动机冷却器上有明显振感。

(5) 振动值中径向最大（其他方向的振动值都符合要求，以后所述振动值均指该点的径向振动值)，并从冷却器顶部到地角逐渐递减。其中冷却器与电动机本体间橡皮垫上下振动差别值很大。经过四次处理，振动值明显下降，具体数值见表 2-14。

表 2-14　　经处理后振动值变化　　mm

项　　目	a	b	c	d	e	f
原始状态	100	90	150	200	300	350
地角及接合面	100	80	105	110	160	200
换电动机轴承找正后	120	80	65	80	120	140
做动平衡试验后	60	45	30	40	70	80
一个月后测振动值	75	65	70	90	140	190
去掉橡皮垫	50	40	23	30	40	50

3. 原因分析与查找

原始振动值很大，请厂家来人处理。对原地脚支承加了补强板，冷却器与电动机连接加强，振动值有所下降。

为了彻底消除隐患，经分析认为：电动机的振动源于转轴，转轴通过轴承传递给轴承座，使轴承座在振动、相位、谐波成分等方面呈现出与转轴类似的状况，转轴本身的振动原因可能来自多个方面，其中以轴上存在不平衡质量居多，轴承损坏和联轴器不对中产生的附加力也是常见原因。一些气流扰动使转轴呈现非工频扰动也发生过。

电动机振动不能排除以下两种因素。

(1) 转子不平衡；

(2) 转子支承和联接系统存在缺陷。经反复测量，排粉机轴承座本身振动较大，且振动频率为工频（24.83Hz)，轴承为新换轴承，说明排粉机本身存在不平衡。电动机空转时没有振动，说明其转子不存在不平衡质量，轴承良好。

从冷却器到地脚不能排除存在两个方面的缺陷，一是共振，二是刚度低。共振是指支承系统的自振频率与转子-轴系的固有频率重合，刚度低是指支承结构本身刚度值偏小。这两者实际上都是用同一种量值——支承系统的刚度来衡量，但描述共振用动刚度，而一般说的刚度低是指静刚度。

对一个实际的转子轴承系统，对转轴或轴承振动会有直接影响的只会是“共振”，刚度不足不会成为机组振动的直接原因。当支承系统刚度低时，只有在其他因素发生变化时引起转子相对静止部件位置发生变化，造成动静碰磨，才会导致大的振动。共振和刚度低两者在现场表现为不同的形式，共振呈现在整个转速范围内的某一点或几点上，刚度低表现为影响因素变化使支承系统变形。共振和刚度低的实际处理方法不一样，提高支承系统的刚度主要应提高静刚度；改变支承系统的共振特性则要从调整相应频率的动刚度着手。从冷却器到电动机底座振动变化的特性，是通过橡皮联接的上下振动差别，说明振动主要来源于冷却器或上、下连接的系统本身。这台电动机系统的振动过程是这样的，由于排粉机存在不平衡质量产生激振力；通过挠性联轴器传给电动机主轴和轴承，虽然传过来的激振力很小，但频率没有改变，当这一很小的力传给电动机上的冷却器时，由于冷却器本身或连接系统的频率与激振频率接近，引起“共振”进而影响整个电动机的振动。

4. 处理及效果评价

我们共进行了三次处理，数值见表 2-15。第一次换电动机找正后，电动机轴承振动下降 40μm，冷却器顶部振动下降 60μm。第二次做动平衡试验。电机轴承座又下降 35μm，冷却器顶部下降 60μm。这种随着激振力减小而成倍下降的振动现象说明了“共振”的存在。这与这台电机停用，而临近的排粉机运行导致这台电动机冷却器上有明显振感，说明有“共振”可能的设想不谋而合。那么振动是由于冷却器内管子“共振”还是整个支承系统“共振”呢？我们对冷却器内管子的固有频率进行了测定，数值为 36.8Hz，且管子中间有加强隔板，排除了冷却器内管子“共振”。对支承系统的共振特性，则要从调整相应频率的动刚度着手。于是进行了第三次处理，把冷却器与电动机本体间的橡皮垫换为厚为 1μm 纸板垫，换后电动机轴承振动下降 47μm，而冷却器顶部振动下降 140μm。这就证明了上述的分析和结论，即支承系统的振动频率与激振力频率接近发生了“共振”。

案例三：给水泵 50CHTA/5 电动机径向振动

1. 性能特性及常见故障

涉及的机器为 50CHYA/5 给水泵，QY55/1 液力偶合器，YNKN400/300 前置泵。

CHTA 泵是筒式分级离心泵。泵芯由吸入段、中段、叶轮相应的导叶以及泵轴组成。50CHTA/5 给水泵转速为 6050r/min，流量为 919.55m^3/h。最小流量为 192.5m^3/h，泵出口压力为 17.06MPa。

QY55/1 液力偶合器：主要由一对增速齿轮、主辅油泵、泵数涡轮及旋转套组成。电动机转速为 1492r/min，泵转速 6167r/min，涡轮转速为 5990r/min，传递功率为 5500kW。调速范围：20%～97%。

泵体振动常见现象见表 2-15。

表 2-15　　**泵体振动常见现象**

序号	振动原因	消除方法
1	安装基础不牢固	加固基础
2	液力偶合器的轴心不符合要求	重新调整轴心
3	转子动平衡不符合要求	重新进行转子平衡

YNKN400/300 前置泵：YNKN 泵是单级双吸卧式蜗壳泵。主要由壳体、转子、轴承装置、轴封、端盖、轴承等组成。流量为 931.84m^3/h，泵入口压力为 0.96MPa，泵出口压力为 1.08MPa，转速为 1492r/min。

Y900-Z-4 型给水泵电动机：5500kW，4 极笼形异步电动机。功率为 5500kW，额定电压为 6kV，额定电流为 596A，额定频率为 50Hz，额定转速为 1492r/min，电动机总重为 21.8kg。

电动机振动常见现象见表 2-16。

表 2-16　　电动机振动常见现象

序号	振动原因	消除方法
1	中心偏差大	重找中心
2	轴弯曲，轴颈偏摆	调整校轴
3	轴与瓦间隙大	调整
4	联轴器装配不好	调整
5	基础不稳固、松动	重做基础
6	基础和电动机发生共振	避开共振区

2. 现象及振动特征

＃2 机甲给水泵电动机从投产以来，就存在电动机静子径向水平较大的现象，从上水冷却器到下面基础逐渐减少，电动机中部水平径向振动达 60μm，而同时检查测得轴瓦座径向水平振动并不大，不超过 30μm。

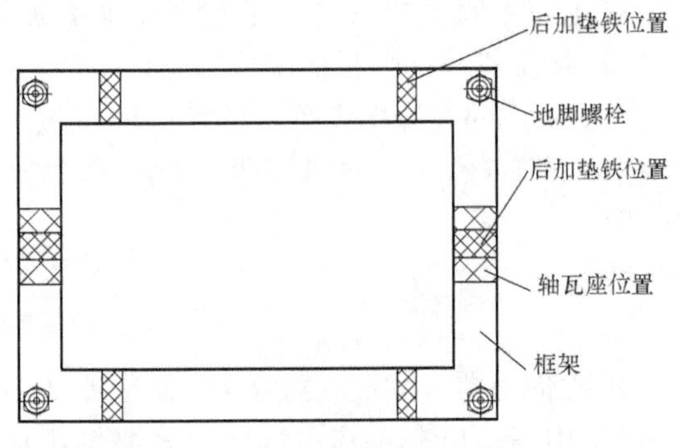

图 2-50　电动机框形台板

本台设备的安装结构：电动机静子和轴瓦座均坐落在一个框形钢性台板上，而台板的四个角又座落在水泥基础上。由转子振动不大，而静子振动却很大的情况，说明在不大的激振力的扰动下却产生了很大的响应。分析认为，大多数情况是电动机静子墩放的基础薄弱，可能空虚。于是，对基础进行检查，如图 2-50 所示。检查发现框形刚性台板除有四个角的四颗地脚螺栓与水泥基础连接外，整个框架下面是空的。决定在刚性框架两侧下面前后两处各打入楔形垫铁组，又在电动机前后瓦座下面打入楔形垫铁组，同时用水泥浇牢。

处理后，电动机静子部分振动下降非常明显，从 60μm 下降到 2μm。但同时，又带来了新的问题，轴瓦座的径向水平和垂直振动明显增加，从 25μm 上升到 70μm。

经检查测量分析，显现以下特征：

（1）电机前后轴瓦座径向水平和垂直振动都比较大，水平 70μm，垂直也达 40μm，而且不稳定变化达 20μm，从轴瓦座左右两侧所测水平振动数据相差达到 20μm，如图 2-51 所示。

（2）经振动频谱分析，除了一倍频分量外，同时呈现二倍频、三倍频、四倍频、五倍频等多倍频分量如图 2-52 所示。

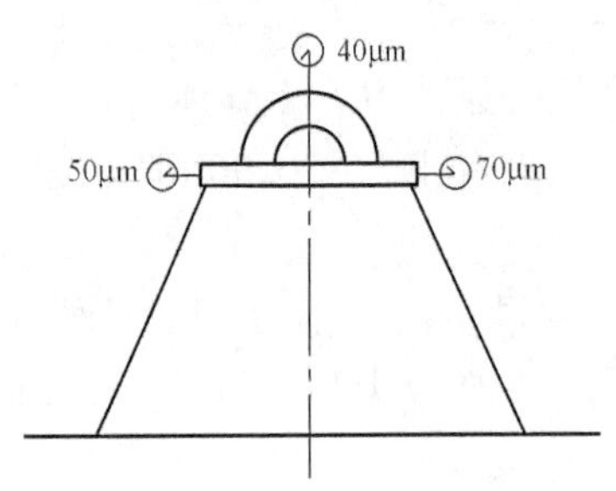

图 2-51　电动机耦合器侧轴承座

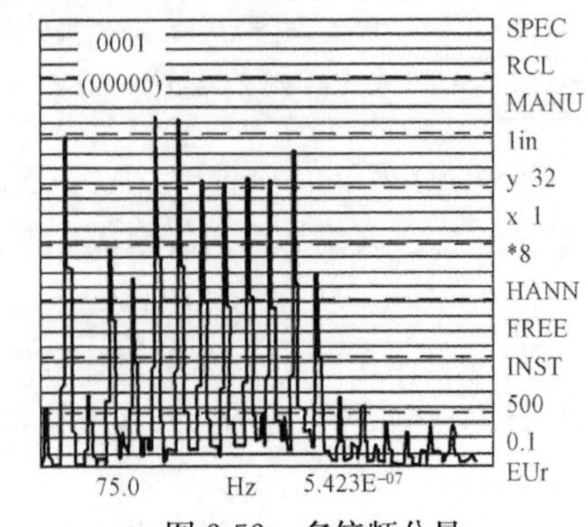

图 2-52　多倍频分量

3. 原因分析和查找

通过加固钢制框架台板，使电动机静子振动得到了消除，可以说，处理方向是正确的，但却引发另一个问题，电动机轴的支承瓦座发生了振动。在加固钢制框架基础台板之前，轴瓦座本身振动不大，可以说引起轴瓦座振动的原因应该与处理基础有直接的关系。

由特征（1），可以明显看出，在轴瓦座的左右方向存在明显的不对称支承刚度，即在相同激振力的情况下表现不同的响应，而振动值变化也较大，同样说明响应的大小易受外界干扰。

由特征（2）可以看出，在一倍频激振力的作用下，激发起一系列倍频分量，可以说，轴承座对激振力的响应放大了。

综合以上观点认为，支承系统出了问题，而最大的可能是在轴瓦座下面打入的垫铁，不但未起到加固作用，反而可能使台板一侧空虚，形成跷跷板，而引起放大效应，如图 2-53 所示。

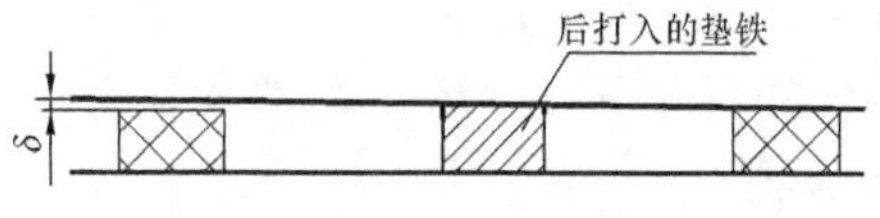

图 2-53 电动机耦合器侧台板

经分析认为，引起振动的根本原因是电动机转子的不平衡分量，加上基础刚度不对称而引发的相应放大响应。如果基础牢固，刚度均匀，这样的激振力不会造成这样大的影响。

所以处理此类振动可以从两方面入手。一方面，对基础重新进行处理，拆除轴瓦座下面一组垫铁。重新复紧基础地脚螺栓，测量钢制框架台板与水泥基础之间的间隙。在靠近轴瓦座支承点的两处分别加入两组楔形垫铁组，如图 2-54 所示。

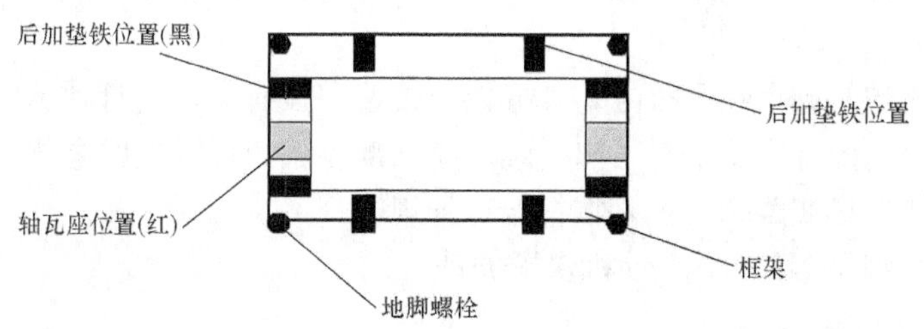

图 2-54 电动机台板加固图

另一方面，从消除激振力入手，尽量做到转子平衡，减小对轴承座的影响。

由于时间紧，没有对基础重新处理，决定先做动平衡试验。

4. 处理及效果评价

对电动机前后轴瓦座进行测量，振动值最大分别为 65μm 和 70μm，相位角基本稳定，前后相差∠20。

考虑到支承系统薄弱，对振动激振力响应放大，决定首次加重 50g∠40 和 50g∠20，加重位置放在电动机转子风罩的螺栓上。

经加重后，运行中轴瓦座各方向振动均小于 30μm，达到优良标准。

从处理过程看，本次对振动的处理方向是正确的，最终消除了振动。但也不难看出，由于对方案细节考虑不周，致使在消除静子振动的同时，又激起了转子、轴瓦座的振动，所以对支承系统存在的缺陷，如松动、连接刚度差、阻尼小或支承系统“共振”等情况，在进行消除时，应充分考虑可能产生的其他负面影响，做好预案和防范措施。

支承系统或基础问题，大多数是在基建时遗留的后遗症，一般处理起来都比较困难。本次，通过做动平衡试验的方法，减小了不平衡激振力，减弱了对轴瓦座的影响，但基础本身存在的问题并未消除。因其有响应放大的现象，还有可能受到其他激振力的影响，而在以后的运行中出现振动逐渐变大的趋势。最终要消除这一缺陷，还得对基础重新处理，才能达到治标又治本的目的。

二、共振

为了检查支承系统是否存在共振，一个简单的方法是进行转速试验。对汽轮发电机组支承系统来说，可能会产生共振的主要部件是：与轴承座相连的基础、较大直径的管路、汽缸、发电机和励磁机静子等部件。由于支承系统共振，轴承座动刚度降低，在激振力不变的情况下，轴承振幅增大；由于相连部件的共振，振动能量传给了轴承座，轴承振幅也增大。

在共振转速附近，部件的振幅和转速的关系完全由振动系统的阻尼和激振力幅值决定。各个部件的结构不同，因而实际机组的一些部件在共振区域内，其振幅和转速的关系，不能用统一的格式表示。因此，确定共振影响是否存在，有时比较困难，因为随着转子转速的变化，引起振动的激振力事实上也在发生变化。为了弄清振幅随转速变化，究竟是由于激振力变化的影响，还是由于这些部件动态特性变化的影响，在实际机组上往往首先从降低激振力着手。这不仅对于分析振动原因是必要的，而且即使存在共振，改变这些部件的自振频率，实际上往往有困难，所以从消除振动角度来说，首先降低激振力也属必要。但是对于提高自振频率比较简单的部件，如横梁，当确定有共振影响时，可以首先采用如简易支承的方法进行试验。

当轴承座坐落的基础存在共振时，其振幅与轴速明显有关，而且轴承座顶部垂直振幅与基础垂直振幅相近。国外有些资料指出，轴承座顶部振幅与基础振幅之比小于 1.5 时，表明基础存在共振。从现场实践来看，基本符合这种规律。

案例一：凝结水泵 NL-180 电动机水平振动

1. 性能特性及结构

16NL-180 型凝结水泵是筒式定轴四级离心泵，设计流量为 550m^3/h，扬程为 180m。凝结水温度不超过 53℃。生产厂家：上海水泵厂。JSL430-4 电动机的型号为 JSL，额定容量为 430kW，电压为 6kV，电流为 49A，极数为 4 极，相数为 3 相，频率为 50Hz，上海电机厂生产。

结构特征如图 2-55 所示。

2. 现象及振动特点

乙凝泵在 1 号机组大修中进行了变频改造，电动机改为变频电动机，转速可以达无级变速。但改造后试转时，出现了振动问题。电动机上部振动达到了 230μm。为此，进行了专门检查与诊断处理。经检查分析，发现存在以下特征：

(1) 振动不稳定。电流变化不大，在相同转速上（1050r/min 左右），变化达 50μm。

(2) 切换到额定转速 1480r/min 运行时，振动不大，达 20μm 左右。

(3) 做振动与转速相关试验，发现相关性明显，随着转速升高，振动逐渐增大，当转速达到 1300r/min 时，振动最大达 215μm。当转速继续升高时，振动又明显减小，在 1300r/

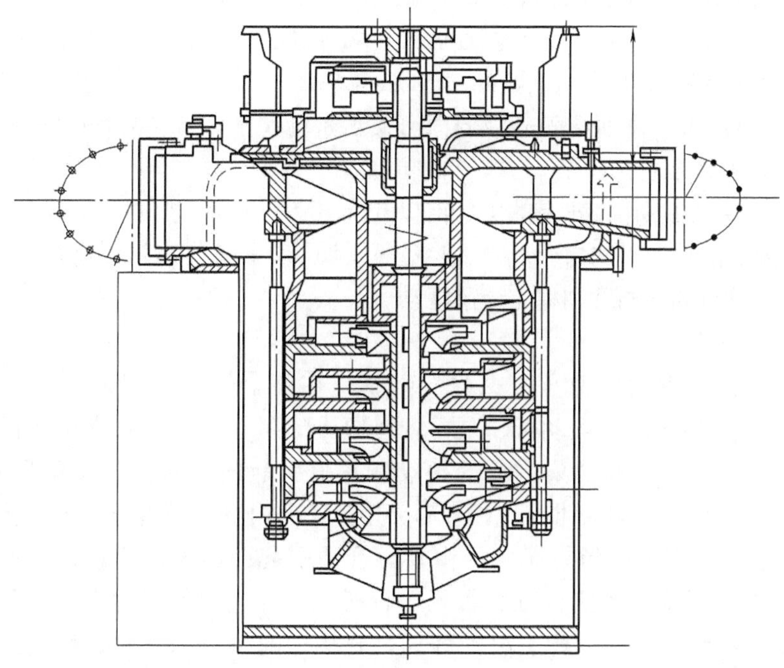

图 2-55　凝结水泵结构特征

min 时显现明显的峰值。

（4）在做振动与转速关系试验时，始终进行着动态频谱分析，振动的主要分量为一倍频（见图 2-56）。

3. 原因分析及查找

由特征（4）可以明显判断出，引起振动的激振力为转子的不平衡分量。但在额定转速下呈现的响应并不大，说明激振力本身并不大，而由特征（3）进一步说明在很小的激振力情况下且转速为 1300r/min 时，激起很大的响应。这些特点只有一种解释：即在 1300r/min 转速下，激起了共振，由转子运行转速较低，在临界转速以下，不可能是转子的共振现象。振动原因很可能是支承系统共振，即由电动机、泵及管道和介质等构成的支承系统振动频率

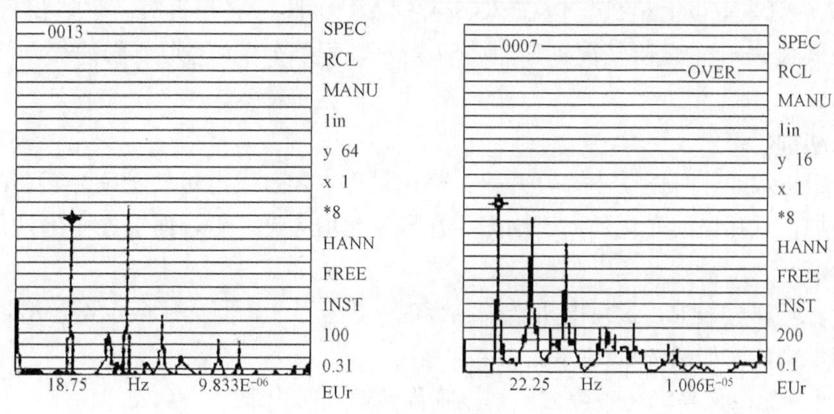

图 2-56　频谱图形

与转子的不平衡激振力频率相同所引起的。要消除共振现象最好的方法是避开共振频率。如改变激振力频率，即不在1300r/min附近运行，就可以避开共振点，但这为机组安全运行带来了隐患。为此，应该想办法改变支承系统的振动频率。影响支承系统振动频率的因素主要有两类，一类是电动机、泵及管道构成的固有支承系统频率，另一类是由管道和介质（水）构成的可变的支承系统频率。

首先为排除第一类因素，对泵的进、出口及管道支承进行了加固。但效果不明显，振动特征依然很明显。随后，对水泵介质（水）进行了调节，提高了凝汽器热井中的水位，加强排空气，保证了管道的充满度和稳定介质流动。

4. 处理及效果评价

经以上处理后，振动没有了“共振”特征，在整个转速范围内，振动值均不超过40μm，符合了标准要求。由电动机、泵、管道构成的第一类固有频率引起的“共振”现象是比较多的，而由管道和介质构成的振动频率而引起的“共振”现象是非常少见的。如介质中含空气较多，泵就不能正常运行，引起管道内振动不稳定，除振动不稳定外，电流、声音都会不稳定，而像本案例中由泵内介质引起而出现的比较稳定的有固定频率（1300r/min左右）的振动确实少见。水泵运行时，排空气和保持一定的水位防止漏空气都是非常重要的操作步骤。运行工况的好坏，直接影响水泵的安全、稳定运行，应给予高度重视。

案例二：200MW汽轮发电机组过临界振动诊断

1. 性能特性及结构

汽轮发电机为北重厂生产的N200-130/535/535型超高压中间一次再热冷凝式机组，低压转子与发电机转子用半挠性联轴器联接，发电机型号为QFSN-200-2，6号瓦、7号瓦座支撑在发电机两侧大端盖上，高、中、低压转子临界转速分别为2150r/min、1685r/min、2240r/min，发电机转子一阶临界转速（下述临界转速均对此而言）为1250r/min。

2. 现象及振动特征

随着机组运行时间的推移，7号瓦、8号瓦、9号瓦开机时振动影响越来越大，尤其是7瓦过发电机转子一阶临界转速时，瓦振超过100μm，为此只能用提高升速率，缩短通过临界转速的时间的办法尽量减少振动的影响，过临界升速率也由最初的400r/min变化到1800r/min，尽管采取以上措施，但在2001年2月19日一次开机时，仍然出现振动超过100μm且时间长达4s的危险情况，如图2-57所示，所以7号瓦过临界转速振动问题应引起足够的重视。

机组振动特征：

（1）机组正常运行时振动不大，升速、降速过程中，过发电机转子临界转速时，7号瓦瓦振迅速增加，且瓦振的变化远大于轴振，瓦振变化增大近6倍，而轴振变化只有2倍，如图2-57所示。

（2）升、降速过程中，过发电机转子临界时，8号瓦、9号瓦瓦振也迅速增加，对应的轴振并无明显峰值，如图2-58所示。

（3）7号瓦瓦振最高峰与一个方向轴振临界转速同时出现。

（4）7号瓦、8号瓦、9号瓦振动过临界时峰值对应的转速在两年时间内下降90r/min。

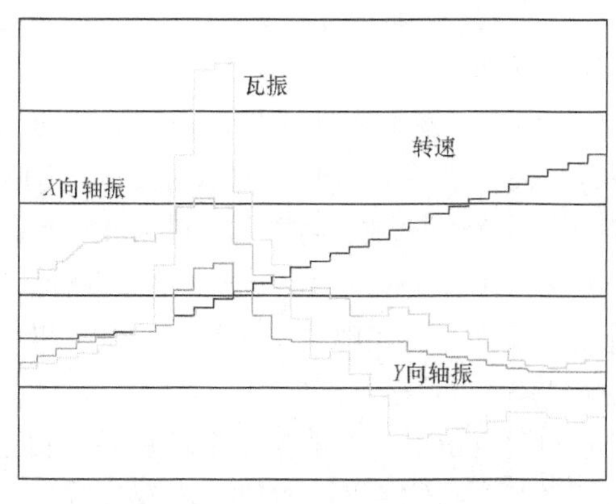

图 2-57　7 号瓦过临界转速振动

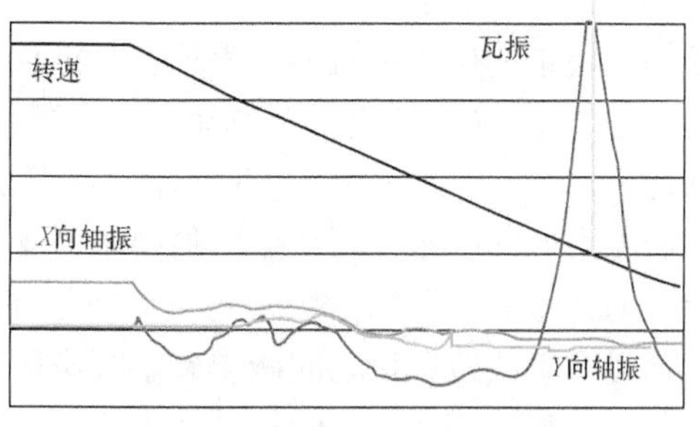

图 2-58　9 号瓦过临界转速振动

3. 原因分析与查找

汽轮发电机组轴承座的振动来源于转轴。转轴振动通过油膜作用在轴瓦上，使轴瓦在振幅、相位、谐波成分等方面显现出与转轴类似的状况。转轴的振动原因可能来自多个方面，其中在轴上存在的质量不平衡居多，转子与静止部件的碰磨及由于联轴器不对中产生的附加力也是常见原因，油膜或汽流作用使转轴做非同步涡动在一些机组上也发生过。从轴承座到发电机端盖，再到发电机基础的支承结构，如果是振动设计或基础变化存在缺陷，可能在两个方面，一是支承系统共振，一是刚度低。当支承系统的自振频率与转子-轴系的固有频率或工作转速重合时即发生共振。刚度低是支承结构本身刚度值偏小，描述共振通常是指动刚度，而一般说的刚度低是指静刚度。对一个实际的汽轮发电机转子轴承系统，对转轴或轴承振动会有直接影响的只会是共振，刚度不足不会成为机组振动的直接原因。

当支承系统刚度低时，只有在其他因素发生变化，如真空，排汽缸温度，支承系统冷热状态变化，引起转子相对静止部件位置发生变化，造成动静碰磨，才会导致大的振动。对于本台机组多次开停机可以排除发生动静碰磨，即使支承刚度低也不会因为刚度低而出现振动问题。共振和刚度低两者在现场将表现为不同的形式：共振呈现在整个转速范围内的某一点或几点，瓦振绝对值增大，相对轴振与瓦振之比减小。刚度低表现为在前述参数变化时，轴承标高或转轴相对轴瓦垂直位置的变化。从我厂 1 号机组过临界振动特点可以看出，6 号瓦、7 号瓦、8 号瓦、9 号瓦瓦振绝对值在转子临界转速附近增大，相对轴振与瓦振之比：7 号瓦处从 2.3 减少到 0.5 左右（1999/2/18），9 号瓦处从 3.2 减少到 0.4 左右（1999/2/18），由此可以说明引起 7 号瓦及相邻瓦在过发电机转子临界转速时的振动原因主要是支承系统共振[1][3]。

4. 处理及效果评价

改变支承系统的共振特性则要从调整相应动刚度着手。轴承座刚度包含油膜刚度和轴承座与基础的联接刚度及基础的刚度。通常：

（1）油温油压变化不大时，油膜刚度变化不大[2]。

（2）联接刚度的变化也是引起动刚度变化的重要原因之一。检查联接刚度的变化是首要处理的内容之一。每次打开 7 号瓦轴承检查，发现轴瓦盖与瓦、联接螺栓都有轻微松动的迹象。经重新复紧后，开机时振动值都有所好转，但变化不大。且随着开机次数的增加，还逐渐向更坏的方面发展。

(3) 从减少剩余不平衡量入手，减小激振力，即做高速动平衡试验和改变支承系统频率，尽可能地提高支承系统的刚度，提高“副临界”转速。

2001 年 10 月份，1 号机组大修并进行通流部分改造，发电机转子返厂改造。根据分析的结果，决定利用这一机会对汽轮发电机转子进行了高速动平衡试验，同时对发电机励磁机的台板进行了改造加固。改造后开机时测得 7 号、9 号瓦过临界振动分别为 19.9μm 与 19.07μm，临界转速为 1084r/mim，“副临界”转速为 1250r/min（2003/1/30）。此次通过减小激振力，同时错开了激振力的频率与支承系统的频率，彻底解决了机组在启动冲转过程中存在的 6 号、7 号、8 号、9 号瓦处支承系统的“共振”问题。

通过机组改造，振动问题得到了圆满解决，但同时也留下一个非常重要的课题：机组投产运行前三年，开、停机时振动并不明显，“共振”问题并不突出，为何会出现过临界时振动越来越大的问题。

导致共振的原因如前所述，受转子激振频率与支承系统固有频率相同或接近的影响。转子临界激振频率没有改变，所以支承系统固有频率的变化成为最大的因素。而影响支承系统固有频率的油膜刚度变化与联接刚度变化已经排除，分析的结果只会是基础刚度的变化。

从 1998 年到 2001 年的开、停机记录分析中可以看出，7 号、9 号瓦处的瓦振峰值对应的转速确实存在下降的趋势，变化幅度达 90r/min。7 号瓦处滑停时数据统计如表 2-17 所示，从变化的趋势不难看出，瓦振峰值对应的转速正逐渐向轴振出现峰值时的转速靠近，而轴振出现峰值时的转速基本不变。

由于基础、支承系统效应而额外产生的那些既不属于临界转速，又是确定性共振峰的，称为“副临界”转速。不难看出，由于基础刚度变化，使存在的副临界转速与转子临界转速逐渐靠近是诱发 #7 瓦及附近基础共振的主要因素。

基础刚度变小，导致的副临界转速下降，原因之一是由于厂区坐落在黄淮海平原，古黄河畔。这里曾经是流动的沙丘，虽然在设计、基建时打下了很多水泥桩，起到了固定的作用。但随着时间的推移，基础中流沙被带走，形成地下空穴（许多地方都出现这样的情况），导致副临界转速的下降，基础刚度逐渐变小，出现“老年病”，再加上基础固有的刚度不足，副临界转速仍然有下降的可能。

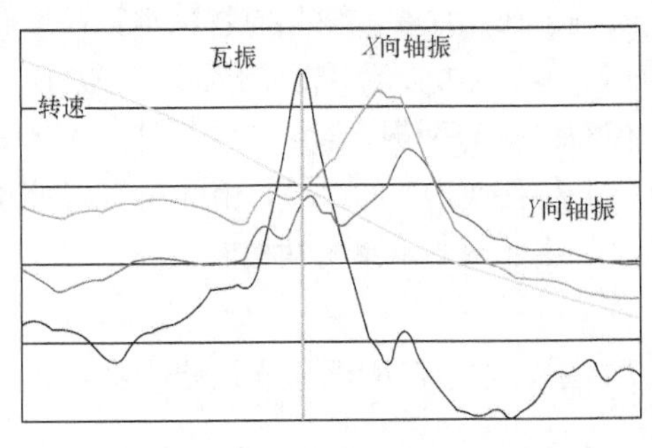

图 2-59 4 号瓦过临界转速振动

目前，7 号瓦过临界振动问题得到了控制主要是由于剩余不平衡质量很小，同时在励磁机改造时，台板得到加固，使副临界转速有所上升，重新回升到 1250r/min 左右，而转子临界转速又下移较多，从 1160r/min 到 1084r/min（2003/1/30），避开了副临界转速。但是如果副临界转速仍然下降，7 号瓦过临界振动的隐患仍是存在的。另外，发现 4 号瓦过临界时轴振与瓦振之比减少，如图 2-59 所示，即在低压缸与转子之间也同样存在副临界转速与转子临界转速的关系问题。

继续跟踪观察与收集资料，掌握副临界转速下降的速率，对 4 号、5 号瓦尤其要注意检查机房内水泥立柱与横梁等支承结构的标高，并做好记录。防止水管漏水，尽量减少沙土流失。对扩建机组，除了减少转子的原始不平衡质量，更应注意由于基础薄弱存在的临界转速问题，确保副临界转速与转子临界转速不能太接近，更不能超过临界转速。

案例三： DTM380/720-Ⅲ电动机联侧轴瓦座振动

1. 性能特性及常见故障

磨煤机：型号为 DTM380/720-Ⅲ，转速为 17r/min，最大出力为 45t/h，最大球装量为 85t，沈阳重机机械厂生产。配电机：型号为 Y800-2-10，电动机转速为 595r/min，电压为 6000V，功率为 1400kW，电流为 174A。

常见振动故障见表 2-17。

表 2-17　　常见振动故障

序号	振动异常（不平衡声音大）原因	处　理
1	电动机与减速机不对中	找中心
2	电动机瓦损坏	更换电动机瓦，并研刮
3	减速机轴承磨损或损坏	更换轴承
4	电动机转子不平衡	做动平衡试验
5	电动机磁场不均	检查转子和定子

结构：由轴瓦支撑的电动机转子，通过一个棒销联轴器与减速箱相连。减速箱的低速轴通过一个大一点的棒销联轴器与磨煤机的小压轮联接。小压轮带动大牙轮转动。

2. 故障现象及特点

中间储仓式制粉系统是属于间断运行的，磨煤机经常启动。一次 1 号炉甲磨启动后，即出现电动机联侧轴瓦温度连续缓慢上升，已达到 75℃。现场检查，发现轴瓦座水平、垂直、轴向三个方向的振动都明显变大，水平方向达 100μm。停运检查棒销联轴器，发现一侧有一个棒销串入另一半的销孔中，导致棒销卡死。经重新处理，并对棒销进行改造后，如图 2-60 所示，振动和温度都恢复了正常。

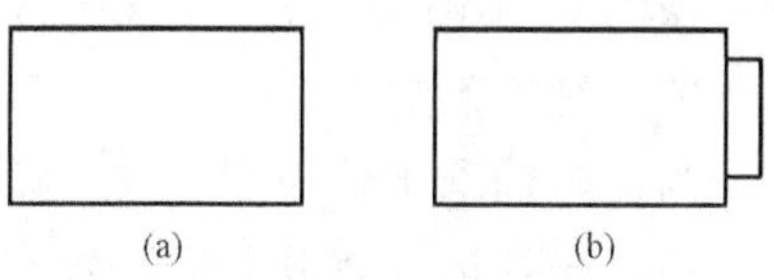

图 2-60　对棒销改造前后对比图
(a) 改造前；(b) 改造后

但好景不长，类似情况再次发生，检查联轴器，棒销没有出现串动、卡死，达到了改造效果，说明出现了新的问题。

经对电动机、减速机全面检查、测量分析，发现存在以下特征：

(1) 电动机的联侧轴瓦座振动大，轴瓦温度高，而非侧轴瓦座振动、轴瓦温度都正常。

(2) 轴瓦座的三个方向振动都比较大，水平方向最大，达 100μm，见表 2-18。

(3) 频谱分析的结果是，主要成分为一倍频，其他倍频、低频及高频分量都不大。

(4) 联轴器的外圈晃动比较大。

(5) 减速机侧轴承座的振动和温度不高且无异常声音。

表 2-18　　三个方向的振动值

方向	径向水平	径向垂直	轴向
振动值（μm）	100	60	60

3. 原因分析与查找

由特征（1）可以判断为，激振力不是来自电动机的中部，而应该来自电动机的联侧。而由特征（5）可以排除减速机故障的影响。这样就可以说，问题应该出在联轴器、轴瓦座及电动机联侧轴径或转子这一区域。

结合特征（2）、特征（3）和特征（4），不能排除存在以下几个问题：①支承系统缺陷；②电动机转子不平衡，在联侧；③联轴器出现缺陷。

为此，对联侧轴瓦、瓦座及各处预紧力进行了检查，没有发现问题。又对电动机转子做了动平衡试验，在联侧风扇上加重400g，水平振动下降5μm，可以说影响不明显。排除了前面两个可能的因素，说明问题还是出在联轴器上。由特征（4）可以说明有两种可能，一种是轴振大引起轴瓦座振动大，同时带动联轴器外圈的晃动；也可能是另一种情况，联轴器外圈的晃动反过来带动轴的振动，然后再传递给轴瓦座。前面一种可能已经由在电动机转子上做动平衡试验，效果不明显而排除。那么唯一的可能是联轴器缺陷，导致外圈晃动反过来带动轴的振动，然后再传递给轴瓦座。

4. 处理方案与效果评价

经对联轴器的认真检查，发现每一个棒销的销孔磨损都很严重，大部分有很深的皱痕。现场已经没有修复的可能，于是决定更换。更换后试转，振动和温度都恢复正常。

此后，其他几台磨煤机的电机也发生了同样的问题，通过更换联轴器使缺陷得到了及时解决。

从处理过程可以看出，此台磨煤机出现的故障并没有得到及时解决，而是通过反复查找和排除才找到真正的原因，给设备安全运行造成了一定的影响。但由于联轴器外圈晃动而引起振动的情况确实少见，在此，希望引起相关技术人员的重视。这也说明此类联轴器不适合低转速、大功率的场合，应该进行换型改造。

三、结构刚度

为了对轴承座结构刚度做出确切的诊断，必须获得轴承座动刚度值，而要取得轴承座动刚度值，需要进行激振试验。激振试验方法见资料第三章。

当轴承座动刚度不足时，在排除了轴承座刚度不足和共振影响之后，即可判定其动刚度低是由于结构刚度低造成的。

由于改变实际机组轴承座结构刚度比较困难，因此对于一般机组轴承结构刚度不做进一步的诊断，而只是检测其连接刚度和共振影响。在实际机组振动诊断中，当排除连接刚度不足和共振影响之后，即可做出轴承振动过大是由于激振力过大的诊断，尽管这种诊断并不严密，却有实用价值。

通过进一步研究证明，在诊断其中每一类振动时无须都检测轴承座连接刚度，因为对一台振动正常的汽轮发电机组来说，虽然可能存在这种或那种激振力，但是这些激振力中最大的是转子不平衡力，而且总是作用在轴承座上。大量机组运行实践证明，若轴承座上呈现的普通强迫振动分量不大，表明轴承座动刚度正常。所以当机组发生过大振动时，仅对于普通强迫振动才有必要检测轴承座连接刚度，但是轴承座和有关部件对共振的影响仍需检测，因为这些部件可能会产生非基频共振。

通过检查地脚螺栓、台板、底座的差别振动值判断基础连接刚度的情况。一般规定，差别振动值在5μm以内，可认为连接刚度满足要求。

注：现场因为基础松动出现的振动很多，如某电厂油动机振动，频率28Hz，查出是管道支吊架松脱引起；某电厂空压机出口管道振动，是管道支承系统松动引起；某电厂轴加风机、稀释风机振动，为支承结构共振等引起。

第四节　轴承损坏引起的振动及案例

滚动轴承内部的运动关系是比较复杂的：滚动体绕自身轴线旋转，同时又绕轴承自身的轴线公转；在滚动的同时，滚动体沿滚道还有一定的滑动；另外，还有保持架的摩擦，安装时自身轴线倾斜，等等。

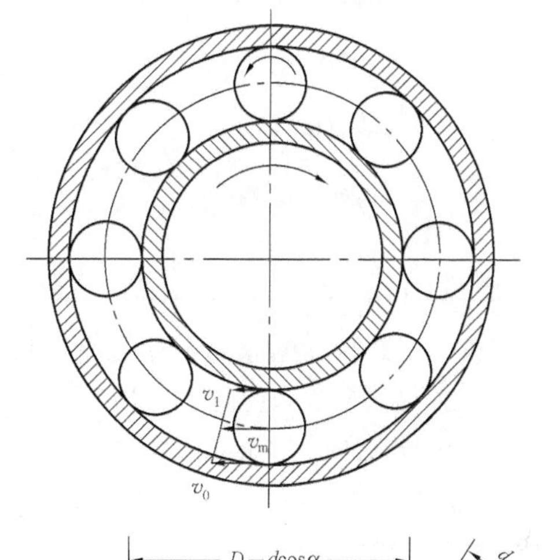

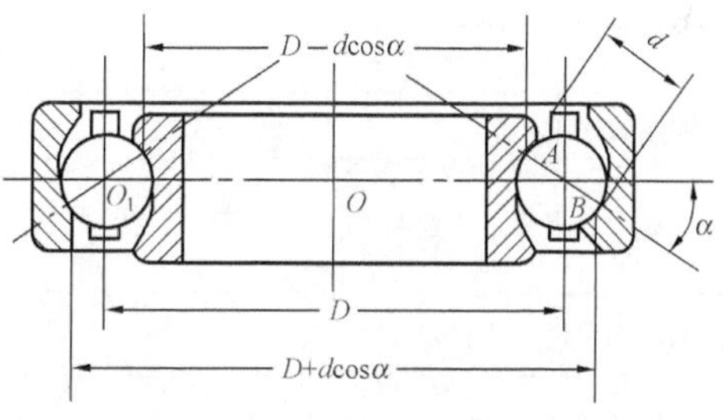

图 2-61　径向滚动轴承

为使问题简化而建立运动假设方程，假设：

（1）轴承零件为刚体，不考虑接触变形；

（2）滚动体沿套圈滚道为纯滚动，滚动体表面内外圈滚道接触点的速度与内外圈滚道上对应点的速度相等；

（3）忽略径向间隙的影响；

（4）不考虑润滑油膜的作用。

如图 2-61 所示，建立径向滚动轴承简单的运动关系。其外圈固定不动，内圈与轴一起旋转。D 为轴承节径，d 为滚珠直径，α 为接触角，A、B 分别为滚珠与内、外圈的接触点，O、O_1 分别为转轴和滚珠的中心。根据几何学条件，可求得几个转动频率和通过频率。

（1）内圈旋转频率

$$f_i=f_r=N/60$$

（2）保持架旋转频率

$$f_c=(1-d/D\cos\alpha)f_r/2$$

（3）滚珠自转频率

$$f_b=\cos\alpha[1-(d/D\cos\alpha)^2]f_r$$

（4）保持架通过内圈频率

$$f_{ci}=(1+d/D\cos\alpha)f_r/2$$

（5）滚珠通过内圈的频率

$$f_{bi}=zf_{ci}=(1+d/D\cos\alpha)f_r\cdot z/2$$

（6）滚珠通过外圈的频率

$$f_{bo}=zf_c=(1-d/D\cos\alpha)f_r\cdot z/2$$

显然，根据上述轴承零件之间滚动接触的速度关系建立运动方程，可以求得轴承滚动激发的基频。当轴承零件有故障时，几种通过频率便会在振动信号中出现。

由于轴承滚动激发基频的理论计算数值往往与实际测量数值完全一致，因而在故障诊断前计算出有关频率，以供信号分析时使用。

（1）滚动轴承故障频率见表 2-19。

表 2-19　　滚动轴承故障频率计算公式

损坏原因	频　　率/Hz
内圈剥落（一点）	$\frac{1}{2}z \cdot f_i[1+(d/D)\cos\alpha]$
外圈剥落（一点）	$\frac{1}{2}zf_i[1-(d/D)\cos\alpha]$
钢球剥落（一点）	$(f_iD/d)[1-(d/D)^2\cos^2\alpha]/\cos\alpha$
内圈滚道不圆	f_i，$2f_i$，$3f_i\cdots$
保持架不平衡	$\frac{1}{2}f_i[1+(d/D)\cos\alpha]$

另外，引起振动的原因还有滚动轴承的滚动体传输振动、加工面误差、润滑不良、严重磨损、点蚀损伤、混入异物、烧伤、表面皱裂等。

（2）滚动轴承异常振动频率见表 2-20。

表 2-20　　滚动轴承异常振动频率

<table>
<tr><th colspan="2">异常原因</th><th>发生频率</th><th>备　　注</th></tr>
<tr><td colspan="2">轴弯曲或轴承装歪时</td><td>$f_r \pm \alpha f_a$</td><td rowspan="2">发生左栏频率的振动</td></tr>
<tr><td colspan="2">转动体的直径不一致时</td><td>f_c
$nf_c \pm f_r$</td></tr>
<tr><td colspan="2">轴承润滑性能不良</td><td>$nf_r \cdot \frac{1}{2}f_r$</td><td>发生 f_r 的高次谐波及分数谐波</td></tr>
<tr><td colspan="2">两个轴承不对中
轴承架内表面划伤或进入异物
轴承支架的装配部分松动
轴承本身装配不良</td><td>$\frac{1}{2}f_r$</td><td>主要是共振现象，速度记录中有跳跃现象，发生左栏频率振动，球轴承容易发生振动</td></tr>
<tr><td colspan="2">内环面的圆度差
轴径圆度差
轴径面划伤或进入异物</td><td>$2f_r$</td><td>发生左栏频率的振动
球轴承容易发生振动</td></tr>
<tr><td colspan="2">内环的波纹</td><td>$f_r \pm n3f_{ci}$</td><td rowspan="2">波纹凸起数为 $n3\pm1$ 时发生，发生左栏频率的振动</td></tr>
<tr><td colspan="2">外环的波纹</td><td>$n3f_c$</td></tr>
<tr><td colspan="2">转动体的波纹</td><td>$2nf_{ci} \pm f_c$</td><td>波纹凸起数为 $2n$ 时发生，发生左栏频率的振动</td></tr>
<tr><td rowspan="2">内环有缺陷</td><td>偏心（磨损）</td><td>nf_r</td><td rowspan="2">都发生固有振动频率和高次谐波</td></tr>
<tr><td>点蚀</td><td>nzf_{ci}
$nzf_{ci} \pm f_r$
$nzf_{ci} \pm f_c$</td></tr>
<tr><td colspan="2">外环有缺陷（点蚀）</td><td>nzf_c</td><td>发生固有振动频率和高次谐波</td></tr>
<tr><td colspan="2">转动体有缺陷（点蚀）</td><td>$2nf_{ci} \pm f_c$
$2nf_{ci}$</td><td>发生固有振动频率和高次谐波</td></tr>
</table>

案例一：212SH-9 冲灰泵振动诊断

一台 212SH-9 型冲灰泵经大修后前轴承振动异常，水平径向振动达 170μm。

（1）初步诊断：泵刚经过大修，轴承失效的可能性不大，初步诊断为转子找中不良。经过重新找正测量，没有发现不对中；又对地脚螺栓进行紧固，效果仍不明显。

（2）精密故障诊断分析：用 1075 扫频分析仪对该轴承振动进行扫频分析，其结果如图 2-62 和图 2-63 所示。

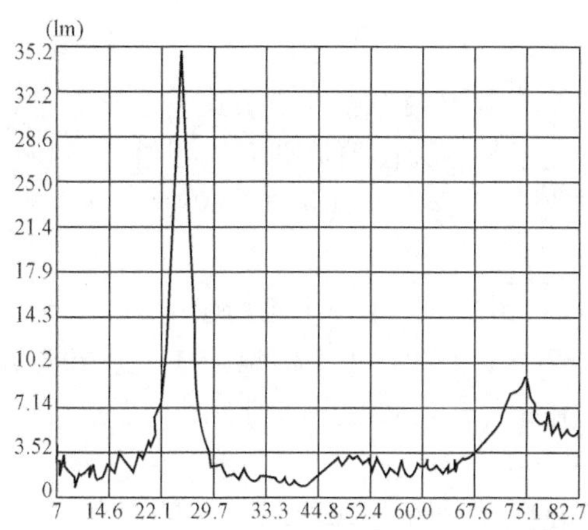

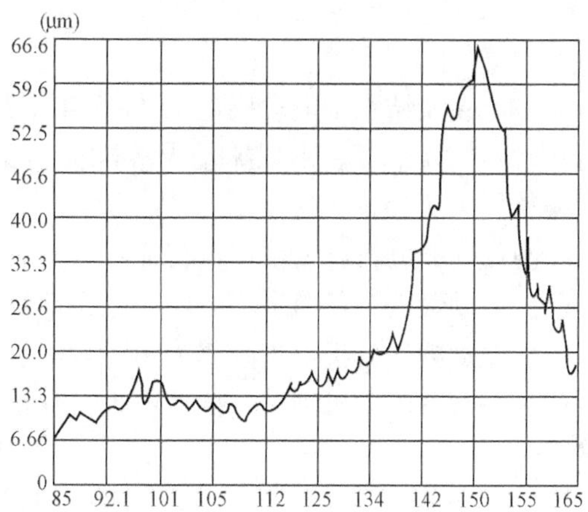

图 2-62 12SM-9 冲灰泵频谱增图细部

图 2-62 中一倍频分量很大，为 35.7μm，表明转子质量不平衡严重。而二倍频、三倍频分量较小，尤其是二倍频分量非常小，说明对轮找中良好。从图 2-62 和图 2-63 可明显看出振动中存在 151Hz 的大振动，幅值达 66.6μm，同时还存在 198Hz 和 300Hz 的较大振动。如何找到这些频率的振源，成为解决问题的关键。经分析，该泵所用轴承的 312 型滚子轴承，按公式 $f_i = n/60$ 和 $f_c = (1 - d/D)f_i/2$ 计算，轴承内圈的旋转频率和保持架旋转频率分别为 24.85Hz 和 9.38Hz。若轴承内圈有一个点蚀，按公式 $f_1 = 1/2z(1 + d/D)f_i \pm f_i$ 可算出其激振力频率为 148.6Hz，该值与 151Hz 很接近，据此可以判断振动的主要原因是轴承内圈有一个点蚀。

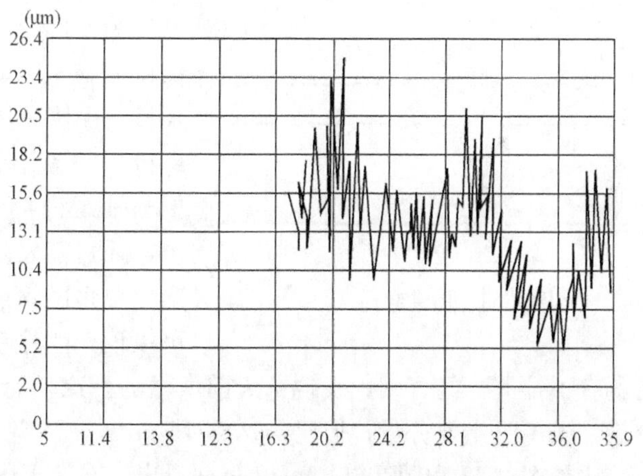

图 2-63 12SM-9 冲灰泵频谱图

（3）检查分析与处理：解体后清洗轴承，发现内圈有一个 1cm^2 大小、深约 200μm 的圆形点蚀麻坑，这证实了前面分析的正确性。

此外，又发现外圈上有四个同样大小的麻坑，有六个滚子上有明显点蚀。它们所引起的振动可分别用式 $f_4 = 4zf_c$ 和 $f_6 = [26(1 + d/D)f_i/2] + f_c$ 计算，其值分别为 300.16Hz 和 195Hz，这与 300Hz 和 198Hz 的振动分量对应。更换轴承后，振动值下降到 30μm。

案例二：凝泵 NLT350-400×6 电动机振动诊断

1. 性能特性及结构

NLT350-400×6 凝结水泵是筒袋型定式多级离心泵，出口管径为 ϕ350mm，叶轮直径为 ϕ400mm，叶轮级数为 6 级。泵扬程为 285m，流量为 815.8t/h，转速为 1480r/min，轴功率为 721kW。

YKK560-4 电动机：功率为 1120kW，电压为 6kV，电流为 123.8A，极数为 4，相数为 3，频率为 50Hz，转速为 1480r/min。

2. 现象及振动特点

＃3 机 A 凝结水泵电动机，从 2005 年 1 月投产后与 B 凝结水泵交替运行，至 9 月，累计运行时间约 4 个月。出现振动大故障前，运行正常，一天夜间振动突然报警，经现场测量，振动最大为径向水平方向，达 250μm，立即停运。为了精确诊断，又重新开启水泵，经现场测振动并分析，发现以下特征：

（1）振动最大为径向水平方向，且振动从电动机到基础自上至下逐渐减小。

（2）振动频谱分析，主频率为 10Hz，达 99.87μm；其次，为一倍频分量，达 29.8μm。

（3）垂直（电动机轴向）振动不大（4μm），并无异音，如图 2-64 所示。

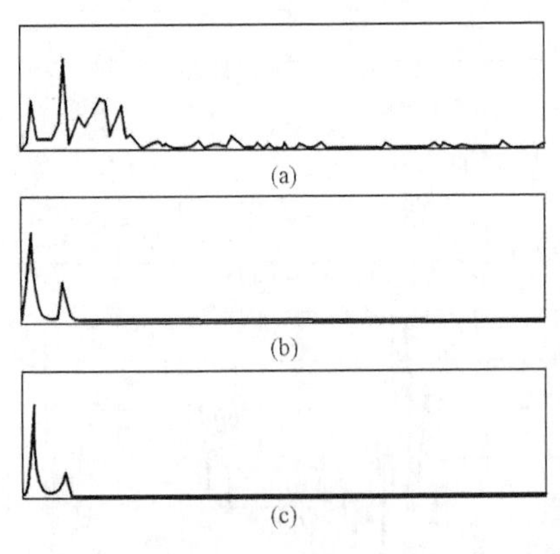

图 2-64　振动频谱（一）

3. 原因分析与查找

由振动的主要分量为 10Hz，可以判断出 10Hz 分量是引起振动的关键，所以寻找能造成 10Hz 频率的激振力就成了主要工作。经查阅，电动机使用的轴承型号为 7324B，通过计算得出几种轴承损坏情况下，保持架旋转的频率最接近 10.36Hz。可以看出频率 10Hz，刚好是保持架的运转频率。轴承运转过程中，保持架的频率为 10Hz，也不会引起振动，除非保持架与轴承外圈碰磨，造成转动部分对静止部分的撞击，才可能发生振动。如果是这种情况，那么必然会产生更多的铜屑，又进一步加剧轴承滚道的损坏，也可以说产生振动并不是突然发生的，而很可能在几天前就有了征兆。经查阅，发现 7 天前所做的一次例行检查中就已经有了征兆，当时的 10Hz 分量，虽不是主要分量，但已经达到 15μm。

比较图 2-64 和图 2-65，可以明显看出，在 7 天的运行变化中，10Hz 的振动分量增加最多，达 85μm。这样可以进一步说明 10Hz 对应的振动分量，就是造成振动变大的主要分量。分析结论为，轴承保持架与轴承外圈发生了磁磨，并伴有铜屑产生。为了能更准确判定分析的正确性，又做了一个试验，即对上部轴承加油。因为加油既可以加入新油排出旧油，又可以挤入到保持架与外圈磁磨的地方，减小保持架与轴承的接触程度，同时使运行中碰磨程度减小、振动减小。这样做的后果可能有两种，一种是效果明显，

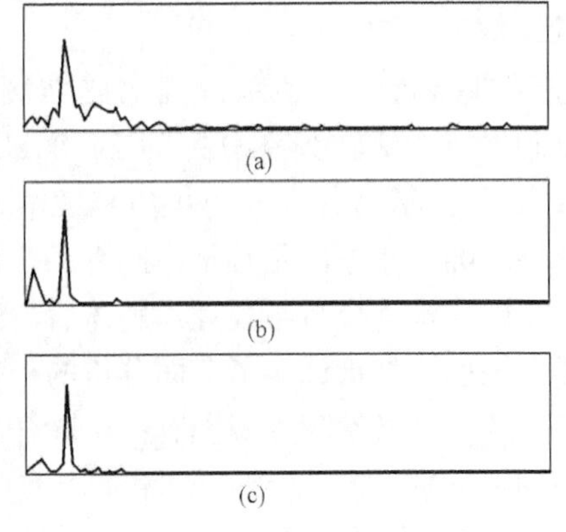

图 2-65　振动频谱（二）

10Hz分量消失，振动恢复正常；另一种是当时效果明显，但时间不长，振动又会很快增大。试验的结果是第二种情况，在运行中加油，加油过程中振动逐渐下降，从250μm一直下降到70μm，已经符合振动标准要求，但运行5h后，振动又逐渐上升。考虑到整台机组的安全、稳定运行，决定尽快更换轴承。打开轴承盖，解体轴承后，发现轴承的保持架与外圈套已有很明显的碰磨痕迹，油脂中有许多铜屑，内、外圈滚道完好。

4. 处理与效果评价

经更换轴承、电动机装复、带泵试转，振动恢复了正常。这次对运行中的主要辅机发生的突发性异常振动情况，从分析到处理都是非常正确、准确和及时的，为保证机组安全、稳定运行赢得了时间。但从分析过程中不难发现，此次出现的突发性振动异常情况，不是不可预见、不可控制的。应该说，在突发性振动异常情况一周前就已经出现了明显的10Hz分量。如果及时发现、及时采取措施，或加强跟踪观察，就不至于在夜间发生振动报警，并进行立即换泵的危险操作。可见加强预知性检查的重要性，而对收集到的异常信息做到及时、准确的分析，也显得更加重要。从设备管理方面来说，本台电动机轴承仅使用4个月，使用寿命也只有2880h，离50 000h的额定寿命相差太远，说明对本台设备的寿命管理是不成功的。加强对轴承寿命的研究，延长转动设备滚动轴承的寿命很有必要。加强滚动轴承设备寿命管理，延长轴承寿命，除了设计、运行工况和环境等不可控因素以外，对检修维护人员来说，关键是加强维护和保养，做到定期、及时更换油脂或润滑油，并通过振动、温度和异音以及油脂中颗粒度等的分析，准确判断出设备的状态，为延长轴寿命采取预知性或预防性措施提供基本信息，为制定完善的延长寿命措施打下基础。

注：滚珠轴承支承的转动设备，由于轴承动静间隙小，只要有一定能量的振源，就会在轴承座上表现出来。对同样能量的振源，如果支承系统弱，则表现出振动位移大；如果轴承支承足够强大，则振动速度大、加速度大，而且容易出现轴承损坏。

第五节　齿轮啮合引起的振动及案例

齿轮可以看成以轮齿为弹簧，以齿轮本体为质量的振动系统，由于齿轮刚度的周期性变化，齿轮装配误差或转矩变化等外因引起的激振力的作用，齿轮将会产生圆周方向的扭转振动。又由于轴、轴承座的变形或齿面误差等原因，圆周方向的扭转振动便会导致径向和轴向振动，从而形成轴承座的扭曲振动。对于闭式传动，振动可通过轴承和轴承座传到齿轮箱体，使箱体侧壁产生振动，并激发周围的空气振动而产生噪声；对于开式传动，则三个方向的齿轮振动直接激发空气振动而产生噪声。

据实测表明，齿轮的圆周方向、径向、轴向振动的基本频率是一致的。这一结论可由齿轮振动发生机理来说明。首先由于齿轮在以轮齿为弹簧、齿轮体为质量的振动系统中，以齿轮刚度变化和齿轮误差及激振力而在圆周方向产生振动，此振动同时反映为齿面动载荷变化部分，并产生轴和轴挠曲振动，从而导致齿轮径向振动。其次，轴向振动是由于轴向力作用而产生的，当齿面动载荷作用于轴承时，因轴向轴承的轴向摩擦力且齿轮结构上两面有差异，所以在轴反力作用下便产生轴向振动。

齿轮在产生啮合作用时，产生的最原始的作用频率为转频。

$$f_r = n/60$$

式中　f_r——齿轮的旋转频率，单位为 Hz；

n——齿轮旋转速度，单位为 r/min。

齿轮在相互啮合过程中，齿与齿之间的连续冲击作用将使齿轮产生频率等于啮合频率的受迫振动，并产生冲击噪声。引起振动和噪声的主要原因是，相互啮合的一对齿轮，其轮齿的弹性刚度会发生周期性变化。齿轮啮合数一般为 1～2，说明有时只有一对齿啮合，而有时两对齿啮合，其啮合对数随时在变化。当两对齿啮合时，轮齿的合成刚度相当于对弹簧的并联，明显大于一对齿啮合时的刚度，因而造成齿轮在整个啮合过程中，齿的刚度产生周期性的大幅度变化，即一对轮齿啮合区与两对轮齿啮合区之间，轮齿弹性刚度有一个大的阶梯差。轮齿弹性刚度的变化使齿的弯曲量也随之变化，造成轮齿在进出啮合区时产生互相碰撞，引起齿轮产生频率等于啮合频率的振动和噪声。

对于空轴齿轮传动，齿轮啮合频率大于或等于转频乘上齿轮的齿数，即

$$f_m = zf_r = nz/60$$

分析齿轮在异常状态下的振动是齿轮振动诊断的基础。齿轮在异常状态下的振动主要包括以下几种情况。

（1）齿轮磨损引起的振动。当齿轮所有的轮齿均匀磨损而使齿隙增大时，或者造成一端接触、裂痕、点蚀、剥落等损伤时，因啮合而产生的冲击振动的振幅和其他振动成分相比是很大的，并且冲击振动的振幅具有几乎相同的一致性。

在一些情况下发生的冲击振动频率为 1Hz 以上的高频。与此同时，正弦波中低频啮合的频率成分也增大。随着磨损的发展，轮齿的弹性刚度表现出非线性的特点，相应的振动波形出现变化。在啮合频率中产生为啮合频率的 2 倍、3 倍等高次谐波，或者出现为啮合频率的 1/2 倍、1/3 倍等分数谐波。

此外，在齿轮加减速时，有时会出现具有非线性振动特点的跳跃现象。

（2）齿轮制造缺陷引起的振动。当齿轮存在偏心、周节误差、齿形误差等缺陷时，齿轮便不能平稳地运转，或加速，或减速，使轮齿和轮齿发生碰撞，使齿面受到很大的动态附加载荷的作用。在这种情况下，高频域的振动波形和啮合的冲击振动振幅偏移，对有周节误差的齿轮振动波形成为受旋转频率调制的波形偏移，也会产生与啮合频率相对应的齿轮噪声。

所以，对于高频振动的绝对值处理波形包含旋转频率的一次谐波 f_o 和高次谐波 nf_o（$n=2, 3, \cdots$）成分、啮合频率成分及其边带频率 $f_m + nf_o$ 成分。对于低频域的啮合频率成分也一样。在振动的原波形中包含旋转频率成分、啮合频率成分以及边带频率成分。

（3）齿轮不同轴引起的振动。当齿轮旋转轴是用联轴器联接的两根轴组成时，如果两根轴的中心线有偏移、成角或错开等不同轴的情况，将会发生低频、高频的啮合频率及其边带波。

（4）齿轮局部异常引起的振动。当齿轮存在齿根部大裂纹、局部的齿顶磨损、缺陷造成的轮齿折断、局部的周节误差或齿形误差以及齿轮间隙增加时的转速变动等局部异常时，会在高频域引起振动。其波形表明只存在局部异常的轮齿在啮合时才产生较大的冲击振动。经绝对值处理后的波形中含有更多的旋转频率的成分。

为了便于进行齿轮的振动信号分析和故障识别，将存在各种异常时齿轮振动的特点列于表 2-21。

表 2-21　　存在异常时齿轮振动的特点

		发生的频率（包括原波形和处理后波形）	平均响应分析结果
齿轮全面磨损	一侧接触	f_m	齿轮的啮合频率成分增大
	齿形误差		
齿轮的周节误差（偏心）		nf_r 及 $f_m \pm nf_r$	由于异常齿轮的旋转运动，啮合频率成分受到振面调制
由齿轮局部异常产生的冲击		nf_r	齿轮只有啮合异常部分的振幅增大

注　表内 f_r—齿轮的旋转频率，f_m—齿轮的啮合频率。

案例：DTM380/720-Ⅲ钢球磨煤机大小牙轮振动诊断

1. 性能特性与结构

中间仓储式制粉系统磨煤机为沈阳重型机械厂生产的低速筒式钢球磨，型号为 DTM380/720Ⅱ型，出力为 45t/h，最大钢球装载量为 85t，转速为 17r/min，由单电动机、减速机及小牙轮、大牙轮驱动，电动机型号为 Y8000-2-10，转速为 595r/min，减速机型号为 KH2713。小牙轮节圆直径为 754mm，齿数为 29，材质为 35siMn2MoV。大牙轮节圆直径为 5772mm，齿数为 222，材质为 ZG45。大、小牙轮之间的润滑油为二硫化钼润滑脂。联轴器为尼龙棒销弹性联轴器。2 机组从 1993 年投产以来，钢球磨煤机小牙轮轴承处振动时有发生，最大达 0.3mm 以上，最小达 0.1～0.15mm，经及时处理都能得到很好的控制。但是从 1999 年以后，4 台磨煤机的哈夫螺栓（M64×340mm），频繁断裂，年耗量达 120 根左右（每根价值约 1000 元），共计约 12 万元，同时伴随着小牙轮轴承强烈振动，严重影响了机组设备的安全运行。特别是每次机组调停后开磨时，必然存在长达 10 天左右的磨合期，调停时间越长，运行起来后振动越大。＃2 炉乙磨小牙轮曾经振动达 1mm，8 根哈夫螺栓全断的情况。2001 年 5 月对 2 号炉乙磨预知性检查时发现，大牙轮与筒体联接及哈夫根部的应力集中区出现长约 30cm、宽 1cm 的穿透性裂纹。2002 年 10 月对 2 号炉甲磨小牙轮大修检查时发现，小牙轮上一齿根部出现沿齿宽方向裂纹，几乎脱落。经过认真分析，找出原因，并采取了相应的措施。现在小牙轮轴承振动状态优良，振动值最大达 100μm，正常在 60μm 左右。

2. 故障现象及特点

(1) 1999 年以前，正常运行振动不大，一般不超过 200μm，异常振动的情况比较少，每 2 个月左右更换 2 根 M64 哈夫螺栓。

(2) 1999 年以后小牙轮轴承故障逐渐表现出来，调停后开磨都存在相当长时间的磨合期，振动最大达 0.5mm 左右，不得不缩短运行时间。并且是调停时间越长，开磨后振动越大、反应越强。冬季的反应比夏季更强。

(3) 振动时出现明显的间断冲击声，频谱分析振动分量主要为 63Hz 左右，如图 2-66 所示。

(4) M64 螺栓出现断裂特征时，都发生在螺栓的根部，呈现疲劳状。

(5) 两台磨大牙轮出现裂纹的特征时，均发生在哈夫根部靠近筒体联接处。小牙轮齿裂

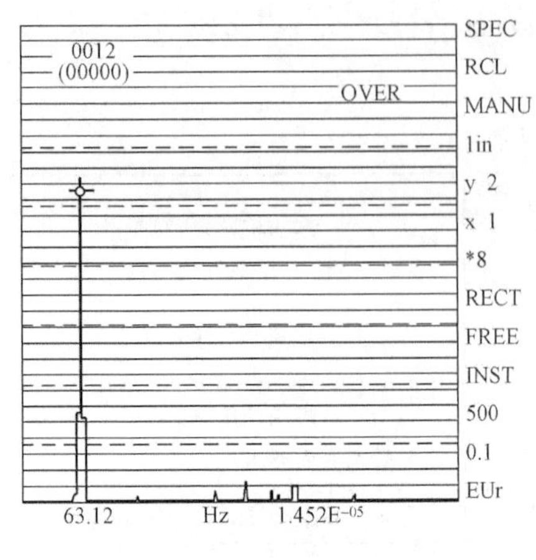

图 2-66 频谱图

纹出现在齿根全长方向上。

3. 原因分析与查找

大小牙轮啮合缺油，是引起螺栓断裂及小牙轮轴承振动的原因之一。没有严格执行定期加油或加油量少，导致运行中振动变大（4 台磨都发生过)。复紧螺栓时预紧力不均，导致部分螺栓受力。长期运行时，螺栓疲劳断裂或松动后，振动增加。筒体衬板及端部衬板螺栓断裂、漏粉，引起大小牙轮润滑不良是发生小牙轮强烈振动的重要的原因之一（4 台磨都发生过)。大牙轮与筒体联接螺栓（M42，材质为 45 钢)，断裂，导致大牙轮晃动变大，引起小牙轮振动，如 1 号炉甲磨，2 号炉乙磨都发生过。

小牙轮与减速机之间联轴器内棒销卡死，导致小牙轮晃动，在 1 号炉甲磨上发生过。

注：

(1) 温差为小牙轮温度减去大牙轮温度，且放大 10 倍。

(2) 记录时间间隔为 10min。

(3) 因为正常运行中，小牙轮温度高出大牙轮温度 5℃左右，所以根据时间作出理论温差曲线图见图 2-67。

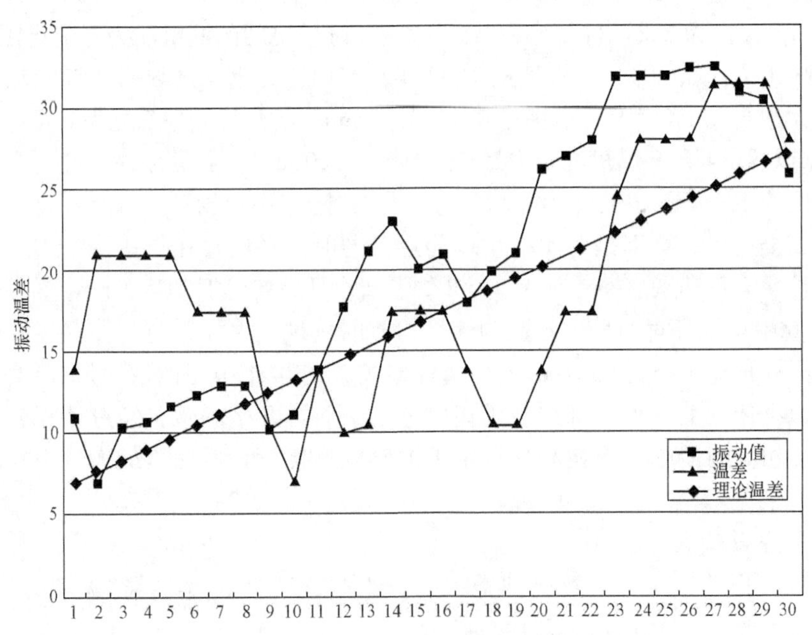

图 2-67 大、小齿面温差曲线

在安装哈夫接合面时，会加入垫片，在运行中垫片窜入啮合面，产生明显的冲击声。

以上几种因素引起的小牙轮振动，都表现为大小牙轮传动、啮合不好，频谱分析出现 63Hz 分量。通过加强管理，提高定期维护水平，定时定量加油，检查漏粉情况，每天巡查以及做相应的改进。①将大牙轮与筒体联接螺栓全部更换为高强螺栓；②将小牙轮与减速机之间联轴器内棒销改变结构，彻底消除了棒销窜到另一半孔引起卡死现象；③将哈夫接合面垫片全部抽出；④将哈夫螺栓A3材质改成35CrMoA；⑤哈夫接合面用400mm×600mm对面两块铁板焊死。通过这些措施对减少螺栓断裂与降低小牙轮振动起到很好的作用。1999年以后出现了新的问题。机组调停后再开磨就必然出现磨合期，而且表现越来越严重。通过复紧螺栓，虽能一时起到作用，但随着振动冲击的影响，还是会出现螺栓断裂以至于大小牙轮出现裂纹的现象。在2001年1号炉甲磨开磨过程中，对振动与大小牙轮温差进行了全过程跟踪，从图2-67可以看出，小牙轮轴承振动与大小牙轮的温差之间及理论稳差之间有着一定的联系。①温差与理论温差越小，振动越平稳；②当温差稍微高于理论温差时振动趋于平稳，甚至下降；③温差低于理论温差时振动马上变大。说明在冷态开磨的过程中大小牙轮之间的温差对小牙轮振动有着直接影响。如果温差变化能与理论温差保持一致，甚至稍微高一点，小牙轮振动就不会增大而逐渐达到正常运行的状态。

而实际情况是，调停一段时间后，大小牙轮都已冷透（10℃左右），开磨运行2h以内小牙轮温度上升较快，而大牙轮温升较慢，温差大于理论温差。2～4h时小牙轮温度上升变慢，而大牙轮温升较快，温差小于理论温差。4h以后小牙轮温度上升较快，而大牙轮温度上升减慢，温差与理论温差逐渐靠近。影响大小牙轮温度变化的因素如下。

（1）大小牙轮啮合产生热量。

（2）开磨时，热风加热筒体传给大牙轮。

（3）开始筒体内钢球吸收热风热量。

（4）大牙轮鼓风冷却。

影响小牙轮温度变化的因素如下。

（1）大小牙轮啮合产生的热量。

（2）小牙轮轴承滚动产生热量。

（3）小牙轮罩壳散热。

开磨时，一开始由于小牙轮质量小，吸收与大牙轮啮合产生的热量和滚动轴承产生的热量，使小牙轮温度迅速升高。而大牙轮由于质量大，再加上钢球（约85t）、煤粉（约65t）吸热，虽有热风加热，但温度升高不快。即小牙轮温度高于大牙轮温度，这与运行状态较接近，振动不大（有时还会下降）。经过一段时间（约2h）后，筒体及大牙轮温度被热风加热，此时小牙轮只有从大牙轮吸收热量，出现大牙轮温度高于小牙轮的情况，振动随之越来越大。随着筒体内煤粉的磨制，冷、热风及磨出口温度的控制，以及大牙轮鼓风冷却的影响，大牙轮的温度逐渐趋于稳定。小牙轮处冷却效果差，又有两个轴承的连续发热（60℃左右）导致小牙轮的温度最终反而比大牙轮温度平均高出5℃（4台磨）并保持较长时间稳定运行。磨合得越来越好，振动自然不高。对从1999年以后这个问题逐渐突出并越来越严重的解释：通过检查发现，原来渐开线的齿面弧度经过一段时间的运行，已基本磨成直齿，甚至出现凹齿。这样的齿啮合更易受到外界条件的影响，导致啮合不好，并且越来越严重。另外，从相反角度分析：在停磨后冷却过程中，热空气向上聚集，形成大牙轮本身的上下温差、筒体的上下温差，从而造成大牙轮本身收缩不均匀以及产生筒体弯曲，也是影响开磨时小牙轮振动的主要原因之一。

4. 处理方案与效果评价

经过多次分析与处理，找出了引起振动及裂纹的许多因素，并进行了针对性的处理，使目前小牙轮振动问题得到彻底的控制，取得了许多宝贵经验及预防措施。

(1) 制定小牙轮轴承振动控制标准。不超过 150μm 为合格，100μm 为良，60μm 为优。对正常运行的磨煤机，定时测振动。测量刚开磨时、运行 2h、运行 6h 的振动数据，同时绘制出振动曲线，发现异常时，立即停磨检查。

(2) 冷态开磨时，加强对小牙轮与大牙轮温度的控制。通过调整冷、热风比及加煤等方式，使大牙轮的温度始终不超过小牙轮的温度。

(3) 对大小牙轮淬火，提高表面硬度，减少磨损，减少其对因其他因素造成振动的敏感性。

(4) 机组调停后磨煤机冷却过程中，不断地用盘车盘动磨煤机，以使磨煤机大牙轮及筒体上下冷却均匀。

(5) 加强定期维护和加油工作。每月至少一次对磨煤机进行全面的检查，尤其是油和哈夫接合面螺栓以及端部螺栓的松紧，防止漏粉。

(6) 对大牙轮出现裂纹的部位，可以采取临时的补焊与加强，但要加强检查与跟踪。

低速筒式钢球磨煤机小牙轮振动及大小齿断裂的问题，一直是困扰许多电厂的重要问题之一。在振动控制标准方面也无统一的、科学的依据。我们通过长期的分析与处理，找出了引起小牙轮振动、螺栓断裂、大小牙轮断裂的根本原因，通过采取针对性的控制手段和预防措施，使小牙轮振动得到明显的控制。引起大牙轮哈夫接合面螺栓断裂、根部断裂、小牙轮断齿的原因与引起小牙轮振动的原因一样，并且都能从小牙轮的振动中表现出来。所以减少和控制小牙轮振动可减少大牙轮哈夫接合面螺栓断裂、根部断裂、小牙轮断齿的发生，从而达到提高设备可靠性的目的。

注：对一个电厂，齿轮啮合原因造成振动或损坏最多的是低速钢球磨。相比较，负荷稳定的减速箱，振动故障率不高。但对于桥式卸煤机的减速箱，由于承受较大的冲击变载荷，齿轮损坏的情况比较多。

第六节 动静摩擦引起的振动及案例

动静碰磨，一般说的是汽轮机的汽封或油挡，因为追求汽轮机的热效率，在检修中把它们与轴之间的间隙调整得比较小，在第一次开机冲转的过程中，发生与轴碰磨的情况。碰磨时，表现最明显的就是轴的变形，因为这些金属之间摩擦，产生热量大，轴弯曲明显，表现为不平衡激振力增加，振动明显增加。振动大，也会导致摩擦的进一步加大，形成恶性循环，最终振动保护动作跳机。金属碰磨，会使汽封或油挡磨损，间隙变大，待转子冷却，弯曲恢复后，会再次开机。一般冲两次转，就可以顺利通过转子的临界转速。

硬金属与硬金属的快速碰磨称为硬碰磨，会发出尖锐的声音，来的快，磨的快，消失的也快。有些碰磨属于软碰磨，如发电机的密封瓦的瓦面金属软，当密封瓦在密封瓦槽内运转不畅时，就会与轴产生一定的超过设计的摩擦，多余的热量会使轴发热，振动偏大，且不易很快消失。还有一种软碰磨，即有些电动机冷却风扇的入口导流板是环氧树脂材质的，它如果与叶轮碰磨的话，也会引起振动，而且没有声音，不易发现。

当旋转机械的旋转部件和固定部件接触时，就会发生动、静部分的径向摩擦或轴向碰摩。这是一个严重的故障，它可能会导致整个机器损坏。在摩擦产生时通常分为两种情况：第一种是部分摩擦，此时转子仅偶然接触静止部分，同时维持接触仅在转子进动整周期的一个分数部分，通常对于机器的整体来说，它的破坏性和危险性相对比较小；第二种，特别对于机器的破坏性效果和危险性来说就是更为严重的情况，这就是整周的环状摩擦，有时候也称为“全摩擦”或“干摩擦”，它们大都在密封中产生。在整周环状摩擦发生时，转子维持与密封的接触是连续的，在接触处产生的摩擦力能够导致转子进动方向的剧烈改变，从原本是向前的正进动变成向后的反进动。摩擦一般会产生更多的次谐波振动分量，此外，转子摩擦可能产生一系列的分数谐波振动分量（1/2X，1/3X，1/4X，l/5X，…，1/nX），及激起许多高频振动分量；这可能会在原本正常的频谱图上面叠加一个粉红色的噪声信号。摩擦的危害性很大，即使转轴和轴瓦短时间摩擦也会造成严重后果。

有的大型机组在转子和静子发生径向部分摩擦时，振动频谱主要是基频分量，但也有二倍频、三倍频、四倍频等高次谐波分量，其中二倍频分量较大。摩擦时振动急剧增大，而且相位也会发生变化，相位变化是逆转动方向的。摩擦后若转子发生热弯曲，则降速时转子通过临界转速时振动也急剧放大。

摩擦发生前的轴心轨迹如图 2-68 所示，摩擦发生时的轴心轨迹如图 2-69 所示。

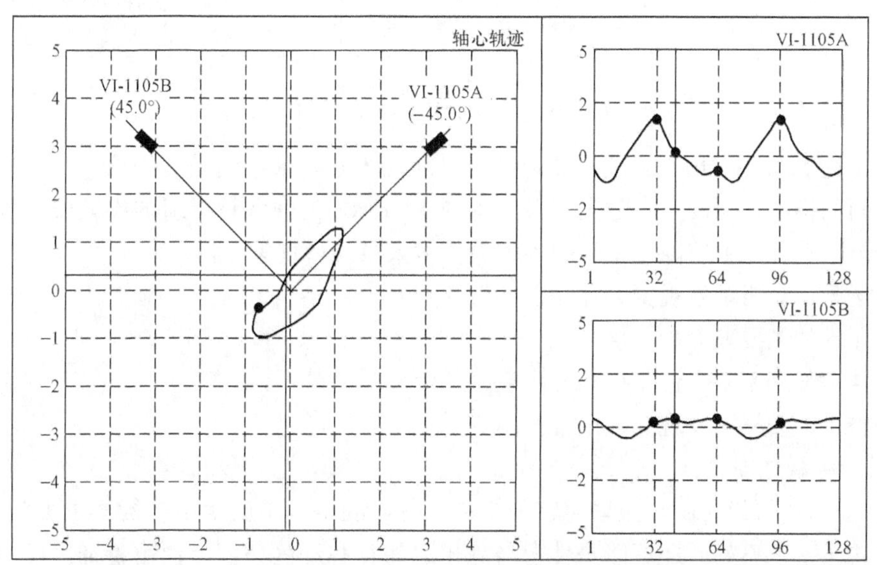

图 2-68 摩擦发生前的轴心轨迹（正进动）

当转子发生动静摩擦后，转速降低或负荷降低，振动并不立即减小，反而有所增大。只有当转速或负荷降低到某一数值后，振动才缓慢减小，即振动变化存在着一定的滞后。

案例一：循泵 64LKXA-24.5 电动机水平方向振动诊断

1. 性能特性及结构

64LKXA-Z4.5 立式混流泵的主要性能参数：流量 Q 为 5.4m^3/s，扬程 H 为 24.5m，转速为 495r/min，电动机功率为 1800kW，长沙水泵厂生产。

电动机：YKKL1800-12-1730-1，功率为 1800kW，电压为 6kV，转速为 495r/min，湘潭电机股份有限公司生产。

2. 故障现象及特点

6 号循环水泵为二期主设备的主要配套辅助设备。试运行时，发现电动机上部水平方向

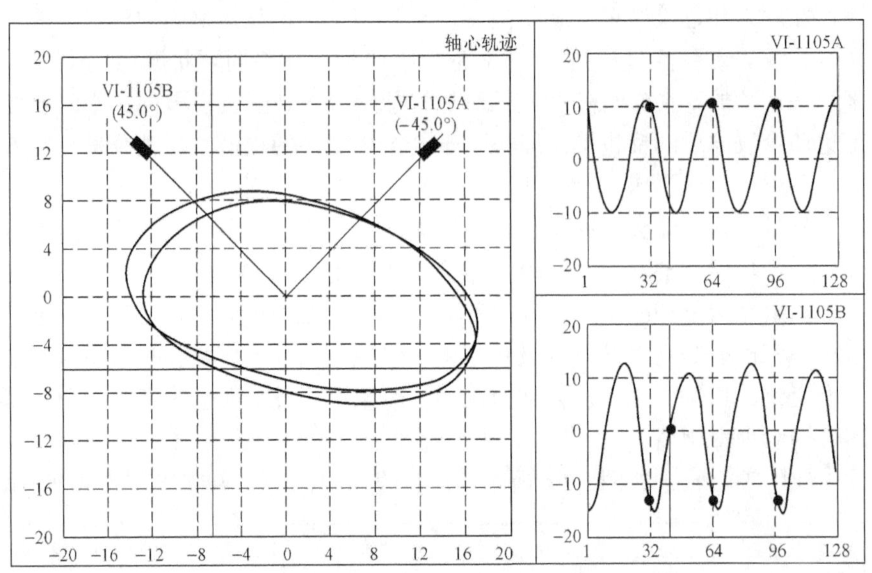

图 2-69　摩擦发生时的轴心轨迹（反进动）

振动较大，达 100μm。由于转速较低，同时时间比较紧，未引起足够的重视，未进行处理。但随着时间的推移，振动越来越大，最大达到 180μm。为确保新机组的连续安全稳定运行，确保投产设备达标，不留隐患，组织了相关技术人员进行攻关。

经现场测量分析，发现振动存在以下特征：

(1) 振动的主要成分为一倍频。

(2) 从上部到基础平台，振动逐步衰减，上导瓦处最大。

(3) 整个电动机未发现异常声音。

3. 原因分析与查找

由特征 (1) 可以说明，振动与转子有关，既可能是转子质量不平衡，也可能是转子轴系弯曲或转子摆度不好，还可能是转子与静子之间存在动静碰磨。而由特征 (2) 可以排除转子轴系弯曲或转子摆度不好。因为泵轴与电动机的联接在上水导处，如摆度不好或者轴系弯曲，上水导处应该有明显的反应，而实际上没有大的变化，所以说，引起振动的激振力应该在电动机的上部。而由整个电动机未发现异常声音，似乎可以排除动静碰磨。这样，可能的重点应该是电动机的转子不平衡，最大的可能应该在冷却风机的叶轮上。于是，决定做动平衡试验。打开电动机上部冷却风入口风罩和导流器，这时发现导流器不是金属的，而是用一种树脂浇注的，于是考虑会不会是塑料的导流体与转子上的叶轮发生了碰磨引起振动的呢？于是对拆下的导流体进行检查。经查，发现导流体上有明显的碰磨痕迹，有的地方已经磨掉 1mm 左右。至此，原因已基本找到，但还需要证明。

4. 处理方案及效果评价

于是决定，暂时不做动平衡试验，直接装复，同时调整好碰磨处的间隙。运行后，一切正常，设备振动不超过 30μm，达到优级。此次振动原因分析出现了判断上的错误。总认为，动静碰磨是金属之间的碰磨，会发出尖耳的高频率的声音。而实际上发生了金属与非金属的碰磨，引起了振动。这对我们是个教训，在以后的工作中要引以为戒。转动设备运行中，发生金属之间的碰磨与金属和非金属之间的碰磨所表现的特征是不完全相同的。它们相同的特点是振动的主频率都是一倍频。不同点是金属之间的碰磨会出现高频分量，一般伴有异常的金属声音，而且碰磨地点大多发生在油挡或汽封处，经过长时间摩擦，一般情况下，振动会逐渐减小；而金属与非金属之间发生碰磨则一般不会出现高频分量，也不会有异音，而且需要经过很长时间运行才能使振动减小。有的时候，不但不减小反而会增大。所以，对待转动设备碰磨引起的振动问题一定要慎重，要充分考虑是金属之间的碰磨，还是金属和非金属之间的碰磨。

案例二：330MW 机组 3 号瓦轴振不稳定振动消除

1. 性能特性及结构

本厂装备 4 台 BZN330-17.75/540/540 型汽轮机。该型机组为单轴、三缸、亚临界、一次中间再热、双排汽、凝汽式机组。

结构上，高中压汽缸分缸，通流部分反向布置，高中低压均为整段转子，全部采用刚性联轴器联接；高压缸轴向膨胀死点设在中压缸后轴承箱上，当缸体受热时，中压缸由死点向机头方向膨胀，同时通过左右两侧联接高压缸的推拉杆推动高压缸向前滑动。低压外缸的绝对膨胀以汽机侧排汽口横销为死点向发电机膨胀，低压内缸以凝汽器中心线为死点，向前后膨胀。

推力轴承设在 2 号轴承箱内，由两根推拉杆将推力轴承与高压外缸刚性联接，可随同高压缸一起膨胀移动。整个汽轮发电机转子以推力盘为死点，分别向前后膨胀。

低压缸及支承座坐落在凝汽器上，如图 2-70 所示。转子中心受凝汽水位影响较大，在找中心时要求凝汽器侧注水 150t 左右，即水位到凝汽器汽侧人孔门下 1m 处。

BZ330MW 汽轮发电机组轴系中心的质量标准见表 2-22。

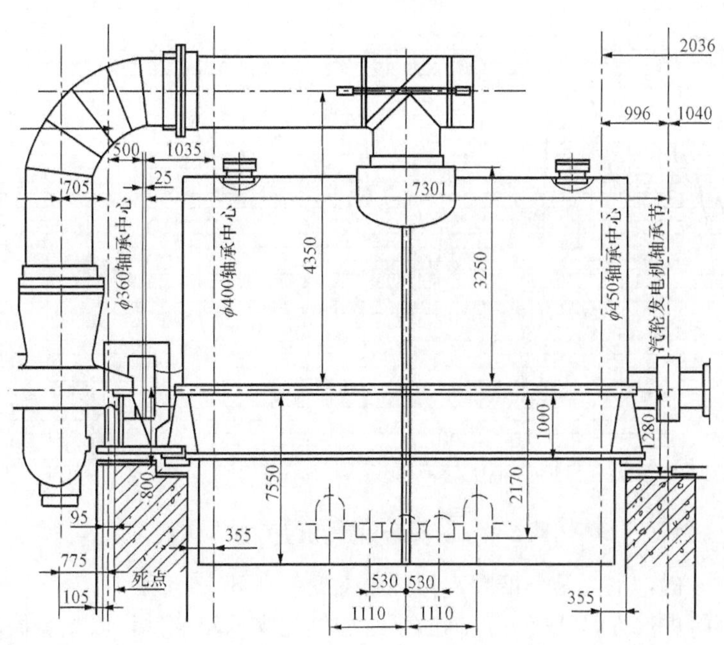

图 2-70　低压缸支承图

表 2-22　　　　　　　　　　制造厂给定的轴系中心质量标准

项目	高中	中低	低发
联轴器圆周	≤0.02mm	≤0.02mm	≤0.02mm
联轴器端面	≤0.02mm	≤0.02mm	≤0.02mm

该型号机组在我厂投入运行后即发现 3 号瓦存在偶发性大幅振动的缺陷，经厂家和相关专家多次处理，没有找到振动原因，致使该隐患一直存在。我们通过对 3 号机组进行检修检查和运行参数分析，找到了振动诱发原因，并成功解决了该型号机组的缺陷。

2. 故障现象

2011 年 7 月，3 号机开始出现 3 号瓦轴振动突增现象，到 9 月振动不稳定现象频繁出现，振幅最大到 170μm 左右。先通过把定压多阀改滑压单阀运行，调整调门进汽，减少振动。2011 年 11 月 13 日，3 号机 3Y 振动报警，运行人员适当关小 3 号高调，保持 4 号高调在关闭状态后振动稳定在 130μm 左右。14：33 3Y 振动再次升高，切换阀位至单阀。振动按原有速度上升，启动顶轴油泵后，振动逐渐下降（峰值 210μm），恢复正常，但后来振动值仍维持在 110μm 左右。

上述情况从 2011 年 9 月到 2012 年年初多次发生，给机组安全稳定运行带来了极大的风险。为此加大了监测手段和范围，发现存在以下特征。

3. 振动特征与原因分析

(1) 振动特征。振动为典型的不稳定振动，带有明显的偶然性和突发性，且变化幅度大，如图 2-71 所示。

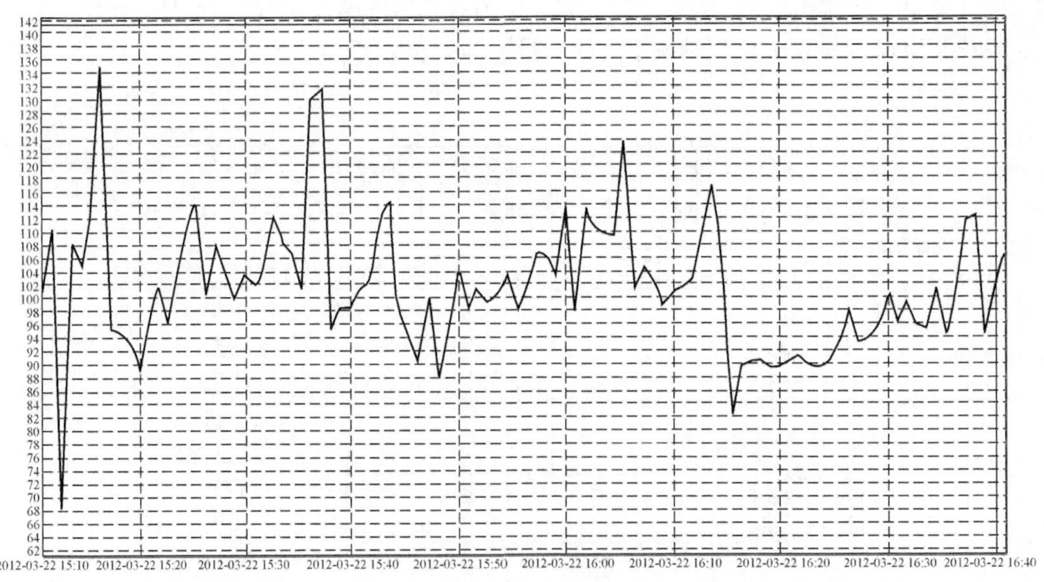

图 2-71　3 号轴承振动历史曲线（一）

振动的频谱分析，主要是一倍频，相位角度变化在 30°左右。

通过调整调门进汽方式或开启顶轴油泵改变轴瓦支承刚度都可以减少振动。

3 号瓦顶轴油压显示为零。

机组检修后振动会稳定一段时间，如图 2-72 所示。

时间范围：2012-02-02 10:52:10 至 2012-03-30 10:52:10 实时显示

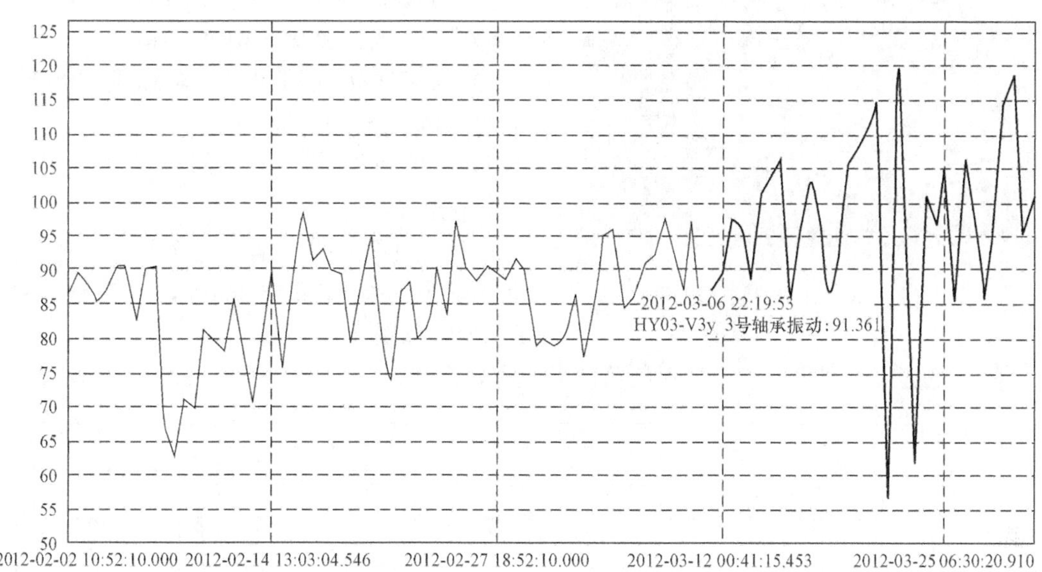

图 2-72 3 号轴承振动历史曲线（二）

（2）振动原因分析。机组振动在大多数情况下都比较稳定，即可排除不平衡等强迫振动引起的稳定振动。引起机组不稳定振动的原因有两种情况，一种是有不稳定振源，一种是抗干扰能力差。在机组不稳定振动中，汽流激振是引起不稳定振动的原因之一，但汽流激振会产生一个固定的振动频率。另外，轴颈碰磨会引起轴颈弯曲造成一倍频振动和相位的变化。如果是刚性碰磨，最严重时应发生在机组启停机过程中，一旦通过便不会再发生，在频谱上也会有高频分量。有一种情况即柔性碰磨，振动机理与刚性碰磨相似，但碰磨并不严重，时有时无，频谱特征为一倍频，不产生高频分量，如密封瓦、环氧树脂板等接触性碰磨。机组调停中，打开 3 号瓦下油挡发现积碳严重（见图 2-73）。清理后开机，振动相对稳定一个多月，后来又出现振幅增大现象（见图 2-72）。

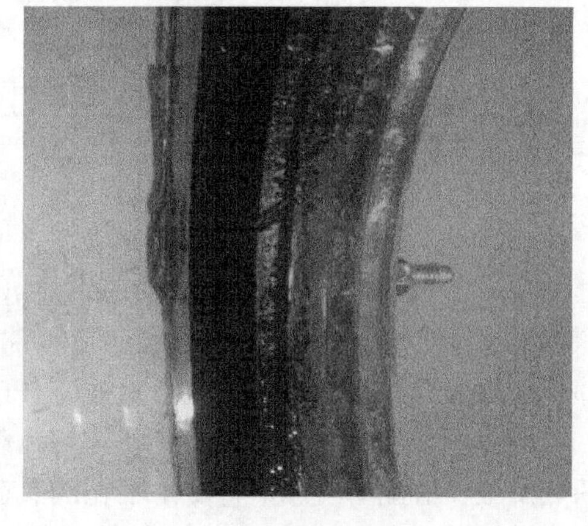

图 2-73 3 号瓦下油挡积碳照片

对于抗干扰能力差的问题，发现 3 号瓦的顶轴油压力显示为零，改为更精密的仪表测量，仍然没有顶轴油压（运行中顶轴油的测点反映了轴承主油楔的油膜压力），说明机组运行中，3 号瓦的载荷过轻或者说油膜对轴颈几乎失去了稳定作用。检修中打开了 3 号瓦下瓦发现瓦面光亮无任何痕迹（见图 2-74），可说明 3 号瓦运行中几乎没有载荷。

由此可以判断，不稳定振动的原因应该是在 3 号瓦油挡处出现不稳定、不规则且逐渐增厚的积炭，造成轴颈非金属性碰磨。同时，由于 3 号瓦的稳定性差，抗干扰能力差，促使振

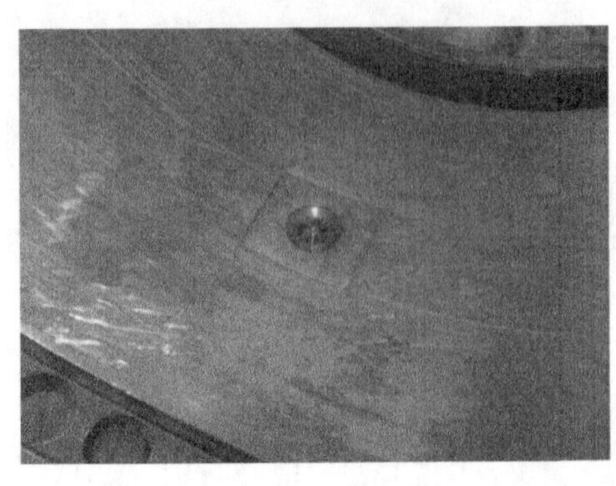

图 2-74 3 号瓦表面状态照片

动不稳定情况得到放大。

4. 验证和机理分析探讨

（1）验证。鉴于对振动原因的分析，3 号机组检修中有针对性地做了两个工作。

1）为了防止油挡积炭，对油挡进行改造，通入冷却风，避开油的积碳温度。

2）3 号轴承下瓦枕底部调整垫片处增加 0.03mm 垫片。

机组 5 月 7 日投入运行至 7 月 20 日，＃3Y 振动值相对稳定在 80～90μm，且变化不超过 0.02mm，如图 2-75 所示。

问题虽然得以解决，但 3 号瓦载荷的变化需要得到解释。

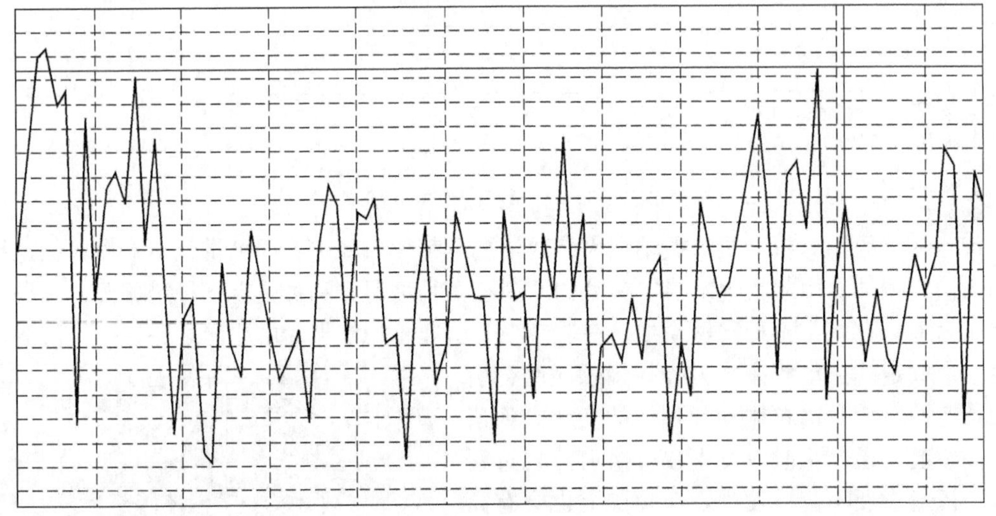

图 2-75 3 号轴承振动历史曲线（三）

（2）机理分析探讨。把 2 号、3 号瓦顶轴油引入 DCS 在线连续监测，发现 3 号瓦顶轴油压在冷态和启机过程中变化较大（顶轴油泵停运以后），且与 3Y 轴振有明显的对应关系，即验证了 3 号瓦油膜支撑刚度与轴振有直接的关系，如图 2-76 所示。

造成了 3 号瓦顶轴油压变化及 3 号瓦载荷变化的机理可以解释为：冷态时找中心所预想的热态载荷分配与实际上各支承轴瓦的载荷有较大出入。

有文献说明，汽轮机转子找中心的目的是保证汽轮发电机各转子的中心线能连接成一根连续的曲线，以保证各转子通过联轴器的连接而成为一根连续的轴。有专家提出，不对中所能产生的二倍频振动和稳定性无关，但不大可能造成轴承负荷脱空而出现的以低频涡动为征兆的失稳。由于平行不对中和角度不对中都会影响到轴承负荷分配，因而对低频振动而言，它们都有明显的影响。事实上，各段转子通过联轴器刚性联接，螺栓紧固后，自然形成连续的曲线，所不同的是，如果中心找得好，便会使联成一体的转子形成理想（设计时理论计算）曲线（扬度），同时分担在各个支承轴承上的载荷符合各轴承的设计载荷。而如果中心

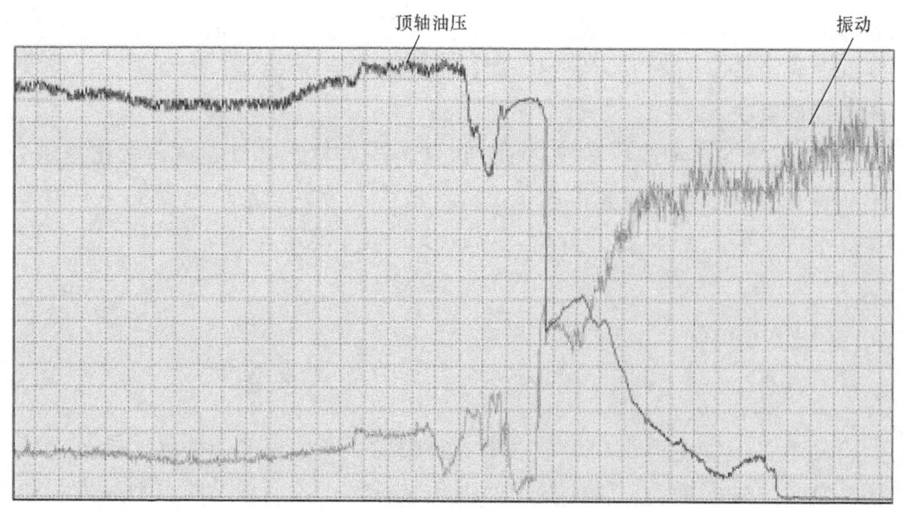

图 2-76　3 号轴承顶轴油压与振动趋势图（一）

找得不好，偏差较大，则各支承轴瓦的静态载荷有可能发生较大变化，有的高出设计载荷，油膜形成不好，油膜阻尼不能发挥作用，对轴的振动抑制力降低，特别在低转速时容易出现以涡动为征兆的失稳。

在静态（冷态）条件下，转子中心和扬度找得好坏，并不能完全反映运行当中的实际状态，不可能在轴承座受热后自动达到一致的标高，转子顺利形成一条水平的直线。而是受到轴承坐标高的影响，特别是北重厂，消化吸收阿尔斯通技术，生产出的 330MW 级汽轮发电机组，支承低压转子的轴承座直接坐落在低压气缸上，负荷变化、真空变化、凝汽器水位变化都会使轴承标高上下变化，从而引起相邻轴瓦实际载荷发生变化。轴承载荷过小，形成油膜阻尼不能约束轴承振动，导致轴振偏大，并极易受到外界因素的干扰，出现振动不稳，影响机组安全稳定运行。所以对各轴瓦轴系振动变化情况进行动态（热态）分析，找出一定规律，并把它作为静态（冷态）轴系中心调整依据，应该更合理、更科学。

如图 2-77 所示，3 号顶轴油压逐渐变小，阻尼吸收的功在逐渐减小，振动逐渐增大。

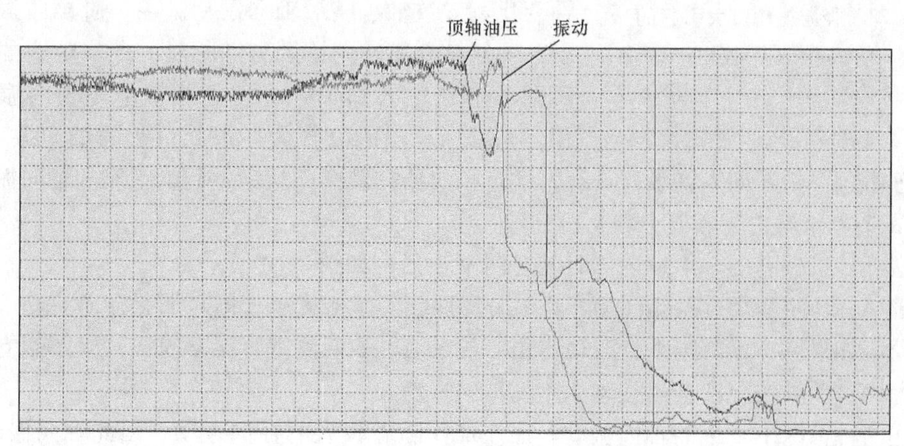

图 2-77　3 号轴承顶轴油压与振动趋势图（二）

5. 结束语

(1) 故障的解决方法及结果：引起＃3 瓦轴振不稳的内因是油挡积碳，外因是支持载荷偏轻、刚度低，导致振动对激振力敏感。通过油挡改造和提高＃3 轴瓦载荷，使＃3 机 3 瓦轴振动得到了彻底解决。

(2) 建议 DCS 增加顶轴油压在线显示，以便为冷、热态各轴瓦载荷变化提供分析数据，为冷态找中心及扬度调整提供更精准的依据。一般情况下，制造厂只提供一个相邻轴瓦冷态找中心的参考范围，有了热态数据分析，可以依据这个参考范围，实现更精确的负荷分配调整。

第七节　轴承轴向振动原因及案例

前面分析的都是发生在垂直和水平方向上的振动，统称为径向振动。除此之外，旋转机械运行中还经常发生轴向振动。轴向振动处理起来有时比较困难。激振力过大和轴承座刚度差是引起轴向振动的主要原因。

一、径向振动过大引起的轴向振动分析

1. 一个轴承座内装有一个轴瓦

直观地讲，轴承座的轴向振动应该是由于转轴的轴向运动所引起的。但是实际上，转子和轴承之间有一层油膜，转子的轴向运动经油膜传递到轴瓦后，很难引起轴承座的轴向振动。实际发生的轴向振动大多是由于径向激振力引起的。从动力学角度分析，径向力与轴向振动不在同一个方向上，不应该引起轴向振动。但是，考虑轴承座支承弹性后，径向力会间接激发轴向振动。现以图 2-78 为例进行分析。

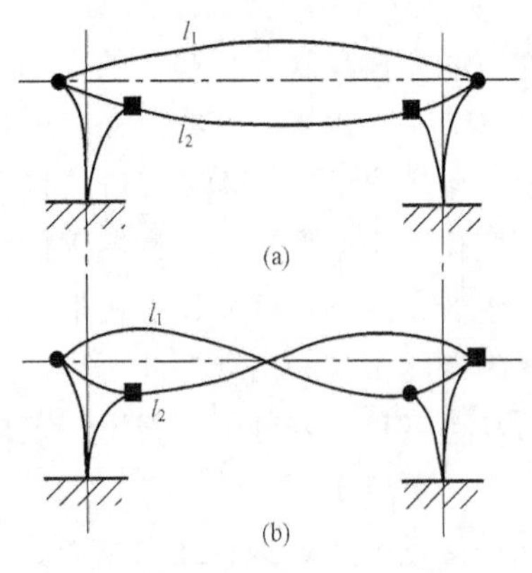

图 2-78　径向振动过大引起的轴承座轴向振动分析
(a) 一阶弯曲振型；(b) 二阶弯曲振型

假设转子上存在一阶形式的不平衡力，转子挠曲呈现一阶振型，如图 2-78 (a) 所示。t1 时刻，转子两侧轴承座承力中心偏向外侧；t2 时刻，转子两侧轴承座承力中心偏向内侧。不同时刻，轴承座承力中心点发生周期性变化，导致轴承座沿轴向摆动。在一阶挠曲振动作用下，两侧轴承座轴向摆动方向相反。在二阶挠曲振动作用下，如图 2-78 (b) 所示，两侧轴承座轴向振动为同相。如果轴承座刚度很大，由此引起的轴向振动很小，则可以忽略。但是，如果轴承座具有弹性，径向振动就会间接激发起轴承座的轴向振动。

2. 一个轴承座内装有两个轴瓦

大型旋转机械有的轴承座内同时装有两个轴瓦，如图 2-79 所示。

假设 A、B 两侧垂直振动同相，且 A、B 两侧支承刚度也相同，那么径向振动不会激发轴向振动。如果 A、B 两侧垂直振动反相，或者 A、B 两侧垂直振动同相，但两侧支承刚度不对称，则这两种情况都会导致轴承座的轴向振动。

上述两种情况下发生的轴向振动，往往都伴随着较大的径向振动。因此轴向振动大时，如果径向振动也大，最好的处理方法是首先减小径向振动。工程实践表明，径向振动减小

10%后，轴向振动减小的百分率可能更高。此种情况下，减小激振力比提高轴承座刚度的工作量要小得多，而效果要明显得多。

二、轴承座刚度不足引起的轴向振动分析

有时轴承座垂直和水平振动消除后，轴向振动仍然较大。这种情况大多是由于轴承座本身刚度不足所引起的。轴承座与台板以及台板与基础之间的联接松动、接合面接触不均匀、二次灌浆松动、台板底部垫铁移动等都有可能诱发轴向振动。这类故障的处理必须吊开轴承座，因此只能在机组检修中进行。

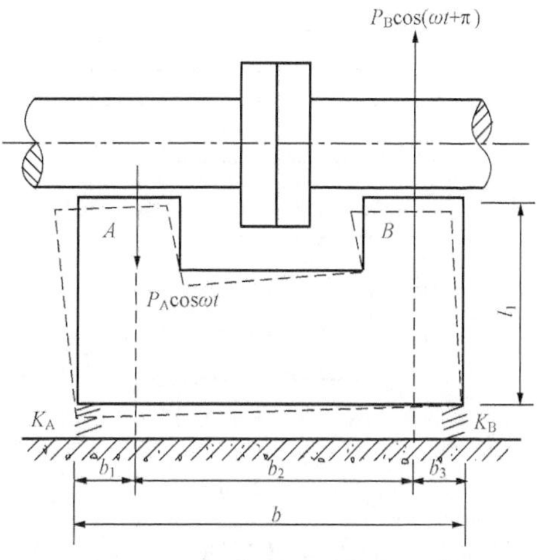

图 2-79　两个轴瓦共一个轴承座时的轴向振动分析

三、其他因素引发的轴向振动分析

1. 转子中心偏差过大

当转子中心偏差较大时，联轴器螺栓连接后，轴颈处会出现较大晃度，如图 2-80 所示。旋转机械振动分析与工程应用中随着轴颈的旋转，油膜压力会发生周期性的变化，严重时将导致轴承座的轴向振动。

2. 球面轴承预紧力过大

如图 2-81 所示，球面轴承轴瓦外表面为凸形球面，轴承盖与轴承座的支承表面为凹形球面。这类轴承具有自位功能，当轴颈倾斜时，轴承能够自动调整轴瓦中心线角度，使轴瓦乌金面与轴颈之间始终保持轴向接触良好。但是，当球面瓦与瓦座之间的过盈量较大时，瓦枕将压住轴瓦，使其失去自位功能，从而有可能产生较大的轴向振动。某厂一台机组在运行中，#5 轴承轴向振动大，停机后检查#5 轴瓦球面与洼窝的配合，发现两者间的过盈量较大。调整后，#5 轴承轴向振动从 86μm 降到 44μm，减小了近一半。

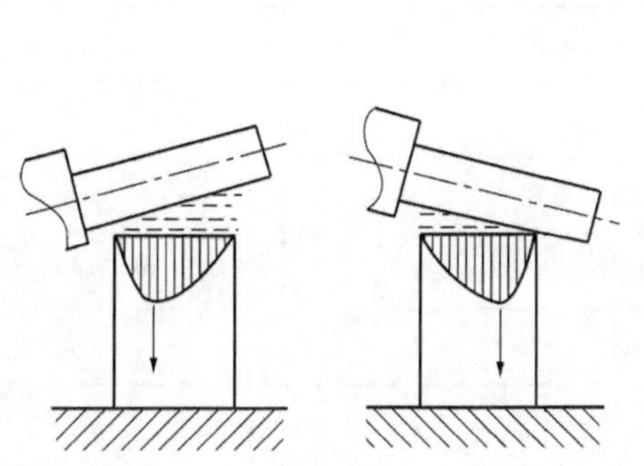

图 2-80　中心不正对油膜压力和轴向振动的影响

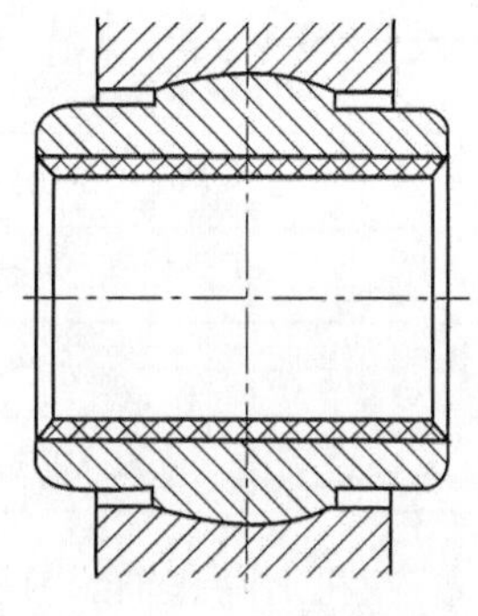

图 2-81　球面轴承结构

3. 轴向共振引起的轴向振动分析

有些发电机轴承上常会出现频率为二倍频的轴向振动。电磁激振力是诱发二倍频振动的主要因素。轴承座刚度正常时，轴承座的自振频率大多高于二倍工作转速频率，电磁激振力不会诱发大幅度的二倍频振动。但是，当轴承座与台板（图 2-82）或台板与基础之间的连接刚度较差时，轴承座的自振频率可能落入二倍转速频率附近。在发电机电磁激振力的作用下，导致轴承座出现较大幅度的二倍频轴向共振。出现这种情况后，需要检查轴承座连接刚

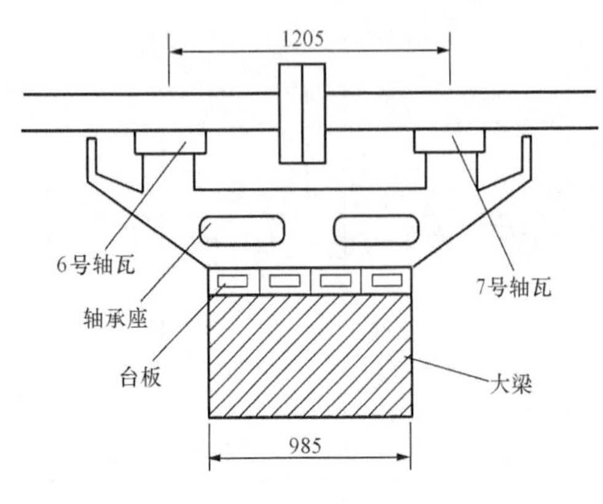

图 2-82　4 号轴承座结构

度，减小转子对中偏差，检查和调整发电机转子和定子之间空气间隙的均匀性等。

在实际工作中，笔者遇到了多个因不同原因引起的转动设备轴向振动的事例，有安装质量问题，有机加工质量问题，还有维护保养不到位问题等。

转动设备轴向振动一般并不作为设备状态检测的重要监视点，国家也没有统一的评价标准，许多电厂对轴向振动问题都不如对径向振动故障那么重视，认为不会产生大的后果。其实，设备的轴向振动同样反映出设备的运行状态，不但能及时发现设备缺陷，还能通过连续跟踪比较发现潜在的隐患。特别是对一个设备管理者来说，为全面了解设备状况，加强状态监测，提高设备可靠性和延长设备寿命，正确而科学地对待轴向振动问题是非常必要的。

转动设备轴向振动故障相对于径向振动故障而言是比较少的，且这方面的资料也比较少，分析诊断起来还是有一定的困难，所以加强这方面的经验总结也是非常必要的。

案例一：轴流式送风机电动机轴向振动

1. 性能特性

送风机：型号为 AN16ed（V19＋4），风压为 6.664kPa，流量为 401 100m^3/h，转速为 1480r/min，成都电力机械厂生产。电动机：型号为 YE500-2-4，功率为 1120kW，电压为 6kV，电流为 128.9A，转速为 1480r/min，东方电机厂生产。其间连接方式为弹性联轴器连接。送风机常见振动原因与处理见表 2-23。

表 2-23　送风机常见振动原因与处理

序号	振动异常（不平衡声音大）原因	处理
1	转子上沉积物引起不平衡	除去沉积物
2	由于叶片一侧磨损而造成不平衡	更换叶片
3	轴承磨损增加	更换轴承
4	基础变形或中心不正	重新找正

2. 故障现象及特点

在运行中甲送风机电动机非侧轴承端盖中心处，轴向振动逐渐增大，达 150μm。送风机的运行状况直接影响机组的安全稳定运行，为此立即进行了检查、测量和分析。发现存在以下特征：

（1）电动机联侧轴承座没有变化，联侧和非侧的径向振动都不大。

（2）送风机本体轴向振动从 15μm 增加到 20μm（在送风机外壳上测量），径向振动没有变化。

（3）对电动机非侧轴承端盖处轴向振动进行了频谱分析，主要成分有一倍频、二倍频分量，如图 2-83 和图 2-84 所示。

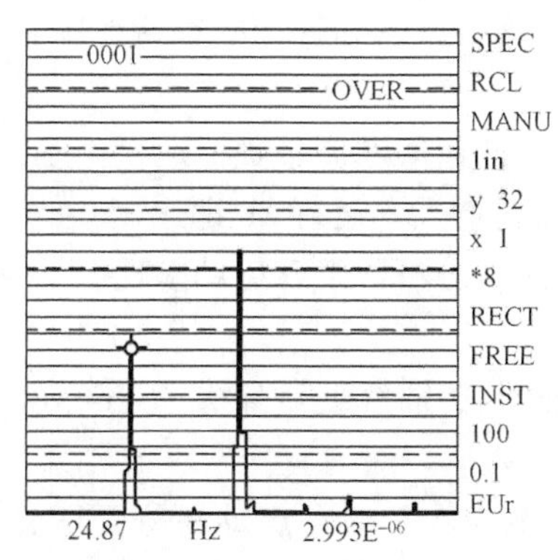

图 2-83　振动频谱图（一倍频）

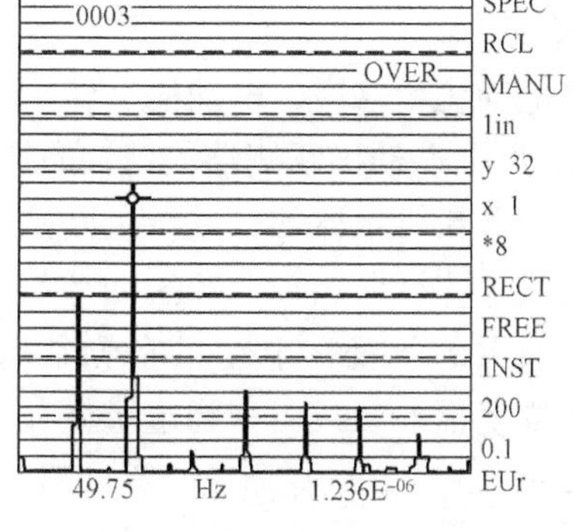

图 2-84　振动频谱图（二倍频）

3. 原因分析与查找

由特征（1）可以排除电动机转子故障的影响。

根据送风机本体径向振动没有变化，可以排除叶轮缺陷的可能性。而由特征（3）可以排除是轴承损坏造成的影响。

引起轴向振动的因素有两种可能：一种是来自轴承和轴承座；另一种是由于外界的传递。本台送风机已经连续运行了很长时间，不会存在轴承安装偏斜或膨胀不畅的问题。由此可以推断出最大的可能是送风机轴承组故障，通过轴及弹性联轴器传递给电动机非侧轴承端盖。而由特征（2）可以说明，风机本身出了问题，从而佐证了以上判断的准确性。

4. 处理方案与效果评价

利用机组的负荷低谷更换送风机的轴承组后，一切恢复正常。经过解体轴承组件检查，发现轴承组件内的三只轴承（两只是纯径向滚柱轴承，一只是推力角滚珠轴承）中，有一只推力角滚珠轴承在安装时装反了，在外圈上形成的滚道不是在推力角的中心线附近，而是在外圈较薄一侧的边缘上。

可以看出，在设备投入运行初期，推力轴承还能承受一定的推力，但随着运行时间的增长，滚道出现磨损，又由于非工作面太薄，磨出的滚道很不均匀，这样会形成相当于轴断面的弧偏，且轴线不重合，旋转中即会产生一倍频、二倍频等振动分量[2]。同时，由于滚道向电动机方向移动，使电动机的轴承承受了本不该承受的轴向力。在这样大的轴向力（一倍频、二倍频等振动分量）作用下，自然会在电动机的轴向上表现出来。电动机两侧轴承装配中，间隙小、预紧力大，一侧振动会表现得更加明显。

按理说，在送风机本体上轴向振动表现得应该更加突出。而实际上，由于测量位置在送风机的外壳上，虽然有了 5μm 的变化，但并未真实反映出内部的实际情况。振动探头最好安装在内部轴承组件上。

在轴承组件安装中出现推力轴承装反的情况是不应该的，也是非常危险的。

案例二：排粉机电动机轴向振动

1. 性能特性

排粉机：型号为 M5-36-11，流量为 11.43～17.4×10^4 m^3/h，风压为 11.9kPa，转速为

1480r/min，成都电力机械厂生产。电动机：型号为 Yf500-2，功率为 800kW，转速为 1480r/min，电压为 6kV，东方电机厂生产。其间连接方式为柱销联轴器连接。

2. 故障现象及特点

乙排粉机电动机大修后，电动机空转，未发生任何问题。带负荷运行，刚开始时一切正常，但运行 1h 后，电动机联侧端盖处轴向振动逐渐增大，运行 2h 即达 150μm。

对电动机及排粉机本体部分进行全面检查和测量分析，发现振动呈现以下特征：

(1) 排粉机本体径向和轴向的振动都不大。

(2) 振动最大的位置在电动机联侧紧靠轴的水平轴线处，最大达 160μm，振动稳定，并沿端盖向四周呈辐射状减弱，到边缘只有 10μm 左右。

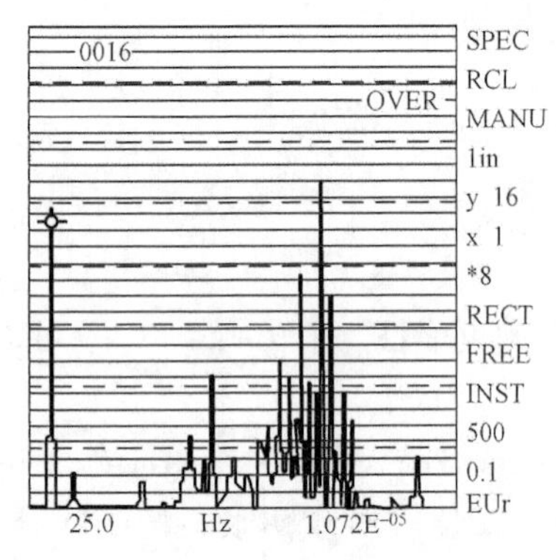

图 2-85　振动频谱图

(3) 振动并不是发生在启动时刻，而是在运行一段时间，约 1h 以后才逐渐增大，最终达 160μm 左右。

(4) 对电动机联侧端盖处轴向振动进行频谱分析，主要成分为一倍频分量，同时伴有小部分高频分量，且温度较高，如图 2-85 所示。

3. 原因分析与查找

由特征 (1) 可以排除是由于排粉机本体部分出现问题造成了对电动机的影响。为明确起见，打开了本体轴承进行检查，同时对联轴器进行了检查，未发现异常情况，完全可以排除是本体部分和联轴器的影响。由此可见，问题仍然在于电动机本身。

由特征 (2) 可以判断出，振源是从轴中心向外传递的，也就是说，振动是从轴上传递出来的。结合特征 (3)，说明振动又与时间有关。那么既与轴有关又与时间有关，说明轴与时间有关。

电动机转子在运行中要发热，转子会发热膨胀。所有电动机转子运行中都会发热膨胀，但不都引起振动，因为膨胀没有受阻，支承轴的轴承外圈可以在支承轴的端盖内，沿轴向自由膨胀。而一旦膨胀受阻，则转子通过轴承内圈把轴向力传递给轴承内的滚珠，进而传给外圈，再作用到支承端盖上。在这种状态下，如果轴承内圈、外圈及支承端盖安装时与轴绝对垂直，即轴向力均匀地作用在每一个滚动体上，则不会引起振动，而会导致端盖的变形。而实际上，不能保证轴承内圈、外圈及支承端盖安装时与轴绝对垂直，也就是说轴向力不可能均匀地作用在每一个滚动珠上，这就相当于轴承内圈发生了瓢偏，转子每转一圈，即形成一次轴向力，传递到端盖上，表现为端盖的轴向振动，振动信号的频率表现为一倍频，同时由于轴承内滚动体在高阻力下运行，而产生高频分量和温度升高，这与特征 (4) 是吻合的。

4. 处理方案与效果评价

由以上分析可以知道，引起振动的关键是轴承外圈在支承端盖内卡涩、不能自由地轴向移动。所以处理的最好方法是重新调整轴承外圈与支承端盖的公差配合，确保轴承在轴向上自由膨胀。而实际上，这样处理既费时又费力。有一个比较巧妙的方法，既不用重新吊下电动机，重新拆装，重新找中心，又缩短了检修时间，即松开大端盖与电动机外壳的螺栓，在间隙处均匀地加入 150μm 厚的铜皮。这相当于在轴的膨胀方向上预先加入了富裕量。用这样的方法在这台电动机上实施后，振动现象立即消除。实践证明这种方法是可行的，并起到了明显效果，同时也证明了对故障分析和判断的正确性。

电动机的轴向振动问题，在许多电厂时有发生，尤其在大型电动机并且是轴承支承的电机上，所以搞清楚引起电动机轴向振动的原理就显得非常重要。在电动机检修安装过程中，注意轴承外圈与支承端盖的公差配合是非常必要的。

许多电厂对电动机发生轴向振动问题并不如发生径向振动故障那么重视，认为不会产生重大的后果，并且在振动标准上也没有特殊说明。而对一个设备管理者来说，这种情况会导致轴承的过早损坏，应该引起注意。

案例三：给水泵前置泵轴向振动

1. 性能特性

YNKN400/300 前置泵：流量为 931.84m³/h,，泵入口压力为 0.96MPa，泵出口压力为 1.08MPa，转速为 1492r/min，沈阳水泵厂生产。电动机：型号为 Y900-Z-4，功率为 5500kW，额定电压为 6kV，额定电流为 596A，额定频率为 50Hz，额定转速为 1492r/min，沈阳电机厂生产。其间连接方式为齿型联轴器连接。

2. 故障现象及特点

水泵常见振动故障与处理方法见表 2-24。

表 2-24　　水泵常见振动故障与处理方法

序号	振动原因	消除方法	序号	振动原因	消除方法
1	中心偏差大	重找中心	4	联轴器装配不好	调整
2	轴弯曲，轴颈偏摆	调整校轴	5	基础不稳固，振动	重做基础
3	轴与瓦间隙大	调整	6	基础和电动机发生共振	避开共振区

给水泵大修后，试转时前置泵轴向推力瓦处轴向振动大，达 200μm，有明显的轴向窜动。经检查分析发现以下特征：

(1) 振动的主要分量为 1X，并伴有明显的低频波动，如图 2-86 所示。

(2) 电动机轴与前置泵轴，在轴向有明显的不稳定窜动。

(3) 电动机轴瓦座及前置泵轴瓦座径向振动不大。

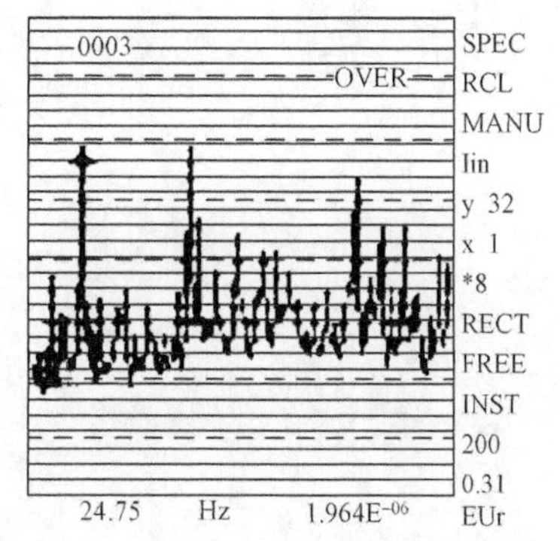

图 2-86　振动频谱图

3. 原因分析及查找

由振动特征及径向振动不大，可以排除前置泵及电动机的转子不平衡及相关因素；由振动主要为轴向振动且为一倍频分量，不能排除以下几种情况：①电动机轴向定位不好，磁场不对称；②电动机与前置泵之间齿形联轴器咬死；③前置泵推力盘瓢偏；④电动机轴与前置泵轴之间顶死。

重新打开电动机轴端盖和上瓦盖，检查电动机轴向定位情况，以及测量电动机轴和前置泵的距离，发现电动机轴与前置泵轴之间距离太小，当齿形联轴器联上后，电动机的轴与前置泵的轴，在轴向上已经靠在一起了，仍不能满足电动机的轴向磁场定位。

4. 处理及效果评价

经重新调整电动机静子轴向位置，移动电动机磁场轴向中心，拉开运转中电动机轴与前置泵轴的距离，避开两根轴的轴向碰撞，使振动得到消除。

这是一次典型的因检修方案和设备管理划分考虑不到位引起的缺陷，应引起足够的重视。

对同类型的电动机轴瓦座与电动机静子分离的情况，都应注意轴向定位。而在实际运行时，做好轴与轴瓦座之间相对位置的标记，可以作为以后检修时的定位标记，从而彻底避免此类故障的发生。

案例四：轴流式送风机电动机轴向振动

1. 性能特性

性能特性同案例一。

2. 故障现象及特点

乙送风机电动机更换后，启动试转过程中，发现电动机非侧轴承小端盖处轴向振动在设备运行一段时间后突然开始增大并持续上升，最大达到 210μm，且还有上涨的趋势，停机后再开仍然如此，如图 2-87 所示。

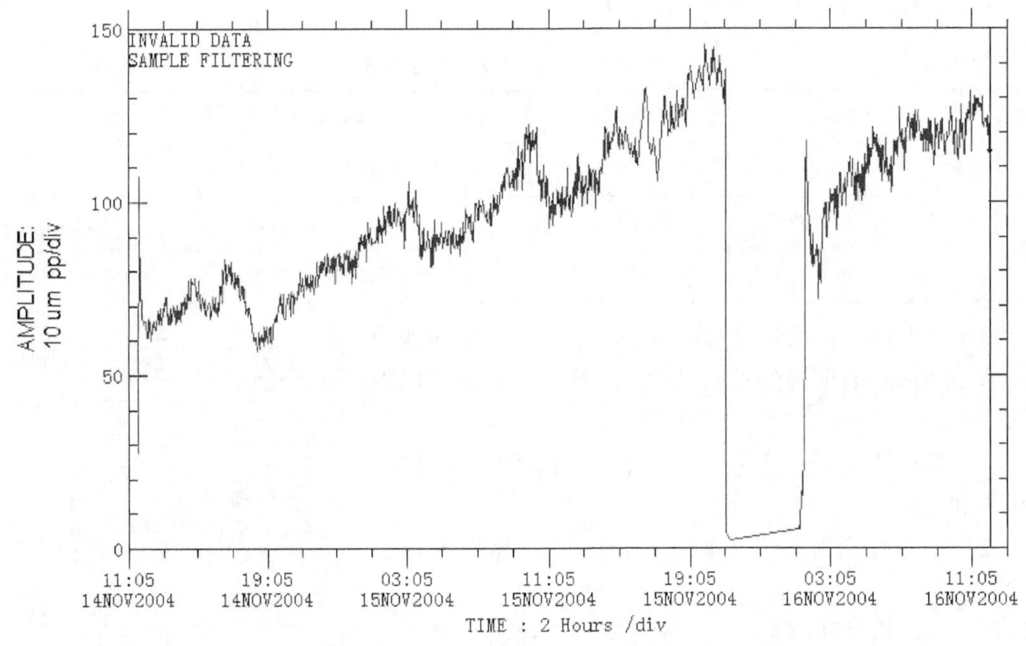

图 2-87　振动趋势图

经现场检查、测量和分析，发现振动存在以下特征：

（1）振动最大在电动机非侧轴承小端盖的中心处，并沿圆周方向向周围呈辐射状衰减。电动机的径向振动几乎没有变化，振动值小于 20μm。

（2）振动与时间有明显的相关性，开始运行时，振动很小，过一段时间后，突然增大，然后按照一定的速度逐渐升高。

（3）在送风机内部轴承组件上安装的径向和轴向振动探头所传递出来的信号，表明振动也没有变化，振动值小于 25μm。

（4）频谱分析的结果是，主要成分为一倍频，如图 2-88 所示。

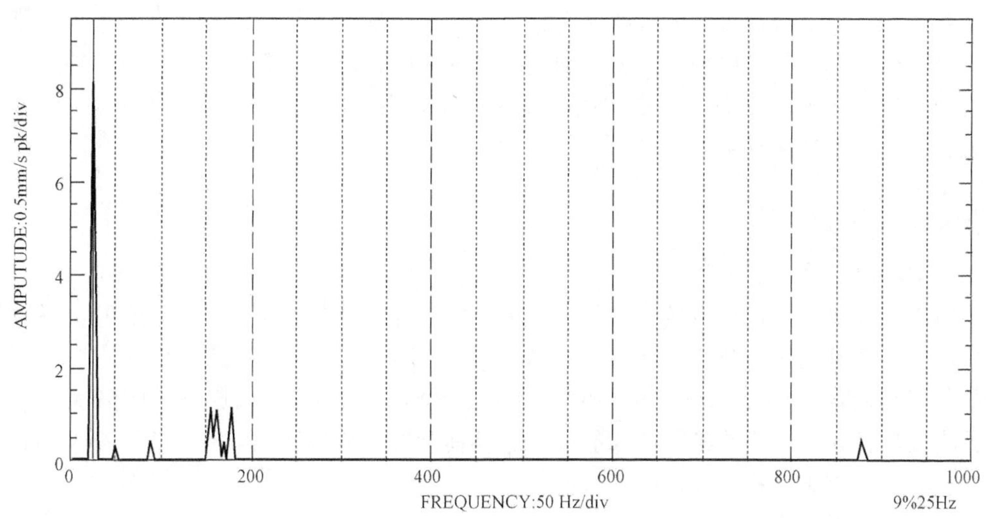

图 2-88　振动频谱图

（5）电动机非侧轴承的温度与振动值有明显的相关性，振动变大，温度升高，如图2-89所示。

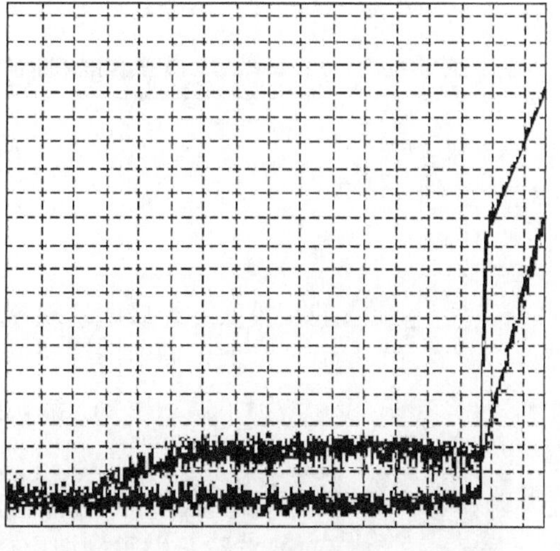

图 2-89　振动与温度相关分析

3. 原因分析与查找

根据特征（3）可以排除振动是由送风机部分引起的。

根据特征（1）可以认为，并非简单的是电动机转子问题。

结合特征（2）特征（4）、特征（5），可以推断出，振动与时间直接关联，应该与电动机转子的膨胀有关系。最大的可能仍然是膨胀受阻，产生一倍频分量振动，并使轴承温度升高。

4. 处理方案与效果评价

经过分析可知，引起振动的原因是电动机转子受热膨胀，且轴承外圈在支承端盖内卡涩，轴承内应该存在的间隙被挤死，再加上轴承内圈或外圈不可能与轴绝对垂直，使电动机出现轴向振动。

经过现场了解，发现了一个从未有过的问题。原来，此次更换上的电动机在上次检修时，除了更换轴承，同时还更换了支承轴承外圈的小端盖。小端盖是由修配加工而成的，用内外千分尺测量符合图样要求，但在装配时发现，小端盖装到轴承外圈上时非常困难，同时几个人用大锤敲，才把端盖装上。可见小端盖与轴承外圈的预紧力很大。这种装配方法，不能保证受力均匀，也就是说，端盖发生变形的可能性非常大，需要检查端盖的变形情况。经过艰难的努力，才把小端盖从轴承外圈上拔下来。通过测量，发现小端盖轴向瓢偏 450μm，大端盖不平面度达 2mm，都严重超标。

重新更换大、小端盖后，运行恢复正常。从分析、处理的过程来看，方向和思路都是正确的，但没有考虑到会出现装配工艺问题，应该吸取教训。对于修配加工的零部件，使用检测工具和检测方法时，应该注意确保测量正确、准确和全面。

案例五：给水泵前置泵轴向振动

1. 性能特性

性能特性同案例三。

2. 故障现象及特点

乙给水泵经过长期运行（约 3 年），各方面状况都比较好，但从 2003 年 12 月份以后，前置泵推力瓦侧轴向振动开始缓慢上升，从 50μm、100μm，一直升到 150μm。对于用推力瓦块的前置泵而言，有 150μm 的振动值是会造成影响或破坏的。引起振动的激振源肯定存在且具有破坏性，或者说是某种损坏造成了振动而激发出来的征兆，有必要进行全面检查分析和处理。经检查和分析，发现以下特征：

（1）振动缓慢上升，持续时间可长达 5 个月。

（2）振动主要表现为轴向振动，径向垂直和水平以及联侧和电动机轴瓦处的振动都变化不大，不超过 30μm。

（3）振动主要频率为一倍频，详见图 2-90 和图 2-91。

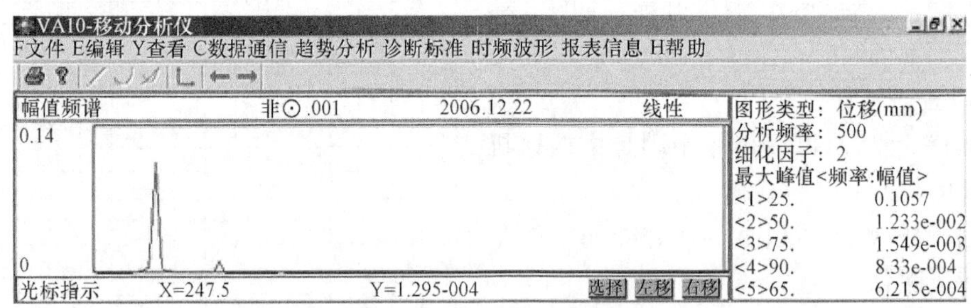

图 2-90　振动达 100μm 时的频谱图

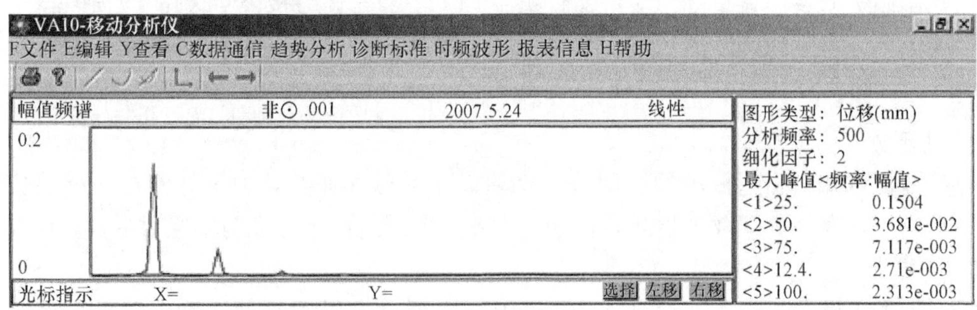

图 2-91　振动达 150μm 时的频谱图

（4）振动不随负荷的变化而变化。

3. 原因分析和查找

以上现象和特征可以反映出引起振动的因素是缓慢产生而不是突发性故障，与运行时间有一定关系，也就是说是某种易磨或易耗损因素引起的。

从耦合器到电动机再到前置泵的支承结构，都是轴瓦和推力瓦结构，径向和轴向都有较大的自由空间，径向和轴向的振动相互影响较小。结合特征可以说明，引起径向振动的因素不多也不大，可以排除转子不平衡、不对中等强迫振动，也可以说明轴向振动未对径向振动产生影响，而仅在轴向产生的响应可以说明，引起轴向振动的关键因素，应与轴向有直接的关系。

从振动位置及主要频率分量来看，不能排除如下因素：①推力盘飘偏或推力瓦松动卡歪；②电动机轴与前置泵轴的齿形联轴器卡死[2]；③电动机轴与前置泵轴之间无间隙，始终碰在一起或距离太大，轴向挡圈已与轴齿连在一起，造成电动机对泵轴连续的推力拉动，但这种情况如果表现在刚检修后，有可能是安装时轴向定位不好所引起，而不会已运行3年后才发生，所以可以排除此因素。

对于不能排除的因素①和因素②，决定同时停泵检查，打开前置泵推力瓦，瓦块无卡涩，推力盘磨痕均匀、清晰，不存在问题。又对齿形联轴器进行检查，发现轴齿已大部分磨损，齿面不平，已不能起到轴向移动补偿作用。

至此，引起前置泵轴向振动的原因已经查明，为电动机与前置泵的齿型联轴器的齿长期磨损所至。

4. 处理及效果评价

经重新更换联轴器，并注意调整轴向间隙和在齿上涂抹润滑油脂后，试运转运行正常。

从处理的思路和过程来看，分析判断和处理准确及时。可以说这是一起典型的，由于对齿形联轴器缺乏足够的认识，未采取及时维护、保养措施而造成的故障。在实际工作中只需在该泵切换运行时，利用停运机会，对齿形部分加入润滑脂，就可以大大延长联轴器齿的寿命。让设备安全、稳定运行，并延长寿命，才是设备管理者追求的目标。

案例六：汽轮机轴瓦座轴向振动

1. 性能特性

4号抽汽凝汽式汽轮发电机组（见图2-92）型号为C15-3.43/0.981，额定功率为15 000kW，额定转速为3000r/min，额定进汽流量为95.7t/h，额定进汽压力为3.43MPa，额定进汽温度为435℃，额定抽汽流量为50t/h，最大抽汽流量为80t/h，额定抽汽压力为0.981Mpa，额定抽汽温度为302℃，排气压力为0.005 5MPa。

以往发生的故障及处理情况：4号机组目前由于2号瓦振动偏大，当其在额定负荷下连续运行时，振动最大达0.08mm。去年11月份大修后，带15MW负荷，2号瓦振动在0.036～0.044mm，近期一周内，振动突然变大。

图2-92 汽轮发电机组

2. 振动现象及特征

(1) 振动最大在轴承箱顶部，轴向达 100μm，中分面轴向 80μm。负荷降到 50%，振动值下降 20μm。

(2) 振动的频谱特征为一倍频，50Hz。

(3) 2 号瓦垂直振动 25μm，3 号瓦垂直振动 15μm。

(4) 四个地脚垂直差别振动值见表 2-25。

表 2-25　　振动值

位置	2A 号	2B 号	3A 号	3B 号
数值（μm）	9	3	2	2

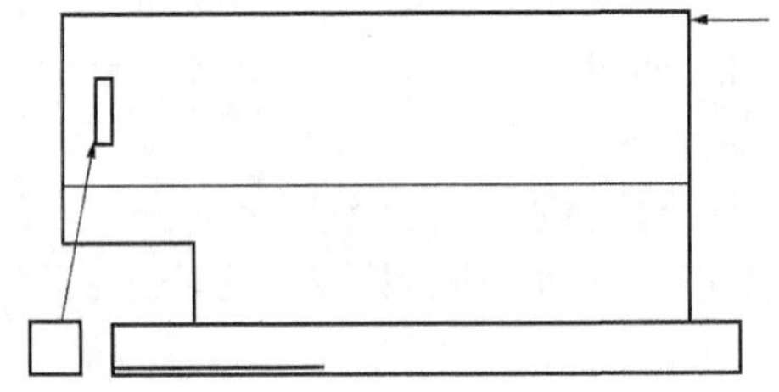

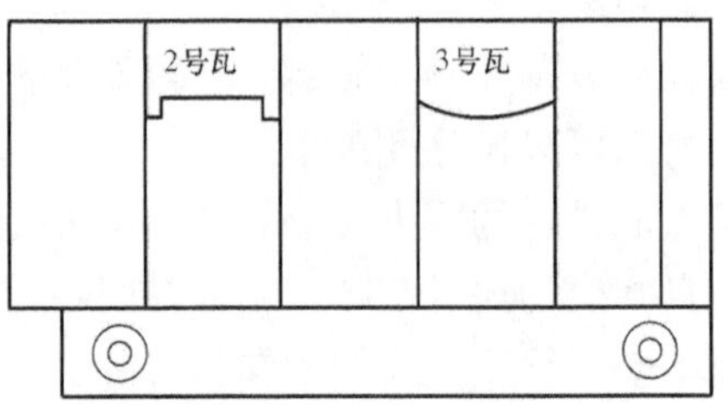

图 2-93

3. 数据分析及处理方案

振动与负荷有一定关系，负荷小，振动减小。振动的频谱为一倍频，初步分析判断：轴向振动是由于径向振动引起的，2 号轴承座与基础台板的差别振动应该是引起振动发展的主要原因。后来机组在带 50%负荷情况下维持运行一周，调停解体检查。现场处理过程如下：

分别解体检查 2、3、4 号瓦，对各瓦的预紧力和顶隙、轴系的扬度和中心进行了仔细测量，发现部分数值已经超出原本设计值，需要调整，主要内容：调整 2 号瓦瓦枕与轴承箱盖预紧力、调整 3 号瓦瓦枕与轴承箱盖预紧力、调整 3 号瓦与瓦枕预紧力、调整 2～4 号瓦刮瓦、调整 2 号瓦后部载荷和扬度矛盾、调整 4 号瓦瓦枕与轴承箱盖预紧力、调整 4 号瓦轴颈与瓦顶隙、汽轮机与发动机对轮中心。

(1) 解体后检查情况。

1) 发电机部分。

① 发电机外端盖间隙测量见表 2-26。

表 2-26　　发电机外端盖间隙　　mm

项目	上	下	左	右
汽端	>0.5	0.4	>0.5	>0.5
励端	>0.5	0.08	>0.5	0.5

② 电动机定转子间隙测量见表 2-27。

表 2-27　　电动机定转子间隙

项目	上（mm）	下（mm）	左（mm）	右（mm）	相互差值
汽端	11.5	11.08	11.85	11.68	3.7%
励端	12.48	12.54	12.55	11.43	9.3%

2）汽轮机部分。

对汽轮机 2～4 号轴瓦、2～4 号瓦扬度、汽轮机与发电机对轮中心（见图 2-94）进行检查。

① 2 号瓦：2 号瓦瓦枕与轴承箱盖预紧力是−0.07mm；2 号瓦轴颈与瓦顶隙为 0.355mm 间隙。2 号瓦侧隙 A 前 0.40mm，A 后 0.32mm；B 前 0.40mm，B 后 0.32mm。

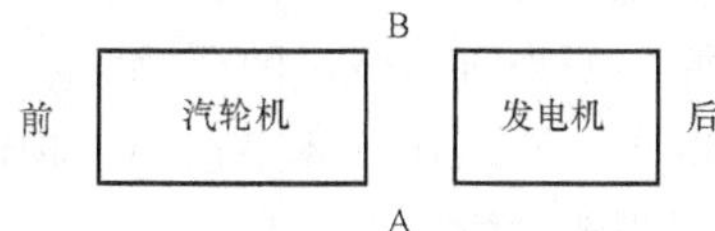

图 2-94　汽轮机与发电机相对位置

② 3 号瓦：3 号瓦瓦枕与轴承箱盖预紧力是−0.015mm；瓦与瓦枕预紧力是−0.02mm；轴颈与瓦顶隙是 0.355mm 间隙。3 号瓦侧隙 A 前 0.25mm，A 后 0.25mm；B 前 0.20mm，B 后 0.20mm。

③ 4 号瓦：4 号瓦瓦枕与轴承箱盖预紧力是−0.165mm；轴颈与瓦顶隙是 0.53mm 间隙。4 号瓦侧隙 A 前 0.20mm，A 后 0.20mm；B 前 0.45mm，B 后 0.45mm。

④ 汽轮机与发电机靠背轮中心及开口。

中心：发电机偏 A0.03mm；发电机比汽轮机低 0.055mm。

开口：下开口 0.006 25mm；B 侧开口 0.011 25mm。

⑤ 扬度测量：对轮解体前，2 号瓦前扬 0.27mm，4 号瓦后扬 0.57mm；对轮解体后，2 号瓦前扬 0.32mm，3 号瓦前扬 0.155mm，4 号瓦后扬 0.82mm。中箱中分面扬度后扬 0.20～0.25mm。

⑥ 其他：2 号瓦瓦枕无球面，不能自位调心，瓦面吃力不均，后部 2/3 吃力比较重。

（2）根据测量数据发现的问题，做如下调整。

1）发电机励端外端盖下部间隙由 0.08mm 调整为>0.5mm；2 号瓦瓦枕与轴承箱盖预紧力是 0.11mm；2 号瓦轴颈与瓦顶隙是 0.36mm 间隙；2 号瓦侧隙 A 前 0.36mm，A 后 0.36mm；B 前 0.40mm，B 后 0.40mm；3 号瓦瓦枕与轴承箱盖预紧力是 0.075mm，瓦与瓦枕预紧力是 0.04mm，轴颈与瓦顶隙是 0.37mm 间隙；3 号瓦侧隙 A 前 0.30mm，A 后 0.39mm，B 前 0.38mm，B 后 0.45mm；4 号瓦瓦枕与轴承箱盖预紧力 0. 067 5mm，轴颈与瓦顶隙是 0.362 5mm间隙；4 号瓦侧隙 A 前 0.32mm，A 后 0.32mm，B 前 0.45mm，B 后 0.45mm。

2）汽轮机与发电机靠背轮中心及开口。中心：发电机偏 A0.02mm；发电机比汽轮机高 0.005mm。开口：上开口 0.006 25mm；B 侧开口 0.008 75mm。扬度测量：对轮连接前，2 号瓦前扬 23.5 格，3 号瓦前扬 14.5 格，4 号瓦后扬 71 格。

4. 经验教训（改进点）

检修后，开机带负荷顺利。带满负荷，轴承座顶部轴向振动为 60μm，比未修前下降 40μm，基本满足了正常运行要求，但振动绝对值仍然偏大，能再降一点最好。经过现场察看，发现轴承箱 2 号瓦处的箱盖吊耳非常结实，于是决定用支承的方式，把低压缸的台板与轴承箱 2 号瓦处的箱盖吊耳联接起来，提高 2 号瓦处的支承刚度，结果非常明显，振动值又下降 20μm。这样，振动维持在 40μm 以下，振动下降到能够接受的范围。轴承座在 2 号瓦处与下台板联接松动，是导致轴向振动的关键原因。2 号瓦为非调偏球面轴瓦，对振动吸收转换能力差。

注：机组稳定运行一年后，大修检查发现基础台板空隙，重新浇注后，振动值在 20μm 以下，达优良水平。

第八节 流体诱导引起的振动及案例

流体诱导的振动同样存在激振力和共振的问题。流体最常见的激振力是所谓的"卡门"涡流，即当流体流过障碍物时，会产生一个稳定脱落频率的尾流。为了减少尾流或消除尾流的影响，许多在流体中运动的物体的尾部都设计成机翼结构。飞机、潜艇等空中、水里的飞行器或流动物都是这种样式。如果在流体中移动的物体本身是弹性体，具有固有的共振频率，一旦出现"卡门"涡流脱落的频率与弹性体的固有频率一致，即会发生共振。对于流体流过或充满的腔室，存在腔室共振效应，如房间里的回声等。

自古以来，人们就知道风能够使风鸣琴上绷紧的琴弦产生旋涡，诱发运动。根据犹太教文献的记载，大卫王夜间把他的多弦琴挂在床头，在午夜的微风中，它就嘤嘤鸣响。15 世纪的时候，莱伦纳德·达·芬奇（Lconardo da Vinci）在一个不良绕流体的尾流里画了一连串的漩涡。1878 年，斯特罗哈发现由一根弦线发生的风鸣音调和风速与弦线粗细之比成正比。1879 年，瑞利勋爵（Lord Rayleigh）发现当风正交于弦线时，小提琴弦就振动而发出乐音。他还观察到当弦线的固有音调和风鸣调相一致时，声音就显著地增强。1908 年，伯纳德（Benard）把圆柱体后面尾流的周期性和漩涡的形成联系起来考查，而在 1912 年冯·卡门（von Karman）把它和一条稳定的错开排列的旋涡道的形成相联系起来。

当一个流体质点流近一个流线型圆柱体的前缘时，流体质点的压力就从自由流动压力升高到停滞压力。靠近前缘的流体的高压促使正在形成的附面层在圆柱体的两侧逐渐发展。不过，在高雷诺数的情况下，由压力产生的力是不足以把附面层推到包围住非流线形圆柱体的背面的。在圆柱体最宽截面的附近，附面层从圆柱体表面的两侧脱开，并形成两个在流动中向尾部拖曳的剪切层。这两个自由的剪切层形成了尾流的边界。因为自由剪切层的最内层比和自由流相接触的最外层移动得慢得多，于是这些自由剪切层就倾向于卷成不连续的打旋的旋涡。在尾流中就形成一个规则的旋涡流型，这种旋涡流动和圆柱体的运动相互作用，成为旋涡诱发振动效应的根源。

具有足够陡峭后缘的工程结构，在亚声速流中都泻脱旋涡。无论起激发作用的工程结构类型如何，涡道总是十分相似的。当旋涡交替地从工程结构的每一侧脱落时，在工程结构上面就激发起周期性的力。图 2-95 表示在旋涡脱落的循环的某一区间的脉动压力场和作用在结构上的力的净值。脉动的力就能够使弹性连接的圆柱体产生振动并发出风鸣音调。旋涡脱落现象在弹性工程结构中会诱发大振幅振动，它们对桥梁、天线、缆绳和热交换器有摧毁性作用，在工程实践中有着很重要的意义。

综合旋涡诱发振动的实验数据，提出了预测这种振动突然发作的条件及其振幅的近似方法。对在静止不良绕流体背后的周期性尾流的性质以及雷诺数的影响做了探索。然后，再结合结构运动的影响来讨论。对估计圆柱体共鸣旋涡诱发振动的振幅的模型，以及防止振动的

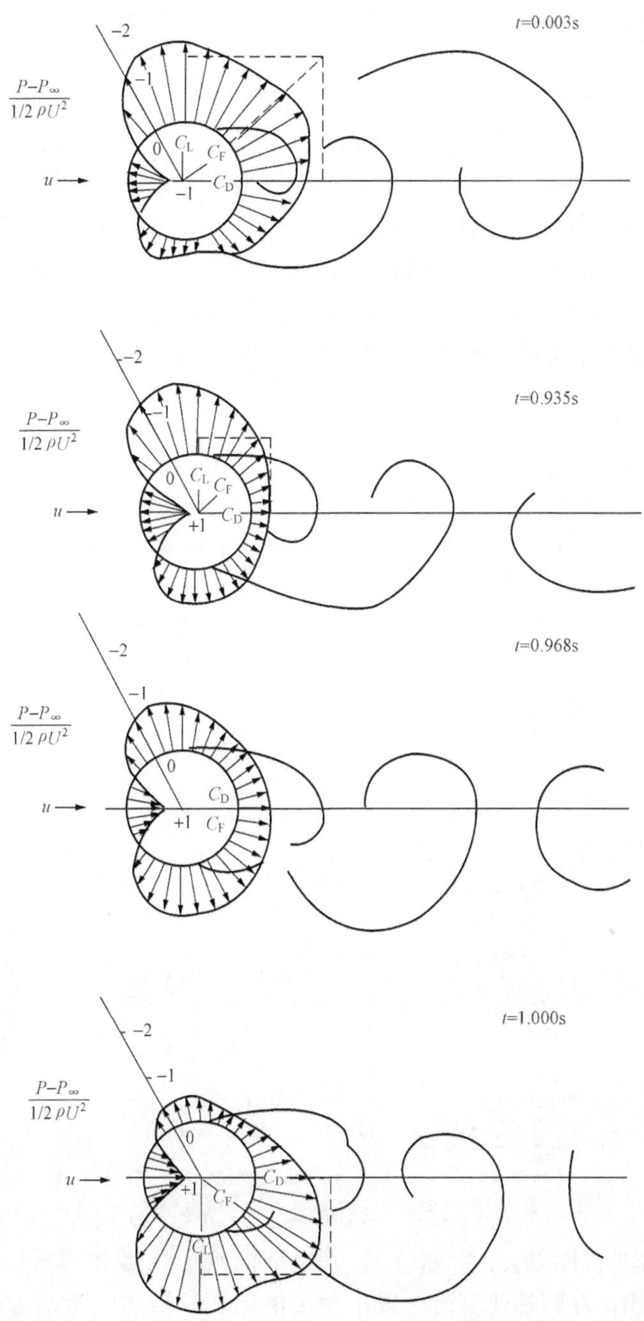

图 2-95　R_c＝112 000 时，大约 1/3 个旋涡脱落循环中同时发生的表面压力场和尾流形状的序列[3~7]

各种方法也做了考查。虽然大部分是讨论圆柱截面的，但如果能获得更多的实验数据，那么这里讨论的各种概念将能适用于其他形状的截面。

一、静止圆柱体的旋涡尾流

在低马赫数时，光滑圆柱体的周期性尾流只是雷诺数（Re）的函数。把林哈德（Lienhard）的资料稍加改动，就可以用来表示一个圆柱体上旋涡脱落现象的重要发展阶段。按圆柱体直径计算的雷诺数很低时，流体并不脱离圆柱体。当 Re 提高时，紧贴圆柱体背后就形成一对稳定的旋涡。当 Re 继续提高时，旋涡就拉长，一直到涡旋之一脱离圆柱体。于是一个周期性的尾流和交替错开排列的涡道就形成了。在 Re 提高到大约 150 以前，涡道一直是层状的。到 Re 等于 300 时，涡道就出现湍流状态，而在下游 50 个直径的距离以外，它退化成为完全的湍流。Re 在 $300\sim3\times10^5$ 的范围，称为亚临界范围，因为它出现在当 Re 大致为 3×10^5 时突然出现湍流附面层之前。在亚临界 Re 范围里，旋涡以一个相当明确的频率周期性地脱落。在过渡 Re 范围内，流动开始脱离圆柱表面的点，向后移动，旋涡脱落就凌乱了(脱落频率形成一个很宽的频带)，在圆柱体曳力急剧下降。Re 更高，即在超临界 Re。范围里，罗希可发现涡道又重新建立起来了，如图 2-96 所示。

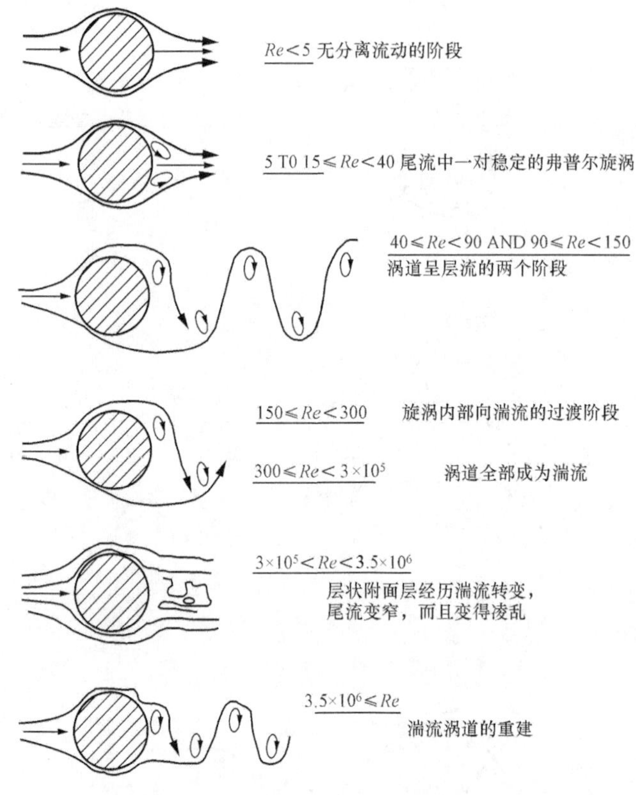

图 2-96 跨越圆柱体的流体的发展阶段[3~6]

当涡道向圆柱体下游流去时，它发生恒定的演变。谢菲尔（Schaefer）和爱西纳兹（Eshinazi）曾经证明，在圆柱体下游一段小距离的地方，横向于流动方向的间隔缩小到一个最小值，然后再增大。

二、旋转失速

旋转失速是压缩机中最常见的一种不稳定现象。当压缩机流量减少时，由于冲角增大，叶栅背面将发生边界层分离，流道将部分或全部被堵塞。这样失速区会以某速度向叶栅运动的反方向传播。实验表明，失速区的相对速度低于叶栅转动的绝对速度。因此，我们可以观察到失速区沿转子的转动方向以低于工频的速度移动，故分离区这种相对叶栅的旋转运动称为旋转失速。

旋转失速使压缩机中的流动情况恶化，压比下降，流量及压力随时间波动。在一定转速下，当入口流量减少到某一值时，机组会产生强烈的旋转失速。强烈的旋转失速会进一步引起整个压缩机组系统出现一种危险性更大的不稳定的气动现象，即喘振。此外，旋转失速时压缩机叶片受到一种周期性的激振力，如旋转失速的频率与叶片的固有频率相吻合，则将引起强烈振动，使叶片疲劳损坏造成事故。

旋转失速故障的识别特征如下：

（1）振动发生在流量减小时，且随着流量的减小而增大；

（2）振动频率与工频之比为小于 1 的常值；

（3）转子的轴向振动对转速和流量十分敏感；

（4）排气压力有波动现象；

（5）流量指示有波动现象；

（6）机组的压比有所下降，严重时压比可能会突降；

（7）气体相对分子质量较大或压缩比较高的机组比较容易发生。

旋转失速严重时可以导致喘振，但二者并不是一回事。喘振除了与压缩机内部的气体流动情况有关之外，还同与之相连的管道网络系统的工作特性有密切的联系。压缩机总是和管网联合工作的，为了保证一定的流量通过管网，必须维持一定的压力，用来克服管网的阻力。机组正常工作时的出口压力是与管网阻力相平衡的。但当压缩机的流量减少到某一值时，出口压力会很快下降，然而由于管网的容量较大，管网中的压力并不马上降低。于是，管网中的气体压力反而大于压缩机的出口压力，因此，管网中的气体就倒流回压缩机，一直到管网中的压力下降到低于压缩机出口压力为止。这时，压缩机又开始向管网供气，压缩机的流量增大，恢复到正常的工作状态。但当管网中的压力又恢复到原来的压力时，压缩机的流量又减少，系统中的流体又倒流。如此周而复始产生了气体强烈的低频脉动现象——喘振。喘振故障的识别特征如下：

1）产生喘振故障的对象为气体压缩机组或其他带长管道、容器的气体动力机械；

2）喘振发生时，机组的入口流量小于相应转速下的最小流量；

3）喘振时，振动的幅值会大幅度波动；

4）喘振时，振动的特征频率一般在 1～15Hz，与压缩机后面相联的管网及容器的容积成反比；

5）机组和与之相连的管道等附着物及地面都发生强烈振动；

6）出口压力呈大幅度的波动；

7）压缩机的流量呈大幅度的波动；

8）电动机驱动的压缩机组的电动机电流呈周期性的变化；

9）喘振时伴有周期性的吼叫声，吼叫声的大小与所压缩气体的相对分子质量和压缩比成正比。

×××CO_2 压缩机存在旋转失速时波形频谱图和轴心轨迹图如图 2-97 和图 2-98 所示。

案例一：磨煤机出口管道振动原因分析及处理

1. 故障现象

我厂两台炉共四套中间储式制粉系统，系统主要有一台 DTM380/720 低速钢球磨煤机、

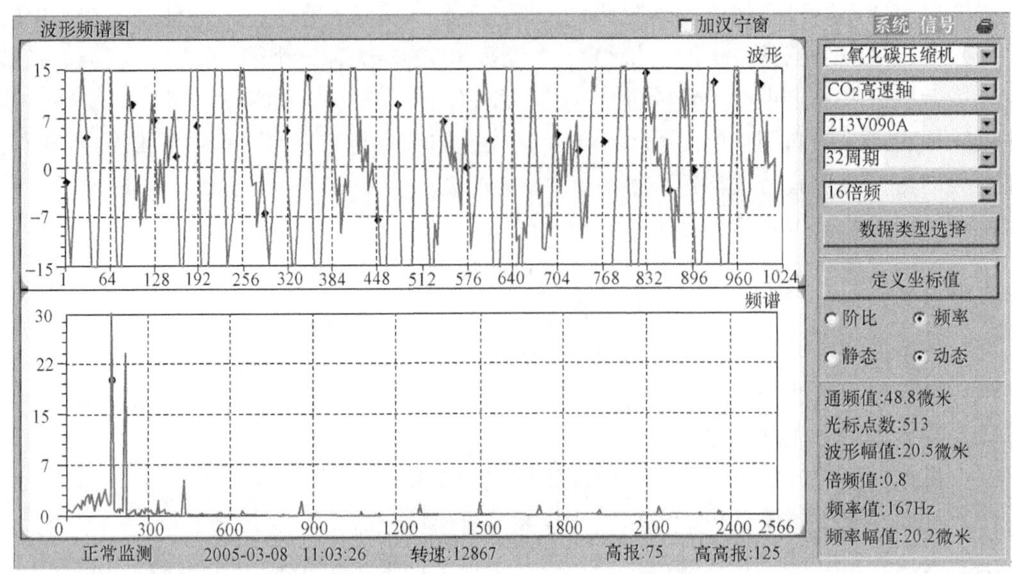

图 2-97　×××CO_2 压缩机存在旋转失速时的波形频谱图

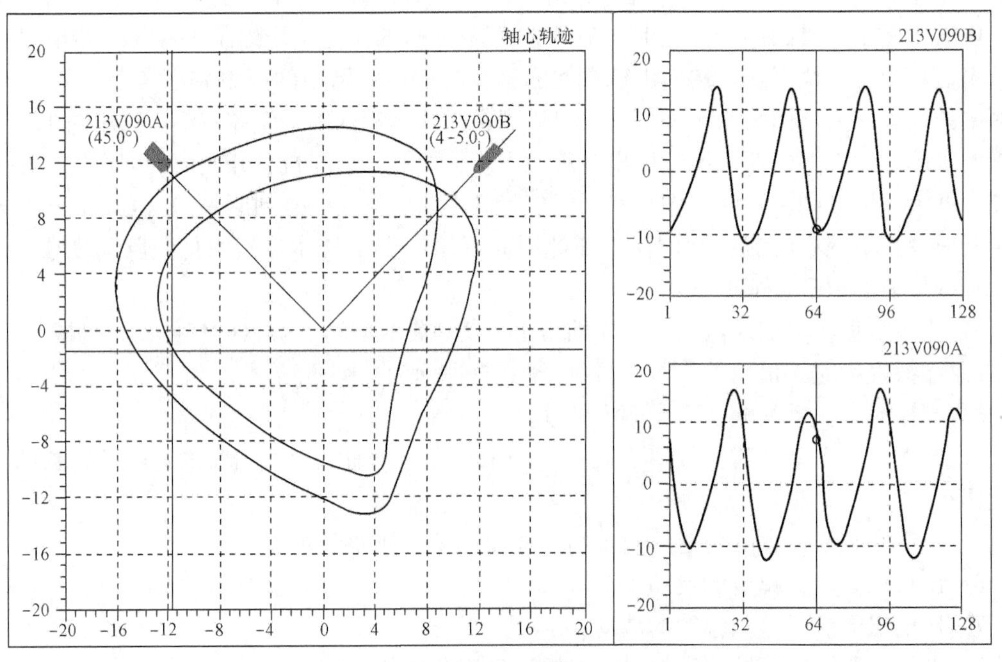

图 2-98　×××CO_2 压缩机存在旋转失速时的轴心轨迹图

一台排粉机、一台皮带给煤机、轴流式粗粉分离器、细粉分离器、木块分离器以及管道部件等组成（系统及测点位置如图 2-99 所示）。2 号炉甲磨出口的木块分离器及附近管道经常发生强烈振动，振动值达 290μm，同时伴有不稳定的气流轰隆声，运行人员不得不减负荷运行。为了消除振动，保证设备安全稳定和经济运行。我们经过仔细观察、认真分析和巧妙处理，彻底解决了这一事故隐患。这里对这一异常现象和处理过程进行了总结，供有关人员参考。

2. 振动特点

(1) 运行中系统各参数的仪表指示无异常反应。

(2) 从磨煤机出口到粗粉分离器约 40m 长的管道均有振动感，尤其是 10m 层的木块分离器处振动声音最大。振动中有明显的周期性成分，频率为 1Hz 左右，同时伴有不稳定的振动和轰隆的混响声。

(3) 制粉系统从启动到正常运行都很正常，但过一段时间（约 5min）后，振动和声音越来越大。

(4) 改变工况，当排粉机入口风门开度下调到 50%时，稳定一段时间，振动变化不大。当给煤量下降一半时，配风相应调整后振动和声音明显减小，但仍然存在。

(5) 排粉机运行，磨煤机停运后，振动和声音消失。

3. 振动原因分析

四套制粉系统运行中有的有过类似的情况，但都较轻，以后逐渐稳定了。本套制粉系统另有两个特点：①磨煤机筒体偏心很大；②出力较大。

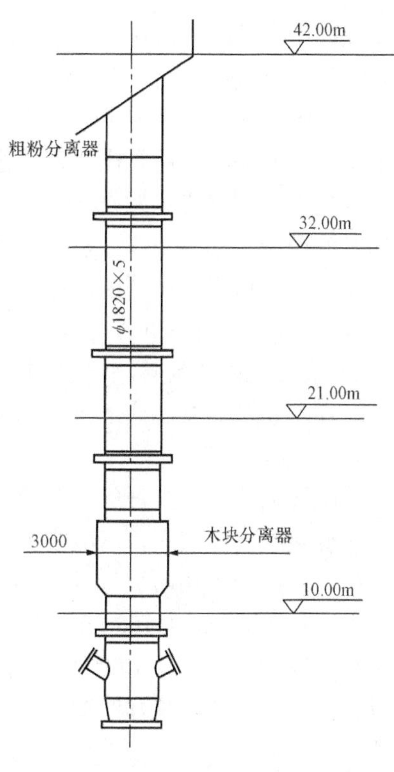

图 2-99 系统及测点位置

引起送风管道振动的原因如下：

(1) 流体旋涡脱落原因分析。

流体流过阻挡物时会产生旋涡，当旋涡的脱落频率与阻挡物的固有频率相近时产生共振。经查管道内阻挡气流的只有 30mm 左右的测压管和木块分离器内的筛子。按公式 $f=SV/D$ 计算气流流过它们时产生的脱落频率分别为 $f=120$Hz 和 $f=312$Hz，与现场所测频率相差太多。因此认为不是流体旋涡脱落引起的振动。

(2) 旋涡脱落诱发的声学共振分析

根据空腔中声的方程 $f=c/2\times\ (i^2/l_x{}^2+j^2/l_y{}^2+l_y+k^2/l_z)\ 1/2$，可算出空腔中只考虑横向基波振动时声学的共振频率：$i=k=o$，$j=l$，$l_z=3.0$ 得 $f=58$Hz。所以没有产生声学共振。

(3) 振动中明显的周期性成分由脉动流引起，不稳定成分和轰隆的混响声由风管道内局部涡流引起。

1) 因本套制粉系统中磨煤机重心偏心严重，钢球的滑落频率与其他磨煤机内的钢球滑落频率不同。经现场测定滑落频率为 1Hz 左右，这与在木块分离器处所测的振动频率非常相符，与磨煤机一停振动消失相一致。可以判定周期性振动是磨煤机内钢球、煤粉滑落产生的脉动波引起的管道共振现象，振动随着负荷即激振力的增加而加剧。

有流体流过的管道的振动频率有下面的公式：

当管道两端是铰接支承时，有公式：

$$w=\ (\pi/l)\ ^2(e_i/m)\ 1/2\ v_c=\ (e_1/A)\ 1/2\pi/l$$

可算出管道中没有流体流过的基本振动的固有频率和管道静态失稳时的临界流速。再由公式 $w_1=\ [1-\ (v/v_c)^2]\ 1/2\times w_n$ 就可近似算出有流体流过管道的基波振型频率。当管道是几点固定支承时，需对上述公式进行修正。流动流体对管子施加的一个力，它与管道的位移总是成90°的相位，而与管道的运动速度同相位。这个力的本质是一个负的阻尼机制，它从流体中吸取能量并把能量输入弯曲的管道，使它产生振动，最后使它失稳。一根悬伸管达到不稳定性所需的流速要比一根等值的两端铰接的管子为高。所以对流体流动的管道进行固定支承反而会使管道容易失稳，基波振型频率下降。针对我厂制粉系统管道安装结构，对管道的基波振型频率取一修正系数0.25，得 $w_{11}=w_1=4.9$Hz，是脉动波频率的5倍。

由以上分析可知：周期性振动是由于磨煤机内钢球、煤粉滑落产生的冲击脉动波与出口管道发生5次谐波振动所致。

2）磨煤机筒体旋转，产生顺转向的旋转气流，在磨煤机出口弯头处冲刷管壁，脱落，失稳，在木块分离器处撞击产生不稳定的振动和轰隆的混响，随着负荷的增加而加剧。

4. 处理与分析

消除脉动流引起共振的常用方法：①增加管径使它的固有频率大于脉动频率的5倍以上。②变更结构的截面，以减少流体作用在结构上的力。

（1）考虑到现场增加管径提高固有频率和变更结构的困难，我们想出了一个巧妙的方法，把一块1750mm×100mm×10mm的铁板焊在磨煤机出口螺旋管上，如图2-100所示。利用螺旋管的旋转作用，磨煤机内产生的1Hz左右的脉动流经过旋转的铁板时被调制成0.3Hz的旋转气流，这样既避开了共振又使激振力大大减弱。

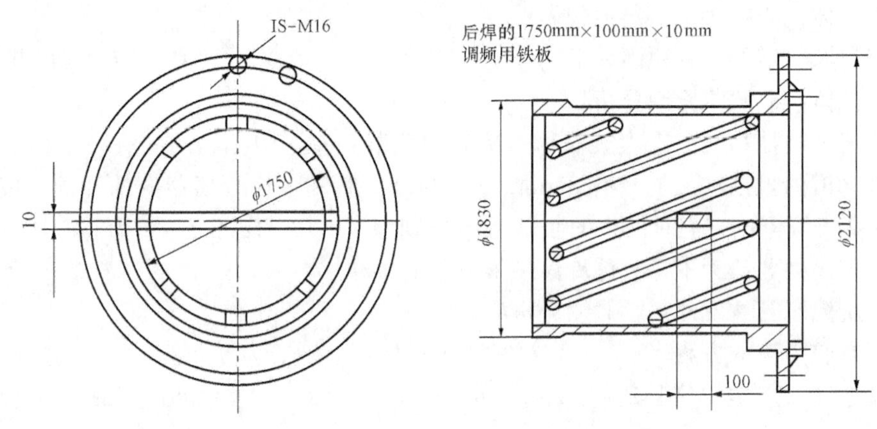

图2-100　在螺旋管上焊铁板

（2）经上述处理后发现，周期性振动大大减小，不稳定部分也有所下降。为了彻底消除不稳定振动，我们又在磨煤机出口斜管上加了两条2000mm×100mm×10mm的铁板，如图2-101所示，用以阻止旋转气流，起到整流作用。效果非常明显，振动和声音都恢复了正常。

案例二：给泵前置泵YNKN300/200-20B轴承振动诊断

1. 性能特性

给泵组：型号为300/200-20J，主泵型号为50CHTC5/6sp-3，流量为600m³/h，最小流量为160m³/h，吸入压力为11.08bar，电动机功率为5500kW，转速为5600r/min。前置泵型号为YNLn300/200，流量为620m³/h，扬程为48m，转速为1480r/min。电动机：型号为YKS5500-4，额定功率为5500kW，极数为4，相数为3，电压为6000V，电流611A，接

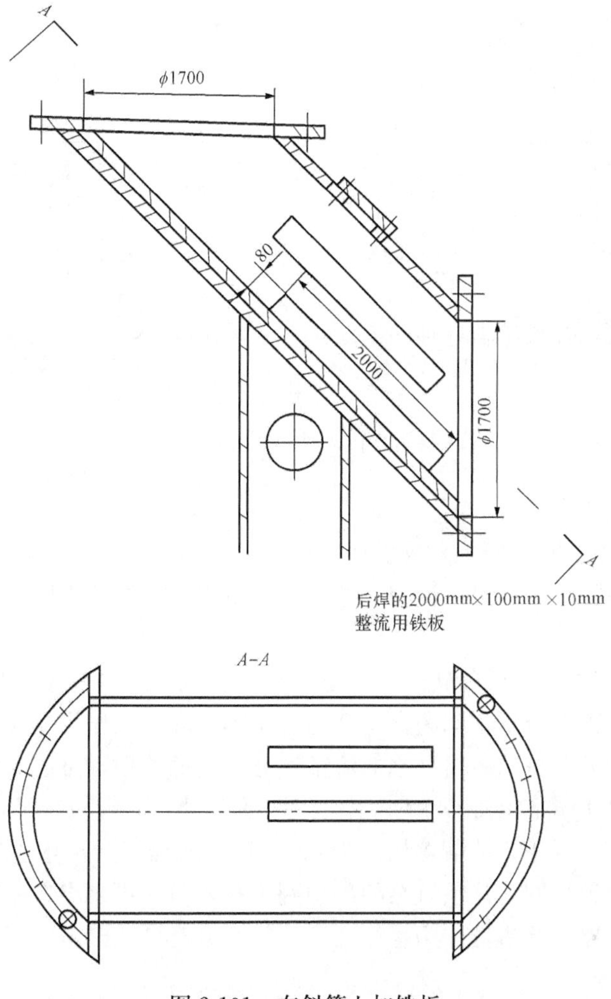

图 2-101　在斜管上加铁板

法为Y形频率为50Hz。液力偶合器型号为R17K.zE。

2. 现象及振动特点

新投产的#3机组，在分步调试阶段，A给水泵和C给水泵参与了锅炉吹管试验，但在试验过程中，发现前置泵的两个轴承座径向垂直、水平振动都较大，达80μm左右，变化也较大；有时80μm，有时只有30μm。整组调试开始后，B给水泵投入运行，也发生了同样问题，而且比A泵、C泵更严重。在负荷较低时，给水通过最小流量阀循环时，振动最大，前置泵非侧垂直振动达150μm，尤其严重的是振动速度竟然达21mm/s，严重超出标准范围。

经现场检查测量振动分析，存在以下特征：

(1) 前置泵两个轴承座三个方向振动都较大，且不稳定，但电动机侧轴承座振动不大，也很稳定。

(2) 前置泵进出水管道上有振动，但并不大，只有40μm，且没有明显晃动。

(3) 经振动频谱分析，一倍频、二倍频、三倍频都很稳定也很小。但四倍频（100Hz）却非常大，最大达120μm，也最不稳定，有时只有80μm。

(4) 振动频谱中有低频分量，但频率和振动值均不稳定，也不是太大，如图2-102所示。

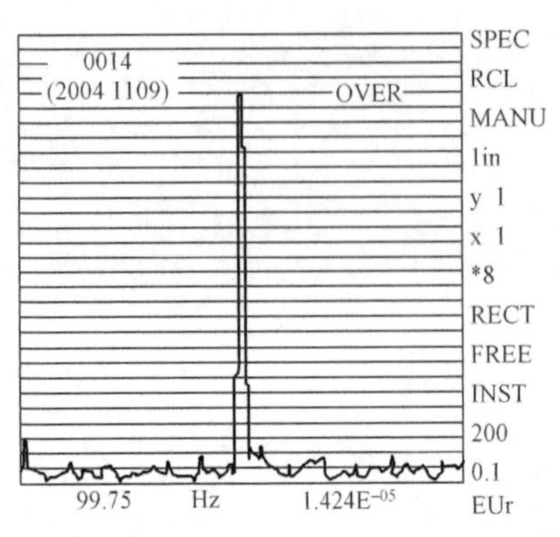

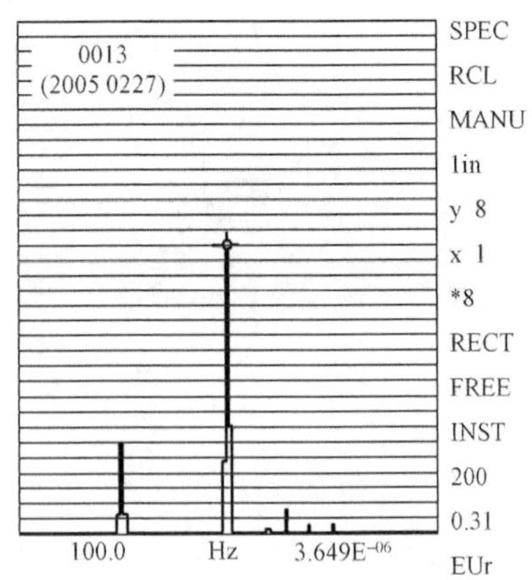

图 2-102 振动频谱图

3. 原因分析及查找

由特征（1）可以说明，振源来自前置泵自身。

由特征（2）和特征（4）可以说明，振源不是由于水流的低频脉动造成的，也不是来自水流和管道产生的水击。

由特征（3）可以排除，叶轮转子不平衡，泵与电机不对中和轴承损坏等是引起机械强迫振动的因素。综合以上分析，问题集中到前置泵本身和水流作用方面。由振动中四倍频分量最大，且不稳定，尤其是与负荷（水的流量）有一定的关系，可以明确，寻找产生四倍频（100Hz）的振动和不稳定波动成为解决本次问题的关键。本台机组设计中，把除氧器放在12m 平台，正常运行工况下，除氧器压力为 0.6MPa，水流经下部水管进入前置泵，在紧靠前置泵入口设置了一道滤网，从前置泵的出口到主泵入口，主泵出口一路到锅炉；一路作为再热器事故喷水；一路到除氧器作为再循环。在机组分部调试时，除氧器内没有压力，水靠静压（12m）流入前置泵。

由以上分析，可以进一步推断出，前置泵及管道中的水流产生了激振，可能在发生前置泵前滤网处，也可能在泵体内部。

为此，首先对滤网的影响进行排除。拆除滤网，用临时直管道代替，试运后振动下降但不明显，可以说，振动与水流有关，但不在滤网上。经查阅前置泵的有关说明，发现前置泵的叶轮上的叶片数刚好是 4 片，那么会不会是由于 4 个叶片使转子每转一圈产生 4 次激振，刚好产生四倍频分量呢?

4. 处理与效果评价

由于水流在泵体中产生激振，而且最大的可能是在 4 片叶片上产生。要彻底处理，有两种方法，一种是把前置泵换型；另一种是改变水流的管道特性。由于整组启动即将开始，换泵或对管道水流特性进行改变都不可能。经认真细致分析后，想出了一个比较巧妙的办法，即从前置泵出口直接引一路水管（ϕ50mm），斜插入前置泵进口，单独形成前置泵再循环。在再循环管道口中间加上阀门，当前置泵在低负荷运行时，打开再循环阀门，用以提高前置泵入口水流的压力和流量，从而改善水泵中的水流动力特性。而在机组正常运行后，各方面工况达到设计值时，再将阀门关闭。按照此方案处理后，振动值均不超过 20μm，达到了非常理想的水平。然后又对 A 泵和 C 泵进行了相同的改造，效果都非常明显。并且在 4 号机组给水泵安装时即加入了该方案，整个试运中未发生类似问题。从以上分析和处理过程看，分析的思路是正确的，处理的方案也是非常巧妙的，给类似振动问题的解决提供了较好的范例。

总的来说，水流在泵体内产生激振的现象是比较少见的。本厂发生的此种情况，应引起生产厂家、设计单位和建设单位的高度重视，要充分注意到泵型结构能在全流程和变工况下运行。

注：流体诱导引起的振动对电厂来说也很常见，在汽轮机调门、汽轮机供热调节门、锅炉管屏、风机并列运行等抢风、抢水的工况条件下，都有可能发生流体诱导的振动。例如，某电厂的风机并列运行时振动大，单台运行时振动小；另一个电厂循泵出口阀门处，两台泵同时运行振动大，一台泵运行时振动小。还有一种由于设计或后来改造出现的大风机带小负荷、大水泵带小管道时，出现跟叶片数量相一致的倍频振动。例如，某电厂的凝泵振动出现七倍频，凝泵的初级叶轮就是 7 片；某电厂增压风机测出 19 倍频，它的叶片刚好 19 片。这两种大马拉小车的情况，很容易在低负荷的时候，激发出振动来。

第三章

转动设备动平衡技术

转动设备的转子由于制造工艺、组装工艺等原因会产生转子不平衡。设备出厂前一般都会做静平衡和动平衡试验，但由于制造厂家条件有限，在厂里做的动平衡试验、即使是高速动平衡试验，一般也达不到工作转速，总会存在剩余不平衡分量。另外设备在运行中，转动部件会出现不均匀磨损（如排粉机叶轮），从而导致转子的不平衡，引起设备振动，重则很快引起设备部件损坏，如轴承烧损；轻则缩短寿命。反之把振动降低到一个很小的程度，则会大大减少突发故障的概率，并能延长设备的寿命。

转子不平衡引起振动的特征是一倍频。在做转子动平衡试验前，首先要排除其他的振源，特别要注意排除基础松动激发的振动增强，因为地脚（或基础）松动的情况下，会导致振动的影响系数不是常数，使人对动平衡试验效果产生错觉，甚至失败。

在做平衡试验前要确定是做单平面动平衡试验还是多平面动平衡试验。主要是根据转子前后支承轴承振动反应来确定。常用的经验是当转子的宽度低于转子长度的75%时，做单平面的动平衡试验时，哪一头的轴承座振动大就在哪一头加重。此外，还要确定转子属于柔性转子还是刚性转子，刚性转子即转子的工作转速低于转子第一阶临界转速的转了。刚性转子加重常采用矢量叠加原理的影响系数方法，柔性转子则还要考虑过临界转速时相位的变化情况。否则，容易搞反，影响动平衡试验结果。

一、闪光测振仪（ZXP-Ⅱ）

ZXP-Ⅱ仪表组成：一个测振探头（速度传感器）、一个闪光灯管、一块振动值显示表、一个调频和共频切换开关、一个闪光灯开启开关、一个电源开关、一个调频旋组及部分接线。

当电源开关合上，测振探头测量振动时，调频和共频开关一般切换到共频方向，因为之前做过了频谱分析，振动为一倍频；如果在选频（调频）方向上，就要在测量时调整好调频按钮，让振动显示达到最大值。

闪光灯开关闭合后，闪光灯即闪烁。由于闪光灯的闪烁频率与振动的频率相同，当闪光灯照在转子上时，转子在人的眼睛里的情景是静止的（相对），即转子上如有标记，则会发现这个记号是基本不变的（在一个小角度范围内晃动）。

二、影响系数法

测取原始不平衡所产生的振动矢量，试加一定质量后，再测取原始不平衡量和新试加一定质量共同作用产生的振动矢量。将两次测得的矢量，转换到一个坐标系中。

两次振动矢量差是由于试加一定质量造成的。即试加一定质量产生了一个振动矢量。矢量大小与试加一定质量的比值为影响系数的大小。矢量与试加一定质量的夹角为影响系数的角度。

矢量计算，平行四边形法则如图 2-103 所示。

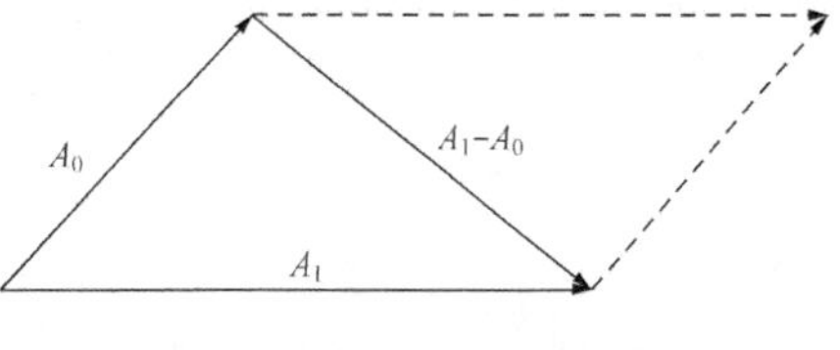

图 2-103　平行四边形法则

工具准备：

（1）在轴上做明显的标记。常用的方法是转子停转后，贴上反光带。在圆孔形硬划板上划圆周刻度盘，套在轴承座端盖上。

（2）一个天平和几块铁块。

（3）几张白纸、一把刻度尺、一个量角器和一支笔。

（4）一台闪光测振仪（ZXP-Ⅱ）和 220V 临时电源。

三、测量振动的几个原则

（1）测量位置的选择：测点一般选择对振动敏感的点。越靠近不平衡的轴承座，振动越大，而且大多数情况下，水平方向的振动大于垂直方向（因为垂直方向的阻尼比水平方向大得多），测点的位置不变。

（2）读取的振动指向不变。

（3）轴上的标记不变。

（4）转子的转动方向和在静态坐标系中标记的转动方向一致且前后不变。

（5）加质量与试加质量的平面和半径一致。

（6）每次开机的管道运行工况不变。

（7）在测取振动时的转速不能改变。

四、试加质量的选择

试加质量与产生的振动有一定的关系，即产生的振动大小与试加质量的大小成正比，与试加质量的半径成正比，与转子的转速平方成正比，与转子的质量成反比。因各种设备基础有差异，对振动的敏感性有很大的不同，需要长期的经验积累。但对于相同的设备试加质量的影响是接近的。对于相同转速，质量相近转子的加重半径也是可以比对参照的。

$$A=SPR\omega^2/W$$

式中　A——振动大小；

P——试加质量；

R——加重半径；

W——转子质量；

ω——转速；

S——敏感系数。

五、动平衡步骤

（1）第一次开机，待转速稳定后，在选择好的测振点测取振动值 A_0，并读取白线的位置（从圆周刻度盘上读取）如图 2-104 所示。

（2）把第一次测量的振动矢量 A_0 的大小和方向（与白线的夹角）转换到静态坐标系，白线的位置作为零点，白线与测振点测取的矢量夹角不变，如图 2-105 所示。

（3）停机，把计算（或经验）好的试加质量 P 焊接（点焊）到选择好的平面的半径上，可以是半径上任何地点（一般选择自然停机时最上面，因为重心一般会因为自重落到下面），根据加重位置与白线的夹角的大小，把所加的重块的质量和位置标记到静态坐标系中，如图

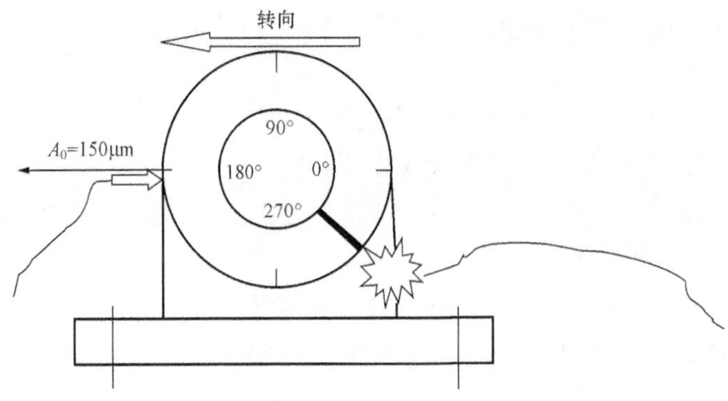

图 2-104　从圆周刻度盘上读取白线的位置

2-106 所示。

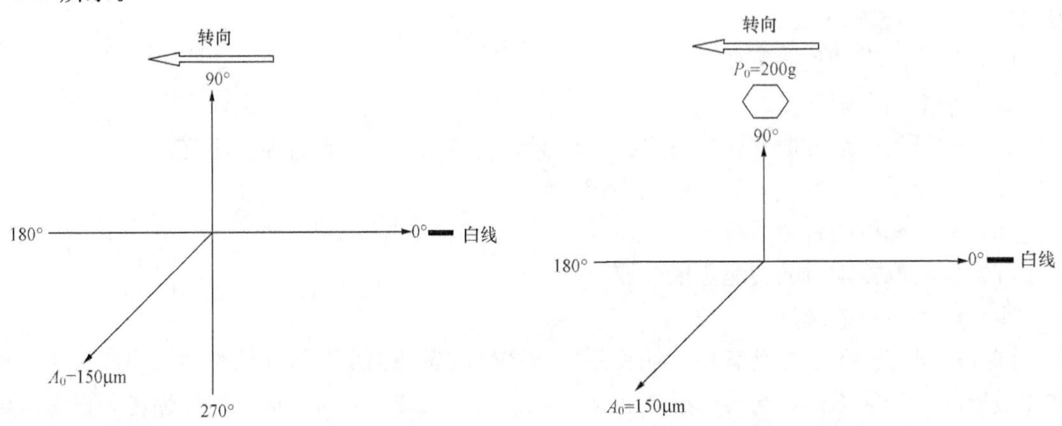

图 2-105　将振动 A_0 大小和方向转换到静态坐标系　图 2-106　把所加重块的质量和位置标注到静态坐标系中

（4）第二次开机，待转速稳定后，再次测取振动 A_1 大小并读取白线的位置，如图 2-107 所示。

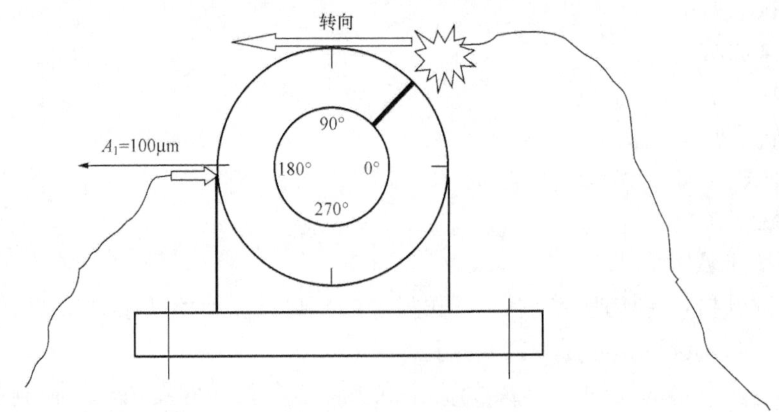

图 2-107　再次测取振动 A_1 大小并读取白线位置

（5）把测得的振动矢量 A_1 大小和方向（与白线的夹角），转换到静态坐标系 。白线的位置作为零点，白线与测振点测取的矢量夹角不变，如图 2-108 所示。

（6）计算两次振动值的矢量差。画出两次矢量相减得出的矢量（见图 2-109），此矢量即为试加质量产生的矢量，计算出影响系数和影响角度。

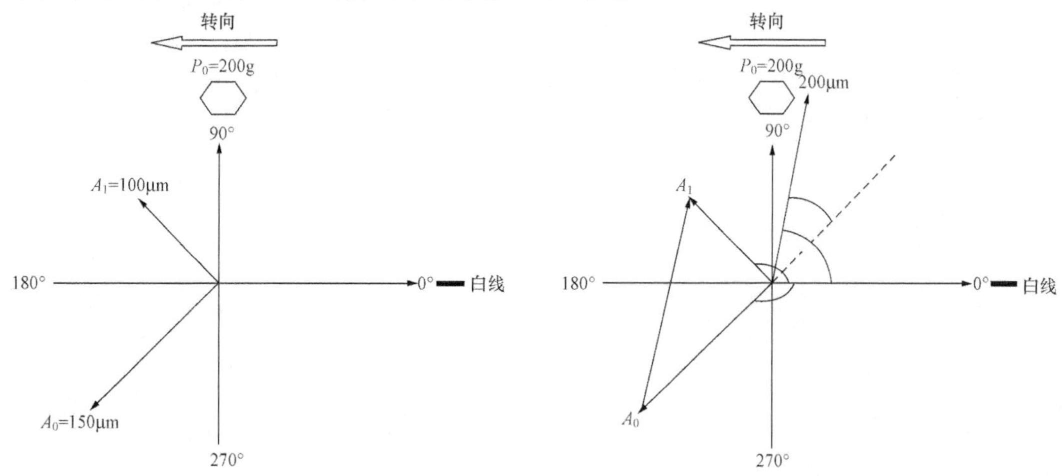

图 2-108　把振动矢量 A_1 转换到静态坐标系

图 2-109　画出两次矢量相减得出的矢量

（7）计算加重质量和加重位置（见图 2-110）。如能在原始不平衡量产生的振动矢量 A_0（点焊的重块割除）的相反方向产生一个大小相同的矢量，那么振动即能消除。按照这一原则，用矢量的大小 A_0 除影响系数即为加重质量。把试加质量产生的矢量（A_1-A_0）转到 A_0 矢量的相反方向，试加质量的位置与矢量的角度（影响角度）不变转到一个位置，这个位置与白线的夹角，即以白线作为参考点的加重位置。如果不割除试加质量，而要消除合成的矢量 A_1，道理相同。

$$\frac{P_0}{A_1-A_0}=\frac{P_1}{A_0}$$

$$\frac{200}{200}=\frac{P_1}{150}$$

算出：$P_1=150\text{g}$

（8）第三次试开，验证加重效果，如果未能消除，要以反向查找错误。查出是标记错误还是计算错误，是转换错误还是读数错误。如果振动明显减少，说明方向是正确的。

注：振动当然是越小越好，但太过精细时，动平衡很难实现，不但工作量大，而且会顾此失彼。一般选择不低于国际规定优级标准。

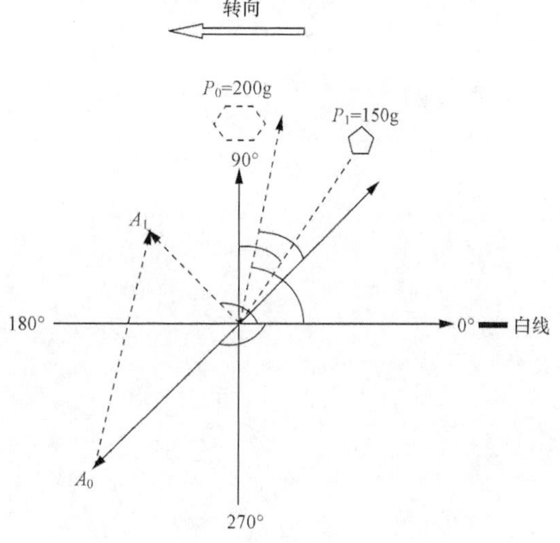

图 2-110　把试加质量产生的矢量转到 A_0 矢量的相反方向

第三篇　设备优化检修

设备检修已经经历了事后检修、计划检修、预知性检修和改进性检修四个阶段。而根据设备重要性和出现故障的危害程度所划分的三类设备，分别采取倾向性的检修方式，已经被很多电厂所接收。对 A 类设备即主设备，原则上依然采用计划检修；对 B 类设备即重要辅助设备，推荐实行预知性检修；对于 C 类设备，采用事后检修。所以，现在电厂的检修方式基本上是三种类型的结合。预知性检修，是根据设备状态决定的检修方式，有的认为是狭义的状态检修。如果再把寿命管理和以可靠性为中心的状态检修包含在内，称为广义性状态检修。如果一个电厂，既开展了广义性状态检修，又有计划检修、事后检修和改进性检修，则认为实现了优化检修。

状态检修的最常见的核心内容是预知性检修、设备寿命管理和以可靠性为中心的状态检修三部分。而预知性检修是通过设备的状态监测，提前发现隐患，并采取措施的行为。前面已经对预知性检修做了专门论述，下面就设备寿命管理、以可靠性为中心的状态检修两方面进行论述。

优化检修是指改进公司检修的总过程。可以理解为指设备检修的全过程、全方位的管理，包含事后检修、预防性检修、预知性检修、设备改进检修，而寿命管理和以可靠性为中心的状态检修则是状态检修必不可少，甚至说是很重要的组成部分。主要内容包括：工作确定、工作控制、工作执行、工作总结。其中工作确定是检修的基础，涵盖几种方式确定的检修内容。优化检修一般包括状态监测的优化、维护保养的优化、检修项目的优化等。

第一章

设备寿命管理

设备寿命管理是指为实现电厂安全、经济运行，以评估被管理对象的使用寿命损耗为基础对设备进行的技术管理。

第一节　设备寿命管理理论

设备寿命是指设备使用时间的长短。设备的寿命通常是设备进行更新和改造的重要决策依据。设备更新改造通常是为提高产品质量，促进产品升级换代，节约能源而进行的。其中，设备更新也是从设备经济寿命来考虑的，设备改造有时也是从延长设备的技术寿命、经济寿命的目的出发的。

长期的统计表明，任何设备从出厂之日起，其故障发生率并不是一成不变的。由多种零部件组成的设备系统，其故障率曲线如图 3-1 所示。图中纵坐标轴表示故障率，横坐标轴表示经历的时间，从时间变化看，曲线明显呈现 3 个不同的区段。

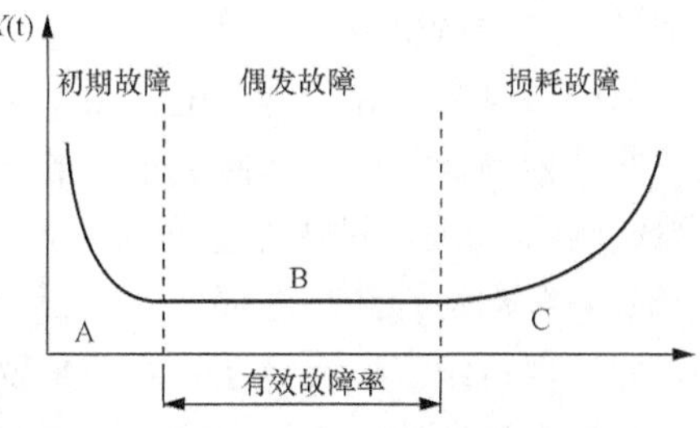

图 3-1　全寿命周期的故障率

初期故障期：在设备开始使用的 A 阶段，一般故障率较高，但随着设备使用时间的延续，故障率将明显降低，此阶段称为初期故障期，又称磨合期。这个期间的长短随设备系统的设计与制造质量而异。

偶发故障期：设备使用进入 B 阶段，故障率大致趋于一个较低的定值，表明设备进入稳定的使用阶段。在此期间，故障发生一般是随机突发的，并无一定规律，此阶段称为偶发故障期。

损耗故障期：设备使用进入后期 C 阶段，经过长期使用，故障率再一次上升，且故障带有普遍性和规模性，设备的使用寿命接近终了，此阶段称为损耗故障期。在此期间，设备零部件经过长时间的频繁使用，逐渐出现老化、磨损以及疲劳现象，设备寿命逐渐衰竭，因而处于故障频发状态。

可见，故障率特性曲线实际上是描述设备从开始使用到退出使用的故障率随时间变化而变化的规律，即描述设备从出厂、投入使用、退出使用的全部生命周期。

一套生产系统由很多设备组成，一个设备由很多部件组成，一个部件又由很多零件组成。系统可靠性、经济性由设备决定；设备可靠性、经济性由部件决定；而部件的可靠性、经济性由零件决定。可见，研究设备寿命对于系统、设备、部件、零件的道理都是相通的。

设备寿命包含使用寿命、经济寿命、技术寿命。使用寿命是指设备投入使用直到报废为止所经历的全部时间或载荷周期；经济寿命是指根据运行费用确定设备寿命；技术寿命是设备在技术上有存在价值的期间，即设备从开始使用到因技术落后而被淘汰所经过的时间。

注：设备寿命理论如同木桶理论，木桶盛水的多少决定于最短的那块木板，而设备零部件、易损件即是设备整体使用寿命的短板。

电力设备寿命管理最有代表性的是锅炉管的寿命管理。大多数机械设备的失效是一系列的变幅循环载荷所产生的疲劳损伤的累积造成的。由于温度变化幅度大产生循环热应力，导致零部件的疲劳损伤和寿命损耗。把锅炉管寿命管理理推广应用到滚动轴承、热控仪器仪表等设备，可以起到强化设备寿命意识，延长设备寿命的目的。

一、电力设备寿命管理必要性

火电机组受热面部件长期在高温、高压、腐蚀介质的工况下工作，服役条件极其恶劣。随着运行时间的延长，受热面部件材料会发生蠕变损伤，材料的微观组织逐渐老化，从而导致材料力学性能的劣化，使其强度、塑性和韧性下降，脆性增加。导致这些因素的首先是燃煤锅炉的恶劣工况以及介质、应力、温度、腐蚀、磨损和振动等的综合影响；其次，伴随着高温氧化、高温腐蚀及电化学腐蚀等的作用，燃烧产物以及不清洁的锅炉水质等造成的腐蚀会使管壁厚度显著减薄，导致管子损伤，缩短管子应有的使用寿命；另一方面，机组的频繁启停引起部件疲劳损伤，进而导致部件的开裂，甚至出现严重的事故，对参与调峰运行的机组来说，这种情况更为严重。

从中国电力企业联合会电力历年可靠性统计结果及华能集团历年可靠性统计结果分析，锅炉非计划停运约占全部停运事件的60%，而锅炉四管泄漏占锅炉事故的60%，其中水冷壁泄漏约占33%，过热器泄漏约占30%，省煤器泄漏约占20%，再热器泄漏约占17%。因此开展高温锅炉管和高温部件寿命管理技术研究及应用，是保障机组安全运行的一项重要工作，对确保机组安全经济运行有着重要的意义。

从机组运行的经济性考虑，对机组由计划性检修改为状态性检修是机组科学管理的一个必然发展趋势。20世纪80年代以来，美国等发达国家在火电厂逐步开展一系列机组维修优化研究，基于设备风险评估的维修（risk based maintenance，RBM）、可靠性维修（reliability centered maintenance，RCM）、预知性维修（predictive maintenance，PDM）、预防性维修（preventive maintenance，PM）等。国内目前也在开展以机组高温关键部件状态评估和寿命评估为基础的设备状态检修，通过采用先进的监测手段，及时掌握设备的安全状态和寿命损耗，合理地安排检修项目与检修间隔，从而有效地降低检修成本，提高设备安全性、经济性。

通过开展机组受热面状态检验和寿命评估，及时掌握设备的安全状态和寿命损耗，结合锅炉在线寿命管理系统的实时监测和报警功能，合理地安排检修项目与检修间隔，从而能有效地降低检修成本，提高设备安全性、经济性。

二、锅炉管寿命管理的可行性

锅炉受热面的失效一直都是世界各国电厂锅炉设备损坏和造成机组非计划停机的主要原因。在国内，由于设计、制造、安装、运行等诸多方面原因，导致锅炉受热面管失效的事故更频繁的发生，是造成锅炉突发性事故导致停机和维修的主要原因。高温锅炉管长期在火焰、烟气、飞灰等十分恶劣的环境介质中运行，因而在服役过程中会发生一系列材料组织与性能的变化，这些变化涉及材料蠕变、疲劳、腐蚀、冲蚀等复杂的老化与失效机理，而由此造成的失效方式多达23种，这些失效普遍造成严重的爆管失效。

此外，炉外高温厚壁部件在长期运行过程中，由于负荷波动、快速启停机等工况的影响，承受较大的热应力，疲劳损伤逐渐增加，容易在应力集中部位引起裂纹萌生和扩展。裂纹扩展至一定厚度，便会引起部件失效。

为了有效解决锅炉高温受热面和炉外高温部件的失效问题，国内外开展了锅炉寿命评估技术的研究，力求通过提前获取设备的寿命，及时对高风险部位更换或维修的方式来减少非计划停机。

锅炉寿命评估技术分为离线评估和在线评估两种模式，国外开展寿命评估技术研究较早，但相对集中于离线评估模式。在国内，西安热工研究院自1998年开始火电厂重要部件寿命管理技术开发以来，依托国家电力公司重大科技攻关项目，开展了锅炉管寿命管理技术研究、锅炉部件寿命管理技术研究等攻关课题研究与电厂应用研究。经过四年的集中攻关，在理论研究、技术开发及工程应用等主要方面均取得了重大突破。

三、锅炉管寿命预测

1. 寿命评估的条件

寿命评估的条件应根据其历史的运行情况和现状，经技术、经济比较分析后确定。表3-1为锅炉承压管的主要损伤机理。

表3-1　锅炉承压管的主要损伤机理

部件名称	损伤机理							
	蠕变	疲劳	蠕变-疲劳	侵蚀	腐蚀	应力腐蚀	磨损	其他
高温过热器管、再热器管	√	√	√	√	√		√	高温氧化
低温过热器管、再热器管	√	√	√	√	√		√	高温氧化
锅炉水冷壁管		√		√	√	√	√	
锅炉省煤器管					√		√	

根据现状检查结果，受热面管子有下列情况之一时应进行修复或判废更换：

(1) 各受热面的管子表面有氧化微裂纹或壁厚减薄量已大于原壁厚的30%时。

(2) 碳钢管的胀粗量超过3.5%D_0（D_0为管子的原始外径），合金钢管胀粗量超过2.5% D_0时。

(3) 管子的腐蚀点坑深大于原壁厚的30%和管子的实测壁厚小于按强度计算的设计取用壁厚时。

(4) 碳钢管的石墨化达4级及以上时。

(5) 高温过热器管表面氧化层厚度超过0.6mm，且晶界氧化裂纹深度超过3～5个晶粒时。

2. 寿命评估所需资料

(1) 设计、运行、检修资料。

为了对承压管进行寿命评估，必须收集设计、制造、安装、运行、历次检修及对部件检验与测试记录、事故工况、更新改造等资料，且尽可能全面、详细。其主要内容如下：

1）部件设计资料：包括设计依据、部件材料及其力学性能、制造工艺、结构几何尺寸、强度计算书、管道系统设计资料等。

2）部件出厂质量保证书、检验证书或记录等。

3）安装资料，重要安装焊口的工艺检查资料、主要缺陷的处理记录资料、主蒸汽管道安装的预拉紧记录等。

4）投运时间，累计运行小时数。

5）典型的负荷记录（或代表负荷曲线）和最大出力及调峰运行方式。

6）热态、温态、冷态启停次数及启停参数，强迫紧急停机和甩负荷到零次数。

7）事故史和事故分析报告。

8）运行压力、温度典型记录，是否有过长时间的超设计参数（温度、压力等）运行。

9）历年可靠性统计资料。

10）维修与更换部件记录。

11）历次检修、检查记录，包括部件内外管检查、无损探伤、几何尺寸测定、材料成分的校对、金相检查、硬度测量、蠕胀测量记录、腐蚀状况检查和管子的支吊系统检查记录等。

12）未来的运行计划。

（2）现状检查。对确定要进行寿命评估的部件，首先应对部件的现状进行检查。受热面管子的检查项目有管径、壁厚、内外表面腐蚀、氧化垢层等情况检查，金相检查，局部磨损检查。

（3）评估部件寿命时所需的材料性能数据。

1）材料性能：进行部件寿命评估，根据其主要损伤机理，在性能中选取相应的性能数据。

① 力学性能：常温和工作温度下的拉伸、冲击性能，低周疲劳，断裂韧性，疲劳裂纹扩展速率；脆性转变温度（FATT）、硬度；持久强度、蠕变强度、最小蠕变速率。

② 物理性能：弹性模量、泊松比、线膨胀系数、比热容、热导率、氧化速率、腐蚀速率。

③ 微观特性。金相组织（包括球化级别、蠕变孔洞、裂纹、石墨化级别等）、碳化物成分和结构。

2）材料性能数据的获得。在条件许可的情况下，应在部件服役条件最苛刻的部位取样进行相关的材料性能试验；若直接在部件上取样有困难，可选用与部件材料牌号相同、工艺相同的原材料进行试验（至少有一组试验应在与部件工作温度相同的温度下进行）；如在短时间内不能取得实际试验数据，可参考相同牌号材料已积累的数据的下限值。

对于由试验获得的原始材料的性能，当用于部件寿命评估时，应考虑其性能在高温、应力作用下随时间的延长而劣化的情况。

（4）部件受力状态分析。主要计算内压应力及热应力，但需考虑接管开孔处的应力集中。

3. 寿命评估程序框图

寿命评估程序框图如图 3-2 和图 3-3 所示。在图 3-3 中，对带超标缺陷部件的安全性进行评定，主要考虑有缺陷的部位。

4. 寿命评估方法

随着技术进步对部件的寿命预测已有多种方法，并还在不断发展与完善中，根据目前国

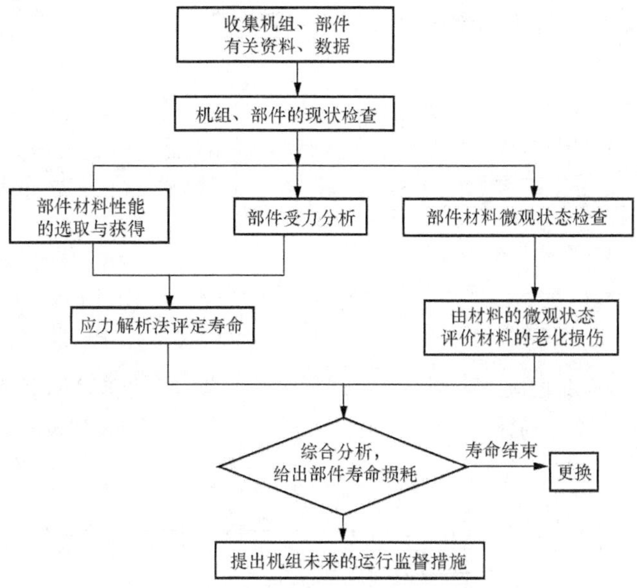

图 3-2　无超标缺陷部件寿命评定框图

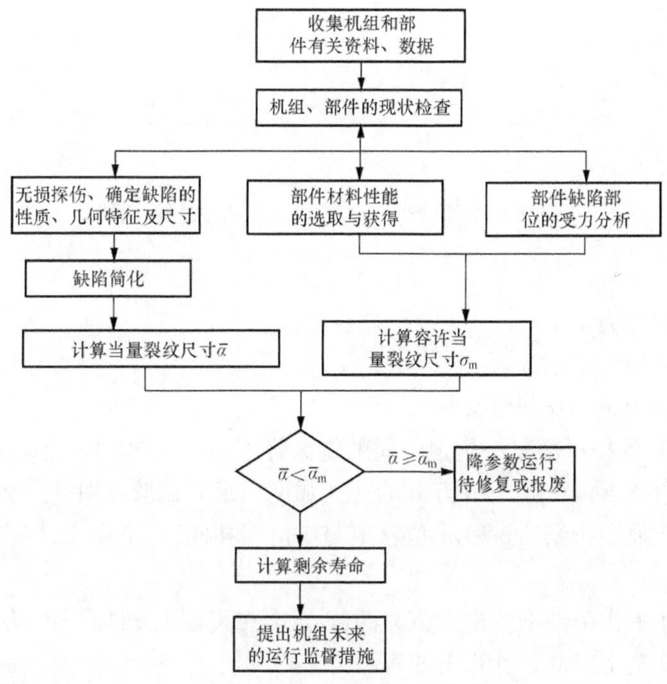

图 3-3　带超标缺陷部件寿命评定框图

内外一些成功的经验，推荐性地提出以下三种方法。

（1）以蠕变为主要失效方式的部件。

1）等温线外推法。

① 选择与部件工作温度相同的温度，至少在 5 个应力水平下（其中 3 个应力水平下至少应重复 3 根样品）进行试件的拉伸持久断裂试验。

② 利用对试验数据用最小二乘法进行拟合，做出如图 3-4～图 3-6 所示的材料持久强度曲线。

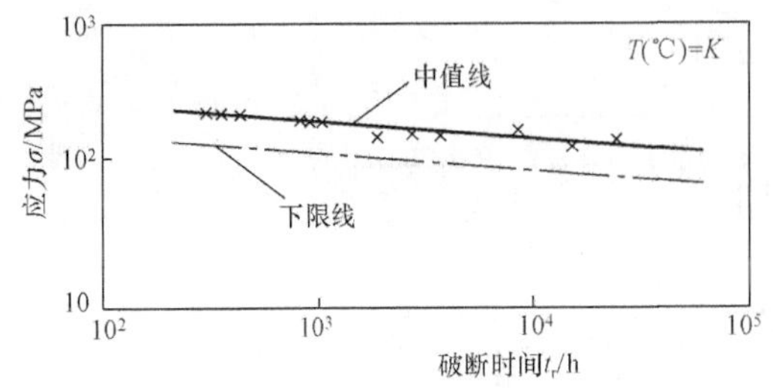

图 3-4　12Cr1MoV 钢的应力-断裂时间（σ-t）关系曲线

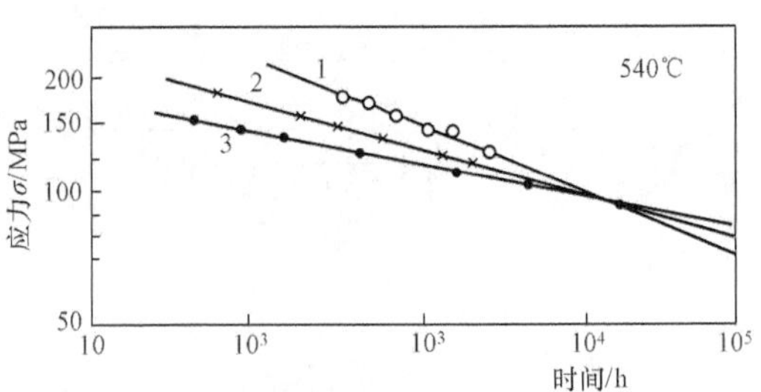

图 3-5　10CrMo910 钢管不同运行时间后的持久强度曲线

1—原始状态；2—运行 29 800h；3—运行 50 000h

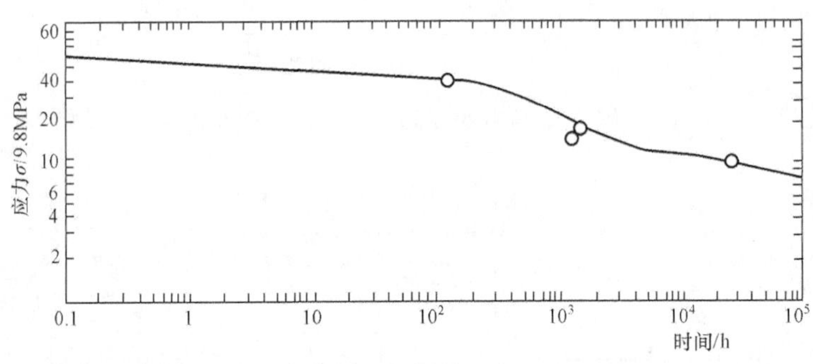

图 3-6　10CrMo910 钢 550℃下的持久强度曲线

$$\sigma=k\ (t_r)\ m \tag{3-1}$$

式中　σ——材料的应力水平；

t_r——断裂时间，单位为 h；

k，m——由实验确定的材料常数。

③ 用式（3-1）外推材料某一规定时间的持久强度时，外推的规定时间应小于最长试验点时间 10 倍，如外推 540℃下，10 万 h 的持久强度，最长试验点时间应大于 10000h。

④ 确定拟合下限寿命线的 σ 和 m 值（值与中值线相同），下限寿命线的应力 σ 为中值寿命线应力的 0.8 倍。

⑤ 确定部件在工作条件下的最大应力部位及引起蠕变损伤的最大应力 σ_{max}。

⑥ 按下式计算剩余寿命，计算出的寿命为 $t\times10^5$h。

$$\lg t=\lg\ (\sigma t10^5/n\sigma_{max})\ /\lg\ (\sigma t10^4/\sigma t10^5) \tag{3-2}$$

式中　σ——某一温度下 10^4h 和 10^5h 的外推持久强度；

n——安全系数，当选图 3-4 中的中值线时，n 取 1.5；当选图 3-4 中的下限线时，n 取 1.2。

等温线外推法的优点：简单，工程中应用方便。

等温线外推法的缺点：外推寿命对应力过于敏感（见图 3-4）；外推的原材料持久强度与使用过材料持久强度存在矛盾（见图 3-5）；更长的时间范围内，应力与时间不呈线性

(图3-6)；未考虑蠕变变形。

2）L-M参数法。L-M参数是时间和温度两者相结合的参数，以$P(\sigma)$表示，有如下关系

$$P(\sigma)=T(C+\lg t_r) \tag{3-3}$$

式中 t_r——断裂时间，h；

T——试验温度，K；

C——材料常数。

① 确定材料的L-M参数。选部件工作温度及其附近3个温度，在每一温度下至少进行4个应力水平下的拉伸持久试验。按式（3-4）试验数据进行多元线形回归处理，求解出C值。

$$\lg t_r=C+(C_1\lg\sigma+C_1\lg\sigma+C_2\lg 2\sigma+C_3\lg 3\sigma+C_4\lg 4+C_o)/T \tag{3-4}$$

式中 C_o、C_1、C_2、C_3、C_4——拟合系数。

依据拟合出的公式，绘制$P(\sigma)$-σ单对数坐标曲线。

对于常用的10CrM0910，12CrIMoV钢，国内外已进行过大量的试验研究，对10CrMo910钢

$$P(\sigma)=T(20+\lg t_r) \tag{3-5}$$

其中

$$T=9/5t491.67$$

式中 t——试验温度，℃。

该钢种的$P(\sigma)$-σ曲线如图3-7所示。

对12CrZMoV钢：

$$P(\sigma)=T(22+\lg t_r) \tag{3-6}$$

式中 T——热力学温度，K。

该钢种的$P(\sigma)$-σ曲线如图3-8所示。

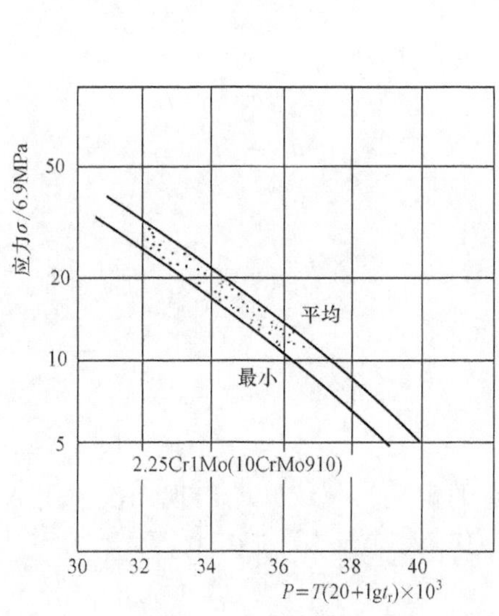

图3-7 10CrMo910钢的L-M参数$P(\sigma)$-σ曲线

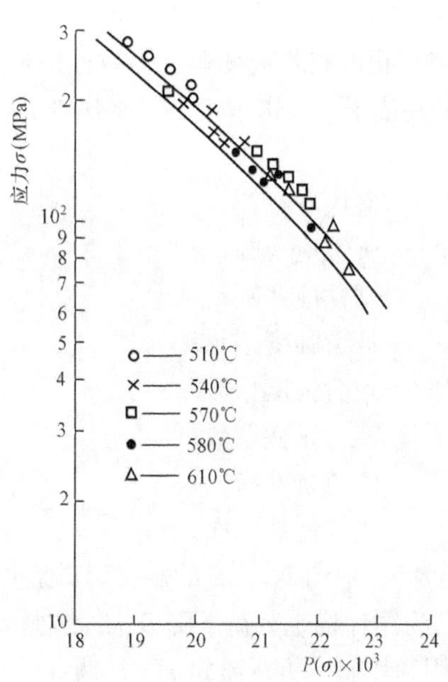

图3-8 12Cr1MoV钢的$P(\sigma)$-σ曲线

② 确定部件工作条件下的最大应力部位及最大应力 σ_{max}。

③ 由 P（σ）-σ 曲线上查得部件最大应力对应的 L-M 参数 P（σ）。

④ 由式（3-3）或式（3-5）或式（3-6）确定部件的蠕变断裂寿命。

3）蠕变孔洞评定法。该法主要依据材料的金相组织检查，对蠕变孔洞依据其分布、大小、密度划分为不同级别，用以定性判断部件材料蠕变损伤的老化程度，作为部件蠕变寿命评估的一个必要的辅助手段。

① 对部件受力最大、温度最高部位或易产生蠕变失效的部位进行覆膜金相检查，也可在部件最危险部位取样进行金相检查（覆膜金相检查可按 DL/T 551—1994《低合金耐热钢蠕变孔洞检验技术工艺导则》进行）。

② 按表 3-2 对蠕变孔洞进行评级及采取处理措施。

表 3-2　　蠕变孔洞评级及检查周期

级别	组　织　特　征	检查周期
Ⅰ	晶粒结构不断变化，珠光体分解，碳化物开始在晶界和晶内析出，但无微孔	5～6 年
Ⅱ	碳化物在晶界上析出呈链状，且具方向性，单个微孔无规则分布	3～4 年
Ⅲ	晶界孔洞数量增加，且呈串链状分布和方向性排列，晶界分离	1～2 年
Ⅳ	出现微裂纹	停止使用、更换

（2）以疲劳为主要失效方式的部件。对主要失效特征为低周疲劳破坏的部件，应对其进行疲劳寿命评定。

1）确定材料的应变（低周）疲劳寿命（ε_a-N_f）曲线。

① 由实验确定曲线：

a. 按 GB/T 15248—2008《金属材料轴向等辐低循环疲劳试验方法》对材料进行低循环疲劳试验。

b. 对获得的材料应变幅、失效循环周次和由应力-应变滞后曲线上确定的弹性应变分量和塑性应变量用下式进行最小二乘法拟合

$$\varepsilon_a=\varepsilon_e+\varepsilon_p=\sigma'_f\ (N_f)^b/2+\varepsilon'_f\ (N_f)^c \tag{3-7}$$

式中　ε_a——总应变幅；

ε_e——弹性应变幅；

ε_p——塑性应变幅；

σ'_f——疲劳强度系数；

b——疲劳强度指数；

ε'_f——疲劳延性系数；

c——疲劳延性指数；

N_f——失效循环周次。

式（3-7）中的 N_f，有的定义为破断周次；有的定义为裂纹开始出现周次，用 N 表示；有的定义为循环稳定载荷下降 5%时的循环周次，用 N_5 表示。

② 用通用斜率方程确定 ε_a-N_f 曲线。

可用式（3-8）确定材料的 ε_a-N_f 曲线，即

$$\varepsilon_a=3.5\sigma_b N_f-1.2/E+\varepsilon_f-0.6 \tag{3-8}$$

式中 ε_a——总应变幅；

σ_b——材料的抗拉强度，MPa；

ε_f——材料断裂真应变；

E——材料的弹性横量，MPa；

N_f——失效循环周次。

2）确定材料的 S_a-N_f（应力幅-寿命）设计疲劳寿命曲线。

在工程部件的疲劳寿命评估中，需确定材料的 S_a-N_f 曲线。

① 确定材料的虚拟应力-寿命（S_{eq}-N_f）曲线。

$$S_{eq}=\varepsilon_a E=E\sigma/f\ (N_f)^{b/2}+E\varepsilon/f\ (N_f)^c \tag{3-9}$$

如果没有材料的低周疲劳试验结果，则可按下式确定 S_{eq}

$$S_{eq}=3.5\sigma_b\ (N_f)^{-0.12}+E0.6f\ (N_f)^{-0.6} \tag{3-10}$$

② 对虚拟应力-寿命曲线进行平均应力修正。

$$S/a=S_{eq}\ (\sigma_b-\sigma_y)\ /\ (\sigma_b-S_{eq}) \tag{3-11}$$

式中 σ_y——材料的屈服强度。

③ 对平均应力修正后的 S/a-N_f 曲线，分别对应力和寿命取 2 和 20 的系数。并取最低值连成光滑曲线，则为设计的疲劳寿命曲线。

3）危险部位的应力、应变分析。

按部件受力状态分析，对部件危险部位的应力、应变进行分析和计算。

4）疲劳寿命估算。

按计算的应力或应变确定引起疲劳破坏的交变应力或应变幅，然后由设计疲劳寿命曲线确定疲劳寿命。

5. 部件疲劳-蠕变交互作用下的寿命评估

对于承受疲劳-蠕变交互作用下的高温工程部件，用线形累积损伤法评估其损伤度 D。

$$D=\sum n_i/N_{fi}+\sum t_i/t_{ri} \tag{3-12}$$

式中 N_{fi}、t_{ri}——i 工况下部件的低周疲劳失效循环周次和蠕变持久破坏时间；

n_i、t_i——i 工况下部件运行的循环周次和蠕变保持时间。

损伤度 D 与疲劳、蠕变损伤份额有关。

6. 带缺陷部件的安全性评定与剩余寿命估算

火电机组中的一些大型部件往往制造、加工周期长，并且更换安装困难，若存在超标缺陷或运行中出现裂纹，可用断裂力学法对其安全性做出评定，并估算出剩余寿命。

(1) 应力强度因子法。

1）按 GB 4161—84《金属材料平面应变断裂韧度 KIC 试验方法》测定材料的断裂韧性 K_{1c}，当试件尺寸难以满足 K_{1c}测试条件要求时，可按 GB 2038—91《金属材料延性断裂韧度 JIC 试验方法》测定材料的延性断裂韧性 J_{1c}值，然后按下式由 J_{1c}换算

$$K_{1c}=\left[E/\ (1-\nu^2)\ J_{1c}\right]^{1/2} \tag{3-13}$$

式中 E——材料弹性模量，MPa；

ν——材料的泊松系数。

2）对于具体的部件，可根据其形状、裂纹形状及位向、外加载荷方法等来确定部件缺陷部位的应力强度因子 K_1 的表达式，即：

$$K_1 = f\ (\sigma,\ a,\ Y) \tag{3-14}$$

式中 σ——部件缺陷部位无缺陷时的应力；

a——裂纹尺寸；

Y——几何形状因子。

对部件的应力 σ 应考虑外载引起的应力、部件自重产生的应力、焊接残余应力、热应力、部件几何形状引起的应力集中等，可由实验确定或计算分析获得，然后将 σ 代入式（3-14）中获得 K_1 值。

对于压力容器中三种类型裂纹（表面裂纹、穿透裂纹、埋藏裂纹）的应力强度因子 K_1 的具体形式，按照 CVDA—84《压力容器缺陷评定规范》中列出的公式确定。

3）部件安全性判定。当 $K_1 \geqslant 0.6K_{1c}$时，为不可接受的缺陷。

（2）裂纹张开位移法（COD)。利用应力强度因子法可解决高强度钢制部件及大截面尺寸部件的安全性评定，但对中低强钢制部件或截面尺寸较小的部件，在裂纹尖端附近会出现大范围屈服或全屈服。这时，线弹性断裂力学的理论不再适用，需要用弹塑性断裂力学来分析和评定部件的安全性。

1）按照 GB 2358—94《裂纹张开位移(COD)试验方法》测定材料的临界裂纹张开位移 δ_σ。

2）对部件缺陷进行规则化处理，确定缺陷的当量裂纹尺寸 $\bar{a}$，对压力容器的缺陷评定按照 CVDA—84《压力容器缺陷评定规范》执行。

3）对部件缺陷部位的应力进行分析计算，要考虑外载引起的应力、部件自重产生的应力、焊接残余应力、热应力、部件几何形状引起的应力集中等。

4）确定部件缺陷部位的应力 e 和材料的屈服应变 e_y。

$$e = \sigma/E,\ e_y = \sigma_y/E \tag{3-15}$$

对于在高温下工作的部件，其 E，σ_y 应取高温下的性能数据。

5）确定部件缺陷部位的允许裂纹尺寸 $\bar{a}$m。

$$\begin{aligned} \bar{a}_m &= \delta_\sigma/\ [2\pi e_y\ (e/e_y)\ 2] \qquad e/e_y \leqslant 1 \\ \bar{a}_m &= \delta_\sigma/\ [\pi\ (e+e_y)] \qquad e/e_y > 1 \end{aligned} \tag{3-16}$$

6）安全性判定。当 $\bar{a} < \bar{a}_m$ 时，缺陷可以接受。

（3）带缺陷部件的剩余寿命估算。

对带缺陷部件进行安全性评定是指部件能否发生一次性断裂，但工程中大多部件是在循环加载条件下工作的，即使存在超标缺陷，也不一定会突然破断，而是在循环应力作用下，裂纹逐渐扩展达到临界值时才发生突然断裂。

1）按照 GB/T 6398—2000《金属材料疲劳裂纹扩展速率试验方法》测定材料的疲劳裂纹扩展速率 da /dN。

$$\mathrm{d}a\ /\mathrm{d}N = D\ (\Delta K)\ \alpha \tag{3-17}$$

式中 ΔK——应力强度因子变化范围；

D、α——由实验确定的材料常数。

2）按 CVDA—84《压力容器缺陷评定规范》分析计算缺陷部位的循环应力范围 $\Delta\sigma$，此时不考虑静态应力，如焊接残余应力。

3）确定部件缺陷部位的应力强度范围 ΔK。

$$\Delta K = f\ (\Delta\sigma,\ \alpha,\ Y) \tag{3-18}$$

4）判定裂纹是否会扩展。当 $\Delta K<\Delta K_{th}$时，裂纹不扩展。

5）当 $\Delta K>\Delta K_{th}$时，用下式计算疲劳裂纹扩展剩余寿命 N_{rem}（周次）。

$$N_{rem}=a_0\ (a_N-a_0)\ D\ (\Delta K)\ /\ a_N \tag{3-19}$$

式中 a_0——初始裂纹尺寸，单位为 mm；

a_N——临界裂纹尺寸，单位为 mm。

对于计算的 N_{rem}尚需考虑试样厚度与部件截面厚度、试验频率与部件频率的效应，故对 N_{rem}取 20 倍安全系数，即为带缺陷部件的剩余寿命。

7. 寿命评估报告

评估报告的主要内容应包括以下几方面。

（1）部件概况。

（2）现状检查情况：一般性部件的检查情况及处理意见、关键性部件的检查情况和专项试验的结果。

（3）寿命评估采用的方法及分析结果。

（4）寿命评估结论意见。

（5）继续使用的建议与监督措施：包括参数限制、重点监督部位、再次进行寿命评定的预计时间等。

第二节 设备寿命管理的应用及案例

一、锅炉管寿命管理系统

锅炉管寿命管理系统工作原理：通过实时获取高温锅炉管（过热器、再热器）的壁温测点数据，结合管子的尺寸和材质等工艺参数，在离线检测的基础上综合在线监测信息自动进行实时评估，系统地对高温锅炉管进行以寿命为基础的管理。将反映设备状态信息的数据（当量金属温度、应力、残余寿命等）以列表和曲线等形式显示，以多级报警的形式告知电厂工作人员，并提供相应的运行、维修及更换建议。

锅炉管寿命管理具体内容包括：炉管综合状态实时监测；炉管实时当量金属温度、应力、残余寿命信息列表；管排当量金属温度分布曲线；管排应力分布曲线；管排残余寿命分布曲线；炉管壁温测点棒图显示；炉管当量金属温度报警及统计；炉管应力报警及统计；炉管残余寿命报警及统计；炉管壁温测点运行记录的存储；根据评估结果，可给出必要的维修、更换及检验建议。

（1）设备信息管理。设备信息管理是针对寿命管理系统所涉及的部件信息进行管理。包含的信息主要是设备的设计、制造、安装、运行、检验、维修、经济性等方面的信息。该模块的主要功能是为设备的状态评估和寿命评估提供统一的设备原始数据，并对设备的维修、更换数据等进行及时更新。其主要功能包括：机组信息的查询、添加、删除、修改，锅炉管信息的查询、添加、删除、修改等，锅炉管当量金属温度、应力、残余寿命报警阀值设置，锅炉管壁温测点报警阀值设置，换管管理，检修文档管理，测点信息管理，评估点信息管理，在线评估基准数据管理，运行班值考核管理，运行历史查询。运行历史查询是指对设备状态的历史记录进行查询，其中以对运行参数（温度）的查询浏览为主。

该系统提供了丰富的查询及显示方法，借助这些方法，电厂工作人员还可以进行运行记录的趋势分析。它提供以下功能：锅炉管当量金属温度、应力、寿命报警记录查询；锅炉管当量金属温度、应力、寿命历史记录查询；锅炉管壁温测点运行记录查询和趋势分析；历史时刻管排温度场分布；锅炉管测点超温历史查询；锅炉测点某时间段内温度分布频率图。

(2) 超温统计分析。当连续实时地从电厂生产数据库获取设备温度数据时，系统将会对每个测点进行超温判断，记录下每次超温的持续时间、超温最高幅度、超温平均幅度。用户可以通过选定时间段来统计该段时间内超温累计时间、超温次数、超温幅度平均值。此外，超温统计模块还提供对测点进行风险计算和风险排序的功能，为检修人员提供指导。它主要包括以下两部分：测点超温统计；测点超温记录；测点超温月报；运行班值超温考核。根据电厂生产管理的需要，本系统提供了运行班值超温考核功能，它根据电厂的运行轮值表自动实现对各运行班值当值期间发生的超温信息进行统计，无需手动干预即可实现各项指标统计分析，主要有班值运行记录报表、班值运行统计报表、班值运行统计月报、轮值计算基准日期管理、班值统计测点管理。

(3) 报告生成及打印。本系统可以自动生成丰富的分析报告（报表），并可直接打印。分析报告主要有评估点报警统计报表、评估点报警记录报表、测点超温统计报表、测点超温统计月报、运行班值超温月报。

二、轴承寿命管理

锅炉管寿命管理系统所引用的管理理论，表达的是一种“折寿法”寿命评估系统，即设备的剩余寿命＝设备设计安全运行寿命－至今为止实际消耗的寿命。把这种“折寿法”寿命评估系统引入到转动设备中最易损坏，且是疲劳交变损伤的滚动轴承寿命评估管理上，必将对寿命管理思想的推广产生积极的作用。

设备管理的真正目的是延长设备的寿命、延长检修周期。利用 ERP 技术并结合影响因素分析，实时在线地评估设备寿命无疑是设备精细化管理的方向。而滚动轴承是发电厂中最常用的部件。又是转动设备最关键的部件。提高滚动轴承寿命，对提高转机的可靠性甚至对电厂的安全稳定运行都有非常积极的意义。影响滚动轴承寿命的因素有很多，影响关系更加复杂，在此仅用定性分析和借助于风险评估技术得出定量分析的结论，在深度和广度上还有许多值得探讨的地方。

利用以上分析的结论，结合计算机 ERP 技术，可以实现全厂滚动轴承剩余寿命的在线检测，同时设置寿命状态，用红、黄、蓝、绿显示剩余寿命的等级，既可以及时提示运行人员，又可以为设备管理人员提供制定检修策略的依据。

案例一：折寿法评估滚动轴承寿命分析——影响因素分解分析

1. 基本情况

设备管理的最高境界不仅是设备的故障诊断与处理，也不仅是定期检查防止突发性事故的发生，而是延长设备寿命、延长检修周期，提高设备的使用率。这样既增加了可靠性，又提高了经济效益。例如，我厂两台 200MW 机组、四套中间储仓式制粉系统、四台排粉机每天切换运行，轴承始终在最恶劣的状态下工作，但由于采取的措施得力，维护到位，四台排粉机的轴承运行时间最短的已达 35 000h，最长的已达 45 000h。可以说，只要措施正确，执行到位，延长设备寿命是可行的。而用折寿法正确的评估轴承寿命，不但能半定量的得出剩余寿命和寿命状态给运行人员和设备管理人员及时的警示，而且由于对影响寿命的因素进行了较仔细的分析和跟踪研究，可以找出影响寿命的主要因素，通过结构改造、换型，加强维护等措施，就可以达到延长寿命的目的。

轴承是转动设备的核心，它的状态直接影响转动设备的状态，影响整个系统的可靠性。据统计，一台 20 万 kW 机组有转动设备几百台，使用滚动轴承几千只，可以说滚动轴承的好坏直接影响发电设备的可靠性，甚至严重影响机组的安全稳定运行。所以进行滚动轴承寿命分析研究，对推动以可靠性为中心的设备状态检修有积极意义。

滚动轴承的寿命受到很多因素的影响，如设计结构、运行工况、维护与保养等。通过分析找出每一影响因素对寿命影响的大小和计算方法，然后用折寿的方法逐步扣除寿命，得出剩余寿命，表明（显示）轴承的状态，就可以为监视和控制轴承状态提供手段，为制定维修方案提供信息支持，为提高设备可靠性打下基础。

2. *寿命影响因素分析*

寿命影响因素分析见表 3-3（影响系数用风险评估的方法讨论确定）。

（1）新轴承质量。轴承质量的好坏直接影响寿命。影响轴承质量的有轴承的材质、硬度、尺寸精度、加工工艺等，反映到整体上，即由厂家保证。国内有名的轴承厂家有瓦房店轴承厂等，国外厂家有 SKF、KFG、精工等。假如 SKF 轴承影响系数为 1，则国内较好的轴承为 0.8，一般为 0.5。

（2）结构设计合理性。根据转动设备所承担任务的要求进行合理的匹配和结构设计关系很大。例如，推力轴承的选择计算、膨胀是否顺畅、内外圈是否容易松动等，认为影响系数为 0%～20%，即合理的结构和良好的润滑方式可以大大提高轴承寿命。

（3）运行工况。设备运行工况如转速、启停特点（频繁启动，不频繁启动）、负荷特点（稳定、不稳定）、振动大小、温度高低都影响轴承的寿命。对启停频繁的轴承，每次启停都要折寿，可达启停过程时间的 20 倍。不稳定负荷使轴承受到的交变应力过大，影响系统达总寿命的 20%。不同的振动和温度水平影响寿命，影响系数为 1.2、2 和 4～6。

（4）维护保养。维护和保养是保证轴承寿命的必要手段，现场许多轴承寿命提早到期都是因为维护保养不及时、不彻底。对延期保养和保养不彻底的要扣除一部分寿命，不及时扣延期的 4 倍，不彻底扣运行时间的 1.3 倍。

（5）环境污染。现场设备运行环境差别很大，有的在燃料系统运行，煤粉多；有的在灰渣系统运行，灰水多等，都影响轴承润滑的环境，按颗料度和水的多少，扣除一部分寿见表一：详细分解分析。

表 3-3　　寿命影响因素分析

<table>
<tr><th>序号</th><th>因　素</th><th>影响因素</th><th>折寿计算（预评估）</th><th>备注</th></tr>
<tr><td>1</td><td>生产厂家</td><td>质量保证（进口、合资、国产等）</td><td>扣总寿命 0%～50%</td><td>用风险评估讨论方法确定</td></tr>
<tr><td rowspan="7">2</td><td rowspan="7">设计</td><td>（1）结构合理性</td><td></td><td rowspan="3">膨胀受阻，外圈易松动等，系数用风险评估方法讨论确定</td></tr>
<tr><td>a. 合理</td><td>0</td></tr>
<tr><td>b. 不合理</td><td>扣总寿命 0%～20%</td></tr>
<tr><td>（2）润滑方式</td><td></td><td rowspan="4">系数用风险评估方法讨论确定</td></tr>
<tr><td>a. 稀油压力油循环</td><td>0</td></tr>
<tr><td>b. 稀油甩油杯</td><td>扣总寿命 5%</td></tr>
<tr><td>c. 油脂</td><td>扣总寿命 10%</td></tr>
</table>

续表

序号	因　素	影响因素		折寿计算（预评估）	备注
3	运行状况	（1）转速			系数用风险评估方法讨论确定
		a. 1500r/min		1	
		b. 3000r/min		0.4	
		c. 750r/min		1.8	
		d. 500r/min		2.5	
		（2）启停特点			
		a. 频繁		每次启停，扣启停时间×20倍	
		b. 不频繁		0	
		（3）负荷特性			
		a. 稳定		0	
		b. 不稳定		扣总寿命10%～20%	
		（4）状态参数			
		a. 振动	优	0	
			良	扣运行时间×1.2	
			合格	扣运行时间×2	
			不合格	扣运行时间×（4～6）	
		b. 温度	优	0	
			良	扣运行时间×1.2	
			合格	扣运行时间×2	
			不合格	扣运行时间×（4～6）	
4	维护保养	（1）加油脂			系数用风险评估方法讨论确定
		a. 不及时		扣延期×4	
		b. 不彻底		扣运行时间×1.3	
		（2）润滑油更换			
		a. 不及时		扣延期×4	
		b. 不彻底		扣运行时间×1.3	
5	环境污染	（1）粉尘等颗粒			系数用风险评估方法讨论确定
		a. 重		扣总寿命2%	
		b. 轻		0	
		（2）水			
		a. 重		扣总寿命2%	
		b. 轻		0	
		（3）粉、水			
		a. 重		扣总寿命5%	
		b. 轻		0	

3. 寿命计算与例析

（1）寿命计算：

剩余寿命＝总寿命－正常运行时间消耗寿命－特殊消耗寿命

总寿命：轴承出厂时的设计寿命（小时数）

正常运行时间消耗寿命：轴承实际运行小时数。

特殊消耗寿命：由于质量保证、结构设计、运行状况、维护和环境因素等特殊原因消耗的寿命。

（2）例析：送风机轴承组寿命预测计算。

1）假设：

① 设计寿命为 50 000h。

② 运行时间已达 2 年，一般约 12 000h。

③ 特殊消耗寿命：a. 轴承质量，设轴承为 SKF，系数取 1；b. 轴承组设计，很不合理（外圈易松动），扣 20%；c. 润滑方式采用油脂，充满度和连续性不好，扣 10%；d. 运行工况不稳定，随负荷调整变化，轴向变化较大，扣总寿命 20%；e. 启停次数很少，运行中振动、温度均达优，维护保养都很及时的情况下，特殊消耗寿命为 50 000×50%，即 25 000h。

2）计算得出：

剩余寿命＝50 000－12 000－25 000＝13 000（h）

4. 延长轴承使用寿命的措施

由以上分析可知，影响轴承寿命的主要因素是轴承出厂时的质量，出厂设计的合理性，运行和维护的及时性、彻底性及环境等，针对这些因素可以采取相应的措施来延长寿命。延长轴承使用寿命的措施主要有：

（1）设备“优生原则”。技术设计是关键一环，做好设备选型，设计好轴承结构和润滑方式，造好轴承，是保证轴承寿命的关键。

（2）设备优选原则。制造厂家的质量影响很大，作为使用单位，一定要严把质量关，加强验收，优选制造厂家，确保供货质量。

（3）设备“优用原则”。优化运行工况，加强维护保养是延长轴承的重要手段。如我厂排粉风机的轴承，把振动水平一直控制在 0.05mm 以内，达优良级，而以前一般控制在 0.1mm 左右；维护保养方面，现在每三个月换油一次，以前一个小修才换一次。通过这些措施，四台排粉机轴承使用寿命都比以前增长了一倍，最长运行时间已达 8 年，约 40 000 h。

三、电力、电子器件在工业控制上的寿命评估分析与对策

随着电子技术、计算机技术的不断发展和应用，现代的工业控制现场，已经不是简单的仪器仪表，也不是过去众多的控制线路板来实现现场的工艺流程。在现在的工业控制现场，已经采用了很多的总线式的控制器，如 PROFIBUS、以太网，已经将很多的控制器分散到现场各个角落。有的工业控制现场，控制系统可以放在一起，但每个执行单元和测量单元就必须放在现场的每个角落。

许多的发电厂采用分散控制系统（DCS），该系统的电子处理单元大部分集中在一起，成为电子间。然后运行人员监视、操作的地方为集中控制室。这些地方，都是 DCS 系统的核心。该系统的运行是否稳定可靠，取决于各个子系统、子单元的稳定。实际上就是取决于

各个电子控制系统中的电子线路处理单元是否正常稳定地工作。对于这些电子单元、完整的输入输出子系统的控制板，我们暂以整机来代替描述。

众所周知，整机是由元器件组成的，元器件的可靠性直接影响整机的可靠性。大量的电子整机故障统计表明，电子元器件失效在整机故障分布中占首位。美国 HP 公司整机在保质期间发生故障的原因，75%来自于元器件。我国“七五”期间，军用航空电子设备发生故障的原因，40%是由于设计不合理造成的。电子元器件的可靠性包括固有可靠性和使用可靠性两个方面。固有可靠性是可靠性的基础，没有可靠的元器件，再完善的设计也不可能使整机系统的可靠性达到设计要求。元器件的固有可靠性一般是指元器件制造完成时所具有的可靠性，它由元器件的设计、工艺、制造、管理和原材料性能等方面因素所决定；使用可靠性则指元器件用于整机系统时所具有的可靠性。它不仅与元器件的固有可靠性有关，而且与元器件从制造出厂至失效所经历的工作与非工作条件有关。在元器件质量水平相同的基础上，由不同单位、不同人使用，所表现的可靠性水平不同，这里面就有一个使用可靠性的问题。如果元器件使用过程中受到各种不适当的电、热、机械和化学等应力的作用，将对元器件的可靠性造成严重影响。下面将分类分析其寿命影响因素。

1. 元件的筛选对寿命的影响

电子单元在制造前，必须选用质量好的元器件，所以元器件的质量好坏对电子单元的影响至关重要。一般在制造工厂，都是经过严格的筛选。一般经过以下流程筛选：各种电子元器件的筛选程序，主要包括：普通半导体晶体管、大小功率可控硅、场效应晶体管、光敏晶体管等。经过以上的元件筛选，才能被运用到电子单元进行组装焊接。经过这样的元件筛选，生产出来的产品才能具备合格的质量。但有的厂家（一般小厂）不进行筛选，势必造成产品在上电运行后的短时间内即出现故障。

筛选顺序为外观检查、常温初测、高温储存、温度循环、密封性检查、常温终测、外观检查、跌落、高低温测、电功率老化、终测合格、出筛选报。

2. 元件的人工焊接质量

目前，电子线路板的焊接，多采用机器表贴焊接，但对于有些电子单元，仍然需要采用人工焊接，如大功率的功率模块、电气高压变频器的功率器件等。由于器件大，引线粗而且短，在整机的空间的位置不同于线路板上的器件，所以在组装线上，都需要进行人工的手工焊接。人工焊接的质量取决于工作人员的工艺水平，有些焊点、焊盘在焊接后处于半虚焊状态。这些缺陷，在厂内的检测老化过程中很难被发现。只有经过了长时间的运行和焊点的自然变化，才会在一定期间表现出来，而该故障的出现是没有规律的故障，时而正常，时而不正常，让检修人员很难判断出故障所在点。而对于检修浸焊的焊接方式，其整体质量比较一致和稳定，较少出现故障。

3. SMT 的表贴质量

提到 SMT 的焊接质量，我们首先可能会想到回流焊的工艺和控制。回流焊确实是 SMT 的关键工序之一，表面组装的质量直接体现在回流焊的结果之中，但 SMT 焊接质量问题却不完全是回流焊工艺造成的。SMT 焊接质量除了与回流焊工艺（温度曲线）有直接关系外，还与 PCB 设计、网板设计、元件可焊性、生产设备状态、焊膏质量、加工工序工艺控制以及操作人员素质和车间管理水平有密切关系。上线生产前，如果元器件的焊端或者 PCB 焊盘部分被氧化，回流焊时会产生大量的焊接缺陷，主要表现为润湿不良和虚焊，给产品长期可靠性带来极大隐患。对于这样的问题，我们的电子单元目前还没有出现因表贴的焊接问题引发的故障。

4. 器件的降额设计选型、余量选型对整机的影响

电子器件在设计时，应该考虑到运用的场合，选定合适的器件及规格来与其对应。例如，电容器的额定工作电压是在一定环境温度条件下给定的，当温度超过允许的环境温度时，温度每上升10℃，电容器的使用寿命要降低一半。以钽电解电容为例，在250℃时工作电压为43V，在1250℃时下降到23V。钽介电容器规定额定工作电压，当环境温度超过+850℃时，额定工作电压要比标称值降低一挡电压使用。如额定电压为25V电容应降到16V使用，这并不等于降额设计，降额设计应在16V的基础上按降额要求才算达到了降额设计要求。

5. 现场运用环境对寿命的影响

据某企业不完全统计，外部环境因素改变造成的电气设备故障占设备整体故障的62%，可以看出运用的环境很重要。具体外部环境因素对电气设备寿命的影响见表3-4。

表3-4　具体外部环境因素对电气设备寿命影响

外部因素	增加故障率	设计寿命缩短
温度	36%	33%
相对湿度	41%	52%
粉尘	25%	17%
海拔	7%	6%
人为及物触	3%	5%
其他	2%	2%

(1) 温度影响。电气或电子设备在运行中如果温度过高或过低，超过允许极限值时，都可能产生故障。

1) 对导体材料的影响。温度升高，金属材料软化，机械强度将明显下降。铜金属材料长期工作温度超过200℃时，机械强度明显下降。铝金属材料的机械强度也与温度密切相关，通常铝的长期工作温度不宜超过90℃，短时工作温度不宜超过120℃。温度过高，有机绝缘材料将会变脆老化，绝缘性能下降，甚至击穿。

2) 对电接触的影响。电接触不良会导致许多故障。

3) 对元器件的影响。从某种意义上讲，在未损坏的情况下，温度对电气元件的影响主要体现在零漂和线性度上，过高的气温导致器件散热效果下降，温度上升，超过其极限时会发生击穿、短路、断路等器件损坏性故障。首当其冲的就是热敏电阻与电解电容，电解电容在低温的时候（多少度会有所不同），容值会减少一半甚至失容；高温的时候寿命会直线下降，所以所有的电子产品在计算寿命的时候都是按照电解电容来算的。

(2) 湿度影响。绝大部分电气设备都要求在干燥条件下使用和存放，当然过低的湿度（环境特别干燥）会产生静电对电气设备使用不利，需要控制在适当的湿度范围内。据统计，全球每年有1/4以上的工业制造不良品与潮湿的危害有关。对于电子工业，潮湿的危害已经成为影响产品质量的主要因素之一。

1) 对集成电路的影响。潮湿对半导体产业的危害主要表现在潮湿能透过集成电路

(IC) 塑料封装从引脚等缝隙侵入 IC 内部，产生 IC 吸湿现象。在表面贴装（SMT）过程的加热环节中形成水蒸气，产生的压力导致 IC 树脂封装开裂，并使 IC 器件内部金属氧化，导致产品故障。此外，在 PCB 的焊接过程中，因水蒸气压力的释放，亦会导致器件虚焊。

2）对液晶器件的影响。液晶显示屏等液晶器件的玻璃基板和偏光片、滤镜片在生产过程中虽然要进行清洗烘干，但待其降温后仍然会受潮气的影响，降低产品的合格率。因此在清洗烘干后应存放于相对湿度 40%以下的干燥环境中。

3）对其他电子器件的影响。电容器、陶瓷器件、接插件、开关件、焊锡、PCB、晶体、硅晶片、石英振荡器、SMT 胶、电极材料粘合剂、电子浆料、高亮度器件等，均会受到潮湿的危害。

电子电气设备在使用过程中受到湿度的危害，如在高湿度环境下使用时间过长，将导致故障发生。对于计算机板卡 CPU 等会使金属氧化导致接触不良发生故障。大多数电子电气设备的使用环境相对湿度应该在 40%以下，但湿度太低容易引起静电，所以合理控制湿度范围是根据电子设备的具体情况而定的。

(3) 粉尘影响。粉尘影响电子电气设备的控制系统及其他电子元器件的可靠性，使设备使用寿命缩短，产品质量无保障，工作条件及环境变差。各种烟尘和废气对人体会造成伤害。

1）造成电气设备短路。据工业现场有关统计，工业生产过程中产生的粉尘大多为矿物性粉尘和金属性粉尘，而这些粉尘的比电阻都不高，如煤粉尘的比电阻为（1.47×10）～（9.06×10）Ω·cm，又由于粉尘的尘粒荷电性（飘浮在空气中的尘粒有 90%～95%带正电或带负电），吸水性（吸水量多少与环境温度、湿度有关），很容易使粉尘在电气设备的周围凝集沉降，从而减少了电气距离，破坏了电气设备的绝缘强度，在线路过电压或电气操作过程中极易造成电气击穿短路事故。还有粉尘堆积在端子板上，造成电气误动、短路等，对其安全运行造成很大危害。从我厂的运行设备上看，最明显的是在输煤系统上，在 DCS 卡件上已经采用了防尘方式处理，即所有的卡件均涂有 3 防漆，煤粉聚集在板卡表面，也不影响板卡的运行，但对于插件，后面的继电器部分，是没有办法就像处理，所以，在该系统上，也发生过继电器扩展板上被煤粉短路的烧坏端子的现象。

2）造成电气开关接触不良。粉尘堆积于电气开关的触头之间、电磁铁心之间都会造成电气开关接触不良故障，尤其是在继电器-接触器控制电路中影响最大。电气控制系统动作不稳定，时好时坏，从而引起单相运行触头粘连等现象，时常造成设备事故的发生。

3）粉尘造成的通风不良。电动机的冷却是由通风道的排热、自带风扇强迫冷却和机壳散热所完成的，往往由于通风道粉尘堵塞或机壳上粉尘堆积，使电动机的温度比平常情况下高出 10℃以上，造成电动机运行温度过高，承载能力下降。

6. 电子部件、整机现场维护的几点建议

对于以上的分析和研究，基本上对电力部件、电子部件和整机的故障以及寿命有所了解，但其寿命受很多的因素影响，所以，运行中的维护对其寿命有不可忽略的影响。

(1) 严格控制温度、湿度。电子器件温度控制在 18～25℃范围内。温度越低，电子器件工作寿命就会越长，但温度过低，结露就很容易产生，所以，要根据现场的情况，合理控制温度，保证在不结露的情况下，尽可能的低温运行。

(2) 对于采用以太网方式的信息传输节点，时间久了，会产生积灰，可以采用清洁剂定期对 RJ45 的连接器进行清洗，以保证接触良好，信息传输可靠。清洗后仍然不能可靠接触的节点，需要更换水晶头，重新压接。

（3）对于灰尘大的场合，需要定期及时去除粉尘，防止发生短路烧坏器件。

（4）对于有腐蚀性气体的环境，要及时将有害气体排出，防止腐蚀电子设备。

（5）保证设备通风，及时清洗空气滤网，使通风良好，防止结露和保证散热。

（6）定期需要对电子设备内部清洁，防止积灰，以免影响内部的散热和使绝缘性能下降。

（7）对于带有接插件的电子部件，可以定期插拔几次，使其表面的氧化层通过摩擦去除。

（8）有些部件现场运行热量大，设计无强制冷却或冷却不足的，可以进行改良性维护，增设风扇，采用强制风冷方式，使其温度下降，延长其寿命。

案例二：烧坏的火检卡件（见图 3-9）

分析原因：厂家采用的是表贴电容器件，对 24V 的恒流回路进行供电滤波。该电容采用了 35V 的耐压，温度正常为室温，但当器件使用多年后，器件的本身老化，其耐压不会一直处于 35V 的耐压水平。该 35V 的耐压水平为长期使用的最高电压，其余量只有 11V，一旦器件的周围温度变化，耐压就会有所下降，加上器件使用多年后的耐压下降，再加上器件的个别差异（个体质量），极易发生因耐压不足而击穿。而击穿后就会呈现短路状态，该电容器短路后，电流很大，首先将自己烧坏，在烧毁的同时，PCB 上的覆铜载流超出正常的负荷能力，进而将串联的覆铜、接插件铜膜烧坏，造成底板的烧毁。虽该故障已经通报相关厂家，厂家也没分析出原因给出回应，但该故障比较容易分析和代表性突出。一般情况下，每个元器件主要电参数的降额数值，并在设计评审中对元器件应力进行分析，从评审中可以定量地发现设计中的问题，以便及时得到更正，达到可靠性设计要求，尤其是对于大功率的器件，余量是必须考虑的因素，尽可能地将余量放大。据某企业不完全统计，外部环境因素改变造成的电气设备故障占设备整体故障的 62%。由此可以看出使用的环境很重要。

案例三：电容失效（见图 3-10）

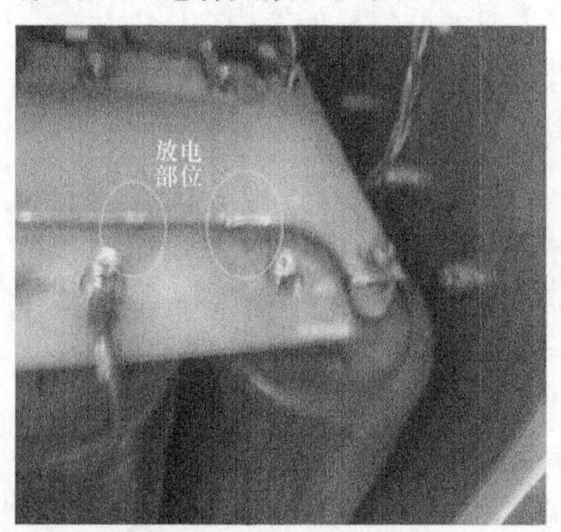

图 3-9　卡件损坏

图 3-10　电容失效

为 DCS 系统用的 MMI 站的人机接口用的计算机，从该图看出，CPU 的散热器排风路线上，正好有一排电容，其热量源源不断地吹到电容上，使电容长期在高温下运行，使内部液体膨胀，内部的电解液体压力升高，最终从电容器的防爆口流出液体，使其电容失效损坏。

案例四：变频器故障（见图 3-11 和图 3-12）

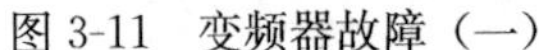
图 3-11　变频器故障（一）

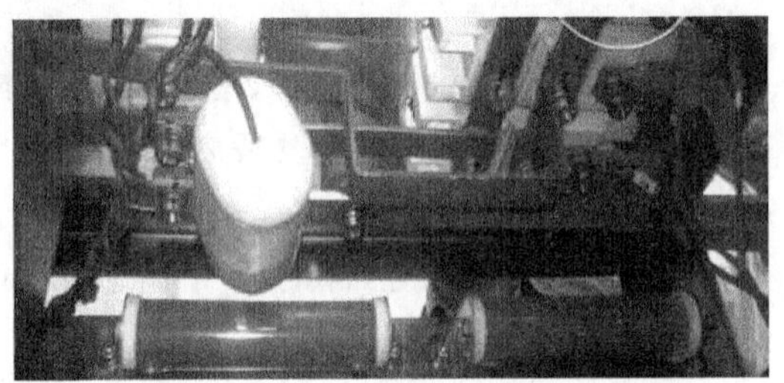
图 3-12　变频器故障（二）

在电气凝泵变频控制的 6kV 高压变频器中，有一台变频器发生故障后，电气检修工作人员打开外壳进行故障分析排查，发现模块板与电极板发生高压放电，而这些放电，没有其他的因素，总线电压不会升高，只会导致空间绝缘下降，空间绝缘为何会下降？金属板表面没有明显的灰尘，放电可能具由于湿度过大，内外部温差大，空气内外流动小，产生结露，放电就为必然。如何防止该现象的发生，有 3 种措施：①可以采用机壳内通风，使内外温差变小，有效防止结露；②采用电子防漆进行绝缘处理，即使结露，也可有效防止放电；③控制房间的湿度、温度，温度不宜太低。电子电气设备在使用过程中受到湿度的危害，如在高湿度环境下使用时间过长，将导致故障发生。对于计算机板卡 CPU 等会使金属氧化，导致接触不良，发生故障。大多电子电气设备的使用环境相对湿度应该在 40%以下，但湿度太低容易引起静电，所以合理的湿度范围是根据电子设备的具体情况而定。

四、辅机寿命管理

发电设备重要辅机出现故障，会影响设备寿命。寿命特性曲线称为“浴盆曲线”。在设备的整个寿命周期内，设备的磨损速度和程度是不平衡的，有针对性地通过检修来控制磨损，能够延长设备的寿命，带来可观的经济效益。对于有型磨损，需要用不同的探察方法加以检测，根据磨损的发展在适当的时间采取不同的维修措施加以补偿。

设备寿命与很多因素有关，其中维修是一个非常重要的因素。而推行精密点检有利于延长设备的使用寿命和经济寿命。

设备寿命的概念在工程实际中主要用于设备预期使用年限的确定、设备可靠性的评估、设备运行方式的优化、维修与更换周期的确定、设备运行经济性核算等方面。对处在复杂受力或环境条件下工作的、对可靠性要求高的发电设备，通过优化检修和状态检修来延长其寿命具有重要意义。

通过精密点检找出设备劣化倾向和趋势并开展优化检修的定修也是精密点检工作的主要内容之一。重要辅机在开展状态监测、故障诊断的同时，结合机组的计划检修，和易磨损件的劣化趋势进行状态检修。机组的检修计划是 C→C→B→C→C→A，大修周期是 4 年，每 8 个月进行一次小修，中间进行一次中修。

易磨损件是影响设备寿命周期的关键部件。它的寿命决定了设备的寿命，也就决定了设备的检修时间。而易磨损件的劣化趋势和寿命也是可以改变、延长的。通过改造可提高材料的耐磨性，改变结构和加强维护保养等手段都可以大大延长易磨损件的寿命，延长整个设备的使用寿命，达到最佳的经济效果。排粉机叶轮在 1993 年刚投产时，一个月就要更换。后来在叶片上堆焊铁一105 耐磨合金，使寿命延长到 8 个月，又对粗细粉分离器进行改造，减少三次风（乏气）带粉量，最终使叶轮的寿命延长到 4 年。磨煤机原衬板材料为 ZGM13Cr2，结构为拧紧锲、固定锲结构，寿命是 2 年要局部更换，4 年全换。后来改造成自固无螺栓衬板，材料为高铬铸钢，结构为自固无螺栓结构，使用寿命已达 10 年以上。七个重要辅机的优化定修见表 3-5。

表 3-5 重要辅机定修周期

序号	名称/型号	易损件	检修内容	更换周期（年）	备注（采取措施延长寿命）
1	排粉机 M5-36-1121D	叶轮	更换	4	每个小修（8 个月）检查磨损情况
		轴承	更换	6	控制振动，及时换润滑油
		电动机轴承	更换	4	按时加润滑脂
2	磨煤机 DTM380/720-Ⅲ	衬板	更换	10	高铬铸钢无螺栓衬板，每个小修（8 个月）检查磨损情况
		扇形衬板	更换	5	每个小修（8 个月）检查磨损情况
		减速机轴承	更换	8	及时换润滑油
		小牙轮轴承、轴套	更换	6	及时加润滑脂
		小牙轮齿轮轴	更换	10	及时加润滑脂
		进出口螺旋管	更换	8	每个小修（8 个月）检查磨损情况并焊补
3	吸风机 AN25ed（V13+9°）	主轴承	更换	5	及时加润滑脂
4	送风机 AN16ed（V19+4°）	主轴承	更换	4	及时加润滑脂
		电动机轴承	更换	4	及时加润滑脂
5	给泵 50CHYA/5	机械密封	更换	2	每天检查滤网，及时清理
		液力偶合器	解体	8	检查齿轮、轴瓦及勺管
6	凝泵 16NL-18	电动机轴承	更换	4	及时加润滑脂
7	循泵 1200HLQ-16	橡胶轴承及轴套	更换	2	控制检修质量，减少振动

在具体实施时，检修周期还要结合当时设备状态监测与分析的情况，如果状态较好，可以适当延长检修间隔。总结出来的检修周期，不是一成不变的，应该根据改造、维护保养、状态控制（振动、温度等）等情况，进行动态调整，实现状态检修。

第二章

设备可靠性管理

随着电力系统向超高压、远距离、大容量、大机组、高自动化水平方向发展，组成系统的设备越来越复杂，对人员素质的要求越来越高，影响电力系统可靠性的因素越来越难以预测。与此同时，现代科学技术的发展使国民经济各部门对电力系统可靠性的要求日益提高，这使得电力系统安全可靠性问题变得更加突出。因此，加强电力系统可靠性管理，提高电力系统运行可靠性是电力企业现代化管理的一项重要内容。

从可靠性的观点看，发电设备是可修复系统，因此检修决策、状态检修的策略与发电设备的可靠性管理与评价紧密相关。

关键是，用以可靠性为中心的状态检修才可以回答，设备划分怎么划？点检的八定怎么定？检修项目怎么定？设备异常时怎么决策？

可靠性是一个应用广泛的名词，一个产品、一个系统、一个生产过程，甚至一个社会实践过程都会有不同概念的可靠性问题。在应用科学和工业领域，可靠性的定义涉及四个基本要素：概率、性能、寿命和工作条件。可靠性是指产品（泛指零部件、结构和设备等）在规定的寿命期间内和在规定的工作条件下能够执行规定功能的概率。

它与规定的时间 t 有一种函数关系，记为 $R(t)$，有时称为"可靠度函数"，如用概率形式表示，即为

$$R(t)=\begin{cases}P[T>t] & (t\geqslant 0)\\ 1 & (t<0)\end{cases} \tag{3-20}$$

其中 T 是产品的寿命，是一个随机变量。式（3-20）表示在时间 t 的可靠度，即产品的寿命（或失效时间）至少要比时间 t 长的概率。产品的寿命 T 是一个不能预先确定的随机变量，它可能比预定的时间 t 长，也可能比 t 短。如果其概率分布已知，那么式（3-20）是可以计算的。可靠性函数在可靠性研究中是一个很重要的特征量，通过这个量，我们就可估计出产品在时间 t 以前能正常工作的可能性有多大。

失效分布在可靠性分析中至关重要。研究表明，在大多数工程问题中，疲劳寿命遵循对数正态分布或韦伯（Weibull）分布。

瑞典物理学家韦伯（Weibull）在1939年提出了韦伯分布，并把它应用到疲劳试验的数据分析中，而对数正态分布很早就应用于疲劳试验中。对数正态分布或韦伯分布广泛应用于对零部件和产品的寿命分析，在可靠性分析中占有重要的地位。

对数正态分布函数为

$$F_{\mathrm{LN}}(x;\sigma,\mu)=\frac{1}{\sigma\sqrt{2\pi}}\int_0^x\frac{1}{t}\mathrm{e}^{-\frac{1}{2}\left(\frac{\ln t-\mu}{\sigma}\right)^2}\mathrm{d}t \tag{3-21}$$

式中　μ——对数均值；

σ——对数标准方差。

韦伯分布函数为

$$F_w(t;m,\eta,\gamma)=1-e^{-\left(\frac{t-\gamma}{\eta}\right)^m} \tag{3-22}$$

式中　m——形状参数；

η——尺度参数，又称为特征寿命；

γ——位置参数，又称为起始参数或最小寿命。

当 $m=1$ 时，F_w 称为两参数指数分布密度函数，因此，指数分布是韦伯分布的特殊情况。

疲劳是一个随机现象，疲劳裂纹的萌生和扩展是一个随机过程。构件和结构的疲劳寿命一般取决于材料性能、裂纹萌生部位的几何形状、应力-应变历史、环境和其他在结构寿命期间可能发生的一些随机因素。因此，用常规的方法进行疲劳设计无法克服疲劳过程的随机性，这样，用概率统计的可靠性设计方法进行疲劳设计就势在必行。

电力生产在国民经济中所处的重要地位，以及电能产品生产销售过程的特殊性，使得电力生产系统成为一个极其庞大复杂的系统。因此，就电力系统本身而言，它的可靠性问题是一个多层次的管理问题，涉及电力设备的可靠性、电力网络的可靠性、电力系统规划设计中的可靠性、基建施工中的可靠性、生产运行中的可靠性等各个环节。作为电力生产系统的中心环节，电力设备的可靠性可定义为：发电设备在规定条件下，在规定的时间内，完成规定功能的能力。其中，规定的条件是指发电设备所处的使用条件、维护条件、环境条件和操作条件；规定的时间是指广义的时间概念，不限于年、月、日等常规时间概念，也可以是与时间成比例的循环次数、距离等；完成规定的功能是指发电设备不发生故障连续可靠运行；能力指的是具有统计学意义的、用概率和数理统计的方法处理的、可以量化的描述。

描述设备可靠性的主要参数如下。

设备自身所具有的可靠性能称为固有可靠性。设备运行可靠性是其固有可靠性在给定运行条件下的性能表现。描述设备可靠性的主要参数如下。

1. 故障概率密度

在规定条件下，在规定时间［0，t］内，设备完成其规定功能的概率称为设备的可靠度，记作 $R(t)$。就设备固有可靠性表现而言，设备只有可靠运行与不可靠运行两种相斥状态，故设备的不可靠度为 $F(t)=1-R(t)$。

受运行过程中各种环境因素的影响，以及设备的磨损，设备运行可靠程度随运行时间积累而逐步降低，也就是说，设备可靠度在设备的持续运行中是一个衰变过程，用公式表示为 $-R'(t)=F'(t)=f(t)$，式中 $f(t)$ 定义为故障概率密度。在工程应用中，故障密度函数常用作故障判定的手段。

2. 故障率

故障率是描述发电设备故障规律的主要指标，是指发电设备在［0，t］时间内不发生故障的条件下，下一个单位时间内发生故障的概率，记作 $\lambda(t)$。其表达式为

$$\lambda(t)=\lim_{\Delta t\to 0}\frac{P\{t\leqslant\tau<t+\Delta t\mid\tau>t\}}{\Delta t} \tag{3-23}$$

$\lambda(t)$ 描述了设备在运行中由于 $f(t)$ 引起可靠度衰变的规律，从而说明设备在 $t+\Delta t$ 时刻由正常转变为故障的演变特性。根据定义，定量描述设备由正常状态向故障状态的转移

过程特征量为 $f(t)=\lambda(t)R(t)$，进一步可导出 $\lambda(t)=-R'(t)/R(t)$，$R(t)=\mathrm{e}-\int\lambda(t)\mathrm{d}t$。

对于发电设备，在有效寿命期里，$\lambda(t)$ 一般可认为是常数，即 $\lambda(t)=\lambda$，于是有

$$R(t)=\mathrm{e}^{-\lambda t}$$

3. 平均无故障运行时间 $MTBF$

如前所述，$MTBF$ 是设备可靠运行时间的期望值，它表示设备在连续运行中形成故障前所需的平均积累时间，其表达式为

$$MTBF=\int_0^{\infty}\mathrm{e}^{-\lambda t}\mathrm{d}t=1/\lambda \tag{3-24}$$

平均无故障运行时间揭示了设备故障率就是设备由可靠状态转变为不可靠状态历程的单位时间变化率。为了提高设备的无故障运行时间，必须尽量降低设备的故障率。

4. 检修度与修复率

检修度描述设备进行检修的难易程度，是指设备在规定条件下，在规定时间 $[0, t]$ 内能修复的概率，记作 $M(t)$。其表达式为

$$M(t)=P(0\leqslant T<t)=\int_0^t g(t)\mathrm{d}t \tag{3-25}$$

式中　T——故障设备的检修时间；

$P(0\leqslant T<t)$——设备能在 $[0, t]$ 时间内修复的概率；

$g(t)$——检修概率密度函数。

修复率是表征故障设备功能修复过程的特征量，通过检修概率密度函数 $g(t)$ 描述其修复过程各时刻的概率变化情况，用 $\mu(t)$ 表示。

$$\mu(t)=\lim_{\Delta t\to 0}\frac{1}{\Delta t}\cdot P\left\{\frac{\text{在 } t+\Delta t \text{ 时间里得到修复}}{t \text{ 时刻尚未修复}}\right\}=\frac{M'(t)}{1-M(t)}=\frac{g(t)}{1-M(t)} \tag{3-26}$$

$\mu(t)$描述了设备在检修中由于$g(t)$所引起的检修度变化的规律，与设备故障率的分析方法类似，定量描述设备由故障到修复过程的特征量为 $g(t)=\mu(t)[1-M(t)]$。对于发电设备，检修时间 T 一般服从指数分布，$\mu(t)$可认为是常数，即 $\mu(t)=\mu$。

5. 平均故障修复时间 MTTR

平均故障修复时间是由检修概率密度确定的参数，描述了设备由故障状态转为正常状态所需时间的长期统计平均估计值，其数学表达式为

$$\begin{aligned}MTTR&=\int_0^{\infty}\tan(t)\mathrm{d}t=\int_0^{\infty}tM'(t)\mathrm{d}t=\int_0^{\infty}t(1-\mathrm{e}^{-t\mu})'\mathrm{d}t=\int_0^{\infty}t\mu\mathrm{e}^{-t\mu}\mathrm{d}t\\&=-[t\mathrm{e}^{-t\mu}]_0^{\infty}+\int_0^{\infty}\mathrm{e}^{-t\mu}\mathrm{d}t=\int_0^{\infty}\mathrm{e}^{-t\mu}\mathrm{d}t=1/\mu\end{aligned} \tag{3-27}$$

结果表明，当连续停运时间函数服从指数分布时，平均故障修复时间与修复率互为倒数。

6. 可用率与不可用率

可用率是指可修复设备在规定的检修与使用条件下，任一时刻 t 能完成其功能的概率，记作 $A(t)$。当设备连续工作时间和连续停运时间都服从指数分布时，由马尔可夫过程可导出可用率表达式为

$$A(t)=\frac{\mu}{\lambda+\mu}+\frac{\lambda}{\lambda+\mu}\mathrm{e}^{-(\lambda+\mu)t} \tag{3-28}$$

式（3-28）为设备的瞬时可用率，与时间 t 有关，当 $t\to\infty$ 时，$A(t)\to A=\mu/(\lambda+\mu)$，

称为设备的稳态可用率。由此可见，稳态可用率 A 与 $MTBF$ 和 $MTTR$ 的关系为

$$A=\frac{\mu}{\lambda+\mu}=\frac{MTBF}{MTBF+MTTR} \tag{3-29}$$

设备的不可用率定义为可修复设备不能正常工作的概率，由于设备只有可靠与不可靠运行两种相斥状态，故设备的稳态不可用率表示为

$$\overline{A}=1-A=\frac{\lambda}{\lambda+\mu}=\frac{MTTR}{MTBF+MTTR} \tag{3-30}$$

第一节 以可靠性为中心的维修（RCM）理论

一、RCM 的产生与发展

RCM 的产生与装备维修方式的多样化与人们对维修实践的不断认识有直接的关系。20 世纪 50 年代末以前，在各国装备维修中普遍的做法是对装备实行定时翻修，这种做法来自早期对机械事故的认识：机件工作就有磨损，磨损则会引起故障，而故障影响安全，所以，装备的安全性取决于其可靠性，而装备可靠性是随时间增长而下降的，必须经常检查并定时翻修才能恢复其可靠性。基于这种认识，人们认为：预防性维修工作做得越多，翻修周期越短，翻修深度越大，装备就越可靠。但是，对于复杂装备或产品来说，传统的做法常常会遇到两个重大问题，一是随着装备的复杂化，无论机件大小都进行定时翻修，其维修费用不堪重负；二是有些产品或项目，无论其翻修期缩到多短，翻修深度增到多大，其故障率仍然不能有效控制。

20 世纪 60 年代初，美国联合航空公司通过收集大量数据并进行分析，发现航空机件的故障率曲线有 6 种基本形式，符合典型的“浴盆曲线”的仅占 4%，且具有明显耗损期的情况也并不普遍，没有耗损期的机件约占 89%。通过分析，得到两个重要结论，即对于复杂装备，除非具有某种支配性故障模式，否则定时翻修无助于提高其可靠性；对许多项目，没有一种预防性维修方式是十分有效的。在其后近 10 年的维修改革探索中，通过应用可靠性大纲、针对性维修、按需要检查和更换等一系列试验和总结，形成了一种普遍适用的新的维修理论——以可靠性为中心的维修。1968 年，美国空运协会颁发了体现这种理论的飞机维修大纲制订文件 MSG-1《手册：维修的鉴定与大纲的制订》（RCM 的最初版本），该文件由领导制订波音 747 飞机初始维修大纲的维修指导小组（Maintenance Steering Group，MSG）起草，在波音 747 飞机上运用后获得了成功。按照 RCM 理论制订的波音 747 飞机初始维修大纲，在达到 20000h 以前的大的结构检查仅用 6.6 万工时；而按照传统维修思想，对于较小且不复杂的 DC-8 飞机，在同一周期内需用 400 万工时。对于任何用户，这种大幅度地减少维修工时、费用的意义是显而易见的，重要的是这是在不降低装备可靠性的前提下实现的。

1974 年美国国防部明令在全军推广以可靠性为中心的维修。1978 年，美国国防部委托联合航空公司在 MSG-2 的基础上研究提出维修大纲制订的方法。诺兰与希普合著的《以可靠性为中心的维修》一书正是在这种情况下出版的。在此书中正式推出了一种新的逻辑决断法——以可靠性为中心的维修（RCM）法，它克服了 MSG-1/2 中的不足之处，明确阐述了逻辑决断的基本原理。自此，RCM 理论在世界范围内得到进一步推广应用，并不断有所发

展。美国国防部和三军制订了一系列指令、军用标准或手册，推行 RCM 取得成功。进入 90 年代后，RCM 已广泛应用于世界上许多工业部门或领域，其理论又有了新的发展。1991 年，英国的约翰·莫布雷（John Moubray）撰写了新的《以可靠性为中心的维修》（简称 RCM2），并于 1997 年修订后再版。

RCM 在军用装备上的应用有两个方面，一是现役装备，二是新装备。在现役装备上应用 RCM，系统地分析出装备的故障模式、原因与影响，有针对性地确定装备预防性维修工作的类型，优化维修任务分工，以有限的维修费用保持装备的可靠性，提高战备完好性，可以实现装备维修管理的科学化。在新装备上通过应用 RCM 制订预防性维修大纲，提供建立维修保障系统的基础性文件与数据，及时规划维修保障系统，促使新装备尽早形成战斗力。

对于民用企业来讲，通过 RCM 分析将产生如下四项具体的成果：供维修部门执行的维修计划；供操作人员使用的改进了的设备使用程序；对不能实现期望功能的设备，列表指出了哪些地方需改进设计或改变操作程序；完整的 RCM 分析记录文件为以后设备维修制度的改进提供了可追踪的历史信息和数据，也为企业内维修人员的配备、备件备品的储备、生产与维修的时间预计提供基础数据。

通过 RCM 分析（见表 3-6）所得到的维修计划具有很强的针对性，避免了“多维修、多保养、多多益善”和“故障后再维修”的传统维修思想的影响，使维修工作更具科学性。实践证明：如果 RCM 被正确运用到现行的维修中，在保证生产安全性和设备可靠性的条件下，可将日常维修工作量降低 40%～70%，大大地提高了资产的使用率。

随着生产自动化程度的不断提高，维修在现代企业中的地位变得日益重要。据统计，现代企业中，故障维修和停机损失费用已占其生产成本的 30%～40%。有些行业，维修费用已跃居生产总成本的第二位，甚至更高。另外，环境保护与安全生产方面的立法越来越严格，故障控制与预防必然成为现代企业管理所面临的重要课题，而 RCM 正是解决这一课题的关键手段之一。所以，进入 20 世纪 90 年代后，RCM 在西方工业界获得了广泛的应用。例如，仅英国 Aladon 维修咨询有限公司，从 90 年代开始就为 40 多个国家的 1200 多家大中型企业成功地进行过 RCM 的咨询、培训和推广应用工作。

表 3-6　　RCM 与传统维修观念的差异

序号	传统维修观念	RCM 的新观念	备注
1	设备故障的发生和发展与使用时间有直接关系，定时计划拆修普遍采用	设备故障与使用时间一般没有直接关系，定时计划维修不一定好	复杂与简单设备有很大的选择性
2	没有潜在故障的概念	许多故障具有一定潜伏期，可通过各种现代手段检测到，从而安全、经济地决策维修	潜在故障概念适用于部分机件
3	无隐蔽故障和多重故障的概念	从可靠性原理及实践寻找或消除隐蔽故障，可以预防多重故障的严重后果	可靠性理论是这一新观念的基础
4	预防性维修能提高固有可靠度	预防性维修不能提高固有可靠度	可靠度是设计所赋予的

续表

序号	传统维修观念	RCM 的新观念	备注
5	预防性维修能避免故障的发生，能改变故障的后果	预防性维修难以避免故障的发生，不能改变故障的后果	设计与故障后果有关
6	能做预防性维修的都尽量做预防性维修	采用不同的维修策略和方式，可以大大减少维修费用	根据故障的分布规律
7	完善的预防性维修大纲由维修部门的维修人员制定	完善的预防性维修大纲由使用人员与维修人员共同加以完善	重视使用人员的作用
8	通过更新改造来提高设备的性能	通过改进使用和维修方式，也能得到一些良好的效果	多从经济性后果考虑
9	维修是维持有形资产	维修是维持有形资产的功能（质量、售后服务、运行效益、操作控制、安全性等）	资产能做什么比财产保护更重要
10	希望找到一个快速、有效的解决所有维修效率问题的方法	首先改变人们的思维方式，以新观念不断渗透；其次再解决技术和方法问题	没有一药治百病的“神丹妙药”
11	维修的目标是以最低费用优化设备可靠度	维修不仅影响可靠度和费用，还存在环境保护、能源效率、质量和售后服务等风险	现代维修功能有了更广泛的目标

二、RCM 分析思路和方法

RCM 是采用基于可靠性理论的故障模式及影响分析（Fault Mode and Effect Analysis，FMEA）方法对设施的维修需求（包括检修方式）进行决策。RCM 有 3 个主要目标：着眼于设备最主要的功能，提高设备的可靠性和安全性；避免或减轻故障后果，而非故障本身；能够避免或减少不必要的维修工作，降低维修费用。

以可靠性为中心的维修（RCM）——状态检修关注和分析高危害度设备、系统部件和设备主要部件的可靠性，评价提高设备和系统可靠性的措施的效果。RCM 确切地说就是以可靠性理论为手段，以保持运行系统应具有的功能或固有的可靠性为目标，对组成系统的诸设备的维修需求进行分析和决策，确定检修计划的维修方式。由此可见，与传统的预防性检修相比，RCM 在维修的思想方法上具有如下特点：①RCM 是以保持运行系统功能为维修目的，因此维修决策是建立在分析构成系统诸设备对系统可靠运行影响的重要程度之上的，不同的设备应采取不同的维修形式；②RCM 的决策还是建立在系统或设备丧失功能的故障分析基础之上的，因此故障模式识别是 RCM 的一项重要内容；③RCM 的决策同时考虑了维修效果与维修经济效益的关系，一是通过考虑影响系统功能的重要性来确定维修资金的分配和维修计划的安排，二是从经济效益的角度考虑选择合适的检修方式。RCM 维修决策的数学分析方法：

以可靠性为中心的检修从传统的“要做哪些维修工作”到“为什么和是否需要做这维修工作”。

RCM围绕的7个问题：

（1）在现行的使用环境下，设备和系统的功能以及相关的性能指标是什么？

（2）什么故障情况下系统无法实现其功能？

（3）引起功能故障的原因是什么？

（4）故障发生时会出现什么后果？

（5）什么情况下故障至关重要？

（6）要预防重要故障的发生，可采取哪些措施？

（7）这些检修措施的效果和经济性如何？

回答上述7个问题，必须对设备的功能、功能故障、故障模式及影响有清楚明确的定义。为此，可通过故障模式及影响分析（FMEA）对设备进行故障审核，列出其所有的功能及其故障模式和影响，并对故障后果进行分类评估，然后根据故障后果的严重程度，对每一个故障模式做出是否采取预防性措施的决策。如果采取预防性措施，应选择哪种措施。

三、基于可靠性的设备故障诊断与检修工作步骤

1. 系统确定

发电厂一般以系统为单位进行RCM工作，符合以下几种情况的系统应优先考虑采用RCM：

（1）预防维护工作量较大的系统。

（2）近两年来，事故检修工作量较大的系统。

（3）近两年中，事故检修费用较高的系统。

（4）近两年内，导致非计划停运和降出力较多的系统。

（5）与安全、环保、能耗等有密切关系的系统。

在进行RCM分析时，还有必要对系统的界限进行精确的定义，明确系统的组成设备及确定系统与环境的输入、输出接口关系。

2. 数据收集

根据分析进程的要求，应尽可能收集下列有关信息：

（1）部件的概况，包括部件的构成、功能、关键参数等。

（2）部件的故障信息，包括部件的故障模式、故障原因和故障影响，部件的可靠性与使用时间的关系，预计的故障率，潜在故障判据，部件潜在故障发展到功能故障的时间，对功能故障和潜在故障可能的检测方法等。

（3）部件的维修历史信息，包括维修时间、维修方法以及维修资源等。

（4）费用信息，包括预计或计划的研制费用、预防性维修和修复性维修的费用，以及所需维修设备的研制和维修费用等。

（5）其他信息。

3. 功能故障识别

通过对系统功能和功能故障进行准确的定义，实现对系统故障的有效判断与识别。系统功能与功能故障的描述见表3-7。

表 3-7　　系统功能与功能故障的描述

<table>
<tr><td>厂名：</td><td>厂标志：</td><td>系统名：</td><td>系统标志：</td></tr>
<tr><td>资料：功能与功能故障说明</td><td>日期：</td><td colspan="2">分析员：</td></tr>
<tr><td>功能编号</td><td>功能故障编号</td><td colspan="2">功能或功能故障说明</td></tr>
<tr><td>1.1</td><td></td><td colspan="2"></td></tr>
<tr><td></td><td>1.1.1</td><td colspan="2"></td></tr>
<tr><td></td><td>1.1.2</td><td colspan="2"></td></tr>
<tr><td>…</td><td>…</td><td colspan="2">…</td></tr>
</table>

失效模式与故障后果分析（FMEA）：FMEA 是 RCM 中最重要的一步工作，它明确了与每一个功能故障相关的部件、故障模式、故障原因、故障后果及故障等级，并根据 FMEA 结果确定应采取哪些措施来防止故障、减轻故障后果或帮助检测故障。

4. 制定检修建议

5. 选择检修方式

故障模式确定后，采用逻辑树（Logical Tree Analysis，LTA）分析方法来针对故障模式选择最有效的检修方式。

故障模式对设备的影响可以分为安全性影响、环境性影响、功能性影响、经济性影响和可容忍的影响，每一类又分两种，即明显功能故障和隐蔽功能故障。

（1）明显的安全性影响。指明显功能故障或由该故障所引起的二次损伤对设备的使用安全产生直接有害的影响。

（2）隐蔽的安全性影响。指一个隐蔽功能故障和另一个（或多个）功能故障的结合所产生的多重故障对使用安全的有害影响。它与明显的安全性影响的差别在于，它不是单个故障的直接影响，而是多重故障的影响。

（3）明显的环境性影响。指明显功能故障或由该故障所引起的二次损伤对环境有直接的影响。

（4）隐蔽的环境性影响。指一个隐蔽功能故障和另一个（或多个）功能故障的结合所产生的多重故障对环境产生有害影响。

（5）明显的功能性影响。指直接妨碍设备正常运行的故障后果。每当故障出现就需要停止设备运行时，该故障就是有功能性影响的后果。

（6）隐蔽的功能性影响。指一个隐蔽功能故障和另一个或几个功能故障的结合所产生的多重故障对运行能力的有害影响。

（7）明显的经济性影响。指不妨碍使用安全和正常运行，而只严重影响经济性的明显功能故障的直接后果。

（8）隐蔽的经济性影响。指一个隐蔽功能故障和另一个或几个功能故障的结合所产生的多重故障所引起的较高修理费用。

发电设备的检修方式主要有 4 种类型：故障检修、预防性检修、预知性检修及改进性检修。

故障检修是指当设备发生故障或失效后进行的非计划检修。

预防性检修是指根据时间段对设备进行的一种定期检修，其工作类型一般分为以下

4 种。

（1）保养。为保持部件的固有设计性能而进行的表面清洗、擦拭、通风、添加油液和润滑剂、充气等作业。

（2）定时拆修。当部件使用达到规定的时间时，予以拆修，使其恢复到规定的状态。

（3）定时报废。当部件使用达到规定的时间时，予以报废。

（4）综合工作。实施上述的两种或多种类型的预防性进行工作。

预知性检修是指通过运行人员对设备技术状况进行监控，点检员按计划进行日常点检，点检员或者专工通过精密点检，及时发现设备的潜在故障，并根据设备状态有针对性地安排检修任务。

改进性检修是指为了消除设备的先天性缺陷或频发故障，对设备的局部结构或零件的设计加以改进，并结合检修过程实施的检修方式。改进性检修一般是在以上三种检修方式均不能对设备实施有效检修的情况下采用的。

选择检修方式的工作程序分以下两步进行。

第一步：如图 3-13 所示根据故障模式和影响分析的结果，对每一个功能部件、每一个故障模式的每一个故障原因进行逻辑决断，确定该功能故障的影响类型，即明显的安全性、功能性、经济性和隐蔽的安全性、功能性和经济性影响，如图 3-13 所示，然后按不同的影响分支作进一步分析。

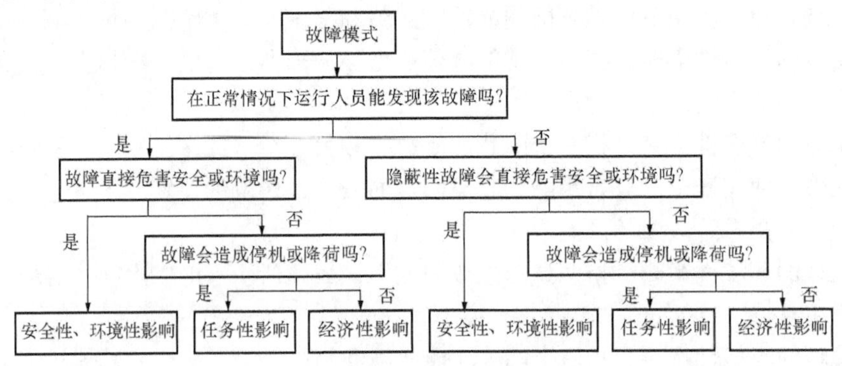

图 3-13 选择检修方式的工作程序第一步

第二步：根据功能故障的原因，选择每个功能部件的检修工作类型，如图 3-14 所示。检修工作的选择按照检修工作费用或资源消耗以及技术要求由低到高和工作保守程度由小到大的顺序排列。对于两个安全性、环境性影响分支，必须在回答完所有的问题之后，选择其中最有效的检修工作或综合工作，若找不到合适的检修工作，则必须采用改进性检修，对设备更改设计；对于其他 4 个分支，如果在某一问题中所提出的检修工作类型对功能故障是适用且有效的，按最少费用保持部件固有可靠性水平的原则，直接采用该检修工作类型即可，不必再问以下的问题，但这个分析原则不适用于简单维护工作。若找不到合适的检修工作，可以考虑采用改进性检修对设备更改设计，但这并不需要强制执行。对于经济性影响分支，一般不考虑综合工作。

6. 确定维修工作间隔期

维修工作间隔期的确定方法，一般根据类似部件以往的经验和厂商对新部件维修间隔期的建议，结合有经验的工程人员的判断进行确定。

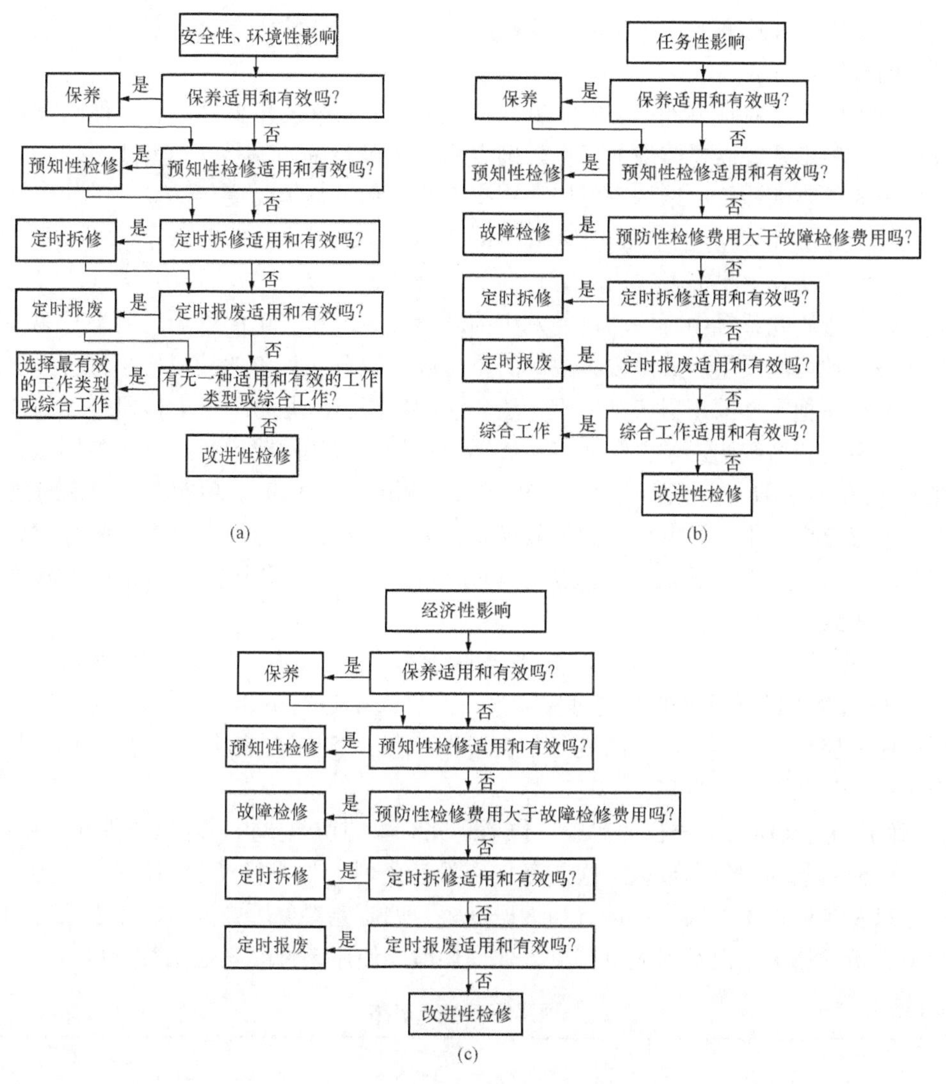

图 3-14　选择检修方式的工作程序第二步

(a) 安全性、环境性影响；(b) 任务性影响；(c) 经济性影响

四、RCM 维修决策和数据分析方法

1. 故障树分析

故障树分析是一种对系统故障的成因由总体到部件，按树枝状逐级细化的演绎推理分析方法。在故障树分析中，一般把所研究系统最不希望发生的故障状态作为识别和估计的目标。这个最不希望发生的系统故障事件称为顶事件；然后在一定的环境和工作条件下找出导致顶事件的直接成因，并把它们作为第二级；依次再找出导致第二级故障事件的直接成因，作为第三级，如此逐级展开，一直追溯到不能再展开的最基本事件。这些最基本事件称为底事件，介于顶事件和底事件之间的事件称为中间事件。把顶事件、中间事件、底事件用适当的逻辑门自上而下逐级连接起来所构成的逻辑图就是故障树。

故障树在设计中可以帮助设计人员弄清系统的故障模式，预测系统的安全可靠性，评估系统的风险，衡量部件故障对系统的危害程度，找出系统的薄弱环节，提出改进措施，实现系统优化；在管理和检修中指导事故和系统故障分析，寻找故障原因，制定检修策略和预防故障发生的有效措施。

故障树各底事件对顶事件产生的影响程度，称为底事件的重要度。底事件的重要度在改善系统设计，确定系统需要监控的部位，确定系统故障诊断方案等工作中具有重要的作用。工程中常用的重要度分析有结构重要度、概率重要度和关键重要度。

2. 失效模式及后果分析（Fault Mode and Effect Analysis，FMEA）

（1）失效模式及后果分析（FMEA）的基本概念。失效模式及后果分析（FMEA）是利用表格方式将所研究系统中每一个可能发生的故障模式及所产生的影响（后果）逐一进行分析，并把每一种可能发生的故障模式按其严重程度予以分级评价的故障诊断分析方法。这种方法本质上是一种定性的逻辑归纳推理方法，它的思想方法是自下而上地研究零部件等下一级故障对子系统和系统的影响，从而对系统不同结构层次的故障模式进行预测模拟。

在 FMEA 的基础上，增加致命度分析（Criticality Analysis）功能，定量地对故障模式及其影响进行分析评价，便发展成为失效模式、后果和致命度分析（FMECA）方法。

FMEA 主要包括如下内容：①故障模式分析；②故障影响分析；③预防故障的措施和补偿控制；④致命度分析。

（2）失效模式及后果分析（FMEA）的基本方法。FMEA 是一种表格分析方法，FMEA 表格以合乎逻辑思维的形式对故障模式及其影响进行分析。FMEA 的分析工作，可以是系统任一层次（功能层次）的展开。表 3-8 给出了 FMEA 表格的一般表述形式 FMEA 分析大致可分为如下几个步骤：

1）确定和定义所研究分析的对象。包括研究对象的功能要求、环境条件和分析目的等；收集有关研究对象的资料和数据，这些资料有设计资料，如设计说明书、图纸、工作原理、性能指标以及各种技术参数等；运行和维护资料，如研究对象历史资料、相近系统的经验交流和故障分析资料等；以及如人机接口、外部环境、使用条件等其他相关资料。

表 3-8　　　　通用的 FMEA 表格

<table>
<tr><td colspan="4">系　统</td><td colspan="3" rowspan="3">失效模式与后果分析</td><td colspan="4">日　期</td></tr>
<tr><td colspan="4">子系统</td><td colspan="4">制　表</td></tr>
<tr><td colspan="4">编　号</td><td colspan="4">主　管</td></tr>
<tr><td rowspan="2">名称</td><td rowspan="2">功能</td><td rowspan="2">故障模式</td><td rowspan="2">故障原因</td><td colspan="3">故障影响</td><td rowspan="2">检测方法</td><td rowspan="2">预防措施</td><td rowspan="2">故障等级</td><td rowspan="2">备注</td></tr>
<tr><td>局部</td><td>子系统</td><td>系统</td></tr>
<tr><td></td><td></td><td></td><td></td><td></td><td></td><td></td><td></td><td></td><td></td><td></td></tr>
</table>

2）确定分析层次。分析层次是指硬件构成的层次关系，如零部件、子系统、系统等。进行层次分析时，除需要考虑各层次的物理、空间和时间关系外，还应重点考虑功能联系及其重要性，应逐步由下至上、由部件向系统发展，建立它们的功能框图和系统流程图，并注明不同层次各单元的功能和运行参数要求。

3）确定故障模式及其判据。故障模式是零部件，乃至子系统和系统发生故障的具体形式，如短路、断路、泄漏、断裂磨损等。在列举故障模式时，应尽可能详尽，要求分析能覆盖系统在实际运行中所有可能发生的故障模式。在 FMEA 中，一般不同时考虑两个以上的故障，而是一一列举各个故障模式分别进行分析。故障判据要利用适于诊断的各种标准（国际标准、国家标准、军用标准、规范和指导性文件等）来规定各单元及系统的数据界限标准，超过这个界限标准就认为发生了故障。例如，某透平机组振动烈度 V_{rms} 超过 15mm/s 是“不允许”的，那么当机组 V_{rms} 出现大于 15mm/s 的情况时，认为该机组出现故障。

4）构造故障逻辑关系图。即用图解方式表示系统各组成部分的故障及其组合如何导致系统故障的逻辑关系图。该图是针对某一功能绘制的，分析角度不同，其逻辑关系图也不同，绘制时应注意各单元之间的相互功能和联系方式，如串联、并联、表决、冗入关系等。

5）分析故障原因。故障原因是指引起故障模式的故障机理。在一定的环境条件下，如应力、时间等，导致单元或系统发生故障的物理、化学、生物或机械过程等称为故障机理。分析故障原因是为了认识故障的形成过程，更好地预防故障的再次发生。

6）故障影响分析和评定故障等级。故障影响分析是对单元的故障对上一层系统的影响进行分析，确定单元的故障对整个分析系统的影响程度，为改进设计、制订维护方案、确定检测方法，提出预防措施等提供依据。在 FMEA 中，评定故障等级是根据故障发生的频率、影响程度等诸多因素，参照分级标准所确定的。关于这一部分内容将在致命度分析部分做进一步讨论。

7）制订故障检测方案和预防措施。在上述工作的基础上应制订出故障检测的方案和预防措施，防止故障的再次发生或控制故障后果的恶化，有效提高系统工作的可靠性和可用性。

第二节　以可靠性为中心的维修（RCM）应用

经过对某省一年内火电设备故障造成非停或降负荷情况的统计，发现以下规律，仅供参考。

一、非计划停机统计情况

非计划停机统计情况如图 3-15 和图 3-16 所示。

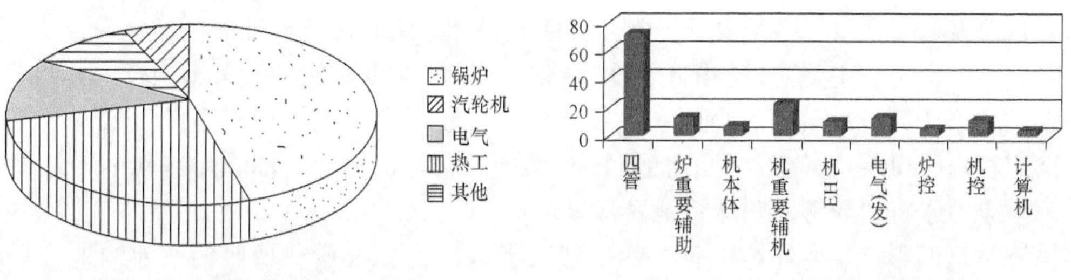

图 3-15　非计划停机按专业分　　图 3-16　非计划停机按设备细分

二、降负荷情况

影响机组运行，降负荷情况如图 3-17 和图 3-18 所示。

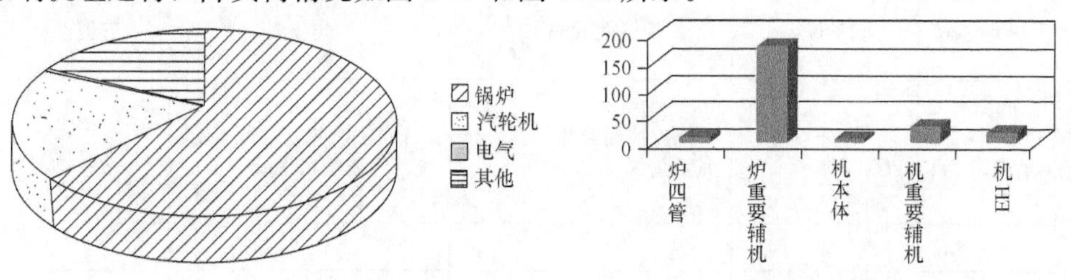

图 3-17　降负荷按专业分　　图 3-18　降负荷按设备细分

非停统计计算，按专业，锅炉原因造成非停比例最多，约占45.6%；按设备，锅炉四管造成非停的比例最高，约占37.7%。

降负荷统计计算，按专业，锅炉原因造成降负荷最多，约占62.4%；按设备，锅炉重要辅机造成降负荷的比例最高，约占52.8%。

可见，对于锅炉四管和锅炉辅机进行以可靠性为中心的状态检修研究是非常重要和必要的。在下面的案例和书后的附录中，有关的锅炉四管和七大重要辅机故障模式、危害度及措施分析，供有关人员参考。

案例一：电厂设备可靠性故障树分析

设备发生异常，运行人员发现后，除了联系检修人员以及对应设备的管理人员外，值长还要根据其重要性，要求设备管理部门负责人，甚至生产厂长到场协助处理。所以，运行人员必须对各设备在系统中的重要性有一个准确判断和把握。对系统进行可靠性故障树分析就是一种较好的方法。

火力发电厂机炉等热机设备，按照设备异常时对整个机组安全、负荷以及环境等影响大致划分（见表3-9）如下：

第一类，此类设备发生异常时，严重影响甚至立即导致整个机组非计划停机。如锅炉的“四管”爆裂、大量泄漏，主机事故按钮的异常或被误动，以及汽包水位的异常；汽机的主机润滑油、密封油管道异常，汽泵的异常以及主汽门系统的异常。

第二类，即设备发生异常时，影响整个机组的非停，对机组的负荷或者环境产生严重的影响。如炉侧单侧三大风机、空预器及增压风机等的异常，安全门、PCV阀的大量漏气，燃油系统的异常，汽机中EH油泵、氢冷器、高低加系统的异常，循环水泵、给水泵的异常，仪用空压机的异常，高低旁系统的异常、汽轮机中压主汽门、高中压调门系统异常等。

第三类，即没有立即影响整个机组的安全，但对机组的安全威胁相当大。如炉侧三大风机、增压风机及空预器的润滑、冷却系统异常，厂用空压机的异常等，机侧凝结水泵变频器异常，汽泵及电泵润滑、冷却系统异常，开闭式冷却系统异常，顶轴油泵异常等。

第四类，即机炉主要辅机的配套系统异常，对机炉主要辅机的安全影响较大。如炉侧送风机油站及增压风机油系统的冷却水系统异常，空预器的油系统冷却系统以及吹灰系统异常，磨煤机石子煤系统异常，炉底加热推动系统异常，机侧密封油、闭冷水的冷却系统异常；真空泵冷水机组异常；胶球系统异常等。

第五类，即影响现场环境美化等的一般设备缺陷。如一般现场照明、地沟地窖系统异常，现场墙面、油漆以及瓷砖缺陷等。

表3-9　五类设备

设备（专业）	一类设备	二类设备	三类设备	四类设备	五类设备	备注
锅炉及系统	锅炉水冷壁、省煤器、过热器、再热器管	炉安全门、PCV阀	锅炉泄漏监测装置、减温水系统	锅炉本体蒸汽吹灰系统、声波吹灰系统		
	汽包水位	汽包安全门				
		高压一次门前管道及阀门	锅炉疏水排污系统	连排扩容器、定排扩容器		

续表

设备（专业）	一类设备	二类设备	三类设备	四类设备	五类设备	备注
锅炉及系统		送风机	送风机油泵、控制油系统、润滑油系统，冷却风机	送风机油站冷却水系统	风道	
		引风机	引风机冷却油系统，冷却风机	油系统工业水冷却系统	烟道	
		一次风机	一次风机轴承冷却水系统		风道	
			密封风机		风道	
		空气预热器	空气预热器油系统、传动系统、空气预热器控制系统	空气预热器冷却水系统、空气预热器蒸汽吹灰系统、空气预热器乙炔气吹灰系统		
			火检冷却风机	滤网、管道		
		C磨及润滑油泵	磨煤机、磨煤机润滑油泵、磨煤机润滑油箱	磨煤机石子煤系统（石子煤冲洗泵、捞石子煤机、石子煤冲洗控制柜）、磨煤机润滑油冷油器、磨煤机润滑油加热器、磨煤机送粉管道	管道、阀门	
		C给煤机	给煤机	原煤仓空气炮、给煤机清扫电机		
			电除尘设备	除灰管道阀门		
			捞渣机驱动传动系统液压关断门、涨紧装置		补水系统	
			仪用空压机	厂用空压机、400V冷干机、空压机冷却水系统、储气罐	空压机系统疏水	
			锅炉二次风门			
			锅炉燃油系统	各角油枪、油角阀	软管	
				锅炉大小暖通系统、冷水机组		
			高辅联箱	炉底加热推动系统		
汽轮机及系统	汽轮机本体及润滑油系统					
	汽轮机高压主汽门中压主汽门	高中压调门				

续表

设备（专业）	一类设备	二类设备	三类设备	四类设备	五类设备	备注
汽轮机及系统	氢气管阀系统	氢气冷却器		氢气干燥机		
	EH油系统管道	EH油泵	EH油箱	EH油冷油器、EH油加热器、EH油循环泵		
		高、低压旁路系统	高、低压旁路油泵	高旁减温水，低旁减温水管道阀门		
		汽动给泵	汽泵交流、直流润滑油泵	冷油器		
		电动给泵	给泵润滑油泵	空冷器、冷油器		
		凝结水泵	凝泵变频装置	凝泵变频冷却系统	精处理	
		循环水泵	循泵房高位、低位油泵	循泵房排污泵	清污机、冷却塔	
		真空破坏阀	凝汽器	真空系统管道阀门		
		高压加热器				
		低压加热器				
		盘车装置				
		交、直润滑油泵，顶轴油泵	主油箱、润滑油排油烟风机、润滑油加热器	润滑油储油箱	润滑油输送泵	
		密封油泵	差压阀、平衡阀，密封油排油烟风机	密封油冷却器、密封油电加热装置		
			除氧器及安全阀	管道阀门		
			定冷水泵、定冷水箱	定冷水冷却器	管道阀门	
			闭冷水泵、闭冷水箱	闭冷水冷却器	管道阀门	
			开冷水泵	开冷水进口反冲洗滤网	管道阀门	
			真空泵	真空泵冷水机组及循环泵	管道阀门	
				轴加风机、轴封加热器		
				凝结水输送泵		
				供热系统	热洁系统	
				低加疏水泵		
				汽轮机快冷装置		
				1号高扩、2号高扩、低扩、危急疏水扩容器		
					胶球系统凝泵坑排污泵	

续表

设备（专业）	一类设备	二类设备	三类设备	四类设备	五类设备	备注
电气设备	发电机					
	主变					
	高厂变					
	电气设备及系统保护					
		启动变				
		励磁调节系统				
		给泵、凝泵、循泵、送吸风机、一次风机、密封风机、C磨电机、EH油泵电机、密封油泵电机	汽机盘车电机，定冷水泵、闭冷水泵、开冷水泵电机，顶轴油泵电机；磨煤机电机，送、吸风机冷却风机电机、空预器电机、捞渣机驱动电机；脱硫循环泵电机，GGH电机及操作开关控制柜线路等	燃料皮带机、斗轮机、桥机、翻车机等大型设备电机及控制系统；化学水处理系统电气控制部分；脱硝氨站电气控制系统；		
		6KV操作开关及控制柜线路系统等	400V操作开关及控制柜线路系统、电除尘高压控制系统等			
				主控室照明及应急照明	一般照明，电缆槽盒及电缆封堵	
热控设备	热控主保护系统					
		主要参数显示及自动调节系统	重要辅机状态参数显示及保护			
				脱硫、燃料、化学保护及自动调节系统	一般设备状态显示	
脱销设备			SCR	脱硝氨站		
脱硫设备			脱硫循环泵、GGH	脱硫塔管道阀门	脱硫辅助设备	
燃料设备				燃料皮带机、斗轮机、桥机、翻车机等大型设备	燃料一般设备	
化学设备				化学水处理系统	化水一般设备	

案例二：某电厂锅炉四管 RCM（HG-1018/18. 6-PM19 四管故障模式）

锅炉受热面的失效一直都是世界各国电厂锅炉设备损坏和造成机组非计划停机的主要原因之一。在国内，由于设计、制造、安装、运行等诸多方面原因，导致锅炉受热面管的失效，是造成锅炉突发性事故导致停机和维修的主要原因。从中国电力企业联合会电力历年可靠性统计结果及 HN 历年可靠性统计结果分析，锅炉非计划停机约占全部停机事件的 60%，而锅炉四管泄漏又占锅炉事故的 60%，其中水冷壁泄漏约占 33%，过热器泄漏约占 30%，省煤器泄漏约占 20%，再热器泄漏约占 17%。

四管泄漏统计分析如下：

某上市发电企业，2012～2013 年两年时间内，共发生锅炉四管泄漏造成的非计划停机 48 次。对这些案例进行统计分析，可以得出以下几个特征：

1）按四管类别分，如图 3-19 所示；

2）按泄漏原因分，如图 3-20 所示。

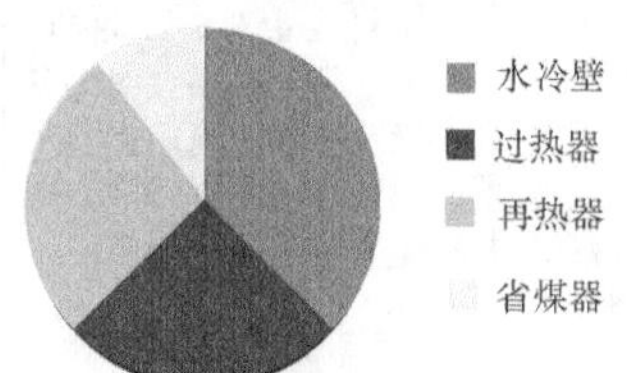

图 3-19　泄漏设备分类

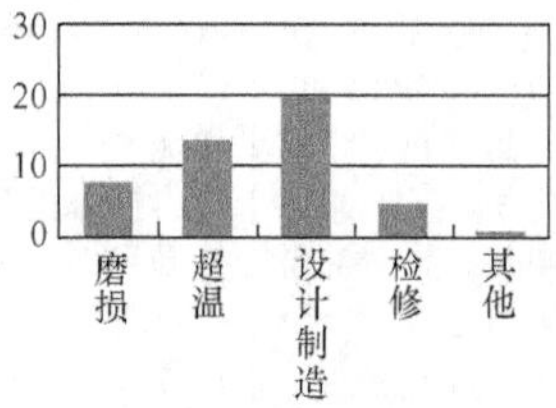

图 3-20　泄漏原因

3）按控制的难易程度分，如图 3-21 所示。

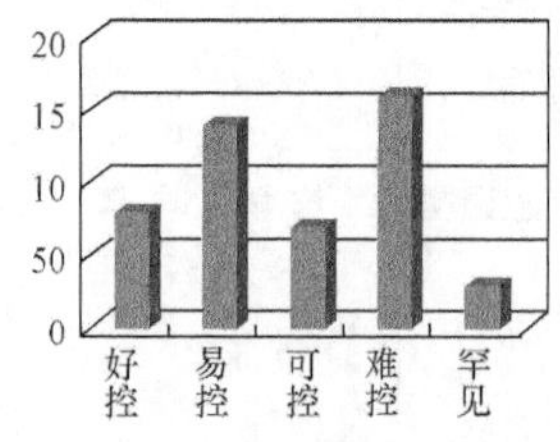

图 3-21　控制难易度

从图 3-19 中可以发现，水冷壁出现的问题较多，其次是再热器和过热器。泄漏的原因主要是设计制造和安装时遗留的隐患较多，其次是超温过热和磨损（见图 3-20）。而从控制的角度看，虽然难以控制的比较多，但好控、易控、可控的泄漏总比例还比较高（见图 3-21），如果能把可控的控制好，非计划停机则可以减少一半以上。同时发现由于管内氧化皮脱落造成堵塞而引起的超温爆管的次数、损失、危害逐步增加，应该给予高度关注。

通过以上分析可知，对四管进行以可靠性为中心的状态检修分析，找出易发、多发泄漏故障根源，并采取预防性措施，就可以有效防止四管泄漏，大大减少非计划停机次数。

（1）锅炉性能。

1）4 台 HG1018/18. 6 锅炉分别于 2005 年和 2006 年投产。锅炉是采用美国燃烧工程公司（CE）的引进技术设计和制造的。锅炉为亚临界参数、一次中间再热、自然循环汽包炉，采用平衡通风、四角切圆燃烧方式，设计燃料为贫煤。锅炉以最大连续负荷（即 B－MCR 工况）为设计参数，在机组电负荷为 359. 3MW 时，锅炉的最大连续蒸发量为 1018t/h；机组电负荷为 330MW（即 TRL 工况）时，锅炉的额定蒸发量为 969t/h。锅炉为单炉膛，四脚布置的摆动式燃烧器，切向燃烧。采用了 14048mm×12468mm 准正方形炉膛，通过采用水平浓淡燃烧器，较高的燃尽高度等措施保证煤粉的及时着火和充分燃尽。炉膛上部布置墙式辐射再热器和大节距的过热器分隔屏和后屏以增加再热器和过热器的辐射特性。墙式辐射再热器布置于上炉膛前墙和两侧墙。锅炉配有 5 台 HP863 型中速磨煤机，其中 4 台运行，1 台备用。主要参数见表 3-10。

表 3-10　　锅炉主要设计参数

项目	单 位	负 荷 工 况			
		BMCR	ECR	70%ECR	滑压 40%BMCR
流量	t/h	1018	969	662	395
出口压力	MPa	18.6	18.51	18.05	8.0
出口温度	℃	543	543	543	543

2）四管泄漏情况：机组投产后，都顺利进入了长周期运行。对 2007 年 3 月 15 日到 2012 年 2 月 9 日出现的四管泄漏情况进行统计，见表 3-11。

表 3-11　　四管泄漏情况统计

序号	时间	炉号	位置及处理措施	原因分析	备注
1	2006.10.2	3 号炉	前包墙水冷壁直管纵向裂纹	母材缺陷	调停处理
2	2007.3.15	5 号炉	折烟角小包内 A 向 B 第 11 根弯头和鳍片处一砂眼漏点，打磨补焊	鳍片焊接质量	调停处理
3	2007.4.4	6 号炉	后屏定位管因碰磨爆漏。更换屏过定位管一根，并加装护瓦	管子机械碰磨	调停抢修
4	2007.6.8	5 号炉	（1）省煤器出口联箱处管道泄漏。共更换 7 根超标管，补焊一根。 （2）水冷壁后墙下联箱蒸汽推动管角焊缝一砂眼，补焊	制造焊缝质量	调停抢修及水压检查发现处理
5	2008.3.10	6 号炉	水冷壁：后墙水冷壁水封板处膨胀拉裂泄漏，带压捻补	膨胀受阻	调停后进行挖补
6	2008.9.28	4 号炉	后屏过热器 B 向 A 侧数第 9 屏，炉前向炉后数第 10 根（ϕ54mm × 11mm12Gr1MoVG），标高从下弯头向上约 6m 处爆管，抢修	超温、材质差	调停抢修
7	2009.8.7	4 号炉	后屏过热器 B 向 A 侧数第 7 屏，炉前向炉后数第 6 根（ϕ54mm × 11mm12Gr1MoVG），弯头处爆管，抢修	超温、材质差	调停抢修
8	2009.9.25	6 号炉	全炉膛火焰监视口下方水冷壁泄漏，加装气流挡板改变气流方向，更换泄漏管子	漏风磨损	停机换管
9	2010.12.27	4 号炉	炉后墙水冷壁 30m 层，焊缝砂眼，带压捻补	制造焊缝缺陷	检修时换管
10	2011.10.11	4 号炉	水冷壁 A 侧墙 42m 层，焊缝砂眼，带压捻补	制造焊缝缺陷	检修时换管

续表

序号	时间	炉号	位置及处理措施	原因分析	备注
11	2011.10.14	5号炉	炉前墙水冷壁35m层，焊缝砂眼，带压捻补	制造焊缝缺陷	检修时换管
13	2011.11	5号炉	水冷壁B侧墙40m层，焊缝砂眼，带压捻补	制造焊缝缺陷	检修时换管
13	2012.2.9	5号炉	A侧包墙穿炉顶直管处泄漏，经检查为母材砂眼泄漏，打磨补焊	母材质量原因	曾经有报警，节日检修后不放心，决定水压查漏，发现漏点，及时处理

3）停炉四管检查发现的问题：①低温过热器，大面积吹损；②斜坡水冷壁，大面积吹损；③短吹附近水冷壁，部分吹损；④省煤器与前包墙水冷壁有局部烟气走廊，存在部分磨损；⑤高温过热、再热器夹屏管磨损；⑥水冷壁高温腐蚀等。

（2）检修方案和预防性措施。对四管泄漏的情况进行分析后发现，存在的问题主要有两次屏式过热器长期超温、一次后屏定位管碰磨泄漏、一次漏风磨损、一次膨胀拉裂、两次母材质量缺陷，另有7次是焊缝缺陷，特别是炉膛火焰中心区域的水冷壁焊缝，泄漏虽小，能在运行中处理，但次数多，危害大。

从停炉四管检查发现的问题看，存在的问题很多，也很严重，特别是磨损问题，4台炉都出现大面积的磨损问题。可以说明，锅炉的磨损是绝对的，一定要非常重视，应加大检查力度，找出磨损的规律和特点，进行有针对性的防磨处理。

1）后屏过热器（见图3-22）长期超温的处理。

后屏过热器位于炉膛上方折焰角前，共布置20屏，每屏由14圈管组成，以685.8mm节距沿整个炉宽方向布置。管径规格为ϕ54×9mm、ϕ54×10mm、ϕ54×11mm、ϕ60×10mm、材质为12Cr1MoVG、TP304、T91。

2008年9月28日4号炉后屏过热器发生爆管，爆管位置为第9屏（从B侧向A侧、以下出现管屏号均按此数向）第10圈管迎火面（从后向前数，以下出现管圈号均按此数向）距下弯头6m直管处，爆漏管规格为ϕ54mm×11mm。爆口管样的宏观形貌如图3-23所示。

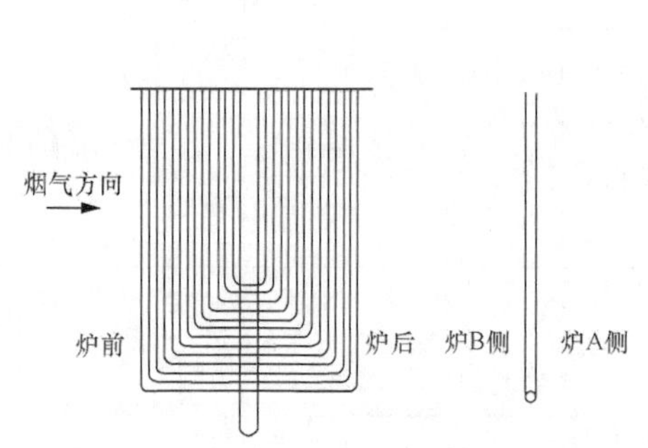

图3-22　炉后屏过热器结构

图3-23　爆口管样的宏观形貌

根据爆口的宏观形貌与微观金相分析可以推断出失效机理为长期超温引起的蠕变失效。

从常温拉伸试验和硬度测试数据，10 个管样的抗拉强度，有 7 个管样低于标准规定的最小值，抗拉强度最低为 405MPa，与标准下限相差较多，管材的性能已明显劣化。通过查找壁温超温情况和对应运行 2 万 h 材料性能下降情况，认为后屏过热器管爆漏是长期蠕变失效机理作用所致。材质不良是导致爆管的根本原因，长期超温加速了后屏过热器的爆漏。对此采取的措施：

① 把后屏过热器中夹杂的 12Cr1MoVG 更换成 T91。

② 加强过热器管壁超温的监督检查和管理，严格控制管壁温度。

③ 加大过热器管的检查力度，在停炉时检查管材的胀粗，割管检查材料的组织变化情况。

2）低温过热器磨损的解决。低温过热器计 102 屏，每屏由 6 根 ϕ51mm × 6mm（15GrMoG）绕成 2 组蛇行管（每屏 24 根管段）制成。在 2009 年 #4 炉 A 修中检查发现低温过热器与悬吊管排交叉处磨损，共有 1 千多个磨损点，测厚度显示减薄大于或等于 20% 的点达 335 处，这些磨损点严重地威胁着锅炉的安全运行，如果泄漏，将会产生严重后果。后来陆续在其他锅炉上发现了同类问题。

经过现场检查比对，发现原因是 6 只长吹灰器蒸汽吹灰导致低温过热器与悬吊管排交叉处磨损。

为此进行了调研和可行性分析研究，决定对此处的 6 只蒸汽长吹灰器进行改造，更换为声波吹灰器。声波清灰的基本原理（见图 3-24）在于声波对积灰积垢的高加速度剥离作用和振动疲劳破碎作用。改造后，通过跟踪观察和数据分析，清灰效果与蒸汽吹灰效果相当，但没有了磨损，设备免维护，同时减少了蒸汽损耗，总体安全性、经济性效益显著。

3）火焰中心区域水冷壁焊缝泄漏的消除。火焰中心区域水冷壁外部受到高温烟气辐射、对流和传导，热交换剧烈，而且随着负荷变化，有一定的不稳定性；内部水部分汽化，汽化界面也在不断变化（见图 3-25）。这两个特性都对这个区域的水冷壁产生明显的交变应力，如果此处水冷壁存在焊接遗留缺陷，就很容易扩大变成漏点而暴露出来。2010 年 12 月 27 日首次发现此类问题后，又陆续出现了几次。温度场的交变应力是存在的，几乎没有办法解决，只有查找到这个区域水冷壁原始焊缝缺陷，才能彻底消除。后来，经过研究，决定用 γ 源对这些焊缝进行拍片检查，共拍焊口 120 张，发现有缺陷的焊口 32 个。

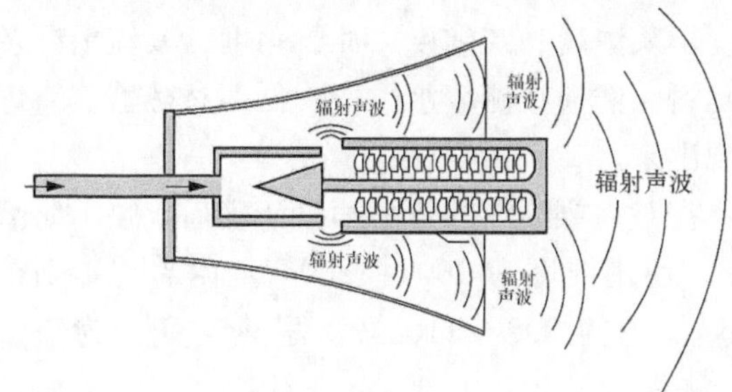

图 3-24 第四代高效能免维护大功率声波清灰器原理图

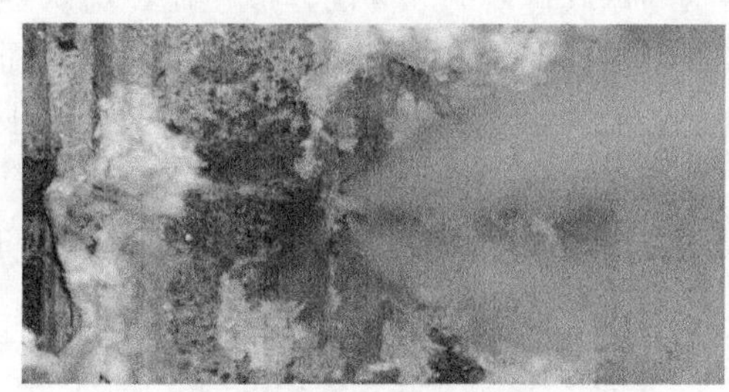

图 3-25 内部水分汽化

4）冷却定位管的改进和管夹改造。后屏过热器、高温过热器、再热器的屏面积大，高度高，在横向气流扰动下，很容易晃动，为此都设计了管夹和冷却定位管，用以加强管屏的刚度。由于火焰扰动的不稳定性，和烟气通过管屏后产生“卡门”涡旋，对管屏始终造成激烈的扰动，促使管夹脱落和定位管与管道相互磨损。管夹脱落后，会进一步削弱各管子的稳固。现场检查发现管子变形、弯曲、出列、下沉现象较为普遍。

为此对管夹和定位管进行了改造。管夹：①采用钢模模具、精密铸造，高温固熔强化热处理后，抛丸整体处理，表面光洁，上下管夹的结合面平整，无变形；②具有高耐磨、高耐热性能，1200℃温度下无氧化、变形、裂纹缺陷。管夹选用材质：ZG50Cr33Ni22Si2MnMONRe，使用寿命8年以上。定位管：管段由原来弓形宽度50.5mm调整为80mm，设计新的支撑块，如图3-26和图3-27所示。

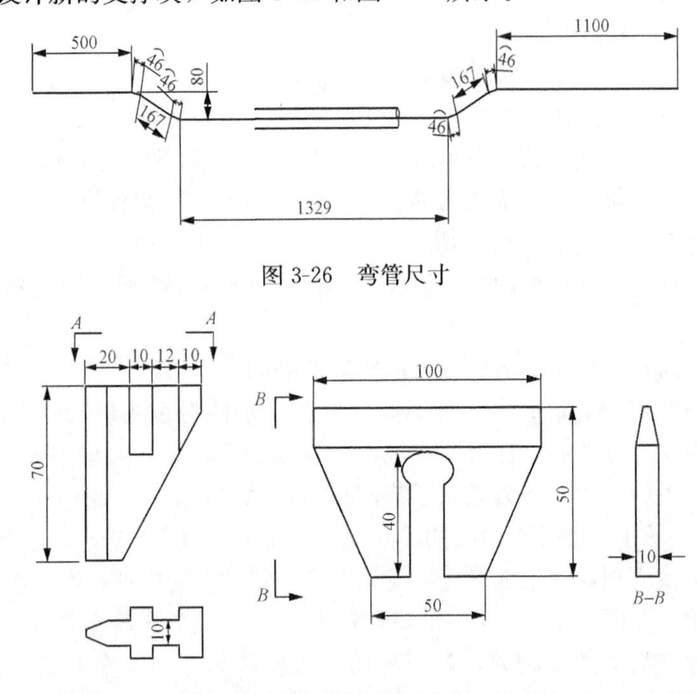

图3-26　弯管尺寸

图3-27　支撑块尺寸

5）磨损与防磨。烟气走廊造成的磨损是相对的，只要存在局部的阻力系数相对比较小的区域，就会出现相对流速快的情况，从而出现相对磨损大的问题。普遍的磨损是绝对的。磨损与烟气速度的3.3次方成正比，与灰颗粒度、灰浓度、灰硬度、冲刷角度、紊流情况及管材有关。在设计一定的情况下，随着时间的延续，磨损在侧墙水冷壁、低温过热器、省煤器及悬吊管高温过热器、再热器等处会逐步显现出来。

现在比较常见的防磨措施是喷涂防磨涂层：在对需要喷涂的管材喷砂清理后，喷上防磨涂层。涂层硬度≥HRC65；涂层厚度≥0.5mm；使用温度为100～1200℃；附着力：划格法，95%；柔韧性1mm；耐冲击性50cm；耐热能力为300～1100℃；耐热交变性为高温800℃至室温，交变6次，不起泡，不脱落。

(3) HG1018/18.6-PM19四管故障模式。正确寻找和评判影响设备可靠性的因素，并从各方面采取综合性措施提高设备的可靠性，是目前设备管理的发展趋势。设备故障模式数据库可以为点检或检修人员的具体工作指明方向，提供手段。表3-12提供了HG1018/18.6-PM19四管故障模式，供大家参考。

表 3-12　HG1018/18.6-PM19 四管故障模式

设备	故障模式	故障原因	故障效应				潜在危害度	措施
			局部	特征	相邻	系统		
喷口以下水冷壁	短期过热	1. 基建遗留杂物或未吹扫彻底 2. 检修遗留劣质易容纸	局部向火测爆口	边缘明显减薄	—	威胁燃烧	1	加强检修或安装的工艺纪律
	长期超温	1. 基建遗留杂物或未吹扫彻底 2. 检修遗留劣质易容纸	局部向火测爆口	边缘粗糙	—	威胁燃烧	2	加强检修或安装的工艺纪律，胀粗检查
	炉内飞灰	掉焦冲击，斜坡水冷壁	正面斜向上	损伤性砂眼	—	—	3	加强四管检查，泄漏监测
	管内壁腐蚀	化学水处理不合格	—	腐蚀性减薄砂眼	—	全水冷壁	1	加强水质管理，泄漏监测
	焊接缺陷	鳍片焊接损伤	冷会斗角搭接处	拉裂	—	—	3	加强检查，泄漏监测
	材料缺陷	裂纹或砂眼	全部	微小泄漏	—	—	2	加强进货验收和供货方管理，泄漏监测
喷口以上水冷壁	短期过热	1. 基建遗留杂物或未吹扫彻底 2. 检修遗留劣质易容纸	局部向火测爆口	边缘明显减薄	—	威胁燃烧	2	加强检修或安装的工艺纪律
	长期超温	1. 基建遗留杂物或未吹扫彻底 2. 检修遗留劣质易容纸	局部向火测爆口	边缘粗糙	—	威胁燃烧	3	加强检修或安装的工艺纪律，胀粗检查
	炉内飞灰	1. 一、二次风带粉，同时喷口损坏或安装不到位，吹损喷口附近水冷壁 2. 手孔及热工元件处漏风	局部磨损	减薄	—	威胁燃烧	4	逢停必查
	吹灰磨损	蒸汽带水，枪口位置调整不当	局部冲刷	成片减薄	—	爆口大，影响燃烧，影响水位	4	重点检查
	管内壁腐蚀	化学水处理不合格	—	腐蚀性减薄砂眼	—	全水冷壁	1	加强水质管理

续表

设备	故障模式	故障原因	故障效应				潜在危害度	措施
			局部	特征	相邻	系统		
喷口以上水冷壁	烟气侧腐蚀	结焦，高温腐蚀	片状腐蚀	块状脱落	—	爆口小，发展快	4	防止高温区域结焦
	热疲劳	焊接残留应力	焊缝砂眼	针眼状	—	微裂纹，	3	热影响区域γ源拍片检查
	焊接缺陷	鳍片焊接咬边过重	裂纹	针眼状	—	微裂纹	3	检修监督检查，泄漏监测
	材料缺陷	小厂生产，壁厚不均，组织不均	分层或开裂	纵向裂纹	—	—	2	严把入厂关，泄漏监测
折焰角及包墙水冷壁	短期过热	1. 基建遗留杂物或未吹扫彻底 2. 检修遗留劣质易容纸	局部向火测爆口	边缘明显减薄	—	影响水位和空预器积灰	1	加强检修或安装的工艺纪律
	长期超温	1. 基建遗留杂物或未吹扫彻底 2. 检修遗留劣质易容纸	局部向火测爆口	边缘粗糙	—	影响水位和空预器积灰	1	加强检修或安装的工艺纪律，胀粗检查
	炉内飞灰	侧墙烟气走廊	局部磨损	减薄焊管	—	影响水位和空预器积灰	5	逢停必查
		手孔及热工元件处漏风			—		4	
		拉稀管弯头烟气走廊			—		4	
		后包前墙与省煤器密封处			—		5	
	吹灰磨损	斜坡水冷壁积灰，吹灰如同喷砂，加上吹灰喷口停留时间长	中部	减薄焊管	—	影响水位和空预器积灰	5	逢停必查
	管内壁腐蚀	化学水处理不合格	—	腐蚀性减薄砂眼		全水冷壁	2	加强水质管理
	烟气侧腐蚀	折焰角结焦，高温腐蚀	片状腐蚀	块状脱落	—	爆口小，发展快	4	防止高温区域结焦
	焊接缺陷	鳍片焊接咬边过重等	裂纹	针眼状	—	微裂纹	3	检修监督检查，泄漏监测
	材料缺陷	小厂生产，壁厚不均，组织不均	分层或开裂	纵向裂纹	—	—	2	严把入厂关，泄漏监测

续表

设备	故障模式	故障原因	故障效应				潜在危害度	措施
			局部	特征	相邻	系统		
低温段过热器	短期过热	1. 基建遗留杂物或未吹扫彻底 2. 检修遗留劣质易容纸	局部向火测爆口	边缘明显减薄	—	影响水位和空预器积灰	1	加强检修或安装的工艺纪律
	长期超温	1. 基建遗留杂物或未吹扫彻底 2. 检修遗留劣质易容纸	局部向火测爆口	边缘粗糙	—	影响水位和空预器积灰	2	加强检修或安装的工艺纪律，胀粗检查
	炉内飞灰	烟气走廊	局部磨损	减薄爆管	—	大面积吹损，发展快	5	逢停必查
		手孔及热工元件处漏风					3	
	吹灰磨损	蒸汽带水，或卷吸喷砂	侧面沿烟气方向深度冲刷	噪声、泄漏报警	—	大面积爆管	5	蒸汽吹灰改声波吹灰
	焊接缺陷	砂眼、咬边、未融合等	把关不严	微漏	—	缓慢发展	2	泄漏监测
	材料缺陷	小厂生产，壁厚不均，组织不均	分层或开裂	纵向裂纹	—	—	2	严把入厂关
	异种钢焊接	接口热处理不好	热影响区	微裂纹	—	缓慢发展	2	金属监督，泄漏监测
前、后屏及高温过热器	短期过热	1. 基建遗留杂物或未吹扫彻底 2. 检修遗留劣质易容纸	局部向火测爆口	边缘明显减薄	—	相互冲刷，发展快	3	加强检修或安装的工艺纪律
	长期超温	1. 基建遗留杂物或未吹扫彻底 2. 检修遗留劣质易容纸 3. 火焰中心严重偏移	局部向火测爆口	组织变化，边缘粗糙	—	相互冲刷，发展快	5	加强检修或安装的工艺纪律，胀粗检查，壁温监测管理
	炉内飞灰	烟气走廊	局部磨损	减薄爆管	—	相互影响	5	逢停必查
		手孔及热工元件处漏风					3	
	吹灰磨损	蒸汽带水，或卷吸喷砂	迎风面弯头	噪声，泄漏报警	—	局部	4	逢停必查
	烟气侧腐蚀	结焦，高温腐蚀	片状腐蚀	块状脱落	—	焊口小，发展快	3	防止高曙区域结焦
	振动疲劳	烟气扰动，卡门涡旋，管卡脱落	疲劳裂纹	微漏	—	整屏影响	4	逢停必查，泄漏监测

续表

设备	故障模式	故障原因	故障效应				潜在危害度	措施
			局部	特征	相邻	系统		
前、后屏及高温过热器	焊接缺陷	砂眼、咬边、未融合等	把关不严	微漏	—	缓慢发展	2	泄漏监测
	材料缺陷	小厂生产，壁厚不均，组织不均	分层或开裂	纵向裂纹	—	—	2	严把入厂关
	异种钢焊接	接口热处理不好	热影响区	微裂纹	—	缓慢发展	2	金属监督，泄漏监测
	机械损伤	管卡松动后，整屏晃动大，冷却固定管摩擦损伤	磨伤	小孔	—	发展慢	4	逢停必要，泄漏监测
壁式再热器	短期过热	1. 基建遗留杂物或未吹扫彻底 2. 检修遗留劣质易容纸等	局部向火测爆口	边缘明显减薄	—	个别现象	2	加强检修或安装的工艺纪律
	长期超温	1. 基建遗留杂物或未吹扫彻底 2. 检修遗留劣质易容纸 3. 火焰中心严重偏移	局部向火测爆口	组织变化，边缘粗糙	—	个别现象	2	加强检修或安装的工艺纪律，泄漏报警
	烟气侧腐蚀	结焦，高温腐蚀	片状腐蚀	块状脱落	—	爆口小，发展快	3	防止高温区域结焦
	焊接缺陷	砂眼、咬边、未融合等	把关不严	微漏	—	缓慢发展	2	泄漏监测
	材料缺陷	小厂生产，壁厚不均，组织不均	分层或开裂	纵向裂纹	—	—	2	严把入厂关
高温再热器	短期过热	1. 基建遗留杂物或未吹扫彻底 2. 检修遗留劣质易容纸	局部向火测爆口	边缘明显减薄	—	相互冲刷，发展快	3	加强检修或安装的工艺纪律
	长期超温	1. 基建遗留杂物或未吹扫彻底 2. 检修遗留劣质易容纸 3. 火焰中心严重偏移	局部向火测爆口	组织变化，边缘粗糙	—	相互冲刷，发展快	5	加强检修或安装的工艺纪律，胀粗检查，壁温监测管理
	炉内飞灰	烟气走廊	局部磨损	减薄爆管	—	相互影响	5	逢停必查
		手孔及热工元件处漏风			—		3	
	吹灰磨损	蒸汽带水或卷吸喷砂	迎风面弯头	噪声，泄漏报警	—	局部	4	逢停必查
	烟气侧腐蚀	结焦，高温腐蚀	片状腐蚀	块状脱落	—	爆口小，发展快	3	防止高温区域结焦

续表

设备	故障模式	故障原因	故障效应				潜在危害度	措施
			局部	特征	相邻	系统		
高温再热器	振动疲劳	烟气扰动，卡门涡旋，管卡脱落	疲劳裂纹	微漏	—	整屏影响	4	逢停必查，泄漏监测
	焊接缺陷	砂眼、咬边、未融合等	把关不严	微漏	—	缓慢发展	2	泄漏监测
	材料缺陷	小厂生产，壁厚不均，组织不均	分层或开裂	纵向裂纹	—	—	2	严把入厂关
	异种钢焊接	接口热处理不好	热影响区	微裂纹	—	缓慢发展	2	金属监督，泄漏监测
	机械损伤	管卡松动后，整屏晃动大，冷却固定管磨擦损伤	磨伤	小孔	—	发展慢	4	逢停必查，泄漏监测
省煤器	炉内飞灰	侧墙烟气走廊	局部磨损	减薄爆管	—	影响水位和空预器积灰	5	逢停必查
		手孔及热工元件处漏风					4	
		后包前墙与省煤器密封处					5	
	吹灰磨损	吹灰如同喷砂，加上吹灰喷口停留时间长	全行程	减薄爆管	—	影响水位和空预器积灰	4	逢停必查
	管内壁腐蚀	化学水处理不合格	—	腐蚀性减薄砂眼	—	全水冷壁	2	加强水质管理
	烟气侧腐蚀	硫含量高，烟温低，低温腐蚀	片状腐蚀	块状脱落	—	爆口小，发展快	2	关注露点温度
	焊接缺陷	砂眼、咬边，未融合等	把关不严	微漏	—	缓慢发展	2	泄漏监测
	材料缺陷	小厂生产，壁厚不均，组织不均	分层或开裂	纵间裂纹	—	—	2	严把入厂关

案例三：重要辅机 RCM

首先，成立 6kV 重要转机进行故障模式、效应及危害度分析小组，小组成员包括锅炉专业、汽机专业、电气专业。其次，组织学习有关文章，统一思想，并确定讨论分析的系统对象是磨煤机及电动机、排粉机及电动机、送风机及电动机、吸风机及电动机、给水泵及电动机、凝结水泵及电动机、循环水泵及电动机。然后，进行分组讨论，进行系统功能分解，功能及功能故障分析，故障模式、效应及后果分析，以及基于模糊的故障模式危害度定量评价。特别是基于模糊的故障模式危害度定量评价，仅考虑故障效应、故障模式可检测性以及故障发生的概率即可[40]。最后，形成重要辅机（6kV）故障模式、效应及危害度分析手册。例如，排粉机故障模式、效应及危害度分析，分析了排粉机本体振动、温度，电动机的振动和温度，以及排粉机的功能。在分析中重点结合了排粉机从投产以来所发生的振动、温度和功能异常情况，列出了所知的故障效应特征；按 1～5 级用模糊统计的方法确定了潜在的危害度；并重点对潜在危害度确定为 3 级以上的故障模式制定了可检测性方法和措施：①日常巡查；②进行维护保养加油；③在检修中确定对 W 点进行重点检查；④定期进行振动频谱分析、油质分析或红外线测温等，见表 3-13、表 3-14、表 3-15。通过这些分析和梳理可以达到以下目的：①为筛选重要的故障模式提供定量分析的基础，其综合评价指标所考虑的因素比以往的同类研究更加全面；②为维修决策提供了可靠依据，从而为最终完成以可靠性为中心的

表 3-13　　排粉机本体振动

设备	故障模式	故障原因	故障效应				潜在危害度	可检测性及措施
			局部	特征	相邻	系统		
1 叶片和叶轮	1.1 叶片磨损	1.1.1 磨损	损坏叶片	① 1N90%； ② 2N5%； ③ 3N 以上 5%	1.8	流量和功率不正常减少，受力不平衡	3	检修 W 点
	1.2 叶片积灰	1.2.1 叶片表面积灰	造成流道不均匀	① 1N90%； ② 2N5%； ③ 3N 以上 5%	1.8	造成压力流量效率下降，发生喘振	3	
	1.3 叶片折断	1.3.1 制造不良	损坏其他构件，有噪声	① 1N90%； ② 2N5%； ③ 3N 以上 5%	1.8	流量减少，威胁机组安全	3	
	1.4 接触	1.4.1 叶片和机壳接触	叶片碰到机壳，在机壳处能听到金属摩擦声，会损坏叶片	1N100%	1.9	降低流量，威胁机组安全	4	
	1.5 喘振	1.5.1 运行进入喘振区	调整不当或设备不合理	1N90%	1.8 1.9	流量和耗功不正常，调节难	1	
	1.6 叶片变形	1.6.1 冷却时上下温差	叶轮不平衡	① 1N90%； ② 2N5%； ③ 3N 以上 5%	1.8	影响风机运行	2	
	1.7 叶轮磨损	1.7.1 叶轮有磨损	导致轴承受力情况恶化	① 1N90%； ② 2N5%； ③ 3N 以上 5%	1.8	会造成风机流量减少	1	
	1.8 叶轮不平衡	1.8.1 平衡精度的变化 1.8.2 叶轮明显的变形 1.8.3 叶片没有装正确	导致轴承受力情况恶化	① 1N90%； ② 2N5%； ③ 3N 以上 5%	3.1	会造成风机停车，威胁机组安全	3	每天测振记录
	1.9 叶轮脱落．破损．松动	1.9.1 并帽松动 1.9.2 安装或材料缺陷	振动并有噪声，叶轮不平衡	① 1N90%； ② 2N5%	1.3	会造成风机停车，影响安全	5	每月测振，频谱分析 100Hz/次记录
	1.10 气流共振	1.10.1 转速近临界转速	振动并有噪声	1N100%	1.4	损坏风机	2	

续表

设备	故障模式	故障原因	故障效应				潜在危害度	可检测性及措施
			局部	特征	相邻	系统		
2　滚动轴承组	2.1　失效	2.1.1　剥落，裂纹等 2.1.2　滚轴润滑不良 2.1.3　受载过大 2.1.4　安装不良	造成工作条件的恶化，可能导致温升速率高于5℃/min，使轴承温度上升	① 1N70%； ②100～300Hz 20% ③ 2000Hz 以上 5%； ④ >50	1.4 1.8	会造成停车事故	5	每月测振、频谱月 100Hz、200Hz、5000Hz 一次
	2.2　间隙增大	2.2　密封磨损	油位不正常，有时导致轴承温度不升		1.8	造成停车事故	4	
	2.3　内外圈"跑动"	2.3.1　轴承外圈与座孔配合太松或轴承内圈同轴颈配合太松	在运行中引起相对运行造成的，会造成轴承产生裂纹	内：0 ～ 40% N40% 40% ～ 50% N40% 50% ～ 100% N40% 外：0 ～ 50% N90%	1.8	会造成停车事故，严重影响机组运行	4	
	2.4　松动	2.5.1　安装不良	损坏轴承	0～50%N90%	1.8		4	
3　主轴	3.1　弯曲	3.1.1　刚度不够 3.1.2　裂纹	不平衡	① 1N90%； ② 2N5%； ③ 3N 以上 5%	1.8 1.4		3	检修 W 点
4　轴承座	4.1　松动	4.1.1　螺栓松动 4.1.2　裂纹	振动	0～50%N90%	1.8		2	
5　联轴器	5.1　对中不良	5.1.1　轴承座发生变形 5.1.2　基础沉降不均匀 5.1.3　安装时找中不准 5.1.4　未正确安装	造成联轴器对中的变化，导致联轴器联接螺栓产生交变应力	① 1N40%； ② 2N50%； ③ 3N 以上 5%	5.3		4	
	5.2　棒销卡死	5.2.1　尼龙棒销损坏	电动机及本体振动	① 轴向振动 ② 1N ③ 不稳			3	定期检查
	5.3　定位	5.3.1　轴向间隙大	检修工艺差	① 1N40%； ② 2N50%； ③ 3N 以上 5%	5.1	轴向振动	3	检修 W 点
6　基础	6.1　基础不良	6.1.1　基础刚度不够 6.1.2　地脚螺栓松动	运行不稳	① 40% ～ 50% N20%； ② 1N60%； ③ 2N10%； ④ 1/2N10%	1.8		2	

表 3-14

排粉机本体轴承温度

设备	故障模式	故障原因	故障效应			潜在危害度	可检测性及措施
			局部	相邻	系统		
1 滚动轴承组	1.1 失效	1.1.1 剥落，裂纹等 1.1.2 滚轴润滑不良 1.1.3 受载过大 1.1.4 安装不良	造成工作条件的恶化，可能导致温升速率高于 5℃/min，使轴承温度上升	2.1 1.3 5.2	会造成停车事故	5	每天记录、每月相关分析一次（烟温、加油时间、电流）
	1.2 间隙增大	1.2.1 磨损	不稳	1.1 2.1	会造成停车事故	5	
	1.3 内外圈“跑动”	1.3.1 轴承外圈与座孔配合太松或轴承内圈同轴颈配合太松	在运行中引起相对运行造成的，会造成轴承产生裂纹，温度高	2.1	会造成停车事故，严重影响机组运行	5	
	1.4 松动	1.4.1 安装不良	损坏轴承，温度高	2.1	会造成停车事故	5	
	1.5 轴向振动	1.5.1 推力弹簧失效 1.5.2 推力轴承失效	损坏轴承，温度高	1.3 2.1	会造成停车事故	5	
2 叶轮	2.1 不平衡	2.1.1 平衡精度的变化 2.1.2 叶轮明显的变形 2.1.3 叶片固定螺栓松动	损坏轴承，温度高	1.1 1.3 1.5	会造成停车事故，严重影响机组运行	2	
3 主轴	3.1 弯曲	3.1.1 刚度不够 3.1.2 裂纹	损坏轴承，温度高	1.1 2.1	会造成停车事故	2	
4 轴承座	4.1 松动	4.1.1 螺栓紧力不均松动 4.1.2 裂纹	损坏轴承，温度高	1.3 2.3	会造成停车事故，严重影响机组运行	2	
5 润滑	5.1 润滑油少	5.1.1 未定期加油 5.1.2 定期加油少	损坏轴承，温度高	1.1 1.3 2.1	会造成停车事故	5	定期加油
	5.2 润滑油变质	5.2.1 油种混 5.2.2 油质量差	损坏轴承，温度高	1.1 1.3 2.1	会造成停车事故	5	
6 冷却	6.1 进水阀	6.1.1 阀芯脱落 6.1.2 脏物堵死	冷却水量小或检修		轴承温度高	4	每天检查

表 3-15　　排粉机功能

设备	故障模式	故障原因	故障效应			潜在危害度	措施
			局部	相关	系统		
1　叶片	1.1　减薄腐蚀变形	1.1.1　烟气带粉含硫	叶片损坏	1.1.1.2.3	出力减少，影响安全	1	
	1.2　积灰	1.2.1　设计不合理		1.1.1.2.3	出力减少，影响安全	1	
2　挡松	2.1　减薄腐蚀变形	2.1.1　气带粉含硫	叶片损坏		出力减少，影响安全	1	检修 W 点
	2.2　卡涩	2.2.1　间隙小			出力减少	4	
		2.2.2　变形	叶片损坏		出力减少	4	
		2.2.3　小轴承坏			出力减少	4	
		2.2.4　执行机构坏			出力减少	4	
	2.3　自关超	2.3.1　执行机构坏			出力减少	4	
		2.3.2　热工信号故障			出力减少	4	
3　出口挡板	3.1　减薄磨松变形	3.1.1　冲刷	挡松脱落			3	
	3.2　自关超 15s	3.2.1　执行机构坏			出力减少，停风机	2	
		3.2.2　热工信号故障			出力减少，停风机	2	
4　风道	4.1　积灰	4.1.1　设计不合理			出力减少	3	检修 W 点
	4.2　风道漏风	4.2.1　磨损、腐蚀			出力减少	3	
	4.3　膨胀节漏水	4.3.1　磨损、腐蚀			出力减少	3	

检修分析奠定坚实基础；③可以为其他发电设备同类分析借鉴。特别是其指导思想和方法，完全可以推广应用到发电主设备如锅炉、汽轮发电机组、变压器等设备上。在锅炉上，可以分析到哪些部件的哪些部位容易磨损；哪些部件容易高温蠕变；哪些管子是异种钢焊接，出现焊接质量问题等。在汽轮发电机组方面，能确定出哪几个瓦容易出现振动，振动特征是什么，常见故障是哪些，怎样控制，等。

七大辅机的故障模式、效应及危害度分析见附录二。

第三章

设备优化检修

以可靠性为中心的状态检修（RCM）通过风险分析理论和失效模式及后果分析（FMEA）的基本方法，通过一定的组织活动就可以建立起不同企业等级的故障模式数据库。这些数据库可以提供设备的不同故障模式所带来的故障危害（风险）度，以及可以采取的各种预防措施，包括设备状态监测检修项目的重点、设备异常时可能的因素以及可以推断出设备的重要程度，即可以回答设备管理的四大难点问题：设备怎么划分？点检的八定怎么定？检修项目怎么定？设备异常时怎么决策？

通过对设备状态监测、寿命管理以及以可靠性为中心的状态检修分析和研究，精细化的实施并不断总结和积累，可以促进设备检修的不断优化。

第一节　设备优化检修内容

设备状态监测优化。

状态监测包括监测位置（点）、监测内容、监测方法、监测频率、监测标准等。对设备进行诊断的第一步工作，就是采集设备（包括机组或零部件）在运行中的各种信息，通过传感器把这些信息变为电信号或其他物理量信号，输入信号处理系统中进行处理，以便得到能反映设备运行状态的参数，从而实现对设备运行状态的监测和下一步诊断工作。在这些信息和信号中，有的是有用的，能反映设备故障部位的症状，这种信息称为征兆，或称故障征兆；有的并不是诊断所需要的目标信号，因此，需要处理和排除。为了提取征兆信号，人们尚要做些特征信号的提取工作，这也是由信号处理系统来完成的。有时将征兆信号与特征信号等同看待，不再加以区分。但是无论是征兆信号还是特征信号必须都是能够准确反映故障源存在的有效信号，是能作为诊断决策的依据或充分依据。

设备状态监测的测点当然是越多越好，但点检人员是有限的，特别是能精密点检的人员很少，而且许多状态点和数据并没有代表性，所以有选择地确定测点和检测内容非常必要。我们的经验是在振动检测方面，径向振动选择水平方向，并且选择受力最大的一侧轴承位置；轴向振动测点选择电动机和本体轴承座相对应的两点。温度和温升速度都纳入检测。

案例一：监测点、内容、方法和周期的优化

监测的项目内容一般有振动值（位移、速度、加速度）、频谱分析、温度以及温升速度等。这些内容有的需要一般点检每天关注；有的需要负责精密点检的人员每天记录；有的可以一周分析一次；有的可以一个月分析一次，等等，如表 3-16 所示。

表 3-16　　设备状态监测的位置、内容、周期

序号	设备名称	检测位置	检测内容	检测周期	备注
1	排粉机	本体非侧水平振动	振动（位移、速度、加速度）	天	每周进行一次频谱分析
		本体轴向振动		周	
		电动机联侧水平振动		周	
		电动机非侧水平振动		周	
		电动机轴向振动		周	
		本体非侧轴承温度	温度和温升速度	天	
		本体非侧轴承温升速度		天	
		本体联侧轴承温度		周	
		本体联侧轴承温升速度			
		电动机联侧轴承温度			
		电动机联侧轴承温升速度			
		电动机非侧轴承温度			
		电动机非侧轴承温升速度			
2	磨煤机	小牙轮非侧水平振动	振动（位移、速度、加速度）	天	每周进行一次频谱分析
		减速箱小齿非侧垂直振动		周	
		电动机联侧水平振动		周	
		磨煤机筒体前瓦温度	温度和温升速度	天	
		磨煤机筒体前瓦温升速度			
		磨煤机筒体后瓦温度			
		磨煤机筒体后瓦温升速度			
		小牙轮非侧轴承温度		周	
		小牙轮非侧轴承温升速度			
		减速机小齿非侧轴承温度			
		减速机小齿非侧轴承温升速度			
		电动机联侧瓦温度			
		电动机联侧瓦温升速度			
		电动机非侧瓦温度			
		电动机非侧瓦温升速度			
3	送风机	本体垂直振动	振动（位移、速度、加速度）	天	每周进行一次频谱分析
		本体轴向振动		周	
		电动机联侧水平振动		天	
		电动机非侧水平振动		周	
		电动机轴向振动		周	
		本体非侧推力轴承温度	温度和温升速度	天	
		本体非侧推力轴承温升速度			
		本体非侧径向轴承温度			
		本体非侧径向轴承温升速度			
		本体联侧轴承温度			
		本体联侧轴承温升速度			
		电动机联侧轴承温度		周	
		电动机联侧轴承温升速度			
		电动机非侧轴承温度			
		电动机非侧轴承温升速度			

续表

序号	设备名称	检测位置	检测内容	检测周期	备注
4	吸风机	本体垂直振动	振动（位移、速度、加速度）	天	每周进行一次频谱分析
		本体轴向振动		周	
		本体非侧推力轴承温度	温度和温升速度	周	
		本体非侧推力轴承温升速度			
		本体非侧径向轴承温度			
		本体非侧径向轴承温升速度			
		本体联侧轴承温度			
		本体联侧轴承温升速度			
		电动机联侧轴承温度			
		电动机联侧轴承温升速度			
		电动机非侧轴承温度			
		电动机非侧轴承温升速度			
5	给水泵	主泵联侧水平振动	振动（位移、速度、加速度）	周	每月进行一次频谱分析
		主泵非侧水平振动			
		主泵非侧轴向振动			
		电动机联侧水平振动			
		电动机非侧水平振动			
		前置泵联侧水平振动			
		前置泵非侧水平振动			
		前置泵非侧轴向振动			
		本体联侧瓦温度	温度和温升速度		
		本体联侧瓦温升速度			
		本体非侧推力瓦温度			
		本体非侧推力瓦轴承温升速度			
		本体非侧瓦温度			
		本体非侧瓦温升速度			
		电动机联侧瓦温度			
		电动机联侧瓦温升速度			
		电动机非侧瓦温度			
		电动机非侧瓦温升速度			
		前置泵联侧瓦温度			
		前置泵联侧瓦温升速度			
		前置泵推力瓦温度			
		前置泵推力瓦温升速度			
		前置泵非侧瓦温度			
		前置泵非侧瓦温升速度			

续表

序号	设备名称	检测位置	检测内容	检测周期	备注
6	凝结水泵	电动机非侧水平振动	振动（位移、速度、加速度）	周	每周进行一次频谱分析
		电动机联侧轴向振动			
		本体联侧导瓦温度	温度和温升速度		
		本体联侧导瓦温升速度			
		本体联侧推力瓦温度			
		本体联侧推力瓦轴承温升速度			
		电动机联侧轴承温度			
		电动机联侧轴承温升速度			
		电动机非侧轴承温度			
		电动机非侧轴承温升速度			
7	循环水泵	电动机非侧水平振动	振动（位移、速度、加速度）	周	每周进行一次频谱分析
		泵体联侧水平振动			
		电动机联侧导瓦温度	温度和温升速度		
		电动机联侧导瓦温升速度			
		电动机非侧推力瓦温度			
		电动机非侧推力瓦轴承温升速度			
		电动机非侧导瓦温度			
		电动机非侧导瓦温升速度			

案例二：状态评价标准优化

重要辅机的状态监测主要是监测辅机的振动、温度、温升速度，进行细化后，可以利用先进的测量仪器，实现振动位移、速度、加速度的测量以及振动的位移、速度、加速度的频谱分析；对温度可以细化到实际测得的温度，通过环境温度进行修正；对温升可以细化分为开机时和正常运行时两种情况。

1. 振动标准

原国家标准：振动标准的制定方面有两个公认的权威性国际机构，一个是“国际标准化组织（ISO）”，另一个是“国际电工委员会（IEC）”。我国于 1985 年 7 月成立了“全国机械振动与冲击标准化技术委员会”（CSBTS/TC 53）对接 ISO/TC 108 的工作，负责我国振动标准的制定。现行与待发布的振动标准有 40 项[22]。

转动机械的振动标准经历了轴承振动振幅、转轴振动振幅以及轴承振动烈度的发展过程。早期是采用轴承振动振幅（位移）作为制定标准的基础，这是由于当时的测量条件决定的。它的缺点是不能反映轴的振动情况，且未考虑不同轴承以及同一轴承方向上振动的不等效性，对环境危害的不等效性以及不同频率振动分量的不等效性。为了克服上述缺陷，已进展到以转轴振动振幅为基础的振动标准和以轴承振动烈度为基础的振动标准。实践表明，监测轴振动对早期发现故障是有利的。特别是与轴承振动值进行趋势比较时，能发现更多的有价值的信息。

振动标准按类型分为振幅（位移）、烈度、加速度标准；按设备又分为通用、电机、泵、齿轮等标准。这些标准中大部分也是从通用标准演化而来。这里重点介绍最基本三种类型的振动标准，为结合实际探索具体的设备振动标准提供理论指导。

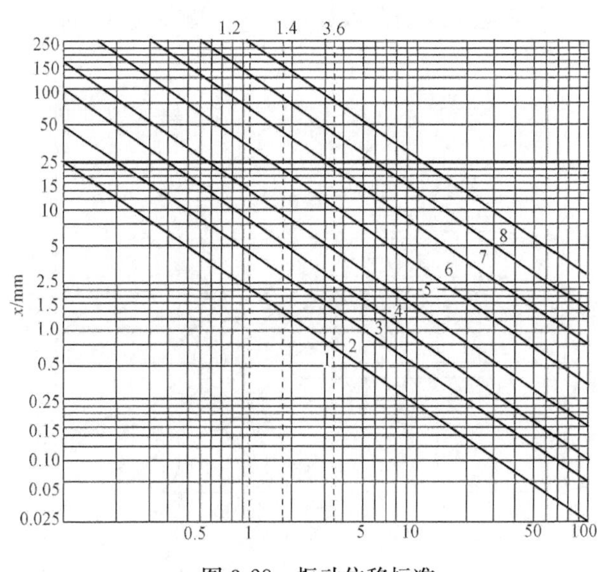

图 3-28　振动位移标准

（1）振动的位移标准。如图 3-28 所示为美国 IRD Mechanalysis 公司制定的标准[22]，用于判断机器振动的严重程度，作为转子系统振动监测的依据。该标准中既考虑了振动位移的峰值，又考虑了振动频率。当位移的峰值一定时，频率越高，机械的振动就越严重。图3-28中状态之间有 8 条分界线，1 表示十分光滑，振动峰值为 0.124 46mm/s；2 表示光滑，振动峰值为 0.248 92mm/s；3 表示十分良好，振动峰值为 0.497 84mm/s；4 表示良好，振动峰值为 0.995 68mm/s；5 表示合格，振动峰值为 1.993 9mm/s；6 表示稍粗糙，振动峰值为 3.987 8mm/s；7 表示粗糙，振动峰值为 7.975 6mm/s；8 表示十分粗糙，振动峰值为 15.951 2mm/s。由图可以发现一个特征，即位移坐标上允许的振幅随频率的增加而减少。因而要求机械维持给定量的力，必须相应地减少位移。为此，许多人建议在一个宽的频带内可用一个恒定速度标准作为机械状态的最佳指示值。

（2）振动速度标准。国家标准 GB 6075.1—2012《制订机器振动标准的基础》等效采用 ISO 2372—1974[31]。ISO 2372—1974 振动标准：一般振动烈度范围和它们应用于小型机器（第一类）、中型机器（第二类）、大型机器（第三类）和透平机器（第四类）的实例，见表 3-17。

表 3-17　ISO 2372—1974 振动标准

<table>
<tr><th colspan="2">振动烈度的范围</th><th colspan="4">判定每种机器质量的实例</th></tr>
<tr><th>范围</th><th>在该范围极限上的速度有效值（mm/s）</th><th>第一类</th><th>第二类</th><th>第三类</th><th>第四类</th></tr>
<tr><td>0.28</td><td>0.28</td><td rowspan="3">A</td><td rowspan="4">A</td><td rowspan="4">A</td><td rowspan="4">A</td></tr>
<tr><td>0.45</td><td>0.45</td></tr>
<tr><td>0.71</td><td>0.71</td></tr>
<tr><td>1.12</td><td>1.12</td><td rowspan="2">B</td></tr>
<tr><td>1.8</td><td>1.8</td><td rowspan="2">B</td><td rowspan="2">B</td><td rowspan="2">B</td></tr>
<tr><td>2.8</td><td>2.8</td><td rowspan="2">C</td></tr>
<tr><td>4.5</td><td>4.5</td><td rowspan="2">C</td><td rowspan="2">C</td><td rowspan="2">C</td></tr>
<tr><td>7.1</td><td>7.1</td><td rowspan="6">D</td></tr>
<tr><td>11.2</td><td>11.2</td><td rowspan="5">D</td><td rowspan="5">D</td><td rowspan="5">D</td></tr>
<tr><td>18</td><td>18</td></tr>
<tr><td>28</td><td>28</td></tr>
<tr><td>45</td><td>45</td></tr>
<tr><td>71</td><td></td></tr>
</table>

注　表中 A—好；B—满意；C—不满意；D—不合格。

（3）振动加速度标准。上述两类标准主要适用于低频振动，关于高频振动必须采用加速度标准。如图 3-29 所示为高频振动情况下的加速度标准。在该标准中不同频率区段的频谱变化可以粗略地判断机械振动故障[22]。

（4）振动的相对标准[23]。相对标准是振动标准在设备故障诊断中的典型应用，特别适用于尚无适用的振动绝对标准的设备。其应用方法是对设备的同一部位的振动进行检测，以设备正常情况下的值为原始值，根据实测值与原始值的比值是否超过标准来判断设备的状态。标准值的确定根据频率的不同一般分为低频（＜1000Hz）和高频（＞1000Hz）两段，低频段的依据主要是经验值和人的感觉，而高频段主要是考虑了零件结构的疲劳强度。典型的振动相对标准有日本工业界广泛采用的相对标准，见表 3-18。

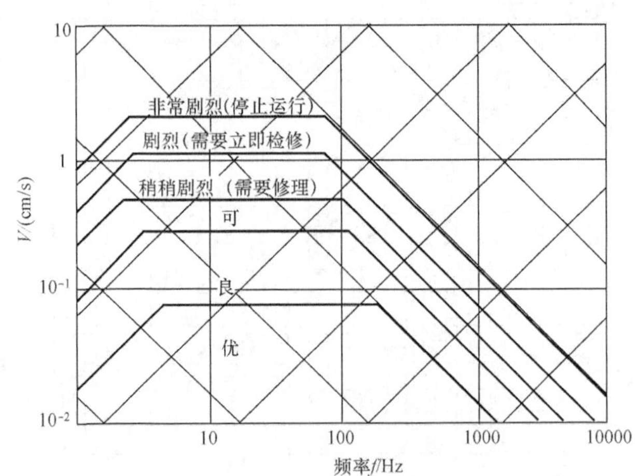

图 3-29　振动加速度标准

表 3-18　振动相对标准

	低频（＜1000Hz）	高频（＞1000Hz）
注意区	1.5～2 倍	3 倍
异常区	4 倍	6 倍

2. 振动标准优化

振动标准有两个作用：一个是用来考核评价设备的设计、制造、安装以及检修质量；另一个是判断设备运行状态，进行故障诊断。总之，振动反映了一个设备的运行状态参数。从减少振动危害的角度考虑，当然是越小越好，振动的标准越严越好，但实际上考虑到设计、制造、安装以及检修的成本，且还有许多未知和不确定因素，使振动降到零是不可能的。应该制定一个既能保障安全又能符合实际的标准。

我国虽然是 ISO/TC-108 的成员，但我国没有权威性的统计数据提供给 ISO 及其成员国作为制定标准的依据。因此，我国有关的振动标准大多是等同采用 ISO 的标准，原封不动地翻译或略加改动成为国家标准。实际上，ISO 标准并不完全适用于我国实际情况，套用 ISO 标准的局面应该逐步改变[24]。

在实际工作中，我们也发现许多不适用、不合理的地方。尤其是从设备管理的角度，从状态监测、可靠性和寿命管理角度，可以认为应该建立更加符合实际设备管理水平的标准，才能适应预知性检修或状态检修的需要。例如，在锅炉辅机验收中，还有人经常使用的振动合格标准，为一般不超过 100μm。这一标准如果作为评判设备是否会在短时间内出现由于振动大引起事故，是可以被接受的。但如果从可靠性和影响寿命来看是不能参考的。如中间储仓式制粉系统的排粉机[25]，型号为 M5-36-11NO. 21D，转速 1500r/min。实际工作中发现，排粉机是频繁启动的设备，排粉机叶轮不均匀磨损后，振动增加，如振动维持在100μm左右，16个月（51 600利用小时）就会发生轴承滚柱损坏或内圈、外圈松动。为防止轴承经常损坏，我们重新制定了振动标准，通过现场做精确动平衡试验的方法控制水平振动在50μm以内，运行中很少超过60μm。现在，四台排粉机轴承寿命都超过6年（约16 500利用小时），最多已达8年（22 000利用小时。利用小时：机组一年运行的时间折算成带满负荷状况下运行的时间。）。这样，对安全性和可靠性要求很高的电厂来讲，不但带来了经济效益，更大大提高了设备的安全性和可靠性，为状态检修提供了很好的帮助。又如锅炉轴流式送风机，型号：AN16ed(V19+4)，转速1500r/min。振动合格标准为100μm。实际上，根据经验，水平振动超过40μm就应该引起关注，超过60μm就意味着出现了故障。这样的例子还有很多，所以根据不同的设备、不同的支承形式、不同的地质结构制定出符合企业自身设备管理要求的振动标准就显得非常有意义。

通过观察、跟踪、统计和讨论总结，制定了企业的重要辅机（6kV）振动标准[26]。重要辅机（6kV）设备情况见表3-19。

表3-19　　重要辅机设备情况

序号	主机					配电机			形式
	名称/型号	位置	支承方式	润滑方式	转速（r/min）	型号	支承方式	润滑方式	
1	排粉机 M5-36-1121D	轴承座	滚动轴承	稀油润滑	1500	YF500-2	滚动轴承	油脂润滑	卧式
2	磨煤机 DTM380/720-Ⅲ	小牙轮	滚动轴承	油脂润滑	125	Y800-2-10	滑动轴承	稀油润滑	卧式
		减速机	滚动轴承	稀油润滑	600/125				
3	送风机 AN16ed（V19+4°）	轴承座对应机壳	滚动轴承	油脂润滑	1500	YE500-2-4	滚动轴承	油脂润滑	卧式
4	吸风机 AN25ed(V13+9°)	轴承座对应机壳	滚动轴承	油脂润滑	750	YKS630-1-8	滑动轴承	稀油润滑	卧式
5	给水泵 50CHYA/5	轴瓦座	滑动轴承	稀油润滑	6050	Y900-Z-4	滑动轴承	稀油润滑	卧式
6	凝结水泵 16NL-18	轴瓦座	滑动轴承	稀油润滑	1500	JSL430-4	滚动轴承	油脂润滑	立式
7	循环水泵 1200HLQ-16	下水导座	滑动轴承	水	500	YL1250-12/1730	滑动轴承	稀油润滑	立式

（1）滚动轴承支承的6kV转动设备。滚动轴承支承的6kV转动设备有排粉机、磨煤机小牙轮与减速箱、送风机、吸风机、排粉机、送风机、凝结水泵电动机。这些设备运转中会产生一定的高频分量，用振动的烈度（mm/s）和高频（>1000Hz）加速度（mm/s^2）标准评判比较科学，具体详见表3-20。

表 3-20　　滚动轴承支承的 6kV 转动设备振动速度标准　　mm/s

<table>
<tr><th colspan="2">振动烈度的范围</th><th colspan="6">判定每种机器状态的实例</th></tr>
<tr><th>范围</th><th>在该范围极限上的速度有效值</th><th>排粉机</th><th>磨小牙轮</th><th>磨减速机</th><th>送风机</th><th>吸风机</th><th>电动机</th></tr>
<tr><td>0.28</td><td>0.28</td><td rowspan="5">A</td><td rowspan="7">A</td><td rowspan="3">A</td><td rowspan="4">A</td><td rowspan="3">A</td><td rowspan="3">A</td></tr>
<tr><td>0.45</td><td>0.45</td></tr>
<tr><td>0.71</td><td>0.71</td></tr>
<tr><td>1.12</td><td>1.12</td><td rowspan="2">B</td><td rowspan="2">B</td><td rowspan="2">B</td></tr>
<tr><td>1.8</td><td>1.8</td><td rowspan="2">B</td></tr>
<tr><td>2.8</td><td>2.8</td><td rowspan="2">B</td><td rowspan="8">C</td><td rowspan="8">C</td><td rowspan="8">C</td></tr>
<tr><td>4.5</td><td>4.5</td><td rowspan="7">C</td></tr>
<tr><td>7.1</td><td>7.1</td><td rowspan="2">C</td><td rowspan="2">B</td></tr>
<tr><td>11.2</td><td>11.2</td></tr>
<tr><td>18</td><td>18</td><td rowspan="4">C</td><td rowspan="4">C</td></tr>
<tr><td>28</td><td>28</td></tr>
<tr><td>45</td><td>45</td></tr>
<tr><td>71</td><td></td></tr>
</table>

注　表中 A 为可靠区，B 为关注区，C 为异常区。

1）振动速度标准（mm/s）。

2）高频（>1000Hz）振动加速度标准（mm/s）。

① 稀油润滑的滚动轴承振动加速度标准见表 3-21。

表 3-21　　稀油润滑高频（>1000Hz）振动加速度标准　　mm/s

设备名称	A	B	C
排粉机	<20	20～50	>50
磨煤机减速机	<30	30～60	>60

② 油脂润滑的滚动轴承振动加速度标准见表 3-22。

表 3-22　　油脂润滑高频（>1000Hz）振动加速度标准　　mm/s

设备名称	A	B	C
磨煤机小牙轮	<50	50～80	>80
送风机	<40	40～70	>70
吸风机	<30	30～50	>50
排粉机、送风机、凝结水泵电动机	<70	70～90	>90

（2）滑动轴瓦支承的 6kV 转动设备。滑动轴瓦支承的 6kV 转动设备包括给水泵、凝结水泵、循环水泵、磨煤机、吸风机、循环水泵电动机。这些设备运转中不会产生一定的高频分量，一般会产生低频或倍频分量。用振动的幅值（μm）标准来评判即可，详见表 3-23。

表 3-23　　滑动轴瓦振动的幅值标准　　μm

设备名称	A	B	C
给水泵	＜20	20～40	＞40
凝结水泵	＜20	20～30	＞30
循环水泵	＜50	50～80	＞80
磨煤机电动机	＜30	30～50	＞50
吸风机电动机	＜20	20～30	＞30
循环水泵电动机	＜20	20～30	＞30

注　表中 A 为可靠区，B 为关注区，C 为异常区。

（3）建立相对标准。标准中除了对振动限值有明确规定，对振幅的变化率也应有相应的规定。这对保证机组安全运行同样具有重要的意义。在稳态工况下，如果振动幅值的变化相对基线值很快超过区域 A 上限值 50%，无论振动幅值增大还是减少，都应跟踪关注分析变化的原因，见表 3-23。这里基线值指的是机组稳态正确运行时振动的统计平均值。A 区转轴相对振动上限是 50μm，这就是说，转轴相对振动变化量如果大于 25μm，则应引起注意。这个规定有一定的参考意义。

① 温度评价标准优化。制造厂家给出了设备运行中关键部位的温度要求（按环境温度 20℃设计），但实践中发现，随着环境温度的变化（夏季气温最高 37℃，冬季气温最低 −10℃），一些转动支承部件如轴承、轴瓦温度变化非常明显，使用同样的标准，对判断设备状态会产生很大的偏差。为实现精密点检，提高判断准确性，应该进行统计分析，找出规律，减少影响。经过对比分析，发现与环境温度变化有明显关系的因素有露天设备，如吸风机；没有强制冷却的室内设备，如送风机及电动机、排粉机电动机；有强制冷却的室内设备如排粉机轴承座、磨煤机、给水泵、凝结水泵、循环水泵。并且影响大小不同，露天设备影响最大，随环境变化而变化；没有强制冷却的室内设备影响最小。经综合评估后，标准修订如表 3-24 所示。

表 3-24　　综合评估后，标准修订

序号	设备名称	部位名称	温度标准（℃）	冬季温度标准（℃）	备注
1	排粉机	轴承箱轴承	80	70	
		电动机轴承	80	75	
2	磨煤机	支承轴瓦	50	40	
		减速机轴承	80	70	
		电动机轴瓦	60	50	
3	吸风机	轴承	80	60	
		电动机轴瓦	70	50	
4	送风机	轴承	80	75	
		电动机轴承	80	75	

续表

序号	设备名称	部位名称	温度标准（℃）	冬季温度标准（℃）	备注
5	给水泵	主泵轴瓦推力瓦	90	80	
		液力偶合器瓦	95	85	
		电动机瓦	95	85	
		前置泵瓦	95	85	
6	凝结水泵	推力瓦	70	60	
		电动机轴承	80	70	
7	循环水泵	电动机推力瓦导瓦	80	70	

② 温升速度评价标准优化。温升速度没有一个统一的标准。但温升速度是反映设备的运行状况很重要的一个参数，尤其对精密点检而言，能为判断设备发热程度或热工仪表显示错误起到至关重要的作用。根据经验，一般辅机检修后开机试转时，最快的温升速度接近但不会超过 1℃/分钟，夏天环境最高时也不会超过 1.5℃/min。所以确定的温升速度标准和计算方法如下。温升速度：每 3min 计算出一个温升速度（止温度－始温度）/时间跨度（3min），见表 3-25。

表 3-25　　温升速度细化及评价

序号	状态	标准（℃/min）	备注
1	可靠	<1	
2	关注	1.2～1.5	
3	异常	>1.5	应结合现场测温判断排除热工仪表显示问题

案例三：重要转机故障诊断系统优化

目前世界上许多国家和地区的企业在设备管理上都在探讨维修策略的更新。根据设备的实际情况，经济有效地采用合适的维修策略，既可充分利用不断发展的先进科技，又反映了人们对自然规律的深化过程，在当前深化改革、讲究实效的我国，这更有必要。

我国的电力企业，多年来主要还是应用定期检修制度。近几年在预知性检修和状态检修方面也进行了许多探索，取得了许多宝贵经验。我国的电力工业基础还比较薄弱，还处在发展阶段，备用余量不是很大，主设备的好坏直接威胁电网的安全。为了保证主设备的安全，相比之下以可靠性为中心的状态检修还没有进入实质性阶段，仍然沿用定期检修制度，但在重要辅助设备方面可以进行尝试。

实现预知性检修或状态检修的基础之一是设备故障诊断技术。转动机械故障诊断专家系统开发一直是国内外专家研究的课题。像国外的、国内的英华达等都是较有名的开发公司，但一提到应用和诊断的准确性，一般都很难说清楚。目前本特利 System 1TM 系统，为了使这个系统更接近实际，提高诊断的准确性，在开发的系统中专门留出了给应用厂家自主开发的空间。由于这些原因，我们抱着尝试的态度进行了探索。为了达到诊断的准确性，要求建立的诊断模式和数据库，主要来源于设备曾经出现过的实际故障和典型案例。

1. 技术方案与组织开发

(1) 硬件准备：购买了本特利 System 1TM 振动监测系统，该系统可以实现在线巡检监测，对所测的信号可以进行趋势分析、频谱分析等。振动测点分别安装在吸风机、送风机及电动机、磨煤机、给水泵及电动机上。

（2）软件开发。

软件开发准备：首先，组织技术人员共同讨论分析重要转机（6kV）故障模式、效应及危害度，列出这些转机可能出现的所有故障原因、故障效应、潜在危害度，以及防范措施，并汇编成册。例如，故障模式、效应及危害度见表 3-26。

表 3-26　　故障模式、效应及危害度

设备	故障模式	故障原因	故障效应				潜在危害度	可检测性及措施
			局部	特征	相邻	系统		
1 叶片和叶轮	1.1 叶片磨损	1.1.1 磨损	损坏叶片	① 1N90%； ② 2N5%； ③ 3N 以上 5%	1.8	流量和功率不正常减少，受力不平衡	3	检修 W 点
	1.2 叶片积灰	1.2.1 叶片表面积灰	造成流道不均匀	① 1N90%； ② 2N5%； ③ 3N 以上 5%	1.8	造成压力流量效率下降，发生喘振	3	
	1.3 叶片折断	1.3.1 制造不良	损坏其他构件，有噪声	① 1N90%； ② 2N5%； ③ 3N 以上 5%	1.8	流量减少，威胁机组安全	3	
	1.4 接触	1.4.1 叶片和机壳接触	叶片碰到机壳，在机壳处能听到金属摩擦声，会损坏叶片	1N100%	1.9	降低流量，威胁机组安全	4	
	1.5 喘振	1.5.1 运行进入喘振区	调整不当或设备不合理	1N90%	1.8 1.9	流量和耗功不正常，调节难	1	
	1.6 叶片变形	1.6.1 冷却时上下温差	叶轮不平衡	① 1N90%； ② 2N5%； ③ 3N 以上 5%	1.8	影响风机运行	2	
	1.7 叶轮磨损	1.7.1 叶轮有磨损	导致轴承受力情况恶化	① 1N90%； ② 2N5%； ③ 3N 以上 5%	1.8	会造成风机流量减少	1	
	1.8 叶轮不平衡	1.8.1 平衡精度的变化 1.8.2 叶轮明显的变形 1.8.3 叶片没有装正确	导致轴承受力情况恶化	① 1N90%； ② 2N5%； ③ 3N 以上 5%	3.1	会造成风机停车，威胁机组安全	3	每天测振记录
	1.9 叶轮脱落、破损、松动	1.9.1 并帽松动 1.9.2 安装或材料缺陷	振动并有噪声，叶轮不平衡	① 1N90%； ② 2N5%	1.3	会造成风机停车，影响安全	5	每月测振、频谱分析 100Hz 一次并记录
	1.10 气流共振	1.10.1 转速近临界转速	振动并有噪声	1N100%	1.4	损坏风机	2	

续表

设备	故障模式	故障原因	故障效应				潜在危害度	可检测性及措施
			局部	特征	相邻	系统		
2 滚动轴承组	2.1　失效	2.1.1　剥落，裂纹等	造成工作条件的恶化，可能导致温升速率高于5℃/min，使轴承温度上升	① 1N70%； ② 100～300Hz 20% ③ 2000Hz以上5%； ④ $a>50$	1.4 1.8	会造成停车事故	5	每月测振、频谱月100Hz、200Hz、5000Hz一次
		2.1.2　滚轴润滑不良						
		2.1.3　受载过大						
		2.1.4　安装不良						
	2.2　间隙增大	2.2.1　密封磨损	油位不正常，有时导致轴承温度不升		1.8	造成停车事故	4	
	2.3　内外圈“跑动”	2.3.1　轴承外圈与座孔配合太松或轴承内圈同轴颈配合太松	在运行中引起相对运行造成的，会造成轴承产生裂纹	内： 0～40%N40% 40%～50%N40% 50%～100%N40% 外： 0～50%N90%	1.8	会造成停车事故，严重影响机组运行	4	
	2.4　松动	2.4.1　安装不良	损坏轴承	0～50%N90%	1.8		4	
3 主轴	3.1　弯曲	3.1.1　刚度不够	不平衡	① 1N90%； ② 2N5%； ③ 3N以上5%	1.8 1.4		3	检修W点
		3.1.2　裂纹						
4 轴承座	4.1　松动	4.1.1　螺栓松动	振动	0～50%N90%	1.8		2	
		4.1.2　裂纹						
5 联轴器	5.1　对中不良	5.1.1　轴承座发生变形	造成联轴器对中的变化，导致联轴器联接螺栓产生交变应力	① 1N40%； ② 2N50%； ③ 3N以上5%	5.3		4	
		5.1.2　基础沉降不均匀						
		5.1.3　安装时找中不准						
		5.1.4　未正确安装						
	5.2　棒销卡死	5.2.1　尼龙棒销损坏	电动机及本体振动	① 轴向振动 ② 1N ③ 不稳			3	定期检查

注　表中标成加粗部分表示该设备曾经出现过的异常情况。潜在危害度在2及以下的未控制。

其次，编制软件文件，形成《重要辅机（6kV）状态监测与分析系统》，如排粉机状态监测与分析（表 3-27，只列举了[1]本体非侧水平振动分析），然后按要求进行编程和软件开发。表 3-28 所示为标准设置。

表 3-27　　排粉机状态监测与分析

振动	数值显示	状态显示
[1] 本体非侧水平振动		
[2] 本体轴向振动		
[3] 电动机联侧水平振动		
[4] 电动机非侧水平振动		
[5] 电动机轴向振动		
[6] 本体非侧轴承温度		
[7] 本体非侧轴承温升速度		
[8] 本体联侧轴承温度		
[9] 本体联侧轴承温升速度		
[10] 电动机联侧轴承温度		
[11] 电动机联侧轴承温升速度		
[12] 电动机非侧轴承温度		
[13] 电动机非侧轴承温升速度		

注　标准

状态		本体振动速度值（mm/s）	电动机振动速度值（mm/s）	温度（℃）	温升速度（℃/min）
优	绿	<1.8	<1.12	<65/55	<1
良	蓝	<2.8	<2.8	<70/60	<1.2
合格	黄	<4.5	<4.5	<80/70	<1.5
不合格	红	>4.5	>4.5	>80/70	>1.5

表 3-28　　标准设置

故障原因分析：

选择	[1] ～ [13]	确定

[1]：本体水平振动大

本体水平振动大		可能性
原　因	叶片与机壳接触	10%
	叶轮不平衡	70%
	叶轮松脱	20%
	轴承失效、损坏	50%
	轴承内、外圈松	40%
	联轴器对中不好	40%

续表

频谱分析

相关分析结论：

[1] 与 [6]、[7] 相关性明显	径向轴承损坏
[1] 与 [6]、[7] 相关性不明显	径向轴承正常

（3）功能实现。对每一台设备根据每个点的特点设置状态标准：优（绿）、良（蓝）、合格（黄）、不合格（红）四种状态。状态标准（振动、温度、温升速度）如振动和温度在国际国内都有一定的标准，但都是普遍适用的，对具体设备而言，并不符合实际情况。例如，我厂送风机本体振动标准为 100μm。实际运行一般不超过 30μm，如超过 60μm 就已经出现了异常，可见原来的标准根本不能作为判断依据。所以一定要结合设备和设置点的不同，制定不同的标准，才能有效地控制设备状态。在温升速度方面标准是根据自己的经验提出的，实际应用中发现能反映出一定的状态信息。测点设置如图 3-30 所示，与状态显示如图 3-31 所示。

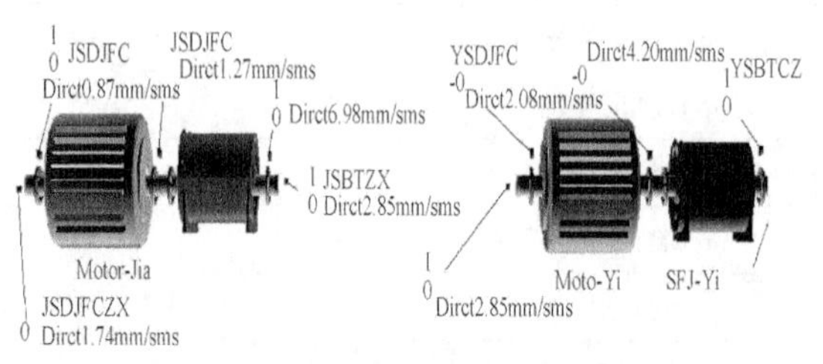

图 3-30　测点设置

甲排粉机			乙排粉机		
本体非侧水平振动	5.9	mm/s	本体非侧水平振动	3.7	mm/s
本体轴向振动	5.1	mm/s	本体轴向振动	1.2	mm/s
电机联侧水平振动	2.5	mm/s	电机联侧水平振动	1.8	mm/s
电机非侧水平振动	2.7	mm/s	电机非侧水平振动	2.2	mm/s
电机轴向振动	0.7	mm/s	电机轴向振动	1.8	mm/s
本体非侧轴承温度	27.90	℃	本体非侧轴承温度	42.20	℃
本体非侧轴承温升速度	-0.00	℃/分	本体非侧轴承温升速度	0	mm/s
本体联侧轴承温度	26.70	℃	本体联侧轴承温度	42.50	℃
本体联侧轴承温升速度	0	℃/分	本体联侧轴承温升速度	0	mm/s
电机联侧轴承温度	46.80	℃	电机联侧轴承温度	55.50	℃
电机联侧轴承温升速度	0	℃/分	电机联侧轴承温升速度	0	℃/分
电机非侧轴承温度	41.00	℃	电机非侧轴承温度	43.80	℃
电机非侧轴承温升速度	0	℃/分	电机非侧轴承温升速度	0	℃/分
甲排粉机状态	良		乙排粉机状态	良	

图 3-31　状态显示

找出了状态显示报警点（故障点）与故障原因之间的对应关系，并提供故障原因的可能性，如图 3-32 所示。

找出了报警点（故障点）与其他相关信号的相互关系，并提供了相关分析参考意见，如图 3-33 和图 3-34 所示。

找出了振动报警点（故障点）的信号频谱分析特点，并提供频谱分析参考意见，如图 3-35 和图 3-36 所示。

2. 技术特点

一般的故障诊断专家系统都是典型案例，具有普遍性。在实际应用中，由于设备不同、修理方法不同、检修工艺不同等特殊情况，这些专家诊断系统得出的结论准确性差，不能提

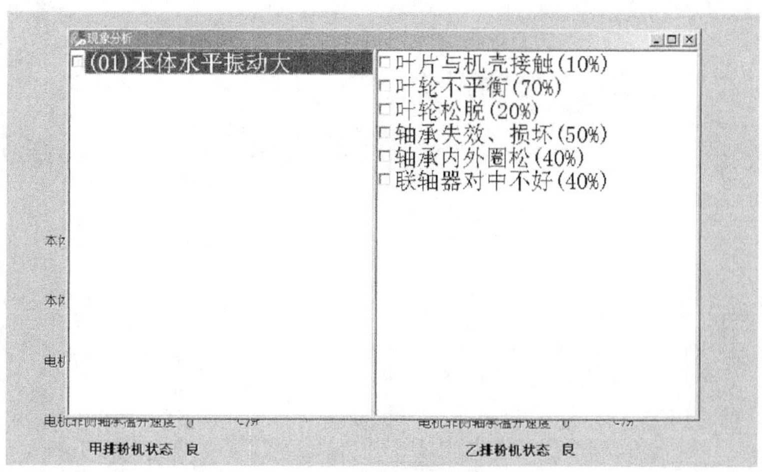

图 3-32　故障原因

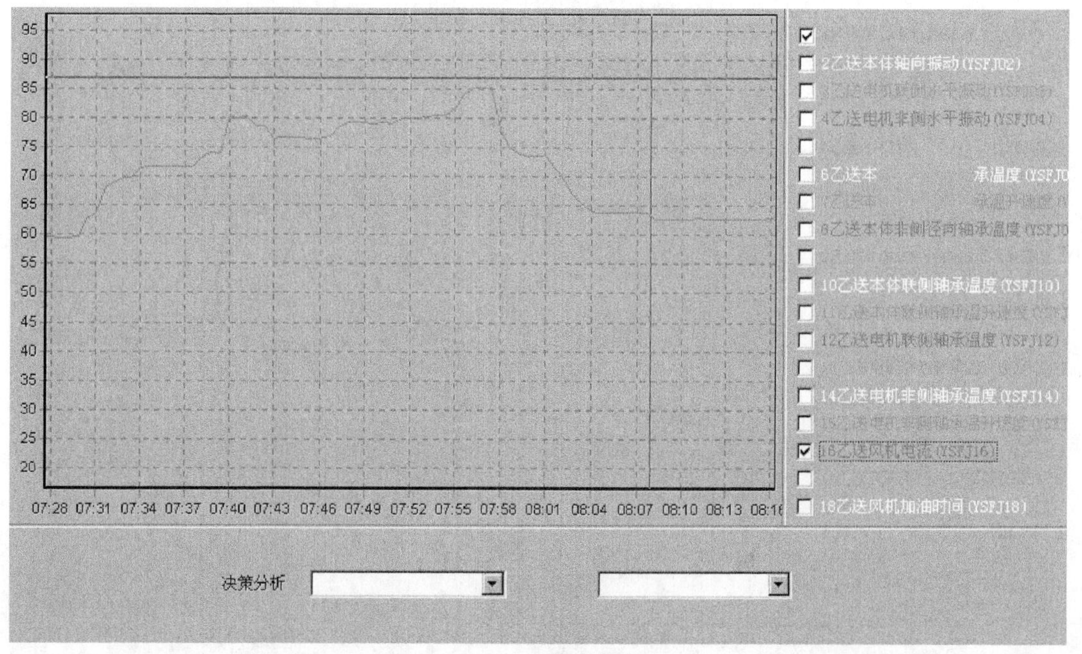

图 3-33　曲线相互关系

供有针对性的原因分析和处理措施，故很难有用武之地，基本上都处于闲置状态。本开发项目的关键技术是在对现场设备状态充分了解的基础上，在理论的指导下，找出了理论与实际相结合的结合点，完成了故障模式、效应及危害度分析，并根据这一分析，编制了软件。主要特点：

（1）在报警点（故障点）的位置设置上，没有按统一的标准，而是针对不同设备、点的敏感性，尽可能用最少的设置达到最佳效果。

（2）在报警点（故障点）的报警值设置上，没有完全按国际和国家标准死搬硬套，而是根据设备特点结合可能造成的危害度，不同设备制定了不同的标准。

（3）在振动频谱分析数据库、相关分析数据库和故障原因数据库中，除了经典案例外，

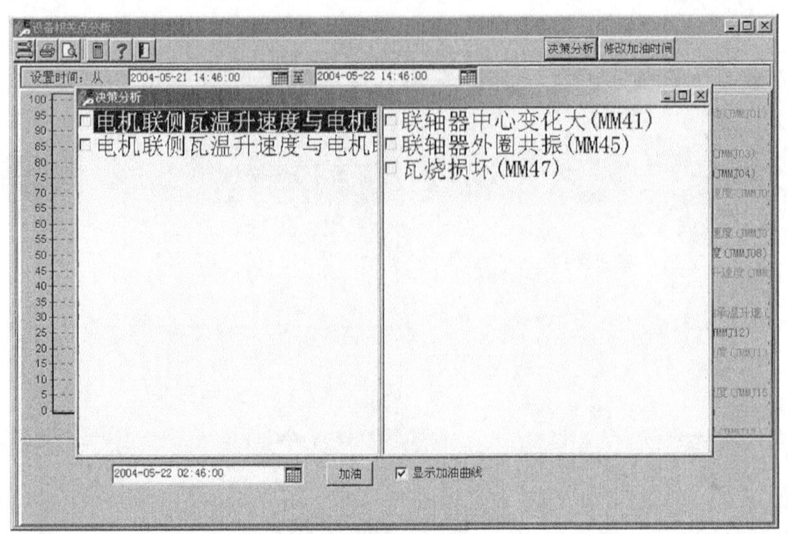

图 3-34 相关分析参考意见

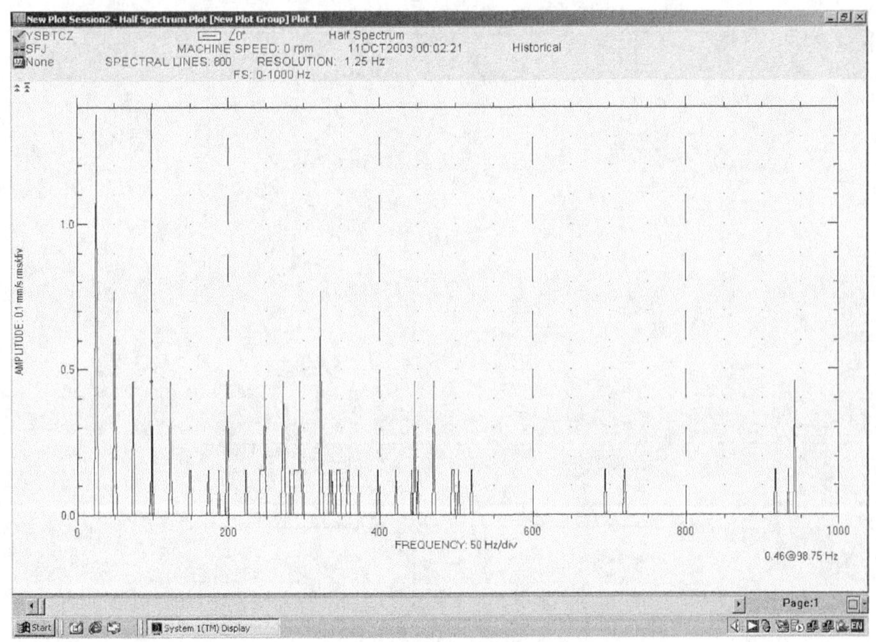

图 3-35 频谱分析

大部分都是我厂设备发生过的故障特征案例，对实际工作有较准确的指导意见，避免了走弯路和回头路，大大提高了诊断的准确性。

（4）把硬件设备、软件开发和我厂的 CIMS 系统开发有机地结合在一起，在每一台计算机上都能进行监测、分析和诊断，实现了数据共享和系统开放。

（5）本套系统是开放式系统，可随时根据新的故障特点进行补充、完善和修改，能结合实际不断改进、不断完善。

案例四：设备定期检查维护保养优化

表 3-29 为华能淮阴电厂的制粉系统检查维护保养定期工作表，该厂 20 套中速磨直吹式

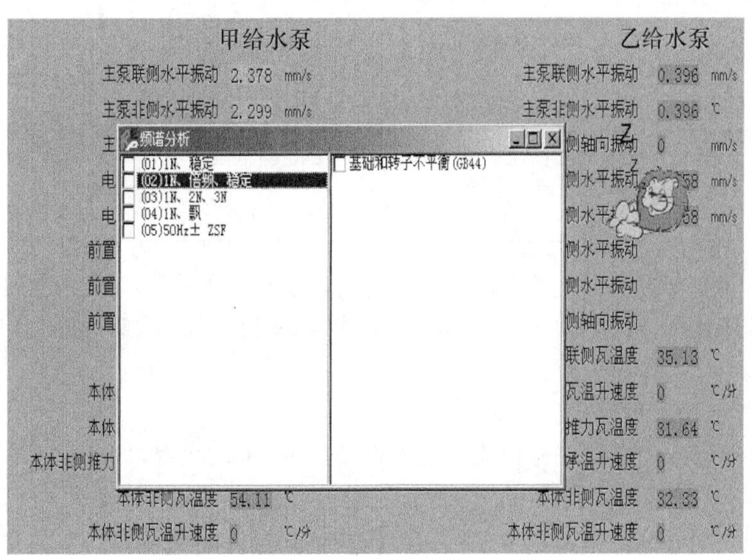

图 3-36 频谱分析参考意见

的工作基本实现了定期检查维护保养工作制。通过几年的努力，制粉设备的可靠性得到很大提高，没有发生过因设备故障导致影响机组负荷的情况，相比较江苏省电网 2012 年机组 343 次降负荷中有 100 次为磨煤机的情况而言，该厂设备检查维护保养模式无疑是成功的。而且从表 3-30 中可以看出设备管理的主动性及效果。

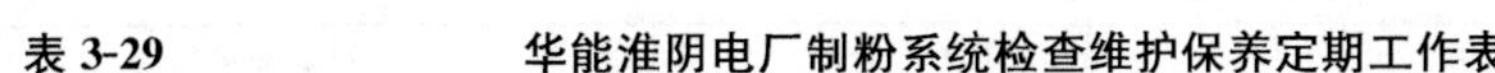

表 3-29　　华能淮阴电厂制粉系统检查维护保养定期工作表

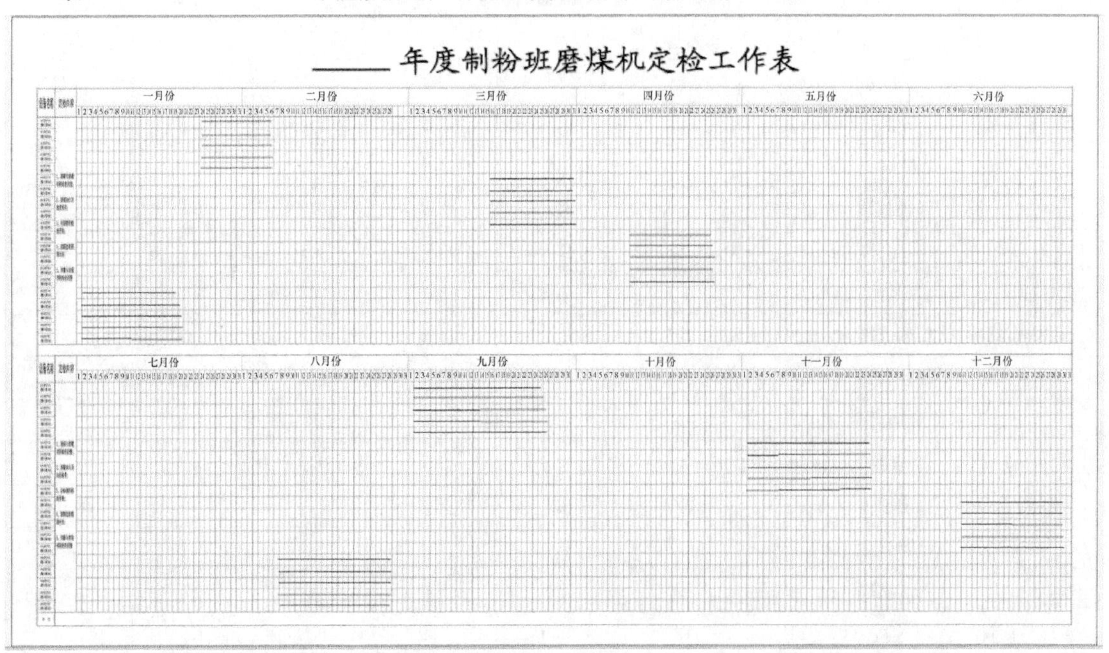

______年度制粉班磨煤机定检工作表

一月份	二月份	三月份	四月份	五月份	六月份

七月份	八月份	九月份	十月份	十一月份	十二月份

注　检查维护的内容包括①磨碗与磨辊间隙检查调整；②磨辊油位及油质检查；③刮板磨损检查更换；④磨辊套磨损检查；⑤弹簧与垫铁间隙检查调整；⑥风道及分离器检查。

表 3-30　　　　设备管理主动性及效果

序号	年份	缺陷数	工作票数	工作票数/缺陷数
1	2011	266	423	1.59
2	2012	145	303	2.01
3	2013	88	260	2.96

从表 3-30 中可以明显看出规律，反映设备管理主动性的指标（美国电科院设备管理的一个指标），预防性工作票与缺陷工作票的比值从 1.59 提高到 2.96，缺陷数从 266 条/年下降为 88 条/年。

案例五：检修项目的优化

表 3-31 为华能淮阴电厂 3 号机组（330WM）一次风机和密封风机 2014 年 8 月 6 日测得的状态数据，从数据看，位移、速度、加速度都没有超标的情况，完全可以继续运行下去。要知道，这台设备是 2005 年 1 月 11 日投产的，至今已经运行 10 年时间，期间虽经历了 3 次大修、2 次中修、5 次小修和多次机组调停，但由于设备状态一直稳定，都没有进行检修，完全达到了设备的状态检修，既节约了检修费用，又为设备管理总结了经验。与 3 号机组相同的 4 号、5 号、6 号机组的分别于 2005 年 3 月 13 日、2006 年 8 月 26 日和 2006 年 12 月 18 日投产，其中的一次风机和密封风机至今也未进行过大修，目前各方面运行状态良好。

表 3-31　　　　3 号机组状态数据

设备	位置	联侧轴承			非侧轴承		
	方向	⊥	—	⊙	⊥	—	⊙
3 号炉一次风机 A	位移（μm）	13	25	14	19	21	12
	速度（mm/s）	0.6	1.3	1.9	0.4	1.2	0.6
	L 加速度（mm/s^2）	1.0	1.5	2.1	0.8	1.3	0.7
	H 加速度（mm/s^2）	1.3	1.8	1.7	0.9	0.9	0.4
3 号炉一次风机 B	位移（μm）	15	19	16	10	9	18
	速度（mm/s）	0.5	1.3	2.7	0.2	0.6	1.0
	L 加速度（mm/s^2）	2.2	2.2	3.9	0.8	1.1	1.0
	H 加速度（mm/s^2）	3.6	4.2	2.4	1.1	1.1	0.7
3 号炉密封风机 A	位移（μm）	6	10	5	20	10	10
	速度（mm/s）	0.5	0.4	0.3	0.9	0.4	0.4
	L 加速度（mm/s^2）	2.2	3.0	2.3	4.4	3.7	2.3
	H 加速度（mm/s^2）	1.9	3.1	2.4	6.9	3.8	2.2
3 号炉密封风机 B	位移（μm）	5	11	14	14	11	14
	速度（mm/s）	1.4	0.9	0.9	0.9	1.1	1.1
	L 加速度（mm/s^2）	5.0	4.8	3.5	5.6	4.1	3.2
	H 加速度（mm/s^2）	6.3	4.0	4.2	6.5	5.2	4.5

第二节　设备优化检修评估和推动

一、在线振动监测系统优化应用与评价举例

目前，许多火电厂都在探索状态检修技术，摸索检修策略的优化，取得了可喜的成绩，尤其是国内许多知名专家都参与了这一课题的研究，给我们现场的实践者提供了宝贵的理论支持。根据专家的意见和建议，实施状态检修，达到优化的检修策略还有许多基础工作要做。通过对设备状态进行监测，分析设备状况及故障，判断异常，确定异常情况，是状态检修技术的关键环节。所以利用在线状态监测设备并结合设备特点进行自主软件开发，不仅能及时、尽早的发现和消除设备存在的隐患，还能收集更多的状态信息，同时更能培养一批技术人才，为实施状态检修和优化检修策略打下坚实的基础。

从 2003 年 7 月在＃1 机组四大辅机（给水泵、磨煤机、吸风机、送风机）上应用以来，发挥了很大作用。及时发现和成功控制了甲、乙磨煤机小牙轮振动问题，乙送风机电动机振动大问题，甲送风机本体轴承组件振动异常等异常情况，避免了多次设备损坏事故，为厂里的安全生产、安全稳定发电做出了特殊贡献，得到了运行、检修和专业技术人员的认可。

例如，＃1 炉甲磨煤机装上该系统后，及时发现了一次小牙轮振动增大的异常情况，趋势图见图 8：通过及时检查发现引起振动的原因是由于小牙轮上有三个齿的表面出现脱皮，最大的有拇指大小，深达 1mm。如不能及时发现，很有可能发生小牙轮或大牙轮断齿，甚至更大的设备事故。又如，甲送风机电动机后轴承套更换后，试运 1h 后，电动机后轴承端盖轴向振动逐渐增大。由趋势图、频谱图、相关分析图，看出振动特点：①冷态运行，到热态时振动逐渐增大；②频谱分析为一倍频；③振动增大，温度同时增加。对比分析振动频谱数据库、相关分析数据库，得出振动原因为电动机后轴承套更换时，预紧力过大、端盖变形且转子膨胀受阻。通过及时更换轴承套和端盖，问题得到了彻底解决。

磨煤机、送风机、吸风机上开始安装使用这套系统。本系统应用一年后进行了后评价工作，结论如下：

（1）使设备的可用率大大提高。以磨煤机为例，使用该系统前，磨煤机小牙轮轴承振动大，发现时已经很严重，处理时间长，一年内超过 10h 的次数达四次。而应用该系统后能在线跟踪振动趋势，及时发现振动异常情况，快速诊断出故障原因，通过及时处理，大大缩短了检修时间，一年内超过 10h 的次数只有一次。此外，根据设备可靠性管理的数据，磨煤机的可用率也由 88.32％提高到 93.40％。

（2）设备状态监测和分析系统的应用提高了对设备状态的认识，为实现以可靠性为中心的状态检修管理和以经济效益为核心的检修策略优化打下了基础。使用该系统前后每年所节约的费用以及获得的收益计算，如表 3-32 所示。

表 3-32　对将磨煤机组纳入 System 1 前后每年所节约的费用以及获得的收益的计算

序号	项　目	不采用时的费用(万元)	采用时的费用(万元)
1	由于风险所致的损失	−75	−10
2	常规检查工作的支出	−15	−5
3	完成维修任务的支出	−55	−30

续表

序号	项 目	不采用时的费用(万元)	采用时的费用(万元)
4	对故障进行调查及消除的支出	−10	−2
5	对故障设备进行监测所得知识的得益	—	+5
6	监测评估及选用的支出	—	−2
7	监测设备的投资及运行费用	—	−8
8	设备负荷最大利用能力的提高	—	—
9	基于对少量的检测而获得大量的该类设备性能的得益	—	+15
10	对运行人员安全性的改善	—	+6
11	对环境保护的改善	—	+5
12	各栏累加后，可得采用该在线监测系统前后的费用及得益	−155	−26

综合表3-32，将磨煤机纳入System 1监测系统前后的年获益为：(−26)−(−155)=129万元。

二、优化检修评价标准

优化检修评价标准见表3-33。

表3-33 优化检修评价标准

序号	关键衡量标准	备注
1	等效强迫停机率（EFOR）	非计停
2	商业利用率	等效可用参数
3	意外纠正工作顺序百分率	突发性事故影响频率
4	PM执行度	执行率
5	调度执行	进度控制
6	工作票改写率	工作票合格率
7	积压工作总数和小时数	消缺及时性
8	PMS产生的工作票的百分率	预防性检修工作票所占工作票百分率
9	PdM产生的工作票的百分率	预知性检修工作票所占工作票百分率
10	PM工作小时数所占的百分率	预防性时间占用率
11	PdM工作小时数所占的百分率	预知性时间占用率
12	规划有效性	计划性评价
13	设备检修成本	成本分析
14	设备可靠性	可靠性
15	等待备件的工作票百分率	备件供应准确性
16	紧急工作票任务百分率	突发生故障工作票情况

第三节 设备优化检修总结和展望

一、设备优化检修发展的特点

综观国内近几年火电设备状态检修发展的情况，可以看到以下特点：

（1）以高等学校、研究机构、部分科技研发型公司为主的力量，仍然以状态检修支持技术为主攻方向，而且比较集中在设备监测与诊断技术及其系统上，特别在降低技术门槛、促进技术实用化方面做了很多有意义的工作。

（2）在各发电集团公司的领导下，以北仑电厂、外高桥电厂、华能淮阴电厂、邹县电厂、太仓电厂、盘山电厂、沙角C电厂、绥中电厂等为代表的一批发电厂，坚持从企业实际出发建立现代设备管理体制，务实和稳步地推进状态检修，取得了明显成效。

（3）以西安热工研究院、上海发电设备成套设计研究所、华东电力试验研究院、华北电力试验研究院、山东电力试验研究院、华中科技大学、东南大学、华北电力大学等为代表的科研和高等学校，坚持研发先进的实用技术，解决状态检修中的实际问题，包括振动分析、寿命预测、可靠性评价、远程诊断、状态检修决策支持、检修管理、RCM、RBM、点检管理、信息系统等，获得了以多项国家科技进步奖为标志的成果。

（4）以中国电力企业联合会科技中心、大唐发电总公司、华中科技大学、华北电力大学等为代表的单位致力于推进各层次状态检修人才的培训工作，累计正规培训人次超过3000人次，为推进状态检修工作打下人力资源基础。

（5）以中国电力企业联合会、西安热工研究院等为代表的单位组织进行了有关优化检修行业标准的制定工作，已经完成了DL/Z 870—2004《火力发电企业设备点检定修管理导则》的制定。

（6）以华中科技大学、华北电力大学、东南大学等为代表的大学和研究机构，坚持状态检修理论和技术的基础研究，不断完善状态检修的理论基础和技术基础。

二、主要成果和不足

1. 主要成果

经过近20年的努力，状态检修取得的成果是丰硕的。最主要的、有代表性的成果表现在如下方面：

（1）设备管理理念的跨越进步。开展状态检修工作已经在很宽的层面上推广了现代设备管理的理念，使发电行业普遍认识到了一种提高设备可靠性和降低成本的途径。在短短几年时间内，设备管理理念从过去30～40年的沉寂不变跨越了到了一个新阶段。无论是狭义的状态检修还是广义的状态检修，无论是优化检修还是具体的以可靠性为中心的检修，都对设备管理理念的进步起到了关键的推动作用。在此变化期间，相对封闭的电力设备管理也接受了不少其他领域的管理思想。随着发电的市场化，发电企业也需要追逐利润，对企业经营的评估也从重安全到安全与效益并重且安全为效益服务的方向发展。新一轮电源建设高峰之后，随之而来的必定是激烈的发电市场竞争，在设备相差不大的情况下，经营与管理的创新将对企业是否盈利起到决定性作用。设备管理理念的进步是创新的源泉，将会使未来几年火电设备状态检修或优化检修快速踏上一个新台阶。

（2）设备状态评价技术的实用化发展。监测与故障诊断、寿命评价与预测、可靠性评估与判断、统计分析与数据挖掘技术都在不断地发展和完善，过去在实验室里才能完成的分析手段，已经大量实用化。在实用化的过程中，很多技术的研发成为要解决问题的核心，从工程实际和技术经济的角度审视和创新技术，注重目标而简化过程，依靠技术集成绕过纯技术开发的困难，强调可靠、可信、可操作。与此同时，相关的基础研究也在快速发展，为实用技术提供了有力支持。

设备信息管理系统为上述技术的组织与检修决策提供了平台，其自身技术的发展也为现代设备管理提供了基础。

(3) 点检模式的普遍认同。点检是状态检修或优化检修的一种方法和手段，基于点检的设备管理是状态检修和优化检修的一种模式。实践表明，点检是符合现今我国火电设备管理现状的，凡是点检开展较好的电厂，其设备管理和检修管理确实取得了长足的进步。因此，可以说点检的发展是近几年状态检修发展的成果。

事实上，点检已经从一种设备检查方法逐步发展为新的设备管理模式，在不同的电厂有不同的特色，虽然沿用“点检”这个名称，但其内涵已经远远超出了传统的点检，点检员的职能也逐步演变为设备管理工程师的职能。正是有了这样的设备管理模式和这样一支设备管理队伍，很多电厂首先针对辅机开展了优化检修，已经成功将过去大修中间的辅机检修部分，转变为依据状态进行检修，甚至在有条件隔离时进行在线状态检修，有效地优化了检修的内容和时间。最近两年的发展表明，针对可检测的项目，点检工作也在为主设备状态检修提供支持，是科学延长大修周期的技术和管理基础。

应该看到，点检的推行从根本上改变了设备管理的模式，更新了设备管理维护人员的思想意识，其潜在的意义是深远的。随着管理和技术的发展，自动化水平的提高，先进监测系统会不断替代部分人工点检，但这只是技术手段的变化，点检形成的设备责任管理模式仍然是有效的。

(4) 综合资源管理的引入。对现代电厂来说，资金密集度和人均占有资产率很高，其中设备资产是盈利的根本手段。近几年来，很多管理先进的发电企业充分意识到设备状态检修与资产管理的内在联系，不是孤立地强调状态检修，而是与企业资产管理、经营管理、人力资源管理等联系在一起，进一步提升了设备管理的地位，已经开展的状态检修工作成为资产管理的重要基础。只有在这样一些先进管理体系下，才有可能从控制设备寿命周期总成本的角度开展优化检修。

(5) 标准的制定。2010年，笔者在《火电厂设备精密点检及故障诊断案例分析》一书中，就对一些标准如振动标准、温度标准、温升速度标准进行了探讨。再次呼吁有关部门组织对状态检修的行业标准进行指导制定。

2. 存在的不足

尽管国内发电企业状态检修工作取得了很大的成就，但仍然存在制约其进一步发展的问题，需要重视和解决。其中，具有共性的问题有以下几个。

(1) 企业需求与管理机制不一致。企业需求与管理机制不一致表现在两个方面，一是企业生存和发展要求推行状态检修或优化检修，但对经营班子的考核并未体现这些内容，缺乏动力；二是现有设备管理体制不能适应状态检修，但体制的改革受制于诸多因素而困难重重。

(2) 未形成全员参与氛围。状态检修是资产管理的重要部分，因此，它不仅是检修管理部门和检修人员的工作，而且是企业上下都必须参与的系统工程。从目前情况看，凡是状态检修工作取得成效的电厂，都具有这种全员参与的氛围，但其他大多数电厂，包括一些正在规划状态检修工作的电厂，尚未形成这样的氛围，其思想准备和人力资源准备还很欠缺。

(3) 缺少专业指导。很多没有现代设备管理经验的电厂，在准备状态检修工作时，得到的专业指导非常有限，常常被片面的商业宣传所左右，没有整体的规划和好的顶层设计；而在宏观层面，也缺少针对企业服务的咨询力量，使企业在管理与实施模式选择、现有技术规程和行业法规适应性、关键技术应用等问题上无所适从。

（4）引进技术与我国国情适应性问题。引进技术与我国国情的适应性问题主要表现在软技术引进过程中，许多管理技术与系统水土不服，需要改进和完善。相对而言，企业对引进硬技术手段（包括检测、分析、诊断技术与装置等）更有经验。

（5）综合组织技术问题。状态检修涉及的技术很多，如何组织这些技术，特别是用好能掌握的成熟技术有效地为企业的状态检修服务，综合发挥技术效能进行科学决策是复杂的工作，大多数发电企业尚无能力解决好这个问题。分散引进的技术往往由于冗余和缺位导致设备管理工作出现新的负担。

（6）信息系统效率不高。大多数现代火电厂都配置了较完善的生产和管理信息系统，但是，由于火电厂专业多，设备复杂，从设备管理的角度，往往多个信息系统互相交叉，数据共享性差，信息系统与设备管理模式脱节，效率不高。

三、对设备优化检修工作的展望

发电设备状态检修和优化检修的未来走向一定是围绕所追求的根本目标而发展的，以下是几个重要的方面。

（1）更加务实的设备管理机制。状态检修的大部分工作建立在科学管理基础之上，由于已经有了可借鉴的经验和教训，因此无论采取何种具体模式，火电设备管理机制必须要与企业的实际情况相结合。务实、可靠、努力考虑设备寿命周期成本是发展的基本方向。短期之内，“点检十诊断十检修决策”仍将是主要的状态检修模式。

（2）更加有效的综合技术手段。各种监测诊断、寿命评价、可靠性评估、性能分析、技术监督技术在发电厂找到了用武之地，但站在状态检修的角度，综合组织这些技术将是重要的发展方向，这种技术的组织应该是有实效的，而不是简单拼凑。在这种需求的拉动下，也会逐渐产生自身为多种技术复合的新的技术形态或集成系统。

（3）更加高效的信息管理系统。设备信息管理系统将真正融入企业的资产管理和企业经营信息系统中，系统具有统一的数据格式和风格，将企业经营状态、设备状态、人力资源、财务状态、备品备件、技术支持等诸多生产和经营要素结合在一起，使信息流动和处理效率大幅度提高。

（4）更加精干的人力资源配置。随着新建电厂在生产稳定后对设备管理关注程度的提高，以及发电厂人力资源管理思想的变化，电厂对设备管理人才的要求将更高，将来也会像要求全能运行值班员一样提出类似要求，设备管理和诊断工程师也需要经过专业培训并持证上岗。电厂中设备管理的人力资源配置将更合理、更加精干。对规章制度和技术标准进行修订完善，为推行设备状态检修提供了可靠的制度保证。

四、重视管理问题

设备状态检修、优化检修是技术问题，但归根结底是管理问题。点检定修制仅仅是设备管理的一种管理方式和手段。其实应用何种模式（形式）并不重要，重要的是实现预知性检修、状态检修或优化检修的结果。调动和培养全部生产人员的设备管理的积极性，特别是提高设备管理人员的系统的管理意识、配合意识和目标意识更加重要。

管理是一门科学，也是一门艺术。解决好设备管理中的责任问题、权力问题、利益问题（责任在设备，权力在任务，利益在分配。）明确设备管理的重点在哪里？（重点在有“技术含量”的地方，努力提高自身技术水平。）知道设备管理的核心是什么？（对电厂而言，核心就是“预”，在设备故障之前，发现问题，有计划地解决问题，避免出现更大损失。）

所以，对一个具体的火电企业而言，要做到：①领导重视，人才合理；②目标清晰，责任到人；③制度明确，执行有力。

彼得·德鲁克说：“管理就是界定企业使命，并激励和组织人力资源去实现这个使命。”

附录一　七大辅机故障模式危害度及措施

随着各种预测性技术（包括振动分析、热分析、红外扫描、油及磨损颗粒分析和超声波分析等）的发展，状态检修技术也在不断发展和完善。发电企业正逐步采用先进的状态检修技术，监测发电设备的运行状态。2002 年 2 月，国家电力公司提出的《火力发电厂实施设备技术状态检修的指导意见》说明“要根据不同设备的重要性、可控性和可维修性，科学合理地选择不同的检修方式，形成一套融故障检修、定期检修、状态检修和主动检修为一体的、优化的综合检修方式，以提高设备可靠性、降低发电成本”。并指出整体发电设备的状态检修内容包括：评估、以可靠性为中心的检修（Reliabiliry-Cenreted Maintenance，RCM）分析方法和计算机检修管理系统（CMMS）三个部分，其中 RCM 分析技术是发电设备状态检修的一个重要方面。20 世纪 70 年代末，Nowlant 和 Heap 首次正式提出 RCM 分析技术，该策略被用于管理能引起任何物理设备功能故障的故障模式。RCM 分析过程如下：①系统选择及资料收集；②系统边界的确定；③系统说明与功能框图；④系统功能与功能故障；⑤故障模式效应及危害度分析；⑥维护策略的选择；⑦维修策略的优化；它是一个不断循环、发展和完善的过程，而其中前 5 步的实质是故障模式及效应分析，构成了第 6 步和第 7 步（故障管理策略选择和确定）的基础。国内对此的研究，特别是对发电设备的研究还很少。其于模糊的辅机故障模式、效应及危害度定量分析为维护决策提供了可靠依据，从而为最终完成以可靠性为中心的检修分析奠定坚实的基础，实现发电设备的状态检修，其他发电设备同类分析可以借鉴。内容包括：

一、循环水泵：1200HLQ-16，长沙水泵厂

（1）循环水泵本体振动。

（2）循环水泵循泵功能。

（3）循环水泵电动机振动。

（4）循环水泵电动机瓦温。

二、给水泵：50CHTA/5、QY55/1、YNKN400/300，沈阳水泵厂

（1）给水泵主泵振动。

（2）给水泵主泵轴承温度。

（3）给水泵主泵功能。

（4）给水泵电动机振动。

（5）给水泵电动机瓦温。

（6）液力偶合器振动。

（7）液力偶合器瓦温。

（8）前置泵振动。

（9）前置泵瓦温。

（10）前置泵功能。

三、凝结水泵：16NL-180，上海水泵厂

（1）凝结水泵瓦温。

（2）凝结水泵功能。
（3）凝结水泵电动机振动。
（4）凝结水泵电动机轴承温度。

四、磨煤机：DTM380/720-Ⅲ，沈阳重型机械厂

（1）磨煤机大瓦轴承座振动。
（2）磨煤机大瓦温度。
（3）磨煤机功能。
（4）磨煤机小牙轮轴承座振动。
（5）磨煤机小牙轮轴承温度。
（6）磨煤机减速机振动。
（7）磨煤机减速机温度。
（8）磨煤机电动机振动。
（9）磨煤机电动机瓦温。

五、吸风机：AN25ed（V13+9°），成都风机厂

（1）吸风机本体振动。
（2）吸风机轴承温度。
（3）吸风机功能。
（4）吸风机电动机振动。
（5）吸风机电动机瓦温。

六、送风机：AN16ed（V19+4°），成都风机厂

（1）送风机本体振动。
（2）送风机本体轴承温度。
（3）送风机功能。
（4）送风机电动机振动。
（5）送风机电动机轴承温度。

七、排粉机：M5-36-11№21D，成都风机厂

（1）排粉机本体振动。
（2）排粉机本体轴承温度。
（3）排粉机功能。
（4）排粉机电动机振动。
（5）排粉机电动机轴承温度。

一、循环水泵

附表 1-1　　循环水泵本体振动故障模式、危害度及措施

设备	故障模式	故障原因	故障效应				潜在危害度	措施
			局部	特征	相邻	系统		
1 叶片	1.1 折断	1.1 制造不良	损坏其他构件，有噪声，振动	① 1N ② 低频摆动	2.1	流量减少，振动大，会造成跳泵	5	每天测振，每月频谱分析 100Hz 200Hz 500Hz

续表

设备	故障模式	故障原因	故障效应				潜在危害度	措施
			局部	特征	相邻	系统		
1　叶片	1.2　接触	1.2.1　和动叶外圈接触	叶片碰到动叶外圈，在导叶体处能听到金属撞击声，损坏叶片和动叶外圈	① 异声 ② 高频 ③ 运行不稳	2.2	降低流量，振动大，会造成停泵，电流大	3	检修 W 点
	1.3　松动	1.3.1　拉杆螺栓松动 1.3.2　定位销脱落	叶片角度变化或损坏叶片，叶轮不平衡	① 1N ② 不稳	3.2 5.2	流量变化，振动大，不稳，造成停泵	5	每天测振，每月频谱分析 100Hz 200Hz 500Hz
2　叶轮	2.1　不平衡	2.1.1　平衡精度的变化 2.1.2　叶片没有装正确	导致轴承受力情况恶化，减短橡胶轴承寿命	1N	1.1 4.1 6.1	会造成停泵，威胁机组安全	1	
	2.2　叶顶间隙增大	2.2.1　轴承磨损偏大 2.2.1　顶隙大	振动并有噪声，叶轮不平衡	低频摆动	1.1 2.3	流量减少或停泵	3	检修 W 点
	2.3　脱落	2.3.1　叶轮固定螺栓松动	振动并有噪声，叶轮不平衡	不稳	3.1	会造成停泵，流量小，电流小，威胁机组安全	2	
	2.4　共振	2.4.1　转速近临界转速	振动并有噪声	1N	2.1	损坏泵组部件	1	
3　橡胶轴承	3.1　失效	3.1.1　剥落，磨损严重 3.1.2　间隙大 3.1.3　固定部分同心不对	造成动静配合间隙的变化，并造成平衡精度的变化	① 1N ② 不稳	2.3 7.1	会造成停泵事故	3	大修 W 点
	3.2　松动	3.2.1　安装不良，螺栓预紧力不足 3.2.2　轴承外圈与轴承座有间隙	损坏轴承，破坏	① 1N ② 不稳	1.3 5.2	会造成停泵事故	5	每天测振，每月频谱分析 100Hz 200Hz 500Hz

续表

设备	故障模式	故障原因	故障效应：局部	故障效应：特征	故障效应：相邻	故障效应：系统	潜在危害度	措施
4 主轴	4.1 弯曲	4.1.1 刚度不够，裂纹	不平衡	1N	2.1		3	检修W点
	4.2 轴套损坏严重			1N	2.1		3	
5 联轴器	5.1 对中不良	5.1.1 安装时摆度不符合标准	造成联轴器对中的变化，导致联轴器联接螺栓产生交变应力	① 1N ② 2N	5.2		2	
	5.2 松动	5.2.1 联轴器松动	运行不稳	① 1N ② 2N ③ 3N ④ 不稳	5.1			
6 中间轴	6.1 弯曲	6.1.1 设计或制造缺陷	运行不稳	1N	2.1		3	检修W点
7 基础	7.1 基础不良	7.1.1 基础刚度不够 7.1.2 地脚螺栓松动	① 运行不稳 ② 同心出现问题	① 1N ② 不稳	2.3 3.1		3	
	7.2 结构不合理			不稳	3.1		3	
8 盘根	8.1 材料不对	8.1.1 材料		1N	2.1		3	

附表 1-2　　循环水泵功能故障模式、危害度及措施

设备	故障模式	故障原因	故障效应：局部	故障效应：相邻	故障效应：系统	潜在危害度	措施
1 进口栏污栅	1.1 杂物堵塞，腐蚀变形	1.1.1 未定期清理维护	栏污栅变形，损坏卡死	2.2	出力减少，影响安全	2	
2 旋转滤网	2.1 网片腐蚀变形	2.1.1 未定期检修维护	旋转滤网损坏	1.1	出力减少，影响安全	3	每月全面检查一次
	2.2 网片堵塞变形	2.2.1 未来定期运行清理					
	2.3 轨道脱轨，链条断裂	2.3.1 未定期检修维护					

续表

设备	故障模式	故障原因	故障效应			潜在危害度	措施
			局部	相邻	系统		
3　叶片	3.1　折断	3.1.1　制造不良	损坏其他构件，有噪声，振动		出力减少，影响安全	5	每天测振
	3.2　接触	3.2.1　叶片和动叶外圈接触	叶片碰到动叶外圈，在导叶体处能听到金属撞击声，损坏叶片和动叶外圈			3	每月分析一次
	3.3　松动	3.3.1　拉杆螺栓松动	叶片角度变化或损坏叶片，叶轮不平衡			5	
4　出口蝶阀	4.1　打不开，油泵频繁启动	4.1.1　油质差，电磁阀卡涩	油箱温度升高，油缸密封损坏		出力减少，停循环水泵	4	
		4.1.2　热工信号故障					

附表 1-3　　循环水泵电动机振动故障模式、危害度及措施

设备	故障模式	故障原因	故障效应				潜在危害度	措施
			局部	特征	相邻	系统		
1　静子	1.1　定子铁芯失圆度大、不对中	定子铁芯松动、变形	发热振动大	1N	1.3 2.1 2.2 2.3	损坏电动机	3	检修W点
	1.2　定子电流三相不平衡	定子线圈断裂、短路，接头接触不良	发热振动大	① 1N ② 2N	1.1 2.3	损坏电动机	3	
	1.3　定子/转子径向、轴向过大或非对称	安装不良	发热振动大	1N	2.3 4.1	损坏电动机	3	
2　转子	2.1　断笼条	2.1.1　定子电流三次谐波分量大	发热振动大	① 1N ② 50Hz±ZSf		损坏电动机	4	运行中检测
		2.1.2　应力作用						
		2.1.3　端环焊接工艺不良						
		2.1.4　笼条、铁芯间绝缘损坏，局部过流						
		2.1.5　长期振动大						

续表

<table>
<tr><th rowspan="2">设备</th><th rowspan="2">故障模式</th><th rowspan="2">故障原因</th><th colspan="4">故障效应</th><th rowspan="2">潜在危害度</th><th rowspan="2">措施</th></tr>
<tr><th>局部</th><th>特征</th><th>相邻</th><th>系统</th></tr>
<tr><td rowspan="4">2 转子</td><td>2.2 碰磨</td><td>2.2.1 与静子间隙小</td><td>振动不稳</td><td>① 1N
② 高频</td><td></td><td></td><td>1</td><td></td></tr>
<tr><td rowspan="3">2.3 不平衡</td><td>2.3.1 平衡精度的变化</td><td rowspan="3">导致轴承受力情况恶化</td><td rowspan="3">1N</td><td rowspan="3">4.1</td><td rowspan="3">会造成风机停车，威胁机组安全</td><td rowspan="3">1</td><td rowspan="3"></td></tr>
<tr><td>2.3.2 转子明显变形</td></tr>
<tr><td>2.3.3 转子没有装正确</td></tr>
<tr><td rowspan="5">3 滑动轴承</td><td rowspan="2">3.1 上下导瓦与轴间隙不均</td><td>3.1.1 安装不良</td><td rowspan="2">晃动</td><td rowspan="2">不稳</td><td rowspan="2">5.1</td><td rowspan="2"></td><td rowspan="2">1</td><td rowspan="2"></td></tr>
<tr><td>3.1.2 锁紧螺钉松动</td></tr>
<tr><td rowspan="3">3.2 烧瓦</td><td>3.2.1 油位低</td><td rowspan="3">晃动、瓦温升高快</td><td rowspan="3">① 倍频
② 不稳</td><td rowspan="3">2.3</td><td rowspan="3">损坏电动机</td><td rowspan="3">2</td><td rowspan="3"></td></tr>
<tr><td>3.2.2 油质差</td></tr>
<tr><td>3.2.3 安装工艺不良</td></tr>
<tr><td rowspan="2">4 主轴</td><td rowspan="2">4.1 弯曲</td><td>4.1.1 刚度不够</td><td rowspan="2">不平衡</td><td rowspan="2">1N</td><td rowspan="2">2.3</td><td rowspan="2"></td><td rowspan="2">1</td><td rowspan="2"></td></tr>
<tr><td>4.1.2 裂纹</td></tr>
<tr><td rowspan="2">5 轴承座</td><td rowspan="2">5.1 松动</td><td>5.1.1 螺栓松动</td><td rowspan="2">振动</td><td rowspan="2">① 1N
② 不稳</td><td rowspan="2">2.3</td><td rowspan="2"></td><td rowspan="2">2</td><td rowspan="2"></td></tr>
<tr><td>5.1.2 裂纹</td></tr>
<tr><td rowspan="6">6 联轴器</td><td rowspan="4">6.1 对中不良</td><td>6.1.1 轴承座发生变形</td><td rowspan="4">造成联轴器对中的变化，导致联轴器联接螺栓产生交变应力</td><td rowspan="4">① 1N
② 2N
③ 3N</td><td rowspan="4">1.4
2.3</td><td rowspan="4"></td><td rowspan="4">2</td><td rowspan="4"></td></tr>
<tr><td>6.1.2 基础沉降不均匀</td></tr>
<tr><td>6.1.3 安装时找中不准</td></tr>
<tr><td>6.1.4 未正确安装</td></tr>
<tr><td>6.2 松动</td><td>6.2.1 联轴器松动</td><td>运行不稳</td><td>① 1N
② 不稳</td><td>2.3</td><td></td><td>2</td><td></td></tr>
<tr><td>6.3 磨损</td><td>6.3.1 联轴器磨损</td><td>运行不稳</td><td>① 1N
② 不稳</td><td>2.3</td><td></td><td>2</td><td></td></tr>
</table>

续表

设备	故障模式	故障原因	故障效应				潜在危害度	措施
			局部	特征	相邻	系统		
7　基础	7.1　基础不良	7.1.1　基础刚度不够	运行不稳	① 1N ② 不稳	1.4 2.3		2	
		7.1.2　地脚螺栓松动						

附表 1-4　　循环水泵电动机瓦温故障模式、危害度及措施

设备	故障模式	故障原因	故障效应			潜在危害度	措施
			局部	相邻	系统		
1　滑动导瓦	1.1　导瓦与轴间隙大	1.1.1　安装不良	晃动温度高	2.1		3	检修W点
	1.2　导瓦固定螺栓没有锁紧	1.2.1　安装不良	晃动温度高	2.2		4	每天记录，每月进行相关分析
		1.2.2　螺栓松					
	1.3　瓦卡死不能自由摆动	1.3.1　瓦与轴间隙过小	温度高，烧瓦	2.3	损坏电动机	4	每天记录，每月进行相关分析
		1.3.2　安装工艺不良					
	1.4　瓦口间隙太小，不均	1.4.1　刮瓦工艺不良	温度高，烧瓦	2.1	损坏电动机	3	检修W点
		1.4.2　安装工艺不良					
	1.5　瓦面刀痕严重	1.5.1　刮瓦工艺不好	温度高			3	检修W点
	1.6　油位低	1.6.1　漏油	温度高，烧瓦		损坏电动机	3	检修W点
		1.6.2　加油少					
	1.7　油质差	1.7.1　冷却器漏	瓦温高	5.2		3	检修W点
2　推力瓦	2.1　推力瓦块高低不平	2.1.1　安装工艺不良	磨损温度高，烧瓦	1.4	损坏电动机	3	检修W点
	2.2　推力瓦块限位螺栓松动，支撑	2.2.1　安装工艺不良	磨损温度高，烧瓦	1.2	损坏电动机	5	每天记录，每月进行相关分析
		2.2.2　螺栓松					
	2.3　瓦卡死，不能自由摆动	2.3.1　安装工艺不良	温度高，烧瓦	1.3	损坏电动机	5	每天记录，每月进行相关分析
3　转子	3.1　不平衡	3.1.1　平衡精度的变化	损坏轴承温度高	4.1	会造成停泵事故，严重影响机组安全	3	检修W点
		3.1.2　转子明显变形					

续表

设备	故障模式	故障原因	故障效应			潜在危害度	措施
			局部	相邻	系统		
4 主轴	4.1 弯曲	4.1.1 刚度不够	损坏轴承温度高	3.1	会造成停泵事故	3	检修W点
		4.1.2 裂纹					
	4.2 轴径粗糙	4.2.1 加工精度差	温度高	1.6	每天记录5级，相关分析每月一次油温、水温、瓦温、电流	4	每天记录，每月进行相关分析
		4.2.2 油质差					
5 冷却	5.1 进水阀	5.1.1 阀芯脱落	冷却水流量小或中断	1.2 2.1	电动机定子温度升高，电动机停运	3	每天检查
		5.1.2 脏物堵死	冷却水流量小或中断	1.1 2.1	电动机定子温度升高，电动机停运	3	每天检查
		5.1.3 盘根、法兰刺水	影响冷却水流量	2.2	威胁电动机绝缘安全	3	每天检查
	5.2 冷却器	5.2.1 冷却器漏水	电动机停运		威胁电动机绝缘安全	3	每天检查
		5.2.2 冷却器堵塞	冷却水流量小或中断	2	电动机定子温度升高，电动机停运	3	定期清扫与运行中观察结合

二、给水泵

附表 1-5　　给水泵主泵振动故障模式、危害度及措施

设备	故障模式	故障原因	故障效应				潜在危害度	措施
			局部	特征	相邻	系统		
1 叶轮	1.1 接触	1.1.1 转子抬轴不准	产生金属撞击声，俱裂振动，严重损坏部件	① 1N ② 高频	2.2	引起损坏设备事故，严重影响机组安全运行	3	检修W点
		1.1.2 转子径向对中不良						
		1.1.3 筒体上下温差大						
	1.2 不平衡			1N	6.1		1	

续表

设备	故障模式	故障原因	故障效应				潜在危害度	措施
			局部	特征	相邻	系统		
2　径向轴承	2.1　间隙增大	2.1.1　磨损	振动，损坏轴承	① 1N ② 倍频		引起停泵，严重影响机组安全运行	3	检修W点
		2.1.2　上下轴瓦连接螺栓松动或断裂						
	2.2　磨损	2.2.1　轴承座径向对中不良，受载过大	振动	① 1N ② 高频	1.1	引起停泵，严重影响机组安全运行	3	
		2.2.2　润滑油供油量过小或油压低						
	2.3　轴承座松动	2.3.1　固定螺栓松动	振动，破坏轴系中心	① 1N ② 不稳	4.2	引起停泵，严重影响机组安全运行	3	
		2.3.2　轴承座裂纹						
3　推力轴承	3.1　推力间隙过大	3.1.1　安装测量不良	引起轴向振动大	① 1N ② 倍频	4.1 4.3	引起停泵，严重影响机组安全运行	3	
		3.1.2　平衡盘磨损						
	3.2　推力间隙过小	3.2.1　安装测量不良	振动，温度高	① 1N ② 高频	1.1 2.2		3	
	3.3　脱落烧瓦	3.3.1　推力瓦块限位螺栓松动，断裂	振动，温度高，烧瓦	1N	2.3		4	
		3.3.2　断油		不稳跳			3	
		3.3.3　瓦块质量原因，或瓦块磨损						
4　联轴器	4.1　对中不良	4.1.1　轴承座发生变形	造成联轴器对中的变化，导致联轴器连接螺栓产生交变应力，振动	① N ② N ③ N	4.3		4	每天测振，每月分析频谱
		4.1.2　基础沉降不均匀						
		4.1.3　安装时找正不准						
		4.1.4　未安装正确						
	4.2　松动	4.2.1　联轴器松动	运行不稳	① 1N ② 不稳	2.3		2	
	4.3　轴向振动	4.3.1　齿型联轴器有磨损、挤伤、变形、缺陷	轴向振动大，温度高	① 1N ② 倍频 ③ 高频	3.1	影响机组安全运行	4	
		4.3.2　油内有杂质						
		4.3.3　缺油						

续表

设备	故障模式	故障原因	故障效应				潜在危害度	措施
			局部	特征	相邻	系统		
5 基础	5.1 基础不良	5.1.1 基础刚度不够	振动烧瓦	① 1N ② 不稳	4.2		2	
		5.1.2 地脚螺栓松动						
		5.1.3 管道振动						
6 主轴	6.1 弯曲	6.1.1 刚度不够	不平衡	1N	1.2		2	
		6.1.2 裂纹						

附表 1-6 给水泵主泵轴承温度故障模式、危害度及措施

设备	故障模式	故障原因	故障效应			潜在危害度	措施
			局部	相邻	系统		
1 径向轴承	1.1 间隙增大	1.1.1 磨损	运行不稳，温度高		会造成停泵事故	3	检修 W 点
		1.1.2 上下轴瓦连接螺栓松动或断裂	振动，损坏轴瓦，温度高		引起停泵，严重影响机组安全运行	3	
2 推力轴承	2.1 推力瓦隙过大	2.1.1 安装测量不良	引起轴向振动大，温度高		会造成停泵事故	3	
		2.1.2 平衡盘磨损					
	2.2 推力瓦隙过小	2.2.1 安装测量不良	振动，温度高		会造成停泵事故		
3 轴承座	3.1 松动	3.1.1 螺栓预紧力不均，松动或裂纹	损坏轴承，温度高		引起停泵，严重影响机组安全运行	2	
4 润滑	4.1 润滑油量小	4.1.1 未定期加油	损坏轴承，温度高		会造成停泵事故	4	每天巡查，定期进行油质分析，每月进行相关分析
		4.1.2 系统漏油大，冷油器内漏					
	4.2 润滑油压低	4.2.1 润滑油泵故障					
		4.2.2 系统泄漏大					
	4.3 润滑油变质	4.3.1 未定期滤油					
		4.3.2 油质量差					
		4.3.3 系统有漏水进油					

续表

设备	故障模式	故障原因	故障效应			潜在危害度	措施
			局部	相邻	系统		
5　冷却	5.1　进水阀	5.1.1　阀芯脱落	冷却水流量小或中断	1.2 2.1	电动机定子温度升高，电动机停运	3	每天检查
		5.1.2　脏物堵死	冷却水流量小或中断	1.1 2.1	电动机定子温度升高，电动机停运	3	每天检查
		5.1.3　盘根、法兰刺水	影响冷却水流量	2.2	威胁电动机绝缘、安全	3	每天检查
	5.2　冷却器	5.2.1　冷却器漏水	电动机停运		威胁电动机绝缘、安全	3	每天检查
		5.2.2　冷却器堵塞	冷却水流量小或中断	2	电动机定子温度升高，电动机停运	3	定期清扫与运行中观察结合

附表 1-7　　给水泵主泵功能故障模式、危害度及措施

设备	故障模式	故障原因	故障效应			潜在危害度	措施
			局部	相邻	系统		
1　进口滤网	1.1　损坏	1.1.1　有杂质		3.1		3	检修 W 点
2　勺管	2.1　卡涩	2.1.1　错油门的阀座、阀套、滑阀配合间隙小	会造成运行不稳，转速无法调整		造成泵无法运行，威胁机组安全	4	每天检查
		2.1.2　勺管与勺管套配合间隙小，滑套与油缸配合间隙小					
		2.1.3　油缸滑阀“O”形圈坏					
		2.1.4　油中有杂质					
		2.1.5　热工执行器问题					
3　叶轮损坏	3.1　有杂质	3.1.1　进口滤网损坏				3	检修 W 点
4　出口电动门	4.1　卡涩	4.1.1　电动头失灵	开关不动			5	泵切换运行时，跟踪检查
		4.1.2　铜螺母损坏					
5　出口逆止门	5.1　门芯脱落	5.1.1　销子断	停用时泵反转			5	

附表 1-8　　给水泵电动机振动故障模式、危害度及措施

设备	故障模式	故障原因	故障效应				潜在危害度	措施
			局部	特征	相邻	系统		
1 静子	1.1 定子铁芯失圆度大、不对中	1.1.1 定子铁芯松动、变形	发热振动大	1N	1.3 2.1 2.2 2.3	损坏电动机	3	检修W点
	1.2 定子电流三相不平衡	1.2.1 定子线圈断裂、短路，接头接触不良	发热振动大	① 1N ② 2N	1.1 2.3	损坏电动机	3	
	1.3 定子/转子径向、轴向过大或非对称	1.3.1 安装不良	发热振动大	1N	2.3 4.1	损坏电动机	3	
2 转子	2.1 断笼条	2.1.1 定子电流三次谐波分量大	发热振动大	① 1N ② 50Hz ±ZSf		损坏电动机	4	运行中检测
		2.1.2 应力作用						
		2.1.3 端环焊接工艺不良						
		2.1.4 笼条、铁芯间绝缘损坏，局部过电流						
		2.1.5 长期振动大						
	2.2 碰磨	2.2.1 与静子间隙小	振动不稳	① 1N ② 高频			1	
	2.3 不平衡	2.3.1 平衡精度的变化	导致轴承受力情况恶化	1N	4.1	会造成风机停车，威胁机组安全	1	
		2.3.2 转子明显变形						
		2.3.3 转子没有装正确						
3 滑动轴承	3.1 上瓦与轴间隙大	3.1.1 安装不良	晃动	不稳	5.1		2	
	3.2 上瓦座与上瓦预紧力不够	3.2.1 安装不良	晃动	不稳	5.1		2	
		3.2.2 螺栓松						
	3.3 轴瓦与轴轴向碰磨	3.3.1 安装不良	轴向窜动，瓦温高	① 1N ② 倍频			2	
	3.4 烧瓦	3.4.1 油位低	晃动	① 倍频 ② 不稳	2.3	损坏电动机	2	
		3.4.2 甩油环停转						
		3.4.3 安装工艺不良						

续表

设备	故障模式	故障原因	故障效应				潜在危害度	措施
			局部	特征	相邻	系统		
4　主轴	4.1　弯曲	4.1.1　刚度不够	不平衡	1N	2.3		1	
		4.1.2　裂纹						
5　轴承座	5.1　松动	5.1.1　螺栓松动	振动	① 1N ② 不稳	2.3		2	
		5.1.2　裂纹						
6　联轴器	6.1　对中不良	6.1.1　轴承座发生变形	造成联轴器对中的变化，导致联轴器联接螺栓产生交变应力	① 1N ② 2N ③ 3N	1.4 2.3		2	
		6.1.2　基础沉降不均匀						
		6.1.3　安装时找中不准						
		6.1.4　未正确安装						
	6.2　松动	6.2.1　联轴器松动	运行不稳	① 1N ② 不稳	2.3		2	
	6.3　磨损	6.3.1　联轴器磨损	运行不稳	① 1N ② 不稳	2.3		2	
7　基础	7.1　基础不良	7.1.1　基础刚度不够	运行不稳	① 1N ② 倍频 ③ 不稳	1.4 2.3		2	
		7.1.2　地脚螺栓松动						

附表 1-9　　　　给水泵电动机瓦温故障模式、危害度及措施

设备	故障模式	故障原因	故障效应			潜在危害度	可检测性及措施
			局部	相邻	系统		
1　滑动轴承	1.1　上瓦与轴间隙大	1.1.1　安装不良	晃动温度高	2.1		2	
	1.2　上瓦座与上瓦预紧力不够	1.2.1　安装不良	晃动温度高	2.1		3	检修 W 点
		1.2.2　螺栓松					
	1.3　轴瓦与轴轴向碰磨	1.3.1　安装不良	轴向窜动，温度高			4	检修 W 点
	1.4　油位低	1.4.1　漏油	温度高，烧瓦		损坏电动机	5	每天检查
		1.4.2　加油少					

续表

设备	故障模式	故障原因	故障效应			潜在危害度	可检测性及措施
			局部	相邻	系统		
1 滑动轴承	1.5 甩油环停转	1.5.1 卡 1.5.2 油槽磨光	温度高，烧瓦		损坏电动机	3	每季度检查
	1.6 瓦卡死不能自由摆动	1.6.1 瓦预紧力过大 1.6.2 安装工艺不良	温度高，烧瓦		损坏电动机	4	检修W点
	1.7 瓦口间隙太小不均	1.7.1 刮瓦工艺不良 1.7.2 安装工艺不良	温度高，烧瓦		损坏电动机	4	
	1.8 瓦面刀痕严重	1.8.1 刮瓦工艺不好	温度高			4	
	1.9 油质差	1.9.1 油质脏或变质	温度高，烧瓦			4	
2 转子	2.1 振动	2.1.1 平衡精度的变化 2.1.2 转子明显变形 2.1.3 转子固定螺栓松动	损坏轴承，温度高	1.1 1.3 1.5	会造成停车事故，严重影响机组运行	2	
3 主轴	3.1 弯曲	3.1.1 刚度不够 3.1.2 裂纹	损坏轴承，温度高	1.1 2.1	会造成停车事故	2	
	3.2 轴径粗糙	3.2.1 轴径粗糙	温度高			3	检修W点
4 轴承座	4.1 松动	4.1.1 螺栓预紧力不均，松动 4.1.2 裂纹	损坏轴承，温度高	1.3 2.3	会造成停车事故，严重影响机组运行	3	检修W点
5 进油量	5.1 进油量太小	5.1.1 调节阀油小 5.1.2 节流孔堵死	瓦温高		烧瓦	4	每天记录 每月分析

续表

设备	故障模式	故障原因	故障效应			潜在危害度	可检测性及措施
			局部	相邻	系统		
6　冷却	6.1　进水阀	6.1.1　阀芯脱落	冷却水流量小或中断	1.2 2.1	电动机定子温度升高，电动机停运	3	每天检查
		6.1.2　脏物堵死	冷却水流量小或中断	1.1 2.1	电动机定子温度升高，电动机停运	3	
		6.1.3　盘根、法兰刺水	影响冷却水流量	2.2	威胁电动机绝缘、安全	3	
	6.2　冷却器	6.2.1　冷却器漏水	电动机停运		威胁电动机绝缘、安全	3	
		6.2.2　冷却器堵塞	冷却水流量小或中断	2	电动机定子温度升高，电动机停运	3	定期清扫与运行中观察结合

附表 1-10　　液力偶合器振动故障模式、危害度及措施

设备	故障模式	故障原因	故障效应				潜在危害度	措施
			局部	特征	相邻	系统		
1　滑动轴承	1.1　轴瓦顶隙大	1.1.1　安装测量不准	振动	①1N ②不稳	2.1	会造成停泵，威胁机组安全	3	检修W点
	1.2　轴瓦顶部预紧力不够	1.2.1　安装不良 1.2.2　螺栓松动	振动	①1N ②不稳		会造成停泵，威胁机组安全	3	
	1.3　烧瓦	1.3.1　油量不足 1.3.2　安装工艺不良	振动	①1N ②晃动	2.3	会造成停泵，威胁机组安全	3	
2　推力轴承	2.1　推力间隙过大	2.1.1　安装不良	引起轴向振动	①1N ②不稳	1.1	会造成停泵，威胁机组安全	3	
	2.2　推力间隙过小	2.2.1　安装不良	振动，温度高			会造成停泵，威胁机组安全	3	
	2.3　烧瓦	2.3.1　推力瓦块限位螺栓松动，断裂 2.3.2　润滑油量不足 2.3.3　安装不良	振动，温度高，损坏轴瓦	①1N ②倍频	1.3	会造成停泵，威胁机组安全	5	每天测振，每月进行频谱分析
3　勺管	3.1　卡涩	3.1.1　错油门的阀座、阀套、滑阀配合间隙小 3.1.2　勺管与勺管套配合间隙小，滑套与油缸配合间隙小 3.1.3　油缸滑阀“O”形圈坏 3.1.4　油中有杂质 3.1.5　热工执行器问题	会造成运行不稳，转速无法调整			造成泵无法运行，威胁机组安全	4	

续表

设备	故障模式	故障原因	故障效应				潜在危害度	措施
			局部	特征	相邻	系统		
4 大小齿轮	4.1 啮合间隙大	4.1.1 磨损	振动、噪声大	①1N ②高频		会造成停泵，威胁机组安全	3	检修W点
		4.1.2 齿面有伤痕、裂纹、锈蚀						
		4.1.3 大齿轮与轮毂紧固螺栓松动						
5 泵轮涡轮	5.1 不平衡	5.1.1 高速油平衡不好	振动、裂纹	1N	1.1	严重威胁机组安全	5	每天测振，每月进行频谱分析

附表 1-11　　液力偶合器瓦温故障模式、危害度及措施

设备	故障模式	故障原因	故障效应			潜在危害度	措施
			局部	相邻	系统		
1 滑动轴承	1.1 轴瓦顶部间隙小	1.1.1 安装工艺不良	温度高，烧瓦		会造成停泵，威胁机组安全	3	检修W点
	1.2 轴瓦顶部预紧力不够或过大	1.2.1 安装工艺不良	温度高，烧瓦		会造成停泵，威胁机组安全	3	
	1.3 烧瓦	1.3.1 油量不足	温度高，烧瓦		会造成停泵，威胁机组安全	3	
		1.3.2 安装工艺不良					
2 推力轴承	2.1 推力间隙过小	2.1.1 安装工艺不良	温度高		会造成停泵，威胁机组安全	3	
	2.2 烧瓦	2.2.1 推力瓦块限位螺栓松动，断裂	损坏轴瓦，温度高		会造成停泵，威胁机组安全	5	温度每月进行相关分析，与冷油器出油量，环境温度
		2.2.2 润滑油量不足			会造成停泵，威胁机组安全	5	
		2.2.3 安装工艺不良			会造成停泵，威胁机组安全	5	
3 工作润滑油	3.1 油箱油温度	3.1.1 工作油量不足	引起瓦温高		会造成停泵，威胁机组安全	4	每天检查，每月进行分析
		3.1.2 工作油压低					
		3.1.3 油中含杂质					
		3.1.4 冷油器冷却效果差					
		3.1.5 易熔塞熔化					
		3.1.6 烧瓦					

附表 1-12　　　　前置泵振动故障模式、危害度及措施

设备	故障模式	故障原因	故障效应 局部	特征	相邻	系统	潜在危害度	措施
1 叶轮	1.1 接触	1.1.1 转子抬轴不准	产生金属撞击声，剧烈振动，严重损坏部件	①1N ②高频	2.2	引起损坏设备事故，严重影响机组安全运行	3	检修W点
		1.1.2 转子径向对中不良						
		1.1.3 筒体上下温差大						
	1.2 不平衡			1N	6.1		1	
2 径向轴承	2.1 间隙增大	2.1.1 磨损	振动，损坏轴承	①1N ②倍频		引起停泵，严重影响机组安全运行	3	检修W点
		2.1.2 上下轴瓦连接螺栓松动或断裂						
	2.2 磨损	2.2.1 轴承座径向对中不良，受载过大	振动	①1N ②高频	1.1	引起停泵，严重影响机组安全运行	3	
		2.2.2 润滑油供油量过小或油压低						
	2.3 轴承座松动	2.3.1 固定螺栓松动	振动，破坏轴系中心	①1N ②不稳	4.2	引起停泵，严重影响机组安全运行	3	
		2.3.2 轴承座裂纹						
3 推力轴承	3.1 推力间隙过大	3.1.1 安装测量不良	引起轴向振动大	①1N ②倍频	4.1 4.3	引起停泵，严重影响机组安全运行	3	
		3.1.2 平衡盘磨损						
	3.2 推力间隙过小	3.2.1 安装测量不良	振动，温度高	①1N ②高频	1.1 2.2		3	
	3.3 脱落烧瓦	3.3.1 推力瓦块限位螺栓松动，断裂	振动，温度高，烧瓦	1N	2.3		4	
		3.3.2 断油		不稳跳			3	
		3.3.3 瓦块质量原因，或瓦块磨损						
4 联轴器	4.1 对中不良	4.1.1 轴承座发生变形	造成联轴器对中的变化，导致联轴器连接螺栓产生交变应力，振动	①1N ②2N ③3N	4.3		4	每天测振，每月进行分析频谱
		4.1.2 基础沉降不均匀						
		4.1.3 安装时找正不准						
		4.1.4 未安装正确						
	4.2 松动	4.2.1 联轴器松动	运行不稳	①1N ②不稳	2.3		2	

续表

设备	故障模式	故障原因	故障效应				潜在危害度	措施
			局部	相邻	系统			
4 联轴器	4.3 轴向振动	4.3.1 齿型联轴器有磨损、挤伤、变形、缺陷	轴向振动大，温度高	①1N ②倍频 ③高频	3.1	影响机组安全运行	4	每天测振，每月进行分析频谱
		4.3.2 油内有杂质						
		4.3.3 缺油						
5 基础	5.1 基础不良	5.1.1 基础刚度不够	振动烧瓦	①1N ②不稳	4.2		2	
		5.1.2 地脚螺栓松动						
		5.1.3 管道振动						
6 主轴	6.1 弯曲	6.1.1 刚度不够	不平衡	1N	1.2		2	
		6.1.2 裂纹						

附表 1-13　　前置泵瓦温故障模式，危害度及措施

设备	故障模式	故障原因	故障效应			潜在危害度	措施
			局部	相邻	系统		
1 径向轴承	1.1 间隙增大	1.1.1 磨损	运行不稳，温度高		会造成停泵事故	3	检修W点
		1.1.2 上下轴瓦连接螺栓松动或断裂	振动，损坏轴瓦，温度高		引起停泵，严重影响机组安全运行	3	
2 推力轴承	2.1 推力瓦隙过大	2.1.1 安装测量不良	引起轴向振动大，温度高		会造成停泵事故	3	
		2.1.2 平衡盘磨损					
	2.2 推力瓦隙过小	2.2.1 安装测量不良	振动，温度高		会造成停泵事故	3	
	2.3 轴向窜动	2.3.1 轴向定位不好	窜轴，温度高			3	
		2.3.2 联轴器之间间隙太小					
3 轴承座	3.1 松动	3.1.1 螺栓预紧力不均，松动或裂纹	损坏轴承，温度高		引起停泵，严重影响机组安全运行	2	
4 润滑	4.1 润滑油量小	4.1.1 未定期加油	损坏轴承，温度高		会造成停泵事故	4	每天巡查，定期油质分析，每月进行相关分析
		4.1.2 系统漏油大，冷油器内漏					
	4.2 润滑油压低	4.2.1 润滑油泵故障					
		4.2.2 系统泄漏大					
	4.3 润滑油变质	4.3.1 未定期滤油					
		4.3.2 油质量差					
		4.3.3 系统有漏水进油					

续表

设备	故障模式	故障原因	故障效应			潜在危害度	措施
			局部	相邻	系统		
5　冷却器	5.1　进水阀	5.1.1　阀芯脱落	冷却水流量小或中断	1.2 2.1	电动机定子温度升高，电动机停运	3	每天检查
		5.1.2　脏物堵死	冷却水流量小或中断	1.1 2.1	电动机定子温度升高，电动机停运	3	
		5.1.3　盘根、法兰刺水	影响冷却水流量	2.2	威胁电动机绝缘、安全	3	
	5.2　冷却器	5.2.1　冷却器漏水	电动机停运		威胁电动机绝缘、安全	3	
		5.2.2　冷却器堵塞	冷却水流量小或中断	42	电动机定子温度升高，电动机停运	3	定期清扫与运行中观察结合

附表 1-14　　前置泵功能故障模式、危害度及措施

设备	故障模式	故障原因	故障效应			潜在危害度	措施
			局部	相邻	系统		
1　进口滤网	1.1　损坏	1.1.1　有杂质		3.1		3	检修 W 点
2　叶轮损坏	2.1　有杂质	2.1.1　进口滤网损坏				3	检修 W 点
3　进口电动门	3.1　卡涩	3.1.1　电动头失灵	开关不动			5	泵切换运行时跟踪检查
		3.1.2　铜螺母损坏					

三、凝结水泵

附表 1-15　　凝结水泵瓦温故障模式、危害度及措施

设备	故障模式	故障原因	故障效应			潜在危害度	措施
			局部	相邻	系统		
1　滑动导瓦	1.1　导瓦与轴间隙大	1.1.1　安装不良	晃动温度高	2.1		3	检修 W 点
	1.2　导瓦固定螺栓没有锁紧	1.2.1　安装不良	晃动温度高	2.2		4	每天记录，每月进行相关分析
		1.2.2　螺栓松					
	1.3　瓦卡死不能自由摆动	1.3.1　瓦与轴间隙过小	温度高，烧瓦	2.3	损坏电动机	4	每天记录，每月进行相关分析
		1.3.2　安装工艺不良					
	1.4　瓦口间隙太小，不均	1.4.1　刮瓦工艺不良	温度高，烧瓦	2.1	损坏电动机	3	检修 W 点
		1.4.2　安装工艺不良					
	1.5　瓦面刀痕严重	1.5.1　刮瓦工艺不好	温度高			3	
	1.6　油位低	1.6.1　漏油	温度高，烧瓦		损坏电动机	3	
		1.6.2　加油少					
	1.7　油质差	1.7.1　冷却器漏	瓦温高	5.2		3	

续表

设备	故障模式	故障原因	故障效应			潜在危害度	措施
			局部	相邻	系统		
2 推力瓦	2.1 推力瓦块高低不平	2.1.1 安装工艺不良	磨损温度高，烧瓦	1.4	损坏电动机	3	检修W点
	2.2 推力瓦块限位螺栓松动，支撑	2.2.1 安装工艺不良	磨损温度高，烧瓦	1.2	损坏电动机	5	每天记录，每月进行相关分析
		2.2.2 螺栓松					
	2.3 瓦卡死，不能自由摆动	2.3.1 安装工艺不良	温度高，烧瓦	1.3	损坏电动机	5	每天记录，每月进行相关分析
3 转子	3.1 不平衡	3.1.1 平衡精度的变化	损坏轴承，温度高	4.1	会造成停泵事故，严重影响机组安全	3	检修W点
		3.1.2 转子明显变形					
4 主轴	4.1 弯曲	4.1.1 刚度不够	损坏轴承，温度高	3.1	会造成停泵事故	3	
		4.1.2 裂纹					
	4.2 轴径粗糙	4.2.1 加工精度差	温度高	1.6	每天记录5级，相关分析每月一次油温、水温、瓦温、电流	4	每天记录，每月进行相关分析
		4.2.2 油质差					
5 冷却	5.1 进水阀	5.1.1 阀芯脱落	冷却水流量小或中断	1.2 2.1	电动机定子温度升高，电动机停运	3	每天检查
		5.1.2 脏物堵死	冷却水流量小或中断	1.1 2.1	电动机定子温度升高，电动机停运	3	
		5.1.3 盘根、法兰刺水	影响冷却水流量	2.2	威胁电动机绝缘、安全	3	
	5.2 冷却器	5.2.1 冷却器漏水	电动机停运		威胁电机绝缘、安全	3	
		5.2.2 冷却器堵塞	冷却水流量小或中断	2	电动机定子温度升高，电动机停运	3	定期清扫与运行中观察结合

附表 1-16　凝结水泵功能故障模式、危害度及措施

设备	故障模式	故障原因	故障效应			潜在危害度	措施
			局部	相邻	系统		
1 进口滤网	1.1 堵塞	1.1.1 水中有异物	堵塞		减少出力	3	检修W点
	1.2 泄漏	1.2.1 安装不良	滤网处吸气		破坏真空，造成甩负荷，严重威胁机组安全运行	5	
2 泵本体	2.1 叶轮	2.1.1 损坏	①振动 ②不稳		流量减少	3	
3 出口阀门	3.1 出口调节	3.1.1 门芯脱落	不好调节		影响流量	3	
	3.2 旁路	3.2.1 旁路门卡	不好调节		影响流量		

附表 1-17　　凝结水泵电动机振动故障模式、危害度及措施

设备	故障模式	故障原因	故障效应				潜在危害度	可测措施
			局部	特征	相邻	系统		
1 静子	1.1 定子铁芯失圆度大、不对中	定子铁芯松动、变形	发热振动大	1N	1.3 2.1 2.2 2.3	损坏电动机	3	检修W点
	1.2 定子电流三相不平衡	定子线圈断裂、短路，接头接触不良	发热振动大	①1N ②2N	1.1 2.3	损坏电动机	3	
	1.3 定子/转子径向、轴向过大或非对称	安装不良	发热振动大	1N	2.3 4.1	损坏电动机	3	
2 转子	2.1 断笼条	2.1.1 定子电流三次谐波分量大	发热振动大	①1N ②50Hz±ZSf		损坏电动机	4	运行中检测
		2.1.2 应力作用						
		2.1.3 端环焊接工艺不良						
		2.1.4 笼条、铁芯间绝缘损坏，局部过流						
		2.1.5 长期振动大						
	2.2 碰磨	2.2.1 与静子间隙小	振动不稳	①1N ②高频			1	
	2.3 不平衡	2.3.1 平衡精度的变化	导致轴承受力情况恶化	1N	4.1	会造成风机停车，威胁机组安全	1	
		2.3.2 转子明显变形						
		2.3.3 转子没有装正确						
3 滚动轴承	3.1 失效	3.1.1 剥落，裂纹等	造成工作条件的恶化，可能导致温升速率高于5℃/min，使轴承温度上升	①1N ②倍频 ③高频 ④$a>80$	1.2 2.2		5	每天测振，每月频谱分析
		3.1.2 滚轴润滑不良受载过大						
		3.1.4 安装不良						
	3.2 间隙增大	3.2.1 密封磨损	油位不正常，有时导致轴承温度不升	①1N ②晃动				
	3.3 内外圈“跑动”	3.3.1 轴承外圈与座孔配合太松或轴承内圈同轴颈配合太松	在运行中引起相对运行造成的，会造成轴承产生裂纹	①1N ②晃动不稳 ③倍频		会造成停车事故，严重影响机组运行		
	3.4 松动	3.4.1 安装不良	损坏轴承	不稳				

续表

设备	故障模式	故障原因	故障效应				潜在危害度	可测措施
			局部	特征	相邻	系统		
4 主轴	4.1 弯曲	4.1.1 刚度不够 4.1.2 裂纹	不平衡	1N	1.4 2.3		3	检修W点
5 轴承座	5.1 松动	5.1.1 螺栓松动 5.1.2 裂纹	振动	①1N ②不稳	1.4 2.3		2	
6 联轴器	6.1 对中不良	6.1.1 轴承座发生变形 6.1.2 基础沉降不均匀 6.1.3 安装时找中不准 6.1.4 未正确安装	造成联轴器对中的变化，导致联轴器联接螺栓产生交变应力	①1N ②2N ③3N	1.4 2.3		3	检修W点
	6.2 松动	6.2.1 联轴器松动	运行不稳	①1N ②不稳	2.3			
	6.3 磨损	6.3.1 联轴器磨损	运行不稳	①1N ②不稳	2.3			
		6.3.2 联轴棒销磨损达10g以上	未改变频的电动机顶部振动大	①1N ②不稳	2.3 7.1			
7 基础	7.1 基础不良	7.1.1 基础刚度不够 7.1.2 地脚螺栓松动	运行不稳	①1N ②不稳	1.4 2.3		1	

附表 1-18　　凝结水泵电动机轴承温度故障模式、危害度及措施

设备	故障模式	故障原因	故障效应			潜在危害度	可测措施
			局部	相邻	系统		
1 滚动轴承	1.1 失效	1.1.1 剥落，裂纹等 1.1.2 滚轴润滑不良 1.1.3 受载过大 1.1.4 安装不良	造成工作条件的恶化，可能导致温升速率高于5℃/min，使轴承温度上升	2.1 1.3 5.2	会造成停车事故	5	每天记录，每月进行相关分析
	1.2 间隙增大	1.2.1 密封磨损	油位不正常，有时导致轴承温度不升	1.1 2.1	会造成停车事故	5	
	1.3 内外圈"跑动"	1.3.1 轴承外圈与座孔配合太松或轴承内圈同轴颈配合太松	在运行中引起相对运行造成的，会造成轴承产生裂纹，温度不升	2.1	会造成停车事故，严重影响机组运行	5	
	1.4 松动	1.4.1 安装不良	损坏轴承，温度不升	1.3 2.3	会造成停车事故	5	

续表

设备	故障模式	故障原因	故障效应			潜在危害度	可测措施
			局部	相邻	系统		
2　转子	2.1　振动	2.1.1　平衡精度的变化	损坏轴承，温度高	1.1 1.3 1.5	会造成停车事故，严重影响机组运行事故	2	
		2.1.2　转子明显变形					
3　主轴	3.1　弯曲	3.1.1　刚度不够	损坏轴承，温度高	1.1 2.1	会造成停车事故	2	
		3.1.2　裂纹					
	3.2　轴径粗糙	3.2.1　油质差	温度高			2	
4　轴承座	4.1　松动	4.1.1　螺栓紧力不均松动	损坏轴承，温度高	1.3 2.3	会造成停车事故，严重影响机组运行	2	
		4.1.2　裂纹					
5　润滑	5.1　润滑油少	5.1.1　未定期加油	损坏轴承，温度高	1.1 1.3 2.1	会造成停车事故	5	定期加油进行油质分析
		5.1.2　定期加油少					
	5.2　润滑油变质	5.2.1　油种混杂	损坏轴承，温度高	1.1 1.3 2.1	会造成停车事故	5	
		5.2.2　油质量差					

四、磨煤机

附表 1-19　　磨煤机大瓦轴承座振动故障模式、危害度及措施

设备	故障模式	故障原因	故障效应				潜在危害度	可检测性及措施
			局部	特征	相邻	系统		
1　大瓦轴承座振动	1.1 变形	1.1.1　筒体上下温差大	①振动、噪声 ②大瓦温度高	①振动、噪音大 ②大瓦温度高		流量和功率不正常波动，受力不平衡	5	检修W点
		1.1.2　筒体、钢球自重						
		1.1.3　空心轴颈或筒体端盖断裂						
		1.1.4　衬板脱落						
	1.2 水平超标	1.2.1　空心轴颈断裂	损坏其他构件，有漏粉	漏粉大瓦温度高		流量和功率不正常	3	检修W点
		1.2.2　安装不良						
		1.2.3　筒体端盖断裂						
		1.2.4　烧瓦						
	1.3 M42连接螺栓断	1.3.1　制造、材质不良	漏粉、振动、噪声	漏粉		流量和功率不正常波动，受力不平衡	1	大、中修探伤更换
		1.3.2　绞孔太大						
		1.3.3　受大牙与筒体变形剪切						
		1.3.4　螺栓松动						
		1.3.5　受交变应力冲击						
	1.4 同心度超标	1.4.1　空心轴颈或筒体端盖断裂	振动、噪声大瓦温度高				2	
		1.4.2　安装不良						

附表 1-20　　磨煤机大瓦温度故障模式、危害度及措施

设备	故障模式	故障原因	故障效应：局部	故障效应：相邻	故障效应：系统	潜在危害度	可检测性及措施
1　大瓦	1.1　轴瓦与轴轴向碰磨、卡死	1.1.1　膨胀不畅	轴向窜动温度度，轴向瓦面磨痕重		会造成磨煤机停，威胁机组安全	5	每天记录，每月分析
	1.2　瓦卡死，不能自由摆动	1.2.1　球面粗糙，不光滑，润滑差	温度高，单边“烧瓦”			4	
	1.3　瓦口间隙大小不均	1.3.1　刮瓦工艺差	温度偏高			3	检修W点
	1.4　瓦面刀痕严重	1.4.1　刮瓦工艺差	温度偏高			3	
2　冷却器	2.1　冷却效果差	2.1.1　冷却器水温高	瓦温升高			3	
		2.1.2　杂质多					
		2.1.3　水阀门芯脱落					
3　油泵	3.1　失效	3.1.1　间隙大	造成工作条件的恶化，可能导致温升	1.8	流量和功率不正常，波动减少	3	
		3.1.2　滚针轴承坏					
		3.1.3　泵体漏气					
		3.1.4　管接处漏气					
	3.2　靠背轮坏	3.2.1　制造不良	振动、噪声大	1.8	流量和功率不正常	3	
		3.2.2　滑块磨损					
	3.3　电动机损坏	3.3.1　制造不良	振动、噪声大	1.8	流量和功率不正常	1	
		3.3.2　安装不良					
4　油系统	4.1　冷油器漏	4.1.1　安装或材料缺陷	两台泵连动	1.8	流量和功率不正常，波动减少	2	
	4.2　下油管堵	4.2.1　安装或材料缺陷		1.8		1	
		4.2.2　管道锈蚀					
		4.2.3　连接螺栓松					
	4.3　滤油器堵	4.3.1　滤网清洗不彻底	振动、噪声大	3.1	会造成磨煤机停，威胁机组安全	3	每天测振记录
		4.3.2　油器安装或材料缺陷					
		4.3.3　油器切换不到位					
5　顶轴油系统	5.1　顶轴油系统损坏	5.1.1　顶轴油管裂	油压低			3	检修W点
		5.1.2　顶轴油泵不起压	无油压				
		5.1.3　顶轴油泵靠背轮坏	无油压				
		5.1.4　顶轴油出口逆止门装反	无油压				
6　落煤管	6.1　传热影响	6.1.1　进口温度混合不好	瓦温升高			3	
		6.1.2　螺旋管上石棉绳老化脱落					
		6.1.3　下方量小					
		6.1.4　过载冲击力大					

附表 1-21　　磨煤机功能故障模式，危害度及措施

设备	故障模式	故障原因	故障效应			潜在危害度	可检测性及措施
			局部	相邻	系统		
1　衬板	1.1　波形板、扇形板磨损严重	使用时间长	脱落		出力低	3	检修W点
2　钢球	2.1　少	2.1.1　加钢球不及时	电流低			3	
	2.2　不均	2.2.1　使用时间长				3	
3　煤	3.1　水分多					2	
	3.2　煤干石多					2	

附表 1-22　　磨煤机小牙轮轴承座振动故障模式、危害度及措施

设备	故障模式	故障原因	故障效应				潜在危害度	可检测性及措施
			局部	特征	相邻	系统		
1　筒体，大、小牙轮	1.1　变形	1.1.1　筒体上下温差大	①振动、噪声大 ②大瓦温度高	①振动、噪声大 ②大瓦温度高	1.2		3	检修W点
		1.1.2　筒体、钢球自重						
		1.1.3　空心轴颈或筒体端盖断裂						
		1.1.4　衬板脱落						
	1.2　水平超标	1.2.1　空心轴颈断裂	损坏其他构件，有漏粉	大瓦温度高	1.1		3	
		1.2.2　安装不良						
		1.2.3　筒体端盖断裂						
		1.2.4　烧瓦						
	1.3　M42连接螺栓断	1.3.1　制造、材质不良	漏粉、振动、噪声	轴向振动0.38mm	1.9 2.5		1	①定检 ②检修W点
		1.3.2　绞孔太大						
		1.3.3　受大牙齿与筒体变形剪切						
		1.3.4　螺栓松动						
		1.3.5　受交变应力冲击						
	1.4　同心度超标	1.4.1　空心轴颈或筒体端盖断裂	振动、噪声，大瓦温度高	低频周期性冲击	1.7		3	检修W点
		1.4.2　安装不良						
	1.5　失效	1.5.1　润滑不良	振动、噪声	①小牙齿处振动、噪声大 ②63Hz	1.9	会造成磨煤机停，威胁机组安全	5	每天测振记录，每月测振、频谱分析63Hz一次
		1.5.2　啮合不好						
		1.5.3　齿型变形						
		1.5.4　间隙太大						
	1.6　齿折断	1.6.1　过载冲击力大		振动、冲击声大	1.4	会造成磨煤机停，威胁机组安全	5	
		1.6.2　交变应力造成金属疲劳						
		1.6.3　铸造气孔等缺陷						

续表

设备	故障模式	故障原因	故障效应				潜在危害度	可检测性及措施
			局部	特征	相邻	系统		
1 筒体，大、小牙轮	1.7 松动	1.7.1 M64 螺栓松动、断裂	导致齿轮受力情况恶化	①振动、冲击声大 ②63Hz	1.9 1.4	会造成磨煤机停，威胁机组安全	5	
		1.7.2 安装质量差						
		1.7.3 螺栓材料差、铸造差						
		1.7.4 交变应力造成金属疲劳						
		1.7.5 M42 螺栓松动、断裂						
		1.7.6 绞孔尺寸大与螺栓配合差值大						
	1.8 间隙增大	1.8.1 筒体弯曲变形	振动并有噪声，间隙冲击	振动、噪声大	1.1	流量和功率不正常波动，受力不平衡	2	
		1.8.2 瓦面接触小						
	1.9 大、小牙轮裂纹	1.9.1 M64、M42 螺栓松动、断裂		0.38Hz	1.5		4	定检
		1.9.2 安装或材料缺陷、铸造差造成局部应力集中						
		1.9.3 交变应力造成金属疲劳						
2 滚动轴承组	2.1 失效	2.1.1 剥落，裂纹等	造成工作条件恶化，可能导致温升高，速率高于 5℃/min，使轴承温度上升	振动、噪声大	1.5		5	每月测振、进行频谱每月100Hz、200Hz、5000Hz一次
		2.1.2 滚轴						
		2.1.3 受载过大						
		2.1.4 安装不良						
	2.2 间隙增大	2.2.1 磨损	油质不良，有时导致轴承温度升高	振动、噪声大	1.8		4	
		2.2.2 润滑不良						
	2.3 内外圈“跑动”	2.3.1 轴承外圈与座孔配合太松或轴承内圈同轴颈配合太松	在运行中引起相对运行造成的，会造成轴承产生裂纹	振动、噪声大			4	
	2.4 松动	2.4.1 安装不良	损坏轴承	振动、噪声大	1.7		4	
	2.5 轴向振动	2.5.1 不水平	损坏轴承振动	38Hz	1.3			定检
		2.5.2 哈夫面裂纹						

续表

设备	故障模式	故障原因	故障效应				潜在危害度	可检测性及措施
			局部	特征	相邻	系统		
3 联轴器	3.1 棒销卡死	3.1.1 棒销窜动，设计不合理	小牙轮轴承座晃动	1N			4	定检
		3.1.2 中心变化						
		3.1.3 尼龙棒销坏						

附表 1-23　　磨煤机小牙轮轴承温度故障模式、危害度及措施

设备	故障模式	故障原因	故障效应			潜在危害度	可检测性及措施
			局部	相邻	系统		
1 筒体，大、小牙轮	1.1 变形	1.1.1 筒体上下温差大	振动、噪声，大瓦温度高	1.2	流量和功率不正常波动，受力不平衡	5	检修 W 点
		1.1.2 筒体、钢球自重					
		1.1.3 空心轴颈或筒体端盖断裂					
		1.1.4 衬板脱落					
	1.2 水平超标	1.2.1 空心轴颈断裂	损坏其他构件，有漏粉	1.1	流量和功率不正常波动	3	
		1.2.2 安装不良					
		1.2.3 筒体端盖断裂					
	1.3 M42 连接螺栓断	1.3.1 制造、材质不良	漏粉、振动、噪声	1.5	流量和功率不正常波动，受力不平衡	1	①定检 ②检修 W 点
		1.3.2 绞孔太大					
		1.3.3 受大牙齿与筒体变形剪切					
		1.3.4 螺栓松动					
		1.3.5 受交变应力冲击					
	1.4 失效	1.4.1 润滑不良	振动、噪声		会造成磨煤机停，威胁机组安全	5	①每天测振记录 ②定期检查
		1.4.2 啮合不好					
		1.4.3 齿变形					
		1.4.4 间隙太大					
	1.5 松动	1.5.1 M64、M42 螺栓松动、断裂	导致齿轮受力情况恶化	1.3	会造成磨煤机停，威胁机组安全	5	
		1.5.2 安装量差					
		1.5.3 螺栓材料差、铸造差					
		1.5.4 交变应力造成金属疲劳					
		1.5.5 M42 螺栓松动、断裂					

续表

设备	故障模式	故障原因	故障效应			潜在危害度	可检测性及措施
			局部	相邻	系统		
2 滚动轴承组	2.1 油脂少	2.1.1 一次加油太少	温度高			5	每天测振，每月进行频谱分析
	2.2 油脂质量差	2.2.1 加的油脂过期或质量差	温度高			5	
	2.3 失效	2.3.1 剥落，裂纹等 2.3.2 滚轴 2.3.3 受载过大 2.3.4 安装不良	造成工作条件的恶化，可能导致温升速率高于5℃/min，使轴承温度上升			5	
	2.4 间隙增大	2.4.1 磨损 2.4.2 润滑不良	油质不良，有时导致轴承温度上升			4	
	2.5 内外圈“跑动”	2.5.1 轴承外圈与座孔配合太松或轴承内圈同轴颈配合太松	在运行中引起相对运行造成的，会造成轴承产生裂纹	1		4	
	2.6 松动	2.6.1 安装不良	损坏轴承			4	
	2.7 径向承载超标	2.7.1 安装不水平	损坏轴承，振动				

附表 1-24　　磨煤机减速机振动故障模式、危害度及措施

设备	故障模式	故障原因	故障效应				潜在危害度	可检测性及措施
			局部	特征	相邻	系统		
1 大、小人字齿	1.1 配合间隙太大	1.1.1 油质差	①造成转动不均匀 ②损坏其他构件 ③有噪声	①1N ②不稳	2.2 3.1 4.2		3	检修 W 点
		1.1.2 齿型变形					1	
		1.1.3 中心距大(轴座磨损) 1.1.4 受载过大冲击造成磨损					3	
	1.2 大小齿变形	1.2.1 制造不良 1.2.2 润滑不良 1.2.3 冷却器堵 1.2.4 油质差	振动大、有噪声	①1N ②高频	1.5		4	检修测量
	1.3 大齿偏心	1.3.1 铸造不平衡 1.3.2 制造工艺不良	①造成转动不均匀 ②损坏其他构件 ③有噪声	1N			1	

续表

设备	故障模式	故障原因	故障效应				潜在危害度	可检测性及措施
			局部	特征	相邻	系统		
1　大、小人字齿	1.4　断齿	1.4.1　有铸造气孔	导致轴承受力情况恶化	①1N ②倍频	2.3		4	每天进行测振记录
		1.4.2　受载过大冲击						
		1.4.3　轴承损坏						
	1.5　周节误差	1.5.1　加工误差	振动并有噪声，不平衡	①1N ②高频	1.2		5	每月进行频谱分析
2　联轴器	2.1　对中不良	2.1.1　轴承座发生变形	造成联轴器对中的变化，导致联轴器联接螺栓产生交变应力	①1N ②2N				
		2.1.2　基础沉降不均匀						
		2.1.3　安装时找中不准						
		2.1.4　未正确安装						
	2.2　松动	2.2.1　联轴器松动	运行不稳	①1N ②不稳	1.1		1	
		2.2.2　棒销磨损						
	2.3　磨损	2.3.1　联轴器磨损	运行不稳	①1N ②倍频	1.4		3	
3　基础	3.1　基础不良	3.1.1　基础刚度不够	运行不稳	①1N ②不稳	2.2		2	
		3.1.2　地脚螺栓松动						
4　滚动轴承组	4.1　失效	4.1.1　剥落，裂纹等	造成工作条件的恶化，可能导致温升速率高于5℃/min，使轴承温度上升	①1N ②高频	1.2 1.5	温度高	5	每天测振，每月进行频谱分析
		4.1.2　滚轴						
		4.1.3　受载过大						
		4.1.4　安装不良						
	4.2　间隙增大	4.2.1　磨损	油质不良，有时导致轴承温度升	①1N ②不稳	2.2	温度高	4	
		4.2.2　润滑不良						
	4.3　内外圈“跑动”	4.3.1　轴承外圈与座孔配合太松或轴承内圈同轴颈配合太松	在运行中引起相对运行造成的，会造成轴承产生裂纹	①1N ②不稳	4.2	温度高	4	
	4.4　松动	4.4.1　安装不良	损坏轴承	①1N ②不稳	4.2		4	
	4.5　轴向振动	4.5.1　联轴器卡死	①损坏轴承 ②振动	①1N ②晃动			3	
	4.6　齿非侧轴承外圈松脱	4.6.1　外圈未定位	大、小齿轮坏	①1N ②高频 ③不稳			4	每天检查

续表

设备	故障模式	故障原因	故障效应				潜在危害度	可检测性及措施
			局部	特征	相邻	系统		
5 冷却器	5.1 冷却器水中断	5.1.1 阀门芯脱落	油温高			润滑油温度高	4	每天检查
		5.1.2 水中杂质多						
		5.1.3 冷却器内部结垢						
		5.1.4 法兰盘垫子坏						
6 润滑油	6.1 油位低	6.1.1 漏油	大、小人字齿烧坏	①高频 ②异音			4	每天检查

附表 1-25　磨煤机减速机温度故障模式、危害度及措施

设备	故障模式	故障原因	故障效应			潜在危害度	可检测性及措施
			局部	相邻	系统		
1 大、小人字齿	1.1 大齿偏心	1.1.1 铸造不平衡	①造成转动不均匀 ②损坏其他构件，有噪声		外壳振动大	3	检修W点
		1.1.2 制造工艺不良					
	1.2 周节误差	1.2.1 加工误差	振动并有噪声，不平衡	1.3	外壳高频振动	3	
2 联轴器	2.1 对中不良	2.1.1 轴承座发生变形	造成联轴器对中的变化，导致联轴器联接螺栓产生交变应力		联轴器外圈晃动	4	每月测振、频谱分析每月100Hz、200Hz、5000Hz一次
		2.1.2 基础沉降不均匀					
		2.1.3 安装时找中不准					
		2.1.4 未正确安装					
	2.2 松动	2.2.1 联轴器松动	运行不稳		晃动	4	
		2.2.2 棒销磨损					
	2.3 磨损	2.3.1 联轴器磨损	运行不稳		棒销孔大	4	
3 基础	3.1 基础不良	3.1.1 基础刚度不够	运行不稳		晃动	3	
		3.1.2 地脚螺栓松动					
4 滚动轴承组	4.1 失效	4.1.1 剥落，裂纹等	造成工作条件的恶化，可能导致温升速率高于5℃/min，使轴承温度上升		润滑油温高	5	
		4.1.2 滚轴					
		4.1.3 受载过大					
		4.1.4 安装不良					
	4.2 间隙增大	4.2.1 磨损	油质不良，有时导致轴承温度升			4	
		4.2.2 润滑不良					
	4.3 内外圈“跑动”	4.3.1 轴承外圈与座孔配合太松或轴承内圈同轴颈配合太松	在运行中引起相对运行造成的，会造成轴承产生裂纹	1		4	
	4.4 松动	4.4.1 安装不良	损坏轴承			4	

续表

设备	故障模式	故障原因	故障效应			潜在危害度	可检测性及措施
			局部	相邻	系统		
4　滚动轴承组	4.5　轴向振动	4.5.1　联轴器卡死	①损坏轴承 ②振动		润滑油温高	3	每月测振、频谱每月 100Hz、200Hz、5000Hz一次
	4.6　径向轴承间隙偏小	4.6.1　检修工艺不当					
	4.7　压盖处摩擦	4.7.1　动静间隙小					
5　冷却器	5.1　冷却器水中断	5.1.1　阀门芯脱落	油温高		润滑油温度高	4	每天检查
		5.1.2　水中杂质多					
		5.1.3　冷却器内部结垢					
		5.1.4　法兰盘垫子坏					
6　润滑	6.1　油位低	6.1.1　漏油	烧轴承，烧大、小人字齿		壳体温度高	3	定检
	6.2　油质差	6.2.1　未定期更换	损坏轴承				
		6.2.2　漏水乳化					

附表 1-26　　磨煤机电机振动故障模式、危害度及措施

设备	故障模式	故障原因	故障效应				潜在危害度	措施
			局部	特征	相邻	系统		
1　静子	1.1　定子铁芯失圆度大、不对中	1.1.1　定子铁芯松动、变形	发热 振动大	1N	1.3 2.1 2.2 2.3	损坏电动机	3	检修W点
	1.2　定子电流三相不平衡	1.2.1　定子线圈断裂、短路，接头接触不良	发热 振动大	①1N ②2N	1.1 2.3	损坏电动机	3	
	1.3　定子/转子径向、轴向过大或非对称	1.3.1　安装不良	发热 振动大	1N	2.3 4.1	损坏电动机	3	
2　转子	2.1　断笼条	2.1.1　定子电流三次谐波分量大	发热 振动大	①1N ②50Hz±ZSf		损坏电动机	4	运行中检测
		2.1.2　应力作用						
		2.1.3　端环焊接工艺不良						
		2.1.4　笼条、铁芯间绝缘损坏，局部过流						
		2.1.5　长期振动大						

续表

设备	故障模式	故障原因	故障效应				潜在危害度	措施
			局部	特征	相邻	系统		
2 转子	2.2 碰磨	2.2.1 与静子间隙小	振动不稳	①1N ②高频			1	
	2.3 不平衡	2.3.1 平衡精度的变化	导致轴承受力情况恶化	1N	4.1	会造成风机停车，威胁机组安全	2	
		2.3.2 转子明显变形						
		2.3.3 转子没有装正确						
3 滑动轴承	3.1 上瓦与轴间隙大	3.1.1 安装不良	晃动	不稳	5.1		1	
	3.2 上瓦座与上瓦预紧力不够	3.2.1 安装不良	晃动	不稳	5.1		1	
		3.2.2 螺栓松动						
	3.3 轴瓦与轴轴向碰磨	3.3.1 安装不良	轴向窜动	①1N ②倍频			1	
	3.4 烧瓦	3.4.1 油位低	晃动	①倍频 ②不稳	2.3	损坏电动机	2	
		3.4.2 甩油环停转						
		3.4.3 安装工艺不良						
4 主轴	4.1 弯曲	4.1.1 刚度不够	不平衡	1N	2.3		1	
		4.1.2 裂纹						
5 轴承座	5.1 松动	5.1.1 螺栓松动	振动	①1N ②不稳	2.3		1	
		5.1.2 裂纹						
6 联轴器	6.1 对中不良	6.1.1 轴承座发生变形	造成联轴器对中的变化，导致联轴器联接螺栓产生交变应力	①1N ②2N ③3N	1.4 2.3		2	
		6.1.2 基础沉降不均匀						
		6.1.3 安装时找中不准						
		6.1.4 未正确安装						
	6.2 松动	6.2.1 联轴器松动	运行不稳	①1N ②不稳	2.3		1	
	6.3 磨损	6.3.1 联轴器磨损	运行不稳	①1N ②不稳	2.3		2	
		6.3.2 联轴器磨损不均	联轴器外圈共振	①1N ②倍频			1	
7 基础	7.1 基础不良	7.1.1 基础刚度不够	运行不稳	①1N ②不稳	1.4. 2.3		2	
		7.1.2 地脚螺栓松动						

附表 1-27　　　　磨煤机电机瓦温故障模式、危害度及措施

设备	故障模式	故障原因	故障效应			潜在危害度	可检测性及措施
			局部	相邻	系统		
1　滑动轴承	1.1　上瓦与轴间隙大	1.1.1　安装不良	晃动温度高	2.1		2	
	1.2　上瓦座与上瓦预紧力不够	1.2.1　安装不良	晃动温度高	2.1		3	检修W点
		1.2.2　螺栓松					
	1.3　轴瓦与轴轴向碰磨	1.3.1　安装不良	轴向窜动温度高			4	
	1.4　油位低	1.4.1　漏油	温度高，烧瓦		损坏电动机	5	每天检查
		1.4.2　加油少					
	1.5　甩油环停转	1.5.1　卡死	温度高，烧瓦		损坏电动机	3	每季度检查
		1.5.2　油槽磨光					
	1.6　瓦卡死不能自由摆动	1.6.1　瓦预紧力过大	温度高，烧瓦		损坏电动机	4	检修W点
		1.6.2　安装工艺不良					
	1.7　瓦口间隙太小，不均	1.7.1　刮瓦工艺不良	温度高，烧瓦		损坏电动机	4	
		1.7.2　安装工艺不良					
	1.8　瓦面刀痕严重	1.8.1　刮瓦工艺不好	温度高			4	
	1.9　油质差	1.9.1　油质脏或变质	温度高，烧瓦			4	
2　转子	2.1　振动	2.1.1　平衡精度的变化	损坏轴承，温度高	1.1	会造成停车事故，严重影响机组运行	1	
		2.1.2　转子明显变形		1.3			
		2.1.3　转子固定螺栓松动		1.5			
3　主轴	3.1　弯曲	3.1.1　刚度不够	损坏轴承，温度高	1.1	会造成停车事故	1	
		3.1.2　裂纹		2.1			
	3.2　轴径粗糙	3.2.1　轴径粗糙	温度高			3	检修W点
4　轴承座	4.1　松动	4.1.1　螺栓预紧力不均，松动	损坏轴承，温度高	1.3	会造成停车事故，严重影响机组运行	2	
		4.1.2　裂纹		2.3			
5　冷却	5.1　进水阀	5.1.1　阀芯脱落	冷却水流量小或中断	1.2 2.1	电动机定子温度升高，电动机停运	3	每天检查
		5.1.2　脏物堵死	冷却水流量小或中断	1.1 2.1	电动机定子温度升高，电动机停运	3	
		5.1.3　盘根、法兰刺水	影响冷却水流量	2.2	威胁电动机绝缘、安全	3	
	5.2　冷却器	5.2.1　冷却器漏水	电动机停运		威胁电动机绝缘、安全	3	
		5.2.2　冷却器堵塞	冷却水流量小或中断	2	电动机定子温度升高，电动机停运	3	定期清扫与运行中观察结合

续表

设备	故障模式	故障原因	故障效应			潜在危害度	可检测性及措施
			局部	相邻	系统		
6 联轴器	6.1 联轴器磨损	6.1.1 磨损不均	①外圈共振 ②瓦温高	2.1		4	定检
	6.2 棒销卡死	6.2.1 设计不合理	轴承座摆动	2.1		4	定检
		6.2.2 棒销太大					
		6.2.3 损坏					

五、吸风机

附表 1-28　　吸风机本体振动故障模式、危害度及措施

设备	故障模式	故障原因	故障效应				潜在危害度	可检测性及措施
			局部	特征	相邻	系统		
1 叶片和叶轮	1.1 叶片磨损	1.1.1 磨损	损坏叶片	①1N90%； ②2N5%； ③3N 以上 5%	1.8	流量和功率不正常减少，受力不平衡	3	检修 W 点
	1.2 叶片积灰	1.2.1 叶片表面积灰	造成流道不均匀	①1N90%； ②2N5%； ③3N 以上 5%	1.8	造成压力流量效率下降，发生喘振	1	
	1.3 叶片折断	1.3.1 制造不良	损坏其他构件，有噪声	①1N90%； ②2N5%； ③3N 以上 5%	1.8	流量减少，威胁机组安全	3	检修 W 点
	1.4 接触	1.4.1 叶片和机壳接触	叶片碰到机壳，在机壳处能听到金属摩擦声，会损坏叶片	1N100%	1.9	降低流量，威胁机组安全	4	检修 W 点
	1.5 喘振	1.5.1 运行进入喘振区	调整不当或设备不合理	1N90%	1.8 1.9	流量和耗功不正常，调节难	1	
	1.6 叶片变形	1.6.1 冷却时上下温差	叶轮不平衡	①1N90%； ②2N5%； ③3N 以上 5%	1.8	影响风机运行	2	
	1.7 叶轮磨损	1.7.1 叶轮有磨损	导致轴承受力情况恶化	①1N90%； ②2N5%； ③3N 以上 5%	1.8	会造成风机流量减少	1	
	1.8 叶轮不平衡	1.8.1 平衡精度的变化	导致轴承受力情况恶化	①1N90%； ②2N5%； ③3N 以上 5%	3.1	会造成风机停车，威胁机组安全	3	每天测振记录
		1.8.2 叶轮明显变形						
		1.8.3 叶片没有装正确						
	1.9 叶轮脱落、破损、松动	1.9.1 内六角螺栓松动	振动并有噪声，叶轮不平衡	①1N90%； ②2N5%	1.3	会造成风机停车，影响安全	5	每月测振、进行频谱分析 100Hz 一次并记录
		1.9.2 安装或材料缺陷						
	1.10 共振	1.10.1 转速近临界转速	振动并有噪声	1N100%	1.4	损坏风机	2	

续表

设备	故障模式	故障原因	故障效应				潜在危害度	可检测性及措施
			局部	特征	相邻	系统		
2 滚动轴承组	2.1 失效	2.1.1 剥落，裂纹等 2.1.2 滚轴润滑不良 2.1.3 受载过大 2.1.4 安装不良	造成工作条件的恶化，可能导致温升速率高于5℃/min，使轴承温度上升		1.4 1.8	会造成停车事故	5	每月测振、频谱分析每月100Hz、200Hz、5000Hz一次
	2.2 间隙增大	2.2.1 密封磨损	油位不正常，有时导致轴承温度不升		1.8	造成停车事故	4	
	2.3 内外圈“跑动”	2.3.1 轴承外圈与座孔配合太松或轴承内圈同轴颈配合太松	在运行中引起相对运行造成的，会造成轴承产生裂纹	内：0～40% N40% 40%～50%N40% 50%～100%N40% 外：0～50%N90%	1.8	会造成停车事故，严重影响机组运行	4	
	2.4 松动	2.4.1 安装不良	损坏轴承	0～50%N90%	1.8		4	
	2.5 轴向振动	2.5.1 推力弹簧失效	损坏轴承	①1N40%； ②2N50%； ③3N 以上 5%	5.3		4	检修测量
3 主轴	3.1 弯曲	3.1.1 刚度不够 3.1.2 裂纹	不平衡	①1N90%； ②2N5%； ③3N 以上 5%	1.8 1.4		3	检修W点
4 轴承座	4.1 松动	4.1.1 螺栓松动 4.1.2 裂纹	振动	0～50%N90%	1.8		2	检修W点
5 联轴器	5.1 对中不良	5.1.1 轴承座发生变形 5.1.2 基础沉降不均匀 5.1.3 安装时找中不准 5.1.4 未正确安装	造成联轴器对中的变化，导致联轴器联接螺栓产生交变应力	①1N40%； ②2N50%； ③3N 以上 5%	5.3		4	检修W点
	5.2 松动	5.2.1 联轴器松动	运行不稳	0～50%N90%			3	检修W点
	5.3 轴向串动	5.3.1 轴向间隙	检修工艺差	①1N40%； ②2N50%； ③3N 以上 5%	5.1	轴向振动	3	检修W点

续表

设备	故障模式	故障原因	故障效应				潜在危害度	可检测性及措施
			局部	特征	相邻	系统		
6 中间轴	6.1 弯曲	6.1.1 设计或制造缺陷	运行不稳	①1N90%； ②2N5%； ③3N 以上 5%	1.8		3	检修 W 点
7 基础	7.1 基础不良	7.1.1 基础刚度不够	运行不稳	① 40% ～ 50% N20%； ②1N60%； ③2N10%； ④1/2N10%	1.8		2	
		7.1.2 地脚螺栓松动						
8 护轴管	8.1 松动	8.1.1 支撑不紧	与轴摩擦，运行不稳		1.8		3	检修 W 点

附表 1-29　　吸风机本体轴承温度故障模式、危害度及措施

设备	故障模式	故障原因	故障效应			潜在危害度	可检测性及措施
			局部	相邻	系统		
1 滚动轴承组	1.1 失效	1.1.1 剥落，裂纹等	造成工作条件的恶化，可能导致温升速率高于5℃/min，使轴承温度上升	2.1 1.3 5.2	会造成停车事故	5	每天记录、每月相关分析一次(烟温、加油时间、电流)
		1.1.2 滚轴润滑不良					
		1.1.3 受载过大					
		1.1.4 安装不良					
	1.2 间隙增大	1.2.1 磨损	不稳	1.1 2.1	会造成停车事故	5	
	1.3 内外圈“跑动”	1.3.1 轴承外圈与座孔配合太松或轴承内圈同轴颈配合太松	在运行中引起相对运行造成的，会造成轴承产生裂纹，温度高	2.1	会造成停车事故，严重影响机组运行	5	
	1.4 松动	1.4.1 安装不良	损坏轴承，温度高	2.1	会造成停车事故	5	
	1.5 轴向振动	1.5.1 推力弹簧失效	损坏轴承，温度高	1.3 2.1	会造成停车事故	5	
		1.5.2 推力轴承失效					
2 叶轮	2.1 不平衡	2.1.1 平衡精度的变化	损坏轴承，温度高	1.1 1.3 1.5	会造成停车事故，严重影响机组运行	2	
		2.1.2 叶轮明显变形					
		2.1.3 叶片固定螺栓松动					
3 主轴	3.1 弯曲	3.1.1 刚度不够	损坏轴承，温度高	1.1 2.1	会造成停车事故	2	
		3.1.2 裂纹					
4 轴承座	4.1 松动	4.1.1 螺栓预紧力不均，松动	损坏轴承，温度高	1.3 2.3	会造成停车事故，严重影响机组运行	2	
		4.1.2 裂纹					

续表

设备	故障模式	故障原因	故障效应			潜在危害度	可检测性及措施
			局部	相邻	系统		
5　润滑	5.1　润滑油少	5.1.1　未定期加油	损坏轴承，温度高	1.1 1.3 2.1	会造成停车事故	5	定期加油
		5.1.2　定期加油少					
	5.2　润滑油变质	5.2.1　油种混杂	损坏轴承，温度高	1.1 1.3 2.1	会造成停车事故	5	
		5.2.2　油质量差					
6　冷却风机	6.1　一台电动机坏	6.1.1　轴承损坏	停一台风机		不影响	3	定检（建议电气）
		6.1.2　线路故障					
		6.1.3　碰磨					
	6.2　两台电动机都坏	6.2.1　轴承损坏	两台均停		跳风机	4	定检（建议电气）
		6.2.2　线路故障					
		6.2.3　碰磨					
	6.3　风道挡板内漏	6.3.1　间隙大	漏风		影响轴承冷却效果	3	检修W点
		6.3.2　间隙小卡					
		6.3.3　平板变形					
	6.4　风道堵塞	6.4.1　风道堵塞	冷却风量小		影响轴承冷却效果	2	每月清理一次

附表 1-30　　吸风机功能故障模式、危害度及措施

设备	故障模式	故障原因	故障效应			潜在危害度	措施
			局部	相关	系统		
1　叶片	1.1　减薄腐蚀变形	1.1.1　烟气带粉磨损含硫	叶片损坏	1.1 1.2.3	出力减少，影响安全	1	
	1.2　积灰	1.2.1　设计不合理		1.1 1.2.3	出力减少，影响安全	1	
2　前导叶	2.1　减薄腐蚀变形	2.1.1　烟气带粉含硫	叶片损坏		出力减少，影响安全	1	
	2.2　卡涩	2.2.1　间隙小	叶片损坏		出力减少	4	检修W点
		2.2.2　变形			出力减少	4	
		2.2.3　小轴承损坏			出力减少	4	
		2.2.4　执行机构损坏			出力减少	4	
	2.3　自关超15s	2.3.1　执行机构损坏			出力减少	4	
		2.3.2　热工信号故障			出力减少	4	
3　后挡板	3.1　减薄腐蚀变形	3.1.1　烟气带粉磨损含硫	叶片损坏		出力减少	2	
	3.2　自关超15s	3.2.1　执行机构损坏			出力减少，停风机	2	
		3.2.2　热工信号故障			出力减少，停风机	2	

续表

设备	故障模式	故障原因	故障效应			潜在危害度	措施
			局部	相关	系统		
4 烟道	4.1 积灰	4.1.1 设计不合理			出力减少	3	检修W点
	4.2 烟道漏风	4.2.1 磨损、腐蚀			出力减少	3	
	4.3 膨胀节漏水	4.3.1 磨损、腐蚀			出力减少	3	

附表 1-31　　吸风机电动机振动故障模式、危害度及措施

设备	故障模式	故障原因	故障效应				潜在危害度	措施
			局部	特征	相邻	系统		
1 静子	1.1 定子铁芯失圆度大、不对中	定子铁芯松动、变形	发热振动大	1N	1.3 2.1 2.2 2.3	损坏电动机	3	检修W点
	1.2 定子电流三相不平衡	定子线圈断裂、短路，接头接触不良	发热振动大	①1N ②2N	1.1 2.3	损坏电动机	3	
	1.3 定子/转子径向、轴向过大或非对称	安装不良	发热振动大	1N	2.3 4.1	损坏电动机	3	
2 转子	2.1 断笼条	2.1.1 定子电流三次谐波分量大	发热振动大	①1N ②50Hz±ZSf		损坏电动机	4	运行中检测
		2.1.2 应力作用						
		2.1.3 端环焊接工艺不良						
		2.1.4 笼条、铁芯间绝缘损坏，局部过流						
		2.1.5 长期振动大						
	2.2 碰磨	2.2.1 与静子间隙小	振动不稳	①1N ②高频			1	
	2.3 不平衡	2.3.1 平衡精度的变化	导致轴承受力情况恶化	1N	4.1	会造成风机停车，威胁机组安全	2	
		2.3.2 转子明显变形						
		2.3.3 转子没有装正确						
3 滑动轴承	3.1 上瓦与轴间隙大	3.1.1 安装不良	晃动	不稳	5.1		1	
	3.2 上瓦座与上瓦预紧力不够	3.2.1 安装不良	晃动	不稳	5.1		1	
		3.2.2 螺栓松动						
	3.3 轴瓦与轴轴向碰磨	3.3.1 安装不良	轴向窜动	①1N ②倍频			1	
	3.4 烧瓦	3.4.1 油位低	晃动	①倍频 ②不稳	2.3	损坏电动机	2	
		3.4.2 甩油环停转						
		3.4.3 安装工艺不良						

续表

设备	故障模式	故障原因	故障效应				潜在危害度	措施
			局部	特征	相邻	系统		
4　主轴	4.1　弯曲	4.1.1　刚度不够 4.1.2　裂纹	不平衡	1N	2.3		1	
5　轴承座	5.1　松动	5.1.1　螺栓松动 5.1.2　裂纹	振动	①1N ②不稳	2.3		1	
6　联轴器	6.1　对中不良	6.1.1　轴承座发生变形 6.1.2　基础沉降不均匀 6.1.3　安装时找中不准 6.1.4　未正确安装	造成联轴器对中的变化，导致联轴器联接螺栓产生交变应力	①1N ②2N ③3N	1.4 2.3		2	
	6.2　松动	6.2.1　联轴器松动	运行不稳	①1N ②不稳	2.3		1	
	6.3　磨损	6.3.1　联轴器磨损	运行不稳	①1N ②不稳	2.3		2	
7　基础	7.1　基础不良	7.1.1　基础刚度不够 7.1.2　地脚螺栓松动	运行不稳	①1N ②不稳	1.4 2.3		2	

附表 1-32　　吸风机电动机瓦温故障模式、危害度及措施

设备	故障模式	故障原因	故障效应			潜在危害度	可检测性及措施
			局部	相邻	系统		
1　滑动轴承	1.1　上瓦与轴间隙大	1.1.1　安装不良	晃动温度高	2.1		2	
	1.2　上瓦座与上瓦预紧力不够	1.2.1　安装不良 1.2.2　螺栓松	晃动温度高	2.1		3	检修W点
	1.3　轴瓦与轴向碰磨	1.3.1　安装不良	轴向窜动温度高			4	
	1.4　油位低	1.4.1　漏油 1.4.2　加油少	温度高，烧瓦		损坏电动机	5	每天检查
	1.5　甩油环停转	1.5.1　卡死 1.5.2　油槽磨光	温度高，烧瓦		损坏电动机	3	每季度检查
	1.6　瓦卡死不能自由摆动	1.6.1　瓦预紧力过大 1.6.2　安装工艺不良	温度高，烧瓦		损坏电动机	4	检修W点
	1.7　瓦口间隙太小，不均	1.7.1　刮瓦工艺不良 1.7.2　安装工艺不良	温度高，烧瓦		损坏电动机	4	
	1.8　瓦面刀痕严重	1.8.1　刮瓦工艺不好	温度高			4	
	1.9　油质差	1.9.1　油质脏或变质	温度高，烧瓦			4	

续表

<table>
<tr><th rowspan="2">设备</th><th rowspan="2">故障模式</th><th rowspan="2">故障原因</th><th colspan="3">故障效应</th><th rowspan="2">潜在危害度</th><th rowspan="2">可检测性及措施</th></tr>
<tr><th>局部</th><th>相邻</th><th>系统</th></tr>
<tr><td rowspan="3">2 转子</td><td rowspan="3">2.1 振动</td><td>2.1.1 平衡精度的变化</td><td rowspan="3">损坏轴承，温度高</td><td rowspan="3">1.1
1.3
1.5</td><td rowspan="3">会造成停车事故，严重影响机组运行</td><td rowspan="3">1</td><td rowspan="3"></td></tr>
<tr><td>2.1.2 转子明显变形</td></tr>
<tr><td>2.1.3 转子固定螺栓松</td></tr>
<tr><td rowspan="3">3 主轴</td><td rowspan="2">3.1 弯曲</td><td>3.1.1 刚度不够</td><td rowspan="2">损坏轴承，温度高</td><td rowspan="2">1.1
2.1</td><td rowspan="2">会造成停车事故</td><td rowspan="2">1</td><td rowspan="2"></td></tr>
<tr><td>3.1.2 裂纹</td></tr>
<tr><td>3.2 轴径粗糙</td><td>3.2.1 轴径粗糙</td><td>温度高</td><td></td><td></td><td>3</td><td>检修W点</td></tr>
<tr><td rowspan="2">4 轴承座</td><td rowspan="2">4.1 松动</td><td>4.1.1 螺栓预紧力不均，松动</td><td rowspan="2">损坏轴承，温度高</td><td rowspan="2">1.3
2.3</td><td rowspan="2">会造成停车事故，严重影响机组运行</td><td rowspan="2">2</td><td rowspan="2"></td></tr>
<tr><td>4.1.2 裂纹</td></tr>
<tr><td rowspan="2">5 进油量</td><td rowspan="2">5.1 进油量太小</td><td>5.1.1 调节阀油小</td><td rowspan="2">瓦温高</td><td rowspan="2"></td><td rowspan="2">烧瓦</td><td rowspan="2">4</td><td rowspan="2">每天记录
每月分析</td></tr>
<tr><td>5.1.2 节流孔堵死</td></tr>
<tr><td rowspan="5">6 冷却</td><td rowspan="3">6.1 进水阀</td><td>6.1.1 阀芯脱落</td><td>冷却水流量小或中断</td><td>1.2
2.1</td><td>电动机定子温度升高，电动机停运</td><td>3</td><td rowspan="4">每天检查</td></tr>
<tr><td>6.1.2 脏物堵死</td><td>冷却水流量小或中断</td><td>1.1
2.1</td><td>电动机定子温度升高，电动机停运</td><td>3</td></tr>
<tr><td>6.1.3 盘根、法兰刺水</td><td>影响冷却水流量</td><td>2.2</td><td>威胁电动机绝缘、安全</td><td>3</td></tr>
<tr><td rowspan="2">6.2 冷却器</td><td>6.2.1 冷却器漏水</td><td>电动机停运</td><td></td><td>威胁电动机绝缘、安全</td><td>3</td></tr>
<tr><td>6.2.2 冷却器堵塞</td><td>冷却水流量小或中断</td><td>2</td><td>电动机定子温度升高，电动机停运</td><td>3</td><td>定期清扫与运行中观察结合</td></tr>
</table>

六、送风机

附表 1-33　　送风机本体振动故障模式、危害度及措施

设备	故障模式	故障原因	故障效应				潜在危害度	可检测性及措施
			局部	特征	相邻	系统		
1 叶片和叶轮	1.1 叶片磨损	1.1.1 磨损	损坏叶片	①1N90%；②2N5%；③3N 以上 5%	1.8	流量和功率不正常减少，受力不平衡	3	检修 W 点
	1.2 叶片积灰	1.2.1 叶片表面积灰	造成流道不均匀	①1N90%；②2N5%；③3N 以上 5%	1.8	造成压力流量效率下降，发生喘振	1	
	1.3 叶片折断	1.3.1 制造不良	损坏其他构件，有噪声	①1N90%；②2N5%；③3N 以上 5%	1.8	流量减少，威胁机组安全	3	检修 W 点
	1.4 接触	1.4.1 叶片和机壳接触	叶片碰到机壳，在机壳处能听到金属摩擦声，会损坏叶片	1N100%	1.9	降低流量，威胁机组安全	4	检修 W 点
	1.5 喘振	1.5.1 运行进入喘振区	调整不当或设备不合理	1N90%	1.8 1.9	流量和耗功不正常，调节难	1	
	1.6 叶片变形	1.6.1 冷却时上下温差大	叶轮不平衡	①1N90%；②2N5%；③3N 以上 5%	1.8	影响风机运行	2	
	1.7 叶轮磨损	1.7.1 叶轮有磨损	导致轴承受力情况恶化	①1N90%；②2N5%；③3N 以上 5%	1.8	会造成风机流量减少	1	
	1.8 叶轮不平衡	1.8.1 平衡精度的变化 1.8.2 叶轮明显变形 1.8.3 叶片没有装正确	导致轴承受力情况恶化	①1N90%；②2N5%；③3N 以上 5%	3.1	会造成风机停车，威胁机组安全	3	每天测振记录
	1.9 叶轮脱落、破损、松动	1.9.1 内六角螺栓松动 1.9.2 安装或材料缺陷	振动并有噪声，叶轮不平衡	①1N90%；②2N5%	1.3	会造成风机停车，影响安全	5	每月测振、频谱分析 100Hz 一次并记录
	1.10 共振	1.10.1 转速近临界转速	振动并有噪声	1N100%	1.4	损坏风机	2	

续表

设备	故障模式	故障原因	故障效应				潜在危害度	可检测性及措施
			局部	特征	相邻	系统		
2 滚动轴承组	2.1 失效	2.1.1 剥落，裂纹等 2.1.2 滚轴润滑不良 2.1.3 受载过大 2.1.4 安装不良	造成工作条件的恶化，可能导致温升速率高于5℃/min，使轴承温度上升		1.4 1.8	会造成停车事故	5	每月测振、频谱分析100Hz、200Hz、5000Hz一次
	2.2 间隙增大	2.2.1 密封磨损	油位不正常，有时导致轴承温度不升		1.8	造成停车事故	4	
	2.3 内外圈“跑动”	2.3.1 轴承外圈与座孔配合太松或轴承内圈同轴颈配合太松	在运行中引起相对运行造成的，会造成轴承产生裂纹	内：0～40% N40% 40%～50% N40% 50%～100% N40% 外：0～50% N90%	1.8	会造成停车事故，严重影响机组运行	4	
	2.4 松动	2.4.1 安装不良	损坏轴承	0～50%N90%	1.8		4	
	2.5 轴向振动	2.5.1 推力弹簧失效	损坏轴承	①1N40%； ②2N50%； ③3N以上5%	5.3		4	检修测量
3 主轴	3.1 弯曲	3.1.1 刚度不够 3.1.2 裂纹	不平衡	①1N90%； ②2N5%； ③3N以上5%	1.8 1.4		3	检修W点
4 轴承座	4.1 松动	4.1.1 螺栓松动 4.1.2 裂纹	振动	0～50%N90%	1.8		2	检修W点
5 联轴器	5.1 对中不良	5.1.1 轴承座发生变形 5.1.2 基础沉降不均匀 5.1.3 安装时找中不准 5.1.4 未正确安装	造成联轴器对中的变化，导致联轴器联接螺栓产生交变应力	①1N40%； ②2N50%； ③3N以上5%	5.3		4	检修W点

续表

设备	故障模式	故障原因	故障效应				潜在危害度	可检测性及措施
			局部	特征	相邻	系统		
5 联轴器	5.2 松动	5.2.1 联轴器松动	运行不稳	0～50%N90%			3	检修W点
	5.3 轴向串动	5.3.1 轴向间隙	检修工艺差	①1N40%； ②2N50%； ③3N以上5%	5.1	轴向振动	3	检修W点
6 中间轴	6.1 弯曲	6.1.1 设计或制造缺陷	运行不稳	①1N90%； ②2N5%； ③3N以上5%	1.8		3	检修W点
7 基础	7.1 基础不良	7.1.1 基础刚度不够	运行不稳	①40%～50%N20%； ②1N60%； ③2N10%； ④1/2N10%	1.8		2	
		7.1.2 地脚螺栓松动						
8 护轴管	8.1 松动	8.1.1 支撑不紧	与轴摩擦，运行不稳		1.8		3	检修W点

附表1-34　　送风机本体轴承温度故障模式、危害度及措施

设备	故障模式	故障原因	故障效应			潜在危害度	可检测性及措施
			局部	相邻	系统		
1 滚动轴承组	1.1 失效	1.1.1 剥落，裂纹等	造成工作条件的恶化，可能导致温升速率高于5℃/min，使轴承温度上升	2.1 1.3 5.2	会造成停车事故	5	每天记录、每月相关分析一次（烟温、加油时间、电流）
		1.1.2 滚轴润滑不良					
		1.1.3 受载过大					
		1.1.4 安装不良					
	1.2 间隙增大	1.2.1 磨损	不稳	1.1 2.1	会造成停车事故	5	
	1.3 内外圈“跑动”	1.3.1 轴承外圈与座孔配合太松或轴承内圈同轴颈配合太松	在运行中引起相对运行造成的，会造成轴承产生裂纹，温度高	2.1	会造成停车事故，严重影响机组运行	5	
	1.4 松动	1.4.1 安装不良	损坏轴承，温度高	2.1	会造成停车事故	5	
	1.5 轴向振动	1.5.1 推力弹簧失效	损坏轴承，温度高	1.3 2.1	会造成停车事故	5	
		1.5.2 推力轴承失效					

续表

设备	故障模式	故障原因	故障效应			潜在危害度	可检测性及措施
			局部	相邻	系统		
2 叶轮	2.1 不平衡	2.1.1 平衡精度的变化	损坏轴承，温度高	1.1 1.3 1.5	会造成停车事故，严重影响机组运行	2	
		2.1.2 叶轮明显变形					
		2.1.3 叶片固定螺栓松动					
3 主轴	3.1 弯曲	3.1.1 刚度不够	损坏轴承，温度高	1.1 2.1	会造成停车事故	2	
		3.1.2 裂纹					
4 轴承座	4.1 松动	4.1.1 螺栓预紧力不均，松动	损坏轴承，温度高	1.3 2.3	会造成停车事故，严重影响机组运行	2	
		4.1.2 裂纹					
5 润滑	5.1 润滑油少	5.1.1 未定期加油	损坏轴承，温度高	1.1 1.3 2.1	会造成停车事故	5	定期加油
		5.1.2 定期加油少					
	5.2 润滑油变质	5.2.1 油种混杂	损坏轴承，温度高	1.1 1.3 2.1	会造成停车事故	5	
		5.2.2 油质量差					
6 冷却风机	6.1 一台电动机坏	6.1.1 轴承损坏	停一台风机		不影响	3	定检（建议电气）
		6.1.2 线路故障					
		6.1.3 碰磨					
	6.2 两台电动机都坏	6.2.1 轴承损坏	两台均停		跳风机	4	定检（建议电气）
		6.2.2 线路故障					
		6.2.3 碰磨					
	6.3 风道挡板内漏	6.3.1 间隙大	漏风		影响轴承冷却效果	3	检修W点
		6.3.2 间隙小卡					
		6.3.3 平板变形					
	6.4 风道堵塞	6.4.1 风道堵塞	冷却风量小		影响轴承冷却效果	2	每月清理一次

附表 1-35　　　送风机功能故障模式、危害度及措施

设备	故障模式	故障原因	故障效应			潜在危害度	措施
			局部	相关	系统		
1　叶片	1.1　减薄腐蚀变形	1.1.1　烟气带粉磨损含硫	叶片损坏	1.1.1.2.3	出力减少，影响安全	1	
	1.2　积灰	1.2.1　设计不合理		1.1.1.2.3	出力减少，影响安全	1	
2　前导叶	2.1　减薄腐蚀变形	2.1.1　烟气带粉含硫	叶片损坏		出力减少，影响安全	1	
	2.2　卡涩	2.2.1　间隙小			出力减少	4	检修W点
		2.2.2　变形	叶片损坏		出力减少	4	
		2.2.3　小轴承损坏			出力减少	4	
		2.2.4　执行机构损坏			出力减少	4	
	2.3　自关超 1.5s	2.3.1　执行机构损坏			出力减少	4	
		2.3.2　热工信号故障			出力减少	4	
3　后挡板	3.1　减薄腐蚀变形	3.1.1　烟气带粉磨损含硫	叶片损坏		出力减少	2	
	3.2　自关超 15s	3.2.1　执行机构损坏			出力减少，停风机	2	
		3.2.2　热工信号故障			出力减少，停风机	2	
4　风道	4.1　积灰	4.1.1　设计不合理			出力减少	3	检修W点
	4.2　风道漏风	4.2.1　磨损、腐蚀			出力减少	3	
	4.3　膨胀节漏水	4.3.1　磨损、腐蚀			出力减少	3	

附表 1-36　　　送风机电动机振动故障模式、危害度及措施

设备	故障模式	故障原因	故障效应				潜在危害度	可测措施
			局部	特征	相邻	系统		
1　静子	1.1　定子铁芯失圆度大、不对中	定子铁芯松动、变形	发热振动大	1N	1.3 2.1 2.2 2.3	损坏电动机	3	检修W点
	1.2　定子电流三相不平衡	定子线圈断裂、短路，接头接触不良	发热振动大	①1N ②2N	1.1 2.3	损坏电动机	3	
	1.3　定子/转子径向、轴向过大或非对称	安装不良	发热振动大	1N	2.3 4.1	损坏电动机	3	

续表

设备	故障模式	故障原因	故障效应				潜在危害度	可测措施
			局部	特征	相邻	系统		
2　转子	2.1 断笼条	2.1.1　定子电流三次谐波分量大	发热振动大	①1N ②50Hz±ZSf		损坏电动机	4	运行中检测
		2.1.2　应力作用						
		2.1.3　端环焊接工艺不良						
		2.1.4　笼条、铁芯间绝缘损坏，局部过流						
		2.1.5　长期振动大						
	2.2 碰磨	2.2.1　与静子间隙小	振动不稳	①1N ②高频			1	
	2.3 不平衡	2.3.1　平衡精度的变化	导致轴承受力情况恶化	1N	4.1	会造成风机停车，威胁机组安全	1	
		2.3.2　转子明显变形						
		2.3.3　转子没有装正确						
3　滚动轴承	3.1　失效	3.1.1　剥落，裂纹等	造成工作条件的恶化，可能导致温升速率高于5℃/min，使轴承温度上升	①1N ②倍频 ③高频 ④$a>80$	1.2.2.2		5	每天测振，每月进行频谱分析
		3.1.2　滚轴润滑不良						
		3.1.3　受载过大						
		3.1.4　安装不良						
	3.2　间隙增大	3.2.1　密封磨损	油位不正常，有时导致轴承温度不升	①1N ②晃动				
	3.3　内外圈“跑动”	3.3.1　轴承外圈与座孔配合太松或轴承内圈同轴颈配合太松	在运行中引起相对运行造成的，会造成轴承产生裂纹	①1N ②晃动不稳 ③倍频		会造成停车事故，严重影响机组运行		
	3.4　松动	3.4.1　安装不良	损坏轴承	不稳				
	3.5　轴向定位	3.5.1　外圈与孔太紧，膨胀不够	轴向振动大	①1N ②倍频 ③高频			3	检修W点
		3.5.2　外圈定位没留间隙						

续表

设备	故障模式	故障原因	故障效应				潜在危害度	可测措施
			局部	特征	相邻	系统		
4　主轴	4.1　弯曲	4.1.1　刚度不够	不平衡	1N	1.4.2.3		3	检修W点
		4.1.2　裂纹						
5　轴承座	5.1　松动	5.1.1　螺栓松动	振动	①1N ②不稳	1.4.2.3		2	
		5.1.2　裂纹						
6　联轴器	6.1　对中不良	6.1.1　轴承座发生变形	造成联轴器对中的变化，导致联轴器联接螺栓产生交变应力	①1N ②2N ③3N	1.4.2.3		3	检修W点
		6.1.2　基础沉降不均匀						
		6.1.3　安装时找中不准						
		6.1.4　未正确安装						
	6.2　松动	6.2.1　联轴器松动	运行不稳	①1N ②不稳	2.3			
7　基础	7.1　基础不良	7.1.1　基础刚度不够	运行不稳	①1N ②不稳	1.4.2.3		1	
		7.1.2　地脚螺栓松动						

附表1-37　　送风机电动机轴承温度故障模式、危害度及措施

设备	故障模式	故障原因	故障效应			潜在危害度	可测措施
			局部	相邻	系统		
1　滚动轴承	1.1　失效	1.1.1　剥落，裂纹等	造成工作条件的恶化，可能导致温升速率高于5℃/min，使轴承温度上升	2.1 1.3 5.2	会造成停车事故	5	每天记录，每月进行相关分析
		1.1.2　滚轴润滑不良					
		1.1.3　受载过大					
		1.1.4　安装不良					
	1.2　间隙增大	1.2.1　密封磨损	油位不正常，有时导致轴承温度不升	1.1 2.1	会造成停车事故	5	
	1.3　内外圈“跑动”	1.3.1　轴承外圈与座孔配合太松或轴承内圈同轴颈配合太松	在运行中引起相对运行造成的，会造成轴承产生裂纹，温度不升	2.1	会造成停车事故，严重影响机组运行	5	
	1.4　松动	1.4.1　安装不良	损坏轴承，温度不升	1.3 2.3	会造成停车事故	5	
2　转子	2.1　振动	2.1.1　平衡精度的变化	损坏轴承，温度高	1.1 1.3 1.5	会造成停车事故，严重影响机组运行	2	
		2.1.2　转子明显变形					

续表

设备	故障模式	故障原因	故障效应			潜在危害度	可测措施
			局部	相邻	系统		
3 主轴	3.1 弯曲	3.1.1 刚度不够 3.1.2 裂纹	损坏轴承，温度高	1.1 2.1	会造成停车事故	2	
4 轴承座	4.1 松动	4.1.1 螺栓紧力不均，松动 4.1.2 裂纹	损坏轴承，温度高	1.3 2.3	会造成停车事故，严重影响机组运行	2	
5 润滑	5.1 润滑油少	5.1.1 未定期加油 5.1.2 定期加油少	损坏轴承，温度高	1.1 1.3 2.1	会造成停车事故	5	定期加油
	5.2 润滑油变质	5.2.1 油种混杂 5.2.2 油质量差	损坏轴承，温度高	1.1 1.3 2.1	会造成停车事故	5	油质分析

七、排粉机

附表 1-38　　排粉机本体振动故障模式、危害度及措施

设备	故障模式	故障原因	故障效应				潜在危害度	可检测性及措施
			局部	特征	相邻	系统		
1 叶片和叶轮	1.1 叶片磨损	1.1.1 磨损	损坏叶片	①1N90%； ②2N5%； ③3N 以上 5%	1.8	流量和功率不正常减少，受力不平衡	3	检修 W 点
	1.2 叶片积灰	1.2.1 叶片表面积灰	造成流道不均匀	①1N90%； ②2N5%； ③3N 以上 5%	1.8	造成压力流量效率下降，发生喘振	1	
	1.3 叶片折断	1.3.1 制造不良	损坏其他构件，有噪声	①1N90%； ②2N5%； ③3N 以上 5%	1.8	流量减少，威胁机组安全	3	
	1.4 接触	1.4.1 叶片和机壳接触	叶片碰到机壳，在机壳处能听到金属摩擦声，会损坏叶片	1N100%	1.9	降低流量，威胁机组安全	4	
	1.5 喘振	1.5.1 运行进入喘振区	调整不当或设备不合理	1N90%	1.8 1.9	流量和耗功不正常，调节难	1	
	1.6 叶片变形	1.6.1 冷却时上下温差	叶轮不平衡	①1N90%； ②2N5%； ③3N 以上 5%	1.8	影响风机运行	2	

续表

设备	故障模式	故障原因	故障效应				潜在危害度	可检测性及措施
			局部	特征	相邻	系统		
1　叶片和叶轮	1.7　叶轮磨损	1.7.1　叶轮有磨损	导致轴承受力情况恶化	①1N90%； ②2N5%； ③3N以上5%	1.8	会造成风机流量减少	1	
	1.8　叶轮不平衡	1.8.1　平衡精度的变化	导致轴承受力情况恶化	①1N90%； ②2N5%； ③3N以上5%	3.1	会造成风机停车，威胁机组安全	3	每天测振记录
		1.8.2　叶轮明显变形						
		1.8.3　叶片没有装正确						
	1.9　叶轮脱落、破损、松动	1.9.1　并帽松动	振动并有噪声，叶轮不平衡	①1N90%； ②2N5%	1.3	会造成风机停车，影响安全	5	每月测振、频谱分析100Hz一次并记录
		1.9.2　安装或材料缺陷						
	1.10　气流共振	1.10.1　转速近临界转速	振动并有噪声	1N100%	1.4	损坏风机	2	
2　滚动轴承组	2.1　失效	2.1.1　剥落，裂纹等	造成工作条件的恶化，可能导致温升速率高于5℃/min，使轴承温度上升	①1N70%； ②100Hz～300Hz 20% ③2000Hz以上5%； ④a＞50	1.4 1.8	会造成停车事故	5	每月测振、频谱分析100Hz、200Hz、5000Hz一次
		2.1.2　滚轴润滑不良						
		2.1.3　受载过大						
		2.1.4　安装不良						
	2.2　间隙增大	2.2.1　密封磨损	油位不正常，有时导致轴承温度不升		1.8	造成停车事故	4	
	2.3　内外圈"跑动"	2.3.1　轴承外圈与座孔配合太松或轴承内圈同轴颈配合太松	在运行中引起相对运行造成的，会造成轴承产生裂纹	内：0～40% N40% 40%～50% N40% 50%～100% N40% 外：0～50% N90%	1.8	会造成停车事故，严重影响机组运行	4	
	2.4　松动	2.4.1　安装不良	损坏轴承	0～50%N90%	1.8		4	

续表

设备	故障模式	故障原因	故障效应				潜在危害度	可检测性及措施
			局部	特征	相邻	系统		
3　主轴	3.1　弯曲	3.1.1　刚度不够	不平衡	①1N90%； ②2N5%； ③3N 以上 5%	1.8 1.4		3	检修W点
		3.1.2　裂纹						
4　轴承座	4.1　松动	4.1.1　螺栓松动	振动	0～50%N90%	1.8		2	
		4.1.2　裂纹						
5　联轴器	5.1　对中不良	5.1.1　轴承座发生变形	造成联轴器对中的变化，导致联轴器联接螺栓产生交变应力	①1N40%； ②2N50%； ③3N 以上 5%	5.3		4	
		5.1.2　基础沉降不均匀						
		5.1.3　安装时找中不准						
		5.1.4　未正确安装						
	5.2　棒销卡死	5.2.1　尼龙棒销损坏	电动机及本体振动	①轴向振动 ②1N ③不稳			3	定期检查
	5.3　定位	5.3.1　轴向间隙大	检修工艺差	①1N40%； ②2N50%； ③3N 以上 5%	5.1	轴向振动	3	检修W点
6　基础	6.1　基础不良	6.1.1　基础刚度不够	运行不稳	①40%～50%N20%； ②1N60%； ③2N10%； ④1/2N10%	1.8		2	
		6.1.2　地脚螺栓松动						

附表 1-39　　排粉机本体轴承温度故障模式、危害度及措施

设备	故障模式	故障原因	故障效应			潜在危害度	可检测性及措施
			局部	相邻	系统		
1　滚动轴承组	1.1　失效	1.1.1　剥落，裂纹等	造成工作条件的恶化，可能导致温升速率高于5℃/min，使轴承温度上升	2.1 1.3 5.2	会造成停车事故	5	每天记录、每月相关分析一次（烟温、加油时间、电流）
		1.1.2　滚轴润滑不良					
		1.1.3　受载过大					
		1.1.4　安装不良					
	1.2　间隙增大	1.2.1　磨损	不稳	1.1 2.1	会造成停车事故	5	
	1.3　内外圈“跑动”	1.3.1　轴承外圈与座孔配合太松或轴承内圈同轴颈配合太松	在运行中引起相对运行造成的，会造成轴承产生裂纹，温度高	2.1	会造成停车事故，严重影响机组运行	5	
	1.4　松动	1.4.1　安装不良	损坏轴承，温度高	2.1	会造成停车事故	5	
	1.5　轴向振动	1.5.1　推力弹簧失效	损坏轴承，温度高	1.3 2.1	会造成停车事故	5	
		1.5.2　推力轴承失效					

续表

设备	故障模式	故障原因	故障效应			潜在危害度	可检测性及措施
			局部	相邻	系统		
2　叶轮	2.1　不平衡	2.1.1　平衡精度的变化	损坏轴承，温度高	1.1 1.3 1.5	会造成停车事故，严重影响机组运行	2	
		2.1.2　叶轮明显变形					
		2.1.3　叶片固定螺栓松动					
3　主轴	3.1　弯曲	3.1.1　刚度不够	损坏轴承，温度高	1.1 2.1	会造成停车事故	2	
		3.1.2　裂纹					
4　轴承座	4.1　松动	4.1.1　螺栓预紧力不均，松动	损坏轴承，温度高	1.3 2.3	会造成停车事故，严重影响机组运行	2	
		4.1.2　裂纹					
5　润滑	5.1　润滑油少	5.1.1　未定期加油	损坏轴承，温度高	1.1 1.3 2.1	会造成停车事故	5	定期加油
		5.1.2　定期加油少					
	5.2　润滑油变质	5.2.1　油种混杂	损坏轴承，温度高	1.1 1.3 2.1	会造成停车事故	5	
		5.2.2　油质量差					
6　冷却	6.1　进水阀	6.1.1　阀芯脱落	冷却水量小或检修		轴承温度高	4	每天检查
		6.1.2　脏物堵死					

附表 1-40　　排粉机功能故障模式、危害度及措施

设备	故障模式	故障原因	故障效应			潜在危害度	措施
			局部	相关	系统		
1　叶片	1.1　减薄腐蚀变形	1.1.1　烟气带粉磨损含硫	叶片损坏	1.1.1.2.3	出力减少，影响安全	1	
	1.2　积灰	1.2.1　设计不合理		1.1.1.2.3	出力减少，影响安全	1	
2　挡松	2.1　减薄腐蚀变形	2.1.2　烟气带粉含硫	叶片损坏		出力减少，影响安全	1	
	2.2　卡涩	2.2.1　间隙小	叶片损坏		出力减少	4	检修W点
		2.2.2　变形			出力减少	4	
		2.2.3　小轴承损坏			出力减少	4	
		2.2.4　执行机构损坏			出力减少	4	
	2.3　自关超15s	2.3.1　执行机构损坏			出力减少	4	
		2.3.2　热工信号故障			出力减少	4	
3　出口挡板	3.1　减薄磨松变形	3.1.1　冲刷	挡松脱落			3	
		3.1.2　执行机构损坏			出力减少，停风机	2	
	3.2　自关超15s	3.2.1　热工信号故障			出力减少，停风机	2	

续表

设备	故障模式	故障原因	故障效应			潜在危害度	措施
			局部	相关	系统		
4 风道	4.1 积灰	4.1.1 设计不合理			出力减少	3	检修W点
	4.2 风道漏风	4.2.1 磨损、腐蚀			出力减少	3	
	4.3 膨胀节漏水	4.3.1 磨损、腐蚀			出力减少	3	

附表 1-41　　排风机电动机振动故障模式、危害度及措施

设备	故障模式	故障原因	故障效应				潜在危害度	可测措施
			局部	特征	相邻	系统		
1 静子	1.1 定子铁芯失圆度大、不对中	定子铁芯松动、变形	发热振动大	1N	1.3 2.1 2.2 2.3	损坏电动机	3	检修W点
	1.2 定子电流三相不平衡	定子线圈断裂、短路，接头接触不良	发热振动大	①1N ②2N	1.1 2.3	损坏电动机	3	
	1.3 定子/转子径向、轴向过大或非对称	安装不良	发热振动大	1N	2.3 4.1	损坏电动机	3	
2 转子	2.1 断笼条	2.1.1 定子电流三次谐波分量大	发热振动大	①1N ②50Hz±ZSf		损坏电动机	4	运行中检测
		2.1.2 应力作用						
		2.1.3 端环焊接工艺不良						
		2.1.4 笼条、铁芯间绝缘损坏，局部过流						
		2.1.5 长期振动大						
	2.2 碰磨	2.2.1 与静子间隙小	振动不稳	①1N ②高频			1	
	2.3 不平衡	2.3.1 平衡精度的变化	导致轴承受力情况恶化	1N	4.1	会造成风机停车，威胁机组安全	1	
		2.3.2 转子明显变形						
		2.3.3 转子没有装正确						

续表

设备	故障模式	故障原因	故障效应				潜在危害度	可测措施
			局部	特征	相邻	系统		
3　滚动轴承	3.1　失效	3.1.1　剥落，裂纹等	造成工作条件的恶化，可能导致温升速率高于 5℃/min，使轴承温度上升	①1N ②倍频 ③高频 ④$a>80$	1.2.2.2		5	每天测振，每月进行频谱分析
		3.1.2　滚轴润滑不良						
		3.1.3　受载过大						
		3.1.4　安装不良						
	3.2　间隙增大	3.2.1　密封磨损	油位不正常，有时导致轴承温度不升	①1N ②晃动				
	3.3　内外圈“跑动”	3.3.1　轴承外圈与座孔配合太松或轴承内圈同轴颈配合太松	在运行中引起相对运行造成的，会造成轴承产生裂纹	①1N ②晃动不稳 ③倍频		会造成停车事故，严重影响机组运行		
	3.4　松动	3.4.1　安装不良	损坏轴承	①不稳				
	3.5　轴向定位	3.5.1　外圈与孔太紧，膨胀受阻	轴向振动				3	检修 W 点
		3.5.2　外圈定位没留间隙						
4　主轴	4.1　弯曲	4.1.1　刚度不够	不平衡	1N	1.4.2.3		3	检修 W 点
		4.1.2　裂纹						
5　轴承座	5.1　松动	5.1.1　螺栓松动	振动	①1N ②不稳	1.4.2.3		2	
		5.1.2　裂纹						
6　联轴器	6.1　对中不良	6.1.1　轴承座发生变形	造成联轴器对中的变化，导致联轴器联接螺栓产生交变应力	①1N ②2N ③3N	1.4.2.3		3	检修 W 点
		6.1.2　基础沉降不均匀						
		6.1.3　安装时找中不准						
		6.1.4　未正确安装						
	6.2　松动	6.2.1　联轴器松动	运行不稳	①1N ②不稳	2.3			
	6.3　磨损	6.3.1　联轴器磨损	运行不稳	①1N ②不稳	2.3			
	6.4　棒销卡死	6.4.1　棒销大	电动机与轴承座轴向振动	1N			4	定检
		6.4.2　设计不合理						
		6.4.3　棒销损坏						
7　基础	7.1　基础不良	7.1.1　基础刚度不够	运行不稳	①1N ②不稳	1.4.2.3		1	
		7.1.2　地脚螺栓松动						

附表 1-42　　排风机电动机轴承温度故障模式、危害度及措施

设备	故障模式	故障原因	故障效应			潜在危害度	可测措施
			局部	相邻	系统		
1 滚动轴承	1.1 失效	1.1.1 剥落，裂纹等	造成工作条件的恶化，可能导致温升速率高于 5℃/min，使轴承温度上升	2.1 1.3 5.2	会造成停车事故	5	每天记录，每月进行相关分析
		1.1.2 滚轴润滑不良					
		1.1.3 受载过大					
		1.1.4 安装不良					
	1.2 间隙增大	1.2.1 密封磨损	油位不正常，有时导致轴承温度不升	1.1 2.1	会造成停车事故	5	
	1.3 内外圈"跑动"	1.3.1 轴承外圈与座孔配合太松或轴承内圈同轴颈配合太松	在运行中引起相对运行造成的，会造成轴承产生裂纹，温度不升	2.1	会造成停车事故，严重影响机组运行	5	
	1.4 松动	1.4.1 安装不良	损坏轴承，温度不升	1.3 2.3	会造成停车事故	5	
2 转子	2.1 振动	2.1.1 平衡精度的变化	损坏轴承，温度高	1.1 1.3 1.5	会造成停车事故，严重影响机组运行	2	
		2.1.2 转子明显变形					
3 主轴	3.1 弯曲	3.1.1 刚度不够	损坏轴承，温度高	1.1 2.1	会造成停车事故	2	
		3.1.2 裂纹					
	3.2 轴径粗糙	3.2.1 油质差	温度高			2	
4 轴承座	4.1 松动	4.1.1 螺栓预紧力不均，松动	损坏轴承，温度高	1.3 2.3	会造成停车事故，严重影响机组运行	2	
		4.1.2 裂纹					
5 润滑	5.1 润滑油少	5.1.1 未定期加油	损坏轴承，温度高	1.1 1.3 2.1	会造成停车事故	5	定期加油
		5.1.2 定期加油少					
	5.2 润滑油变质	5.2.1 油种混杂	损坏轴承，温度高	1.1 1.3 2.1	会造成停车事故	5	油质分析
		5.2.2 油质量差					

附录二　设备管理相关制度

一、设备预知性检修管理规定

第一章　总　　则

第一条　设备预知性检修是指在推行设备点检管理即采用先进的设备分析评估技术和状态监测手段，在掌握设备的真实状态的基础上，根据预防维修的原则，做到连续生产系统的设备停修时间最短，物流损失最小，能源介质损失最少的一种检修方式，从而有效降低了检修成本，提高了设备可用性，使设备可靠性、经济性达到最佳状态。实施预知性检修的目的是可靠性的改善，设备缺陷的及时发现，避免设备事故。现阶段我们的目标是利用状态监测对设备状况进行正确判断，对早期故障设备能够决定适当延长运行期；检测到中期故障能在故障发生前进行检修。

第二条　逐步开展预知性检修，应用先进的测试仪器、仪表和分析方法进行检测分析，在数据分析科学化的基础上，根据不同设备的重要性、可控性、可维护性，循序渐进地开展预知性检修工作，在定期检修的基础上，逐步扩大预知性检修设备的比例，向状态检修方式过渡。

第三条　设备点检是指利用人的感官或仪表工具，按照预先制定的技术标准，定人、定点、定期地对设备进行检查的一种管理方法。预知性检修项目实行动态管理，随着点检人员对设备点检的深入，预知性检修项目在所有检修项目的比例将逐步扩大。

第四条　目前实行预知性检修的设备主要为燃料所有设备、所有 6kV 辅机、部分 400V 重要辅机。其他设备在进一步加强状态监测基础上，实行计划检修或事后检修。具体设备划分应开展专业讨论，建立逐步完善的设备信息，成熟一个设备或系统就向预知性检修推进一个。

第五条　技术设备部是××发电有限公司实行设备预知性检修管理的部门。

第六条　本规定适用于××发电有限公司生产设备预知性检修管理。

第二章　设备预知性检修管理程序

第七条　预知性检修应包括定期维护系统（如给油脂、螺栓定期复紧、更换润滑油、复紧接头）、设备巡检系统（点检、检修、运行日常巡查及精密点检）、状态分析及监测系统（寿命管理系统和辅机监测系统等）。以上系统均应逐步在 CMIS 系统实现。

第八条　按设备分类，先成立各专业组。各专业组负责人原则上由分管点检员担当，小组成员根据设备重要程度可由点检组长、点检员、检修技术主管、检修班长、检修技术员、发电部专工等几人或多人参加。状态检修成败的关键就是具体从事状态检修的专业技术人员，人员组成不在多而在精，人员能力不在学历而在钻研。状态检测技术人员应直接参与故障分析和检修决策，不能将诊断技术寄希望于购置的一两个商业性诊断软件就可以像算命一样预知本厂设备的未来。各专业组名单另行制定、下发。

第九条　点检员需将自己的管辖设备逐台及重要部位、部件确定点检点，依据规程制定相应的点检作业标准。

第十条 根据设备运行性质及时间，对设备进行点检分类，编制点检计划，可分为日、周、月点检；主设备及重要辅助设备应实施日点检，必要时还应实施半日点检或不间断点检。点检员每日应按照点检作业标准及点检计划要求对现场设备进行检查，到现场点检时需将配备的常规工器具及记录本带上，并按照设备分工范围，了解所管设备运行操作状况，根据设备巡回检查路线对设备的各点检点进行认真检查，做好详细记录，检查结束后点检员应将检查、测量数据及有关情况输入点检作业记录。

第十一条 点检员应依靠经验和仪器对重点设备、重点部位进行重复的、详细的点检，同时利用锅炉寿命管理、辅机监测系统及主机测振装置等对设备进行严格精密的检查、测定和分析，结合 CMIS 系统提供的分析平台，综合分析设备状态信息，拿出设备状态综合报告。例如锅炉监督专职，每周一次必须进入寿命管理系统查看管材的超温情况，据此，提出预知性换管计划；还如分管点检员，每天进入辅机监测系统，了解辅机振动等情况，据此进行原因诊断。

第十二条 每周二下午，由点检室牵头召开一次缺陷协调、分析会。缺陷管理中一、二类设备缺陷纳入异常状态管理，三类设备缺陷纳入寿命管理分析。

第十三条 每月 22 日，各专业组召开预知性检修分析会一次，对所负责设备进行综合分析（缺陷统计、设备异常及故障机理分析），拿出状态报告，提出并编制合理的初步检修计划或改造建议，以及增加维护建议书（包括增加检修项目、缩短检测周期），进行状态分析和寿命预测，实现对设备的预知性检修。专业组每 3 个月和计划性检修前召开分析会，对设备状态进行总体评价，确定明确的检查检修内容。其中点检员应根据自己分管设备点检记录，对照点检作业标准，进行总结、技术分析。小组其他人员，也应结合自己日常掌握情况，再对点检员分析作出判断，拿出自己的建议和想法。

第十四条 在设备发生异常情况下，应立即召开专业会议，拿出检修建议（包括组织措施、安全措施、技术措施），以及跟踪检查的范围、人员、要求。如决定对设备更换有关零部件，必须由专业组长向技投部分管领导汇报后（重要设备还要经主管生产的副总经理批准），再办理停复役申请单。

第十五条 点检组长根据点检员提出的检修计划或改造建议确定检修项目、检修时间及检修备件能否满足，初步进行审核，并向技设部点检室提交设备状态分析报告及检修建议，确保设备处于可控状态。点检组长每月第一个星期二下午，还应召开全专业人员（点检员、发电专工、检修分公司经理、技术主管、班长或技术员）会议，分析上月发生缺陷，研讨目前设备存在问题，布置本月工作重点，落实本月检修计划。

第十六条 技投部点检室各点检组根据厂部批准的设备定检滚动规划和年度检修计划，结合自己管辖的设备分析报告，制定出本部门的年度、月度定检实施项目，报本部门经理（或副经理）审核。

第十七条 经技设部经理（或副经理）审核后的年度、月度预知性检修实施项目报主管生产的副总经理批准后安排进月工作计划执行。情况紧急时，可随时报批、随时执行。

第十八条 点检人员根据批准的预知性检修项目编制备品计划，经技设部经理（或副经理）审核后，报主管生产的副总经理批准，同时将预知性检修项目及技术方案以检修工单形式下发至工程公司做相关检修准备。除每日日常消缺工作外，所有检修工作全部要有工单。

检修项目与工单要同时下发，且在下发工单的同时，点检员必须落实好备品备件。对有计划工作如果没有工单的，检修公司可拒绝进行。

第十九条　在预知性项目实施过程中，应针对增加项目进行重点跟踪，了解增加项目是否达到预期效果，如检修方式是否恰当、检测技术和检测频度是否合理、分析诊断是否正确等，为下次检修的最佳时间及处理方案提供实践依据，实现定修项目的闭环管理。同时在工单中做好更换备件的有关信息记录。

第二十条　对事故备品或重要设备备品备件验收，必须由专业组长牵头，由专业组成人员参加进行验收。

第二十一条　为加强责任心，各专业组分管设备发生故障，点检员将承担一半责任，其他专业组人员共同承担另一半责任。

设备预知性检修工作程序之一

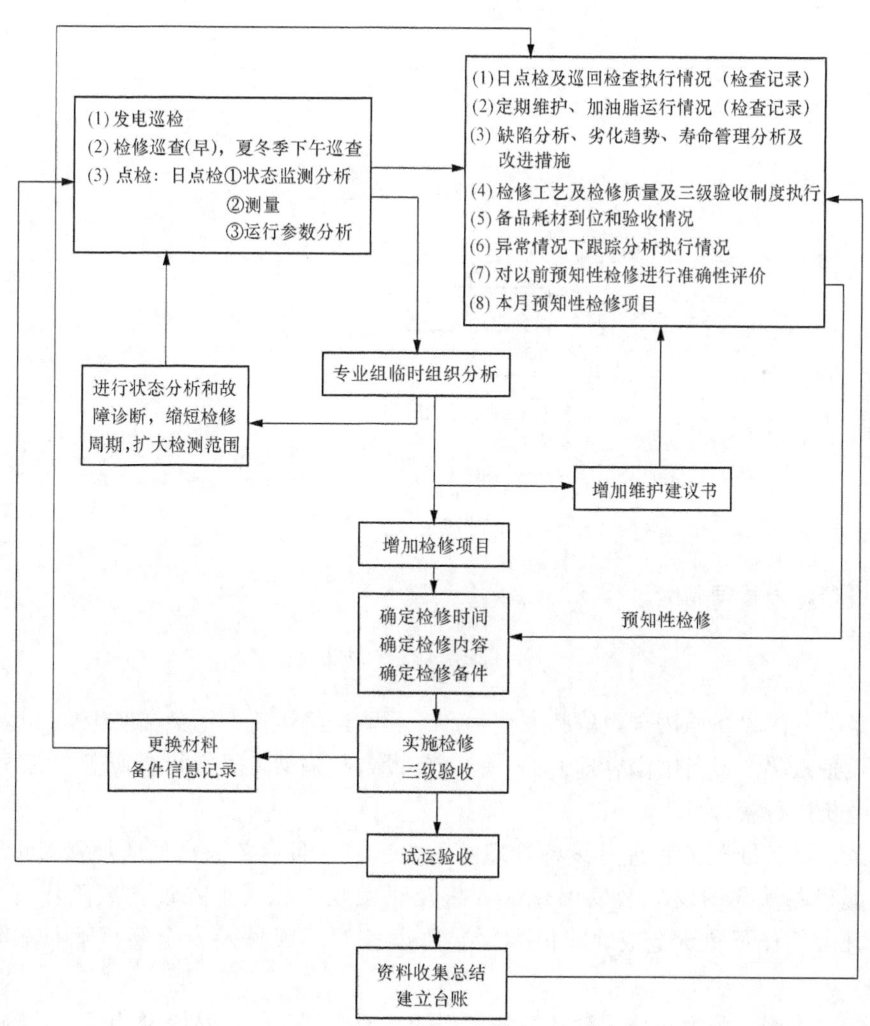

设备预知性检修工作程序之二

开始
点检员
编制点检作业标准
编制点检计划
精密点检计划（锅炉寿命管理、辅机状态）
实施
点检实施
异常
无异常
登记点检记录
急
不急
检修结果评价
立即安排检修
编制检修项目计划
点检分析及状态报告
批准
实施
记录、分析
结束

二、设备缺陷管理制度

第一章 总 则

第一条 凡因设备原因导致威胁安全生产、影响经济运行、污染文明生产环境等异常情况，均为设备缺陷。设备缺陷管理遵循一、二类设备缺陷纳入异常状态管理，三类设备缺陷纳入寿命分析进行管理。

第二条 设备缺陷的管理是设备管理的重要环节，各有关人员均应加强对设备缺陷的管理，掌握设备缺陷的发生及发展规律，将及时发现、积极消除设备缺陷作为自己的重要职责，凡因工作不负责造成缺陷扩大，导致设备损坏或危及安全经济运行者均属失职行为。

第三条 工程公司为我公司设备消缺工作的主要责任部门，技设部为设备缺陷管理的职能部门。

第二章　设备缺陷分类

第四条　“一类设备缺陷”（也称重大缺陷）指严重威胁系统主设备安全运行及人身安全的重大缺陷。

第五条　“二类设备缺陷”（也称重要缺陷）指暂时不影响机组继续运行，但对设备安全经济运行和人身安全有一定威胁，继续发展将导致设备停止运行或损坏设备，需机组停役或降低出力才能消除的缺陷，虽对调设备安全经济运行和对人身安全没有威胁，也不影响出力，但造成严重环境污染的缺陷。

第六条　“三类设备缺陷”指不需要停用主设备或降低出力可随时消除的设备缺陷，以及不影响主设备的运行，可结合检修或停机备用期间进行消除的缺陷。

第三章　各级人员职责

第七条　总工程师（副总工程师）职责

（1）全厂设备技术最高负责人，每天主持全厂生产调度会，听取各部门、公司生产情况汇报，随时掌握主设备运行状况及各类设备缺陷消缺情况。

（2）有权召集有关部门、公司研究设备运行情况及存在的“一类设备缺陷”处理方案，检查和督促安排各部门、公司对设备缺陷的处理工作。

（3）接到一、二类设备缺陷的汇报或电话汇报后，必须了解情况或赶到现场，并督促有关部门、公司进行处理。

（4）对一、二类设备缺陷处理的技术措施方案负责审批，对暂时不能消除的设备缺陷应布置有关部门采取防止扩大的措施。

（5）对上报审批消缺的技术措施方案有误，造成重大设备事故的，应负直接责任。

（6）负责检查、考核公司设备缺陷管理工作，对设备缺陷管理制度有关条文的执行，负责解释和仲裁。

第八条　发电部经理（副经理）职责

（1）每天打开金思维软件或到现场了解近期内机组设备缺陷处理情况，并将未处理好的一、二类设备缺陷发展情况在当天调度会上进行通报。

（2）、接到一、二类设备缺陷的汇报或电话联系后，应亲自到现场了解情况，并督促有关专业运行专工、值长、单元长做好事故预想工作。因未能及时组织防范措施造成后果的，应负直接责任。

（3）在处理一、二类设备缺陷或低谷消缺时，负责运行与检修现场有关的协调工作。

（4）在机组大、小修或机组调停前，督促本部门专工将设备缺陷检查情况汇总后通报技设部。

（5）因一、二类缺陷尚不能及时处理，应对运行专工制定的事故防范措施负责审核，并及时报总工程师（副总工程师）。

第九条　运行专工职责

（1）每日打开金思维软件或到现场了解近期本专业设备缺陷处理情况，并对运行的主要设备和重要辅助设备进行检查。

(2) 对一、二类设备缺陷处理时的事故预想及安全措施进行编制、检查、督促、交待运行人员认真执行。(涉及运行方式改变和运行操作时，要通过值长布置执行。)

(3) 参与“一类设备缺陷”原因的调查分析工作，提供真实可靠的运行记录。根据设备缺陷原因负责组织制定事故防范措施。对防范措施的正确与否，应负直接责任。

(4) 在机组大、小修、临检及停役前，负责组织统计运行班组检查机组设备存在的各种设备缺陷，并及时汇总向技设部点检室进行通报，以便技设部在检修中安排消缺。

(5) 机组大、小修工作结束后，参加对需停机处理的设备缺陷验收工作。

(6) 加强对设备缺陷单填写规范化的管理、检查 (运行填写部分)，对设备消缺处理验收中的问题应积极参加协调。

(7) 定期参加公司组织的每周一次的消缺专题会。

第十条 运行人员职责

(1) 运行单元长、巡检长、班长应认真带领运行人员认真贯彻执行巡回检查制度，及时发现设备缺陷，判明情况，立即通过电话联系有关检修班组进行处理，并及时填写缺陷单。当设备缺陷暂时不能消除时，单元长、巡检长、班长应认真做好防止缺陷扩大的措施和事故预想，汇报有关人员。

(2) 对运行中发现的一、二类设备缺陷，单元长、巡检长、班长应及时向值长、本专业运行专工汇报，同时通知专业点检员到场，并严格按照运行规程进行处理。

(3) 运行人员应积极配合检修人员做好设备缺陷处理中的相关工作，单元长、巡检长、班长应按检修工作票的要求，认真做好各项安全措施。

(4) 设备缺陷处理结束后，单元长、巡检长、班长要布置有关运行人员会同检修工作负责人对设备消缺进行验收 (包括检修现场工完料尽场地清情况)，验收合格后，及时填写该缺陷的缺陷单验收栏。

(5) 对发现的一、二类设备缺陷不及时汇报领导，不认真联系检修、点检，不认真记录，不认真执行巡回检查制度，应采取防范措施而不采取的等失误视情节轻重，进行必要考核。

第十一条 运行值长职责

(1) 值长接到运行人员汇报设备缺陷时，对一、二类设备缺陷应采取预防措施，做好事故预想，并督促有关岗位值班人员加强监视。及时将设备缺陷情况汇报有关领导，听取他们对缺陷的处理意见；同时通报技设部点检室、工程公司相关分公司有关人员。

(2) 对发生的一、二类设备缺陷，值长应向调度部门说明情况，提出要求，并听取上级调度方面的指示和处理意见。

(3) 对威胁安全生产的情况，当值值长有权先行按规程处理，事后再向上级汇报。

(4) 认真做好设备检修、低谷消缺的现场指挥、协调工作。

(5) 根据现场运行实际工况，值长有权决定有关缺陷立即处理或暂缓处理。

第十二条 电力工程公司总经理 (副总经理) 职责

(1) 每天打开金思维软件或到现场了解，或打开微机了解设备缺陷处理情况，并听取夜间检修总值班有关夜间消缺情况的汇报。

(2) 接到一、二类设备缺陷的汇报，应立即安排分公司组织检修人员进行消缺，并对组织施工方案负责审批。并根据分工职责到现场进行监督 (包括夜间)。

(3) 督促各级检修人员严格执行施工技术方案、工艺质量标准。

(4) 负责部门之间的消缺协调工作。

(5) 定期参加公司组织的每周一次消缺专题会。

第十三条 分公司经理（技术主管）职责

(1) 负责领导、组织各级检修人员认真执行公司《设备缺陷管理制度》、维修作业标准。

(2) 每日从金思维软件或到现场全面了解本专业范围内设备缺陷情况，并组织合理安排好有关检修班组设备缺陷处理工作。

(3) 接到一、二类设备缺陷的联系，应立即赶赴现场，了解设备缺陷原因，熟悉点检组长或点检员经批准的设备缺陷处理方案，并组织实施。

(4) 对设备维护合同范围内的缺陷，负责组织、督促、协调、检查、考核，因设备维护范围内的缺陷处理不及时，重复消缺或产生异常的，应负直接领导责任。

(5) 对技设部各专业点检组在大、小修，调停前提供的设备缺陷汇总单，应组织检修人员现场核实，并布置落实消缺负责人。对消缺中需要技术方案的，应及时通报相关点检专业。

(6) 对制定的《班组控制异常细则》定期组织检查，并督促检修班组认真实施。

(7) 定期参加公司组织的每周一次的消缺专题会，加强对微机内缺陷单（检修部分）规范化管理工作。

第十四条 检修人员职责

(1) 检修班长应带领全班人员认真执行《设备缺陷管理制度》、检修作业标准、《班组控制异常细则》，对设备缺陷消除工作应不拖、不扯，对因拖、扯而造成消缺不及时或重复消缺的，应负直接责任。

(2) 检修人员每天深入了解现场设备缺陷情况，检修班组接到设备缺陷的通知后，应在半小时内安排检修人员到现场消除，设备缺陷消除本着“小缺陷不过班，大缺陷不过日”的原则，一、二类设备缺陷应在专业点检员限定期限内消除，对暂时无法消除的缺陷，应汇报班长、分公司经理（技术主管），并经专业点检员认可。同时，将检查情况输入微机，并告知运行人员。

(3) 检修班长应认真组织安排做好设备维护范围内的缺陷处理工作。对现场设备跑、冒、滴、漏、渗认真检查，及时发现、及时处理，并将维护工作详细做好记录。对暂不能消缺的设备漏点，要安排好专人加强日常维护。

(4) 检修人员设备消除缺陷后，应认真做到工完料尽场地清，同时联系运行班长进行验收，合格后方可离开检修现场。发电设备检修后要严格遵守公司《发电设备检修后交代职责的规定》。

第十五条 技设部经理（副经理）职责

(1) 每天打开金思维软件或到现场了解设备健康状况，做到心中有数。

(2) 接到一、二类设备缺陷的汇报或电话联系后，应立即到现场了解情况，对各专业点检组编制的缺陷处理技术方案，负责审批。对跨专业的设备缺陷主持分析，并商量对策。

(3) 负责组织对一、二类设备缺陷检修现场各部门之间的有关协调工作及技术工作。

(4) 督促各级检修人员严格执行施工技术方案，工艺质量标准。

第十六条 点检室主任（副主任）职责

（1）带领全体点检员认真执行设备缺陷管理制度、质量验收制度，认真贯彻以设备管理为龙头的管理思想，定期检查点检员所管设备状况。

（2）每天打开金思维软件或到现场了解设备缺陷情况，在当天生产调度会上详细汇报前一日 24h 内缺陷处理情况，将生产调度会上有关临时生产任务认真布置落实。

（3）接到一、二类设备缺陷的汇报或电话联系后，应立即赶到现场了解缺陷情况，并负责安排相关点检人员组织消缺。

（4）每周定期主持组织召开公司消缺专题会，重点检查、总结前一周各专业消缺情况，同时布置本周重点缺陷处理工作；对缺陷处理中违反制度的考核情况进行通报，确保设备规范化管理。

（5）在机组调停，大、小修前的设备缺陷应认真组织各专业汇总，并提前下达工程公司安排处理。

（6）对消缺质量引起设备不正常的，应认真组织分析，弄清原因，并落实责任。

第十七条 专业点检组组长职责

（1）本专业设备负责人，是全厂本专业技术召集人，对本专业设备缺陷应负全面责任，应带领本专业点检员认真执行各项规程、制度、质量验收标准，积极带头推行设备点检定修制，使设备正常，处于受控状态。

（2）对设备维护范围内的缺陷应坚持检查、督促、协调、指导、考核原则，认真做好各点检员设备分工工作。对现场设备的缺陷状况，组织各专业组在每个月的第一个周二进行一次详细的分析。

（3）对本专业设备消缺的，现场负责协调工作；对点检员的一般缺陷处理技术方案负责审批，设备存在的缺陷所需的措施负责制定；对审批、制定的技术方案有误的，应承担责任。

（4）对机组调停期间的消缺，应认真布置、落实，并负责现场本专业消缺协调工作。

（5）对本专业日常缺陷处理情况，每日进行检查、汇报。在每次消缺会上汇报缺陷的同时，应汇报缺陷发生的原因、总结缺陷发生的周期，并应制定出对应的防止该类缺陷再次发生的措施。

第十八条 点检员

（1）按设备分工管辖设备内的第一负责人，应带头严格执行各项规章制度、各项检修工艺规程。凡发生设备缺陷，各相关点检员应立即到位，并留下来进行跟踪，记下有关参数，并报点检组长。

（2）每天深入现场了解自己管辖设备范围内的缺陷，对确认后的缺陷应及时下达各工种检修工期，以及检修方案，以便检修人员实施。

（3）每天按照巡回检查路线，对自己管辖范围内的设备进行认真巡回检查，特殊情况应增加检查次数，并将检查测量数据做好详细记录，对不按时消缺现象有权督促、考核。对查出属于维护范围内的缺陷，应通知检修人员及时处理。在消缺过程中，点检员应发挥积极协调职能，为消缺工作提供方便，对不认真、不及时处理缺陷或发生的扯皮现象，应按公司日常维护考核制度执行。凡属跨专业或当天处理不了的事情还必须报告部门经理。

（4）接到一、二类设备缺陷的通知应立即赶到现场，根据缺陷情况，组织制定技术方案，经审批后负责实施，并按照技术方案，认真制定停工待检点，同时也要认真检查检修工艺执行情况。对设备缺陷处理编制的技术措施方案，如有失误，应负主要责任。对一、二类缺陷的处理，要向相应的经理汇报，以便经理级领导进行现场监督（包括夜间）。

（5）认真做好机组调停期间消缺各项准备工作，并对机组调停时的消缺工作负责“落实、检查、帮助、指导、协调、考核”。

（6）对已处理的缺陷，应按专业组归类，对重点问题的解决要拿出一套思路，以形成规范的分析、解决文本备会后分析、参考。

第十九条　实业公司运行人员的职责与发电部岗位职责对应相同。

第四章　设备缺陷管理程序

第二十条　日常设备缺陷管理程序

（1）运行值班人员、点检员在正常巡检中发现的各类缺陷应及时电话联系检修人员，并将发现班组、发现人、发现时间、发生缺陷的设备名称，详细编号及部位，缺陷现象及可能原因的分析，系统隔绝可否在一日、三日或七日安排处理，联系检修班组人员情况，由单元长、巡检长、班长安排有关人员及时输入微机。

（2）专业点检员应根据缺陷种类，轻重缓急给予合适限时，并填写点检诊断意见，对需要技术方案的应履行审批手续；对暂不能处理的缺陷应签署结论，对无备品的缺陷应填写备品计划报批时间，并联系物资供应部。

（3）检修人员接到运行人员电话联系后，应在半小时内到达现场，并积极主动地安排所有可以进行的消缺工作。对有些设备缺陷，点检员要提供经审批制定的技术方案，检修人员应认真执行。在检修期间，应认真执行停工待检点制度，点检员认真做好验收工作，严格执行质量验收标准。

（4）设备缺陷处理结束后，检修人员应联系运行单元长、巡检长、班长现场验收，如需要试转（试投设备必须进行试转），经运行验收确认消缺合格后将验收意见输入微机。一、二类缺陷消除，点检实行全过程跟踪管理，三类缺陷处理后点检员应尽快进行验收确认，并将验收意见及时输入微机。

（5）检修人员在处理结束后应将设备缺陷消缺内容、消缺原因、消缺开始与结束时间输入微机，为今后设备状态分析、设备技术改造积累真实可靠的技术资料。

第二十一条　节假日、夜间设备缺陷管理程序

（1）对节假日、双休日、夜间设备缺陷，运行人员应立即联系检修相关班组值班人员。如检修人员未及时处理，应联系检修总值班、点检值班到场，检修总值班应抓紧组织人员到现场消缺，点检值班应到场了解缺陷情况，并在值长统一领导下和检修总值班、运行人员做好现场有关协调工作，确保消缺工作有序正常进行。

（2）对节假日、双休日、夜间不能消缺，又不影响机组安全运行，应经点检值班、检修总值班共同到现场进行确认，点检总值班须在检修交代簿内对注意事项做好详细交代。

（3）对夜间发生的一、二类设备缺陷，检修总值班、值班点检员及时到现场了解情况后，立即通知有关人员，并向各自部门领导汇报，各有关领导应根据缺陷情况组织处理。

（4）夜间值班点检员应参与检修值班点名活动，及时了解值班检修人员组成状况，并和检修总值班在上半夜、下半夜分别到集控室巡查一遍，主动向当值值长、单元长、班长了解

设备缺陷处理情况。

第二十二条 机组调停的设备缺陷管理

(1) 接到发电部机组调停的通知后，技设部各专业点检组长应提前将需调停期间处理的缺陷汇总交工程公司有关分公司，并逐条落实备品及处理方案。

(2) 检修分公司接到点检员的设备缺陷汇总后，调停前应组织、落实、安排检修人员到现场了解设备缺陷现状，并检查消缺中备品准备情况及施工工艺准备，对仍不能正常消缺的缺陷，应向点检员提出，并由点检员组织制定消缺方案，以便实施。

(3) 在调停期间，点检员应对提供调停处理的设备缺陷进行跟踪，对处理中发现新的异常情况，应及时汇报，组织分析、讨论，确定消缺方案。

第二十三条 机组大、小修的设备缺陷管理

(1) 各点检专业应在机组大、小修之前5～10d内，根据设备日常点检记录、设备缺陷汇总、发电部提供的缺陷统计，进行汇总提供检修分公司组织、落实。

(2) 点检员根据设备点检日常记录和设备使用情况，认真进行技术分析，如有必要进行重大技术改造的项目，应在修前6个月提出书面技术分析报告书，以便进行论证。经审批后，应进行技术方案和物资准备工作。

(3) 机组大、小修中设备缺陷处理质量验收工作，实行二级验收和停工待检点制度，具体应执行《质量监督检查验收管理制度》。

第二十四条 设备缺陷台账

(1) 点检员应将每天发生的设备缺陷及缺陷处理情况及时登录在设备台账上，以便进行统计、分析和管理。

(2) 设备缺陷处理后，点检员应及时将修前、修后数据整理，准确无误输入设备台账。

(3) 设备台账登记内容包括设备缺陷发生时间，缺陷发生部位，缺陷发生原因，缺陷处理过程及其所采用的方法、技术措施，以及更换的备品、各种必要的技术分析。

第五章 缺陷分析与改进

第二十五条 加强缺陷分类分析和改进（小改小革），逐步减少缺陷发生率，提高设备使用寿命。

第二十六条 每周二由技设部召集、召开缺陷分析会，对一周的缺陷消除情况、发生原因、采取措施和延长寿命的措施进行讨论分析，填写周分析服表。每月第一个周二对上个月缺陷情况进行汇总、统计分析。

第二十七条 对能及时举一反三或通过改进措施加强维护等手段达到减少缺陷率，延长设备寿命的提出奖励。对重复消缺或同类设备缺陷不能及时预知性处理的提出考核。

第二十八条 加强统计是分析的基础。各专业点检上报的分析报表应用数据说话，把问题分析清楚，分析透彻。对未能达到要求的在会上批评，并在绩效和奖金考核上体现。

附：缺陷分析报表

设备缺陷管理工作程序

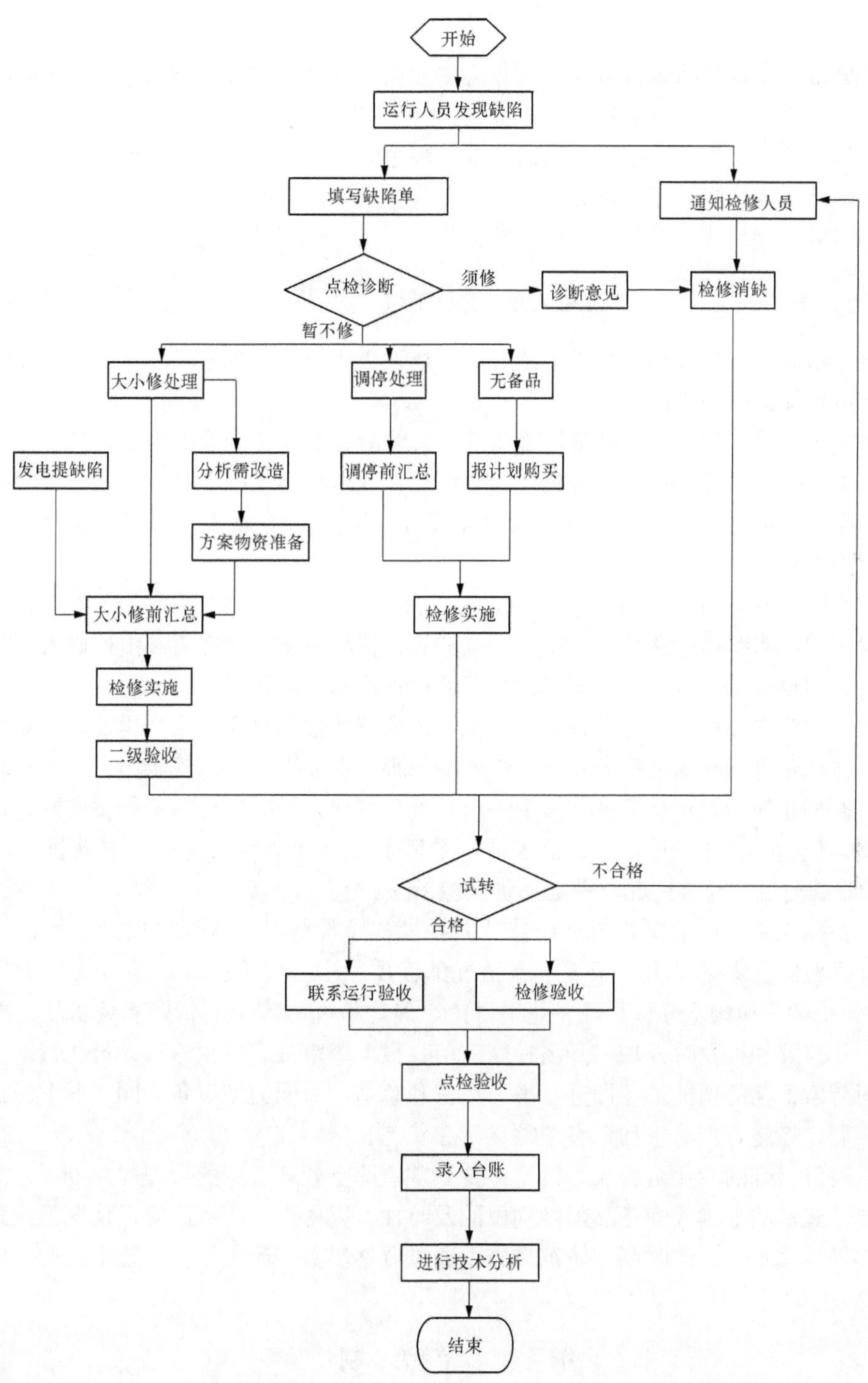
开始
运行人员发现缺陷
填写缺陷单
通知检修人员
点检诊断
须修
诊断意见
检修消缺
暂不修
大小修处理
调停处理
无备品
发电提缺陷
分析需改造
调停前汇总
报计划购买
方案物资准备
大小修前汇总
检修实施
检修实施
二级验收
试转
不合格
合格
联系运行验收
检修验收
点检验收
录入台账
进行技术分析
结束

三、设备异常情况管理制度

第一章 总 则

设备异常是指设备的运行参数、状态监测数据（振动、温度、异音等）、试验数据出现异常升高，对安全生产构成威胁的异常状态。

出现异常情况时的人员组织、抢修预案、跟踪分析等均按本制度执行。

对未能严格执行本制度的行为，将按职责落实责任，出现后果的加重考核。

本制度的修改、解释权归技术设备部。

第二章 程序和流程

发电、检修、点检或其他相关生产人员现场发现设备异常情况后，首先通知运行人员、设备主人或检修班组的班长。

设备主人接通知后，立即到现场确认并以最快的方式通知专业组全体人员。

在厂的专业组人员要立即到现场，专业组在专业组长的主持下召开现场会（未到场人员一定要根据通报情况，发表自己的观点和看法），在确认异常情况的性质、危害后，可分3种情况区别对待：

(1) 立即采取措施，实施检修：针对设备异常情况，决定立即进行检修，拿出处理意见，同时制定好组织措施和技术措施、安全措施，报相关领导批准后，由检修人员执行。处理结束后，由设备主人做好详细记录，为以后设备检修做好依据。

(2) 跟踪观察分析：针对设备异常情况，还没有严重到对安全生产构成直接威胁的立即处理阶段，决定进行跟踪观察的，专业组要明确跟踪观察责任人、观察内容、时间间隔、超限标准及假如超限后处理预案，并报上一级批准后执行，同时应针对不同设备制定详细跟踪记录表格，包括吸、送、排、磨、给水泵、循环水泵、凝结水泵及相应电动机等。对需要24h连续跟踪监视的异常情况，做好排班组织措施。

(3) 根据观察分析情况，制订检修计划：设备异常情况下认为可以运行的，要加强观察，在加强跟踪观察基础上，根据异常情况的性质、潜在危险程度，结合长期积累的寿命（管理）分析经验和状态分析，经专业组讨论、确定检修内容，准备好相关备品，结合机组大、中、小修及临检及时处理，开出检修工单，报上级审批后，由检修人员执行。

针对异常情况的特征，立即进行举一反三和总结，对同类型设备、同工况下运行设备进行排查，制定措施，把隐患和危害消除在萌芽状态。

结合每月召开的专业组会议，讨论评价异常情况下处理过程的合理性、处理方法的正确性、预知性检修的准确性和备品配件到位的及时性，以便进一步提高异常情况下应急处理水平、预知性检修水平。同时制定防范措施，通过调整参数、改进维护和技术改造，延长设备使用寿命。

第三章 相 关 制 度

专业组是异常情况处理的核心，专业组长是负责人，检修公司是专业意见的执行层。专业组成员有知情和发表意见的权力，并负责向专业组提供所需的所有相关资料，同时也应承担相关的责任。

对未能履行职责，应能拿出数据而未能拿出数据、不能执行日点检制度和专业组分析制度，应能及时到现场而未能到现场了解等情况，掌握第一手资料的，由专业组长提出处理意见报上级批准。

上级领导对专业组在异常情况的处理水平和管理、控制能力进行实时评价，在组织绩效和个人绩效的体现方面，同时进行奖励和处罚。

如专业组一年内有两次不能很好地完成任务，影响、威胁到安全生产，则对专业组人员和专业组负责人进行调整，是专业组组长责任的调整专业组组长。

四、专业组分析会管理制度

第一章　总　则

第一条　专业组是针对不同设备、系统、专业成员的技术组织。各人在行政管理上仍属于各部门的管理。

第二条　专业组全体人员对设备负责，是设备主人。

第三条　专业组分析会是技术管理的基础形式，采取民主集中制原则，必须严格执行，杜绝擅自做主。

第四条　对未能严格执行本制度的行为，将按职责落实责任，出现后果的加重考核。

第二章　内容和程序

第五条　专业组分析会议分为紧急会议（按异常情况下管理制度执行）和每月定期分析会议两种。

第六条　专业定期分析会的目的是对上个月的技术方案、技术改造、技术管理等工作进行总结、评价，以便不断提高自己的业务水平和技术管理能力。

第七条　讨论内容：

(1) 日点检及巡回检查执行情况。(检查记录)

(2) 定期维护、加油脂执行情况。(检查记录)

(3) 缺陷分析、劣化趋势、寿命管理分析及改进措施。

(4) 检修工艺、检修质量及三级验收制度执行。

(5) 备品耗材到位和验收情况。

(6) 异常情况下跟踪分析执行情况。

(7) 对以前预知性检修的准确性进行评价。

(8) 本月预知性检修项目。

第八条　时间要求，在每月15～20d之间召开。

第九条　专业会要有专人记录，并上报审核。

第三章　相关制度

第十条　专业组组长是专业的负责人。有权召集专业组成员和根据情况召开专业组扩大会议，被召集人不得推迟。专业组长对会议成员有考核建议权。

第十一条　专业组会议必须按时召开，没有按时召开的每一次考核500元。

第十二条　上级对专业组开会的质量进行检查。对敷衍了事，得过且过的按没有召开会议处理，对会议质量差的按考核100～400元。

第十三条 如专业组一年内有两次不能很好地召开会议，完成任务，则对专业组成员和专业组组长进行调整，是专业组组长责任的调整专业组组长。

五、点检绩效管理

点检专责绩效月度考评表

被考核人： 考核月份：

项目	考核内容（标准）	考核标准	自评得分	终评得分	备注
设备状态监测（20分）	1. 能及时对设备情况、存在的隐患进行分析并补充到故障分析中，制定监测重点和措施	没完成扣1～5分			
	2. 每日按制订的巡查计划和内容，认真、完整、准确地做好检查和记录	没完成扣1～5分			
	3. 及时填写记录，并进行趋势分析，尽早发现设备隐患	没完成扣1～5分			
	4. 每周、每月对设备的状况进行评估并汇报	没完成扣1～5分			
技术管理（20分）	1. 做好设备检修台账，并监督C级设备，做好检修记录	没完成扣1～5分			
	2. 做好技术方案，针对设备隐患和系统性缺陷进行调研，及时拿出可研性报告，确定设备和系统性技改方案和措施。	没完成扣1～5分			
	3. 做好图样管理，做好备品件及机加工备品件图样的管理	没完成扣1～5分			
	4. 加强技术学习，及时掌握各种状态监测工器具使用	没完成扣1～5分			
物资管理（20分）	1. 做好备品和材料计划，确保现场设备消缺维护	没完成扣1～5分			
	2. 按计划检修要求，提前做好备品及材料计划的上报工作	没完成扣1～5分			
	3. 做到备品及材料的催交工作	没完成扣1～5分			
	4. 及时组织对备品及材料的验收	没完成扣1～5分			
质量管理（20分）	1. 组织编制质量手册	没完成扣1～5分			
	2. 每次计划检修前，针对非标及技改，下达质量控制点（W、H点）	没完成扣1～5分			
	3. 监督专业、班组严格执行作业指导书	没完成扣1～5分			
	4. 及时准时参加质量验收	没完成扣1～5分			
	5. 能及时对更换下的有价值的备件进行鉴定并监督验收修复质量	没完成扣1～5分			
优化检修管理（20分）	1. 按计划检修要求，提前及时组织，确定检修项目、技改项目和非标项目	没完成扣1～5分			
	2. 按状态监测情况和寿命评估，在检修实施前进行设备项目优化，力争做到没有过检修和欠检修	没完成扣1～5分			
	3. 管理责任：临时任务完成、沟通协调到位、安全职责到位	没完成扣1～5分			
	4. 已审定技改项目能按期完成	没完成扣1～5分			
合计					

考评人： 审核人： 日期：

六、锅炉“四管”防磨防爆检查制度

为实现全年奋斗目标，更好地促进“四管”防磨防爆工作，体现主要设备管理，重在预防的理念，实现新的突破，结合历年“四管”防磨防爆工作经验和教训，对原规定进行进一步补充和修改，形成制度如下：

每次临检，调停，大，小修“四管”检查之前，必须开碰头会点名签到并确定检查方法，检查后开分析会确定采取的措施，由锅炉专职主持。

为规范检查，所有检查项目均应编写作业指导书，按指导书要求逐根检查，执行三级验收，并做好记录。

检查组分为检查、复查和抽查三个层次。

检查人员每发现一根减薄管，减薄达10%奖20元，减薄达20%奖100元，减薄达30%奖200元、减薄速度达10%奖100元、减薄速度达20%奖200元。检查中发现重大隐患，单独申报奖励。

检查人员检查后，由复查人员检查，再发现一根减薄管，考核检查人员。减薄达10%考核50元，减薄达20%考核100元，减薄达30%考核200元，减薄速度达10%奖50元，减薄速度达20%奖100元。

抽查人员在抽查中，再发现有减速薄管，对复查人员考核。减薄达10%考核50元、减薄达20%考核100元、减薄达30%考核200元、减薄速度达10%奖50元、减薄速度达20%奖100元。

在抽查或复查中，如是一线职工发现新的减薄管（如加护瓦时）则按相同数额进行奖励。

如检查、复查、抽查人员发现要求采取的防磨措施（如加护瓦等）没有得到严格执行，对施工人员按违反工艺要求处理，每一根记一条。

如因检查、复查、抽查不到位发生“四管”泄漏（包含管排出列、护瓦脱落、漏风、膨胀受阻等原因），受到厂部考核时，按以下原则落实：

（1）所有检查、复查、抽查人员均要受到考核。

（2）对“四管”泄漏部位的检查人员每人考核2个月奖金。

（3）对复查的人员每人考核1个月奖金。

（4）对抽查的人员与其他检查人员每人考核半个月奖金。

如因新焊缝质量出现问题，造成泄漏。考核焊接责任人4个月奖金、检验人员3个月奖金、配合钳工2个月奖金。

对因管材质量、老焊缝缺陷等非人能控制的原因造成“四管”泄漏，厂部考核时，按以下原则落实：

（1）所有锅炉监督成员、锅炉点检及管阀班人员均要受到考核。

（2）对“四管”泄漏部位的检查人员，每人考核奖金200元。

（3）其他人员每人考核100元。

（4）对“四管”防磨防爆方面做出突出贡献，如采取主动的预防措施、技术改造项目负责人等，在年终奖励时，将进行特别奖励。

七、锅炉超温考核管理办法

第一章 总 则

为了加强华能淮阴电厂锅炉监督管理工作，延长设备使用寿命，保证机组安全经济运行，根据DL 438—2009《火力发电厂金属技术监督规程》、DL 647—2004《电站锅炉压力容器检验规程》，《300MW机组集控运行规程》、《哈尔滨锅炉厂 HG-1018/18.6-PM19锅炉说明书》并结合本厂具体情况，特制定本办法。

锅炉部件长期在高温、高压、腐蚀介质的工况下工作，服役条件恶劣，部件超温超压运行会加剧材料发生老化，使其强度、塑性和韧性下降，脆性增加，从而导致材料性能下降，缩短设备使用寿命。

本制度规定了华能淮阴电厂锅炉超温超压考核管理内容、要求、考核方法，适用于华能淮阴电厂超温考核管理工作。

第二章 内容与要求

机组运行时应加强对锅炉主、再汽温汽压以及受热面管壁温度的监视，积极采取相应措施进行调整，将其控制在运行技术规程要求的范围内。

运行调整应兼顾锅炉汽温以及管壁温度。调整的原则优先考虑主再热汽温，尽量使主、再热蒸汽接近额定值以提高机组循环效率。

运行发现汽温、壁温有异常升高趋势应进行分析，及时调整，并汇报专业；专业应针对机组运行方式制定相应的技术措施，防止超温事件发生。

锅炉超温考核范围：屏式过热器、末级过热器和屏式再热器、末级再热器壁温、锅炉一二次汽出口汽温。

锅炉超温考核以DCS中测点显示数据为依据，超温阈值以制造厂锅炉说明书壁温计算结果汇总表中报警温度为准：分别为后屏过热器575℃、末级过热器580℃、屏式再热器612℃、末级再热器606℃。

热工专业对壁温元件定期检查校验，保证测量数据的准确可靠。

第三章 受热面壁温考核办法

第一条 后屏过热壁温限额控制值为575℃，超温考核如下：

最高壁温在585～595℃，在此区间累计时长达10min考核100元/次，达20min考核200元/次；最高壁温在595～615℃，在此区间累计时间达5min的考核100元/次，达10min考核200元/次，达20min考核400元/次；壁温超过615℃以上的每分钟考核200元。

第二条 末级过热壁温限额控制值为580℃，超温考核如下：

最高壁温在590～600℃，在此区间累计时长达10min考核100元/次，达20min考核200元/次；最高壁温在600～615℃以上，在此区间累计时间达5min的考核100元/次，达10min考核200元/次，达20min考核400元/次；壁温超过615℃以上的每分钟考核200元。

第三条 屏式再热器温限额控制值为612℃，超温考核如下：

最高壁温在622～630℃，在此区间累计时长达10min考核100元/次，达20min考核200元/次；最高壁温在630℃以上，在此区间累计时间达5min的考核100元/次，达10min

考核200元/次，达20min考核400元/次。

第四条 末级再热器温限额控制值为606℃，超温考核如下：

最高壁温在616～626℃，在此区间累计时长达10min考核100元/次，达20min考核200元/次；最高壁温在626℃以上，在此区间累计时间达5min的考核100元/次，达10min考核200元/次，达20min考核400元/次。

第五条 以每台锅炉计，若全月锅炉超温幅度小于10℃且超温时长小于5min的奖励200元/次。

第四章 主再热汽温考核办法

第六条 温度达554℃及以上，时间达2～3min时，考核100元/次；时间达3～5min时，考核200元/次；时间达5～7min时，考核300～400元/次。

第七条 温度达556℃及以上，时间达2～3min时，考核200元/次；时间达3～5min时，考核300元/次；时间达5～7min时，考核400～500元/次。

第八条 温度达558℃及以上，时间达2～3min时，考核400元/次；时间达3～5min时，考核600元/次；时间达5～9min时，考核800元/次。

第九条 温度达560℃及以上按内部异常考核责任部门，责任部门视情节轻重对责任人进行加倍考核或降岗、待岗处理。

第十条 以每台锅炉计，若全月锅炉汽温无超限点奖励200元/台。

第十一条 发生严重超温事件后（后屏、末过管壁温度超过600℃，屏再、末再管壁温超626℃，一二次汽温度达556℃时长达5min）运行班组72h内应书面报告锅炉专业和金属监督，报告的内容应包括事件经过、原因及今后采取防范的措施。对于15日内没有报告的事件一经发现加倍考核。

第十二条 责任部门对考核有异议时可申请免于考核，但必须叙述清楚理由报技术监督和四管防磨防爆小组审核，生产厂长批准。

附录三　状态监测设备及设备管理系统

一、北京必可测科技股份有限公司

智能化四检合一管理系统

BKC

北京必可测科技股份有限公司

基本情况

◆国务院颁布《中国制造2025》规划，电力装备行业被列入了十大重点发展的领域之一。

◆工业4.0时代，智能化已成为衡量行业发展水平的重要因素，建设智能电厂是未来电力行业发展的一个共同目标。

◆“互联网+”未来所蕴藏的潜力与价值，可能超乎我们所有人的想象，“互联网+”的思维将贯穿于电力系统生产、传输和消费的全过程。

BKC　前言

目前现状

- 运检信息不统一、不对称，易延误缺陷或故障的最佳处理时机，造成事故损失扩大；
- 运检信息不统一、不及时，设备管理策略还是停留在传统的事后维修模式上；
- 运维费用持续、重复地居高不下；
- 高技术能力的管理团队无法规模化培养；
- 专家知识库难以形成并不能被广泛分享，只是局部的经验与经过；
- 设备的可靠度不能有效保证。

BKC　实施前状况

系统目的

将巡检、点检、精密点检、检修工作基于一个公共管理平台，是以巡检、点检、精密点检为主要状态监测管理手段，通过状态评估、风险评估、寿命评估，达到状态监测，优化检修的目的

BKC　前言

系统设计思路：面对对象（驾驶舱技术）

- 巡视检查设备健康状况，浏览监视设备在线状态信息；
- 日常离线、在线数据的采集/存储的维护管理；
- 统计报表的维护与管理；
- 在线诊断报告的维护与管理。

决策组：包括公司领导、生产副总、总工程师

- 浏览全厂关键设备总体健康状态；
- 掌握重大故障次数信息(非计划停机故障/计划停机故障)；
- 关联追溯查看设备诊断过程信息。

管理分析组：生技部主任、生技部副主任、专业主管、精密点检员、专业点检员

执行支撑组：生技部、检修部门班组、运行部门班组

- 巡视检查设备健康状态；
- 接收巡、点检、精密点检、定期工作等任务及检修工单、预知保养工单。

BKC　前言

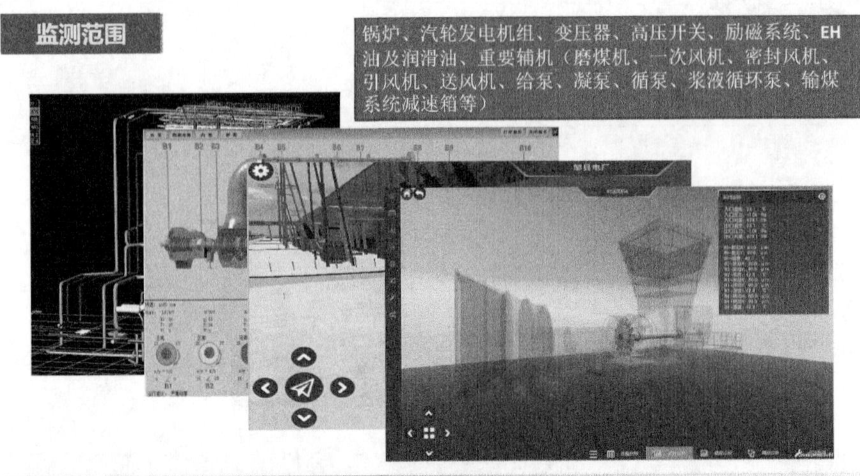

BKC 前言

巡检、点检、精密点检、检修一体化管理系统

接入层
数据同步（上传/下载）组件
表示层
局域网
广域网
工作信息
异常数据
自动预测
核心业务层
启动中心（个人门户）
设备基础管理
工作策划
巡点检管理
精密点检与诊断
给油脂管理
劣化分析与预测
绩效管理
预知保养
实效改善
检修管理
即时信息提醒（预警）
定期工作
系统管理
系统消息
APP
接口服务
MIS、ERP
巡检、点检、精密点检、检修一体化管理系统
数据持久层
应用程序和数据库的中间层，让底层数据与应用程序相分离。对数据的操作更方便，安全；可移植性，可靠性强；
数据层
数据库
检测采集终端
多功能巡点检仪
手持终端
振动分析仪
电流钳
红外成像仪
超声检测仪
可视化润滑油液分析仪

BKC 实施过程

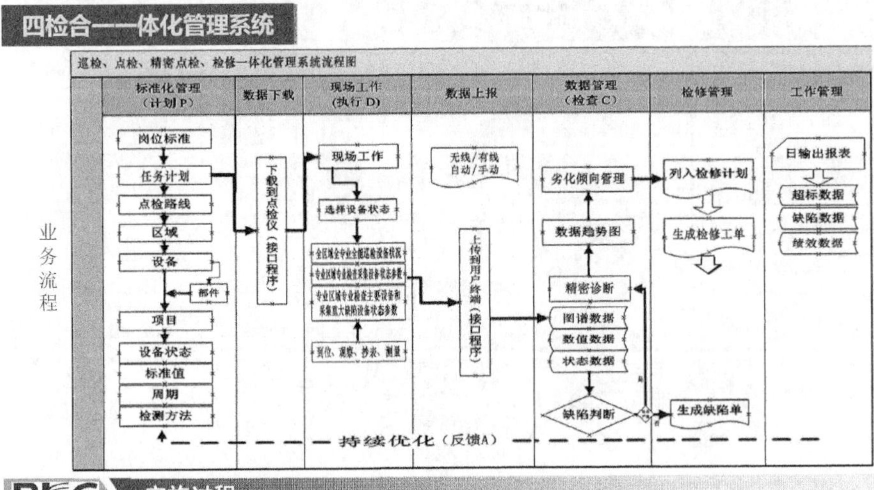

BKC 实施过程

启动中心

三维主界面

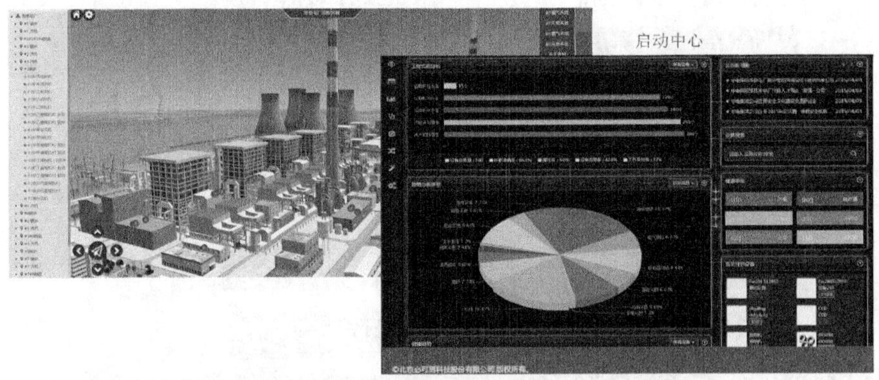

BKC 实施过程

点巡检模块

使用者：生技部专业主管、精密点检员、专业点检员、巡检员

目的：根据工作策略进行巡检、点检、精密点检具体工作落实，同时对工作全过程进行记录。

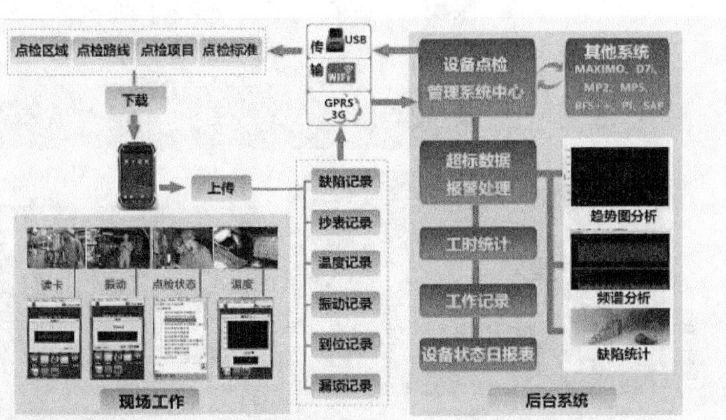

BKC 实施过程

设备精密点检与诊断管理模块

故障诊断：
振动、超声、红外、油液分析等多种检测手段，进行振动频谱分析，超声频谱分析、油液元素分析等，精确判断设备故障部位和严重程度，专家可通过平台提供远程诊断服务

BKC 实施过程

设备精密点检达到目标

1、优化设备测点

2、优化检测技术矩阵

3、优化检测周期

4、优化检测内容

5、优化判断标准

6、优化设备运行参数

7、优化设备运行环境

8、优化润滑油管理

9、优化维修技术

10、优化诊断技术

11、优化考核机制

12、优化检修预算

BKC 实施过程

大型转机状态监测

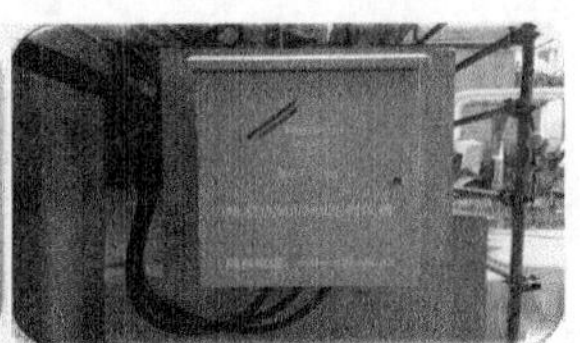

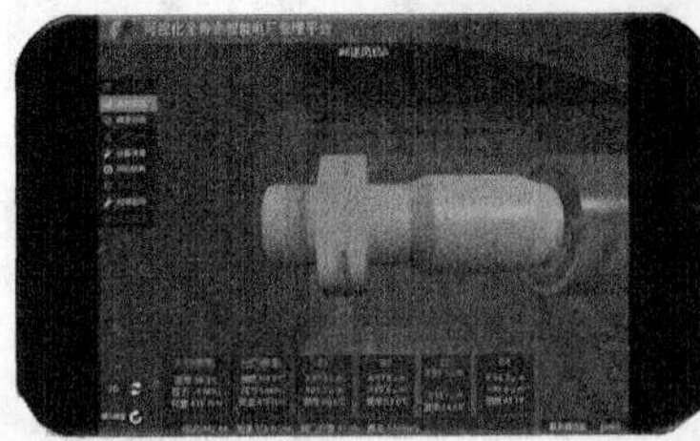

该模块能够连续监测机组运行过程中的振动、冲击、晃度、转速、功率等参数，自动存储振动、冲击波形等有价值的数据，并能自动计算机组各部件的故障特征频率；系统可诊断机组的运行状态，发现轴承故障的早期征兆，对故障部位、故障类型、严重程度、发展趋势作出判断。

BKC 实施过程

大型转机状态监测

序号	设备名称	本体		电机	
		驱动端	驱动端	驱动端	自由端
1	一次风机甲	__□	__□	__□	__□
2	一次风机乙	__□	__□	__□	__□
3	送风机甲	__□	__□	__□	__□
4	送风机乙	__□	__□	__□	__□
5	吸风机甲	__□	__□	__□	__□
6	吸风机乙	__□	__□	__□	__□
7	密封风机甲	__□	__□	__□	__□
8	密封风机乙	__□	__□	__□	__□

序号	监测内容		本体		电机	
			驱动端	自由端	驱动端	自由端
1	振动	位移	__□	__□	__□	__□
2		速度	__□	__□	__□	__□
3		加速度	__□	__□	__□	__□
4	温度		__□	__□	__□	__□
5	相对温度		__□	__□	__□	__□
6	温升速度		__□	__□	__□	__□

查看温度历史趋势（最高温度/温升、最低温度/温升、平均温度/温升等）

BKC 实施过程

大型转机状态监测——异常报警诊断分析

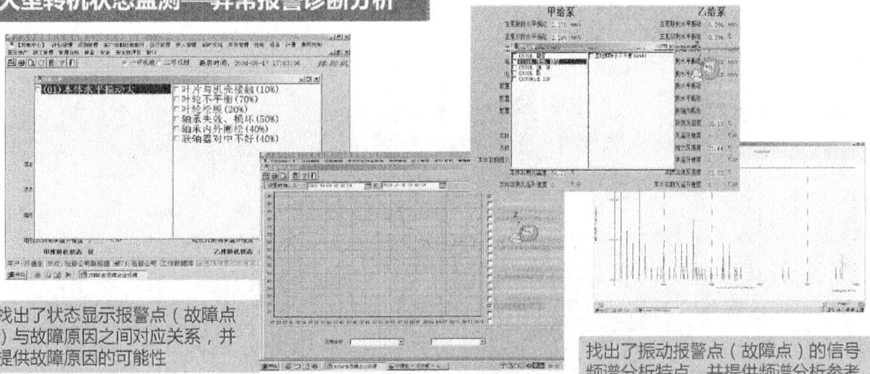

找出了状态显示报警点（故障点）与故障原因之间对应关系，并提供故障原因的可能性

找出了报警点（故障点）与其他相关信号的相互关系，并提供了相关分析参与意见

找出了振动报警点（故障点）的信号频谱分析特点，并提供频谱分析参考意见

BKC 实施过程

检修（计划、抢修）闭环管理

一、预知性检修

（1）计划（周、月）工单

（2）验证分析判断的准确性

（3）收益评价

二、计划检修（小修、中修、大修）

（1）检修项目确定（状态分析、寿命评估、可靠性评价）

（2）验证分析判断的准确性

（3）收益评价

三、优化检修评价（指标统计）

	项目	不采用时的费用（万元）	采用时的费用（万元）
1	由于风险所致的损失		
2	常规检查工作的支出.		
3	完成维修任务的支出		
4	对故障进行调查及消除的支出		
5	对故障设备进行监测所得知识的得益		
6	监测评估及选用的支出		
7	监测设备的投资及运行费用		
8	设备负荷最大利用能力的提高		
9	基于对少量的检测而可获得大量的该类设备性能的得益		
10	对运行人员安全性的改善		
11	对环境保护的改善		

序号	关键衡量标准	备注
1	等效强迫停机率（EFOR）	非计停
2	商业利用率	等效可用系数
3	意外纠正工作顺序百分率	突发性事故影响频率
4	紧急工作票任务百分率	突发生故障工作票情况
5	PMS产生的工作票的百分率	预防性检修工作票所占工作票百分率
6	PdM产生的工作票的百分率	预知性检修工作票所占工作票百分率
7	PM工作小时数所占的百分率	预防性时间占用率
8	PdM工作小时数所占的百分率	预知性时间占用率
9	规划有效性	计划性评价

BKC 实施过程

检修优化

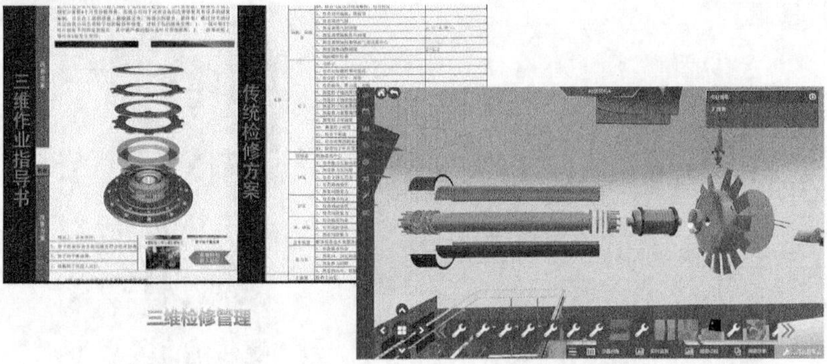

三维检修管理

对备品备件管理

BKC 实施过程

四管失效形式分析

高温锅炉管长期在火焰、烟气、飞灰等十分恶劣的环境介质中运行，因而在服役过程中会发生一系列材料组织与性能的变化，这些变化涉及材料蠕变、疲劳、腐蚀、冲蚀等复杂的老化与失效机理，而由此造成的失效方式多达23种，均普遍造成严重的爆管失效。为了有效解决锅炉高温受热面和炉外高温部件的失效问题，对四管失效形式进行了分析研究，通过提前获取设备的寿命，及时对高风险部位以更换或维修的方式来减少非计划停机。

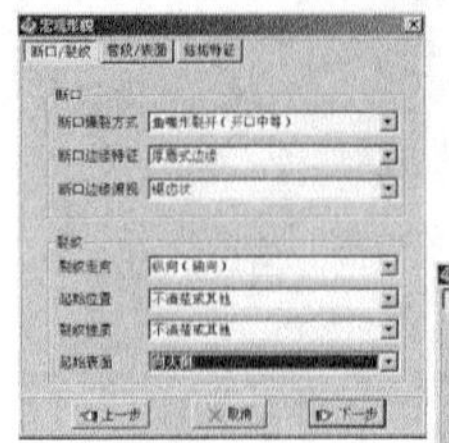

宏观形貌分析

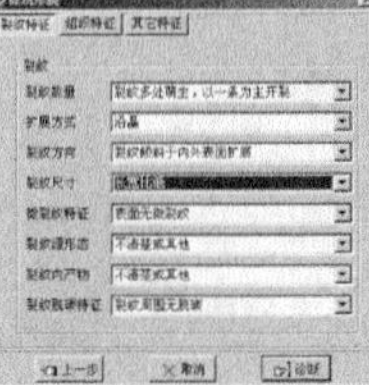

微观形貌分析

爆管记录图片信息

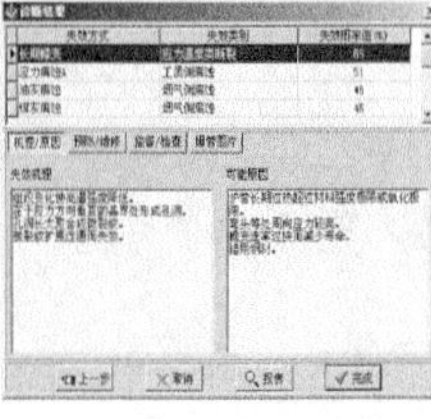

诊断结果

BKC 实施过程

锅炉寿命管理系统

锅炉寿命管理系统，可以通过实时获取高温锅炉管（过热器、再热器）的壁温测点数据，结合管子的尺寸和材质等工艺参数，在离线检测的基础上，综合在线监测信息自动进行实时评估，系统地对高温锅炉管进行以寿命为基础的管理。将反映设备状态信息的数据（当量金属温度、应力、残余寿命等）以列表和曲线等形式显示，以多级报警的形式告知电厂工作人员，并提供相应的运行、维修及更换建议。

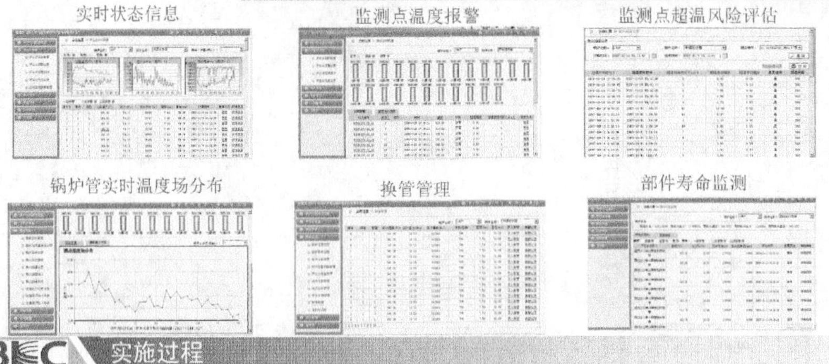

实时状态信息　监测点温度报警　监测点超温风险评估

锅炉管实时温度场分布　换管管理　部件寿命监测

BKC 实施过程

汽轮机轴系振动在线监测

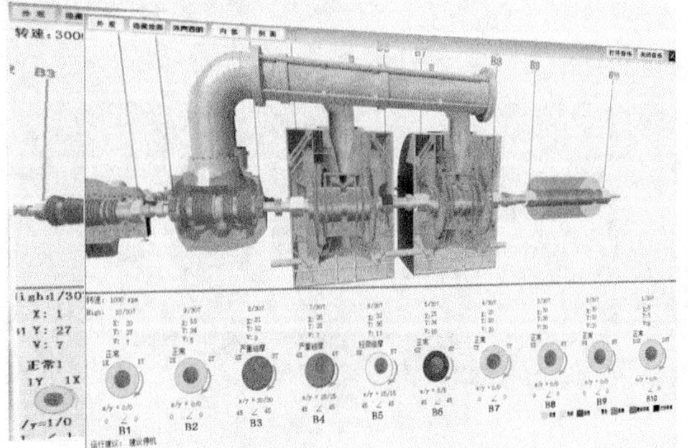

系统将汽轮机的可视化监测、故障诊断、运行指导与检修方案，四位一体地集成到一个平台上，让运维人员，可以用透视的眼光，观察汽机内部的运行状态。它可以准确预警并防止汽轮机超速、汽轮机断轴、大轴承永久弯曲、烧瓦、油膜失稳等恶性事故；可以帮助优化轴承设计、优化阀序及开度、优化运行参数，将汽轮发电机组的可靠度保障技术，提升到前所未有的高度。

BKC 实施过程

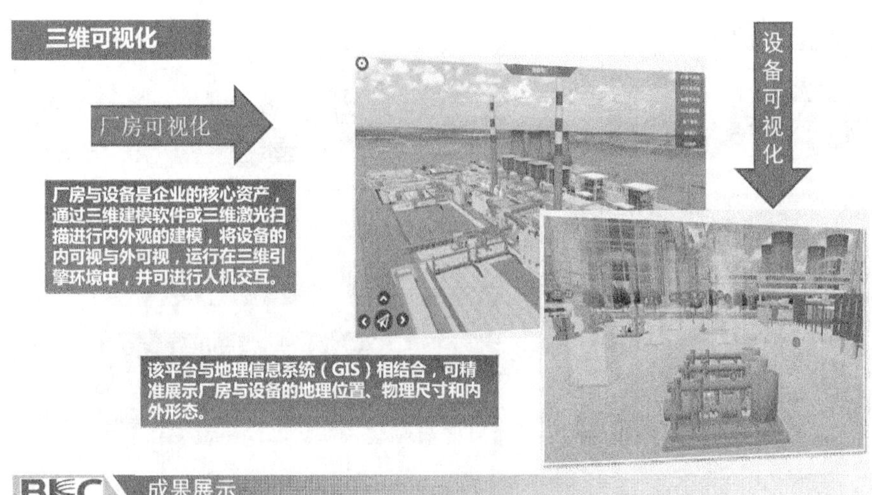
三维可视化
厂房可视化
设备可视化
厂房与设备是企业的核心资产，通过三维建模软件或三维激光扫描进行内外观的建模，将设备的内可视与外可视，运行在三维引擎环境中，并可进行人机交互。
该平台与地理信息系统（GIS）相结合，可精准展示厂房与设备的地理位置、物理尺寸和内外形态。
BKC 成果展示

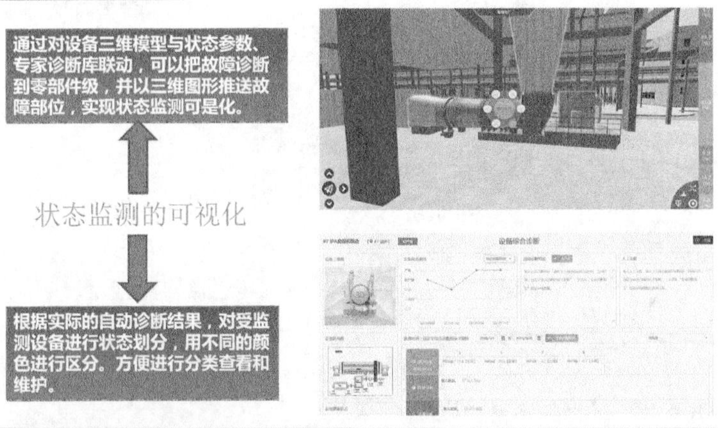
状态监测的可视化
通过对设备三维模型与状态参数、专家诊断库联动，可以把故障诊断到零部件级，并以三维图形推送故障部位，实现状态监测可是化。
状态监测的可视化
根据实际的自动诊断结果，对受监测设备进行状态划分，用不同的颜色进行区分。方便进行分类查看和维护。
设备综合诊断
BKC 成果展示

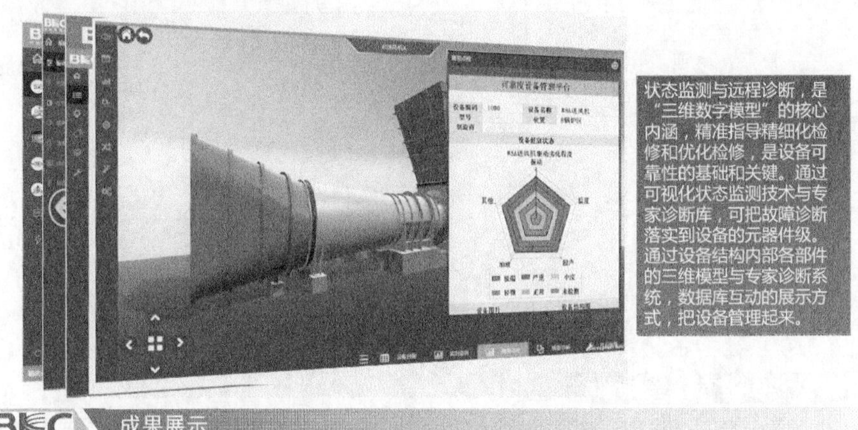
状态监测与远程诊断智能化
状态监测与远程诊断，是“三维数字模型”的核心内涵，精准指导精细化检修和优化检修，是设备可靠性的基础和关键。通过可视化状态监测技术与专家诊断库，可把故障诊断落实到设备的元器件级。通过设备结构内部各部件的三维模型与专家诊断系统，数据库互动的展示方式，把设备管理起来。
BKC 成果展示

检修与培训应用

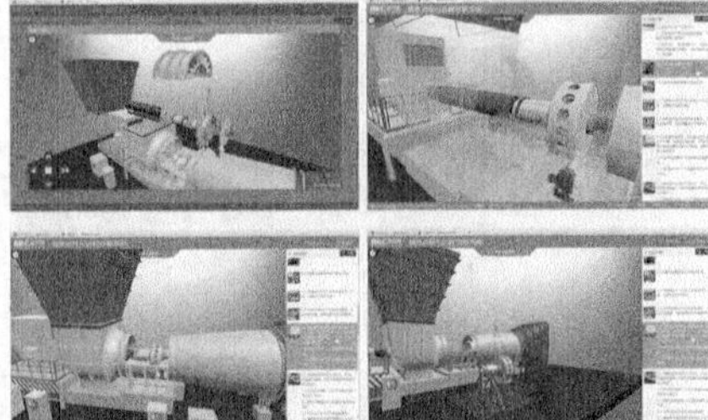

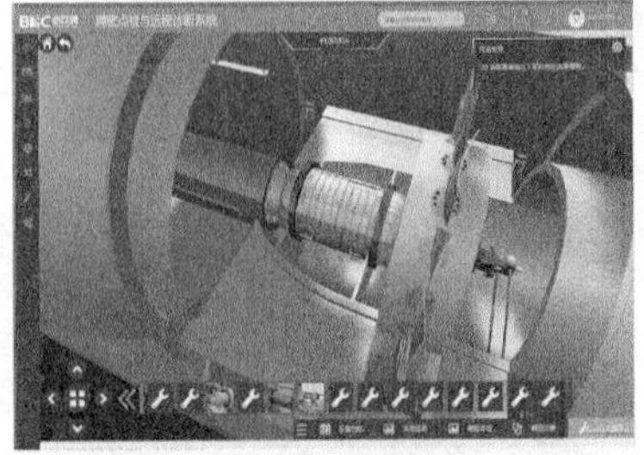

将设备及各部件的三维模型，及所有设备的纸质《作业指导书》，进行一一对应的三维互动转换，实现将纸质的、静态的《作业指导书》，变成三维的、动态的《三维作业指导书》。精细化检修可以在《三维作业指导书》中进行预演，以提高实操的效果与质量。

BKC 成果展示

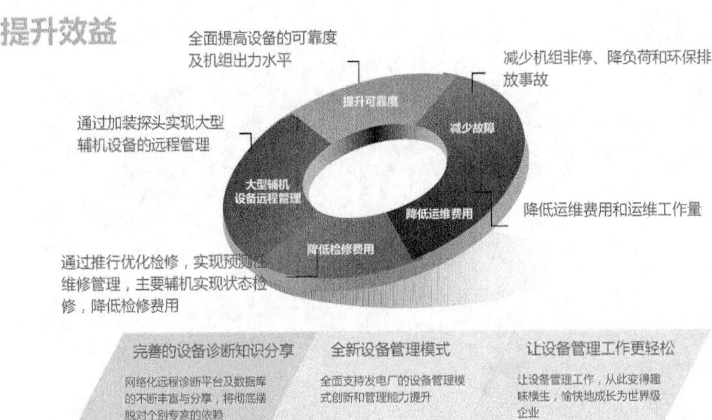

BKC 经济效益

实现了管理制度化，制度流程化，流程信息化和信息科学化的统一

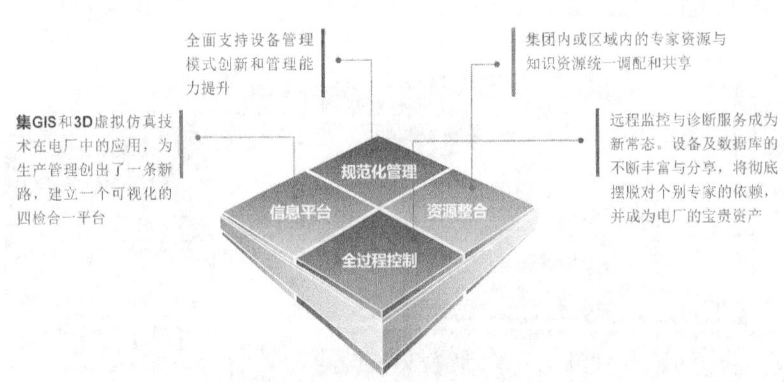

BKC 社会效益

四检合一管理系统可被作为标准在公司系统内其他基层企业进行示范推广。

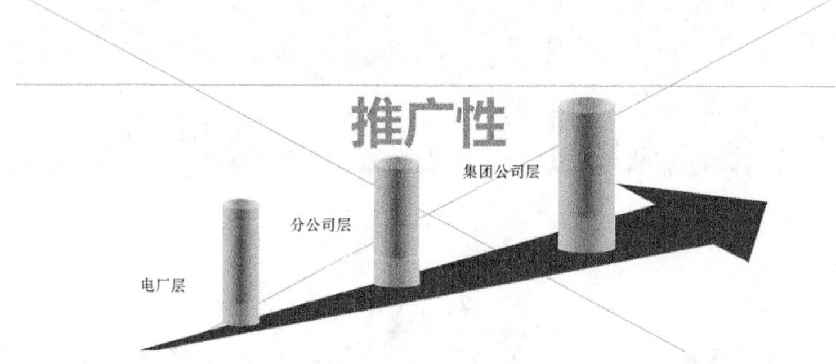

二、上海鸣志自动控制设备有限公司

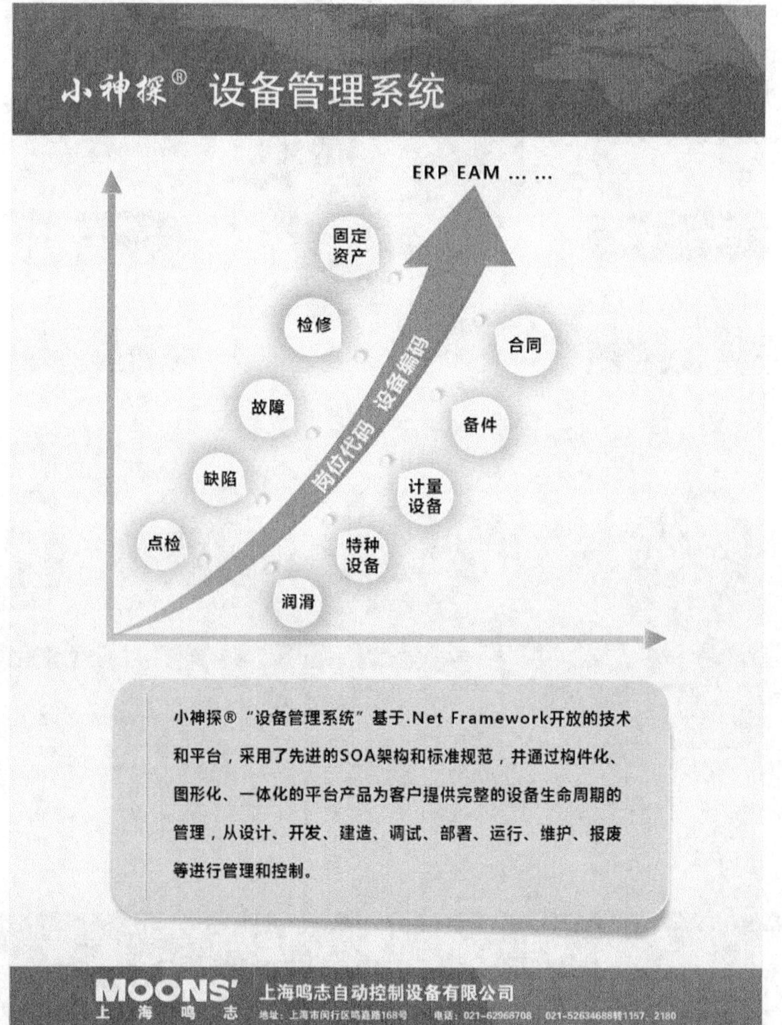

小神探® 设备状态信息点检仪

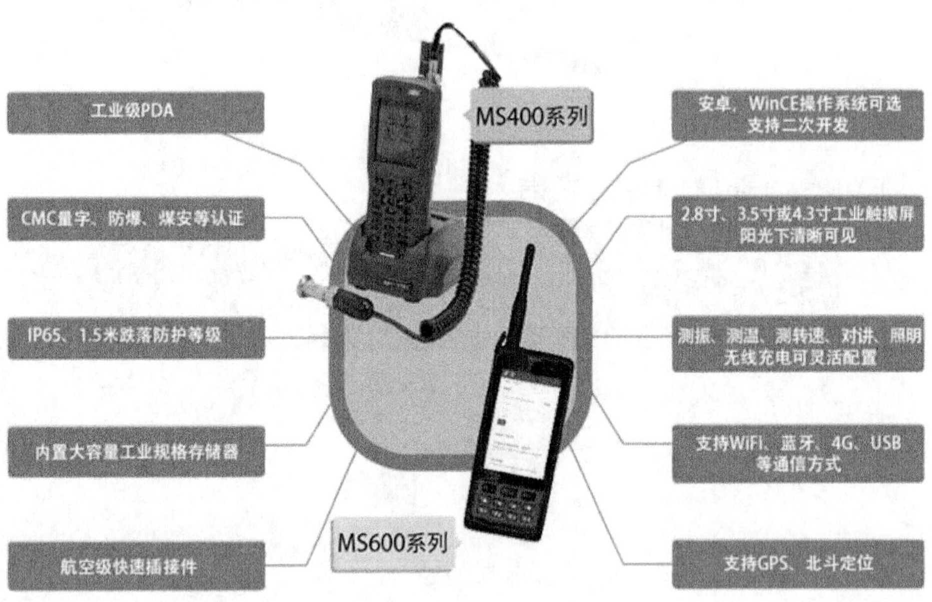

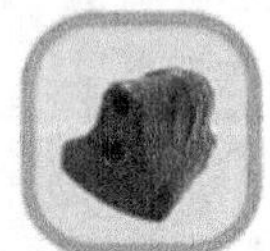

振动测量模块

加速度：10Hz ~ 1kHz 0.1m/s² ~ 200.00m/s²(峰值)
速　度：10Hz ~ 1kHz 0.1mm/s ~ 200.00mm/s(有效值)
位　移：10Hz ~ 1kHz 0.001mm ~ 2.00mm(峰-峰值)
测量精度：±5% 或 ±2个字，取大值
振动分析：指标计算、时域分析、频域分析
振动传感器：吸盘式，5Hz ~ 8KHz，3%灵敏度误差

红外测温模块

温度范围：-32 ℃ ~ 420 ℃
精　度：±1℃ 或 1%，取大值
距离系数：25:1
响应时间：300ms
发 射 率：0.1 ~ 1.0可调
激光瞄准：有，功率<1mW
符合2级激光产品标准

转速测量模块

类　型：激光型
精　度：±（0.02%n+1）rpm
测量距离：大于50mm（最大3m，取决于激光亮度）
响应时间：300ms
分 辨 率：< 1000 转/分，0.5 转/分
≥1000 转/分，1 转/分
测量范围：50 ~ 5000 转/分
可扩展至30000 转/分

RFID（身份识别）

尺　寸：80×50×8(mm)
工作频率：13.56 MHz
标签类型：I-Code 1
ISO/IEC 15693
抗金属设计：可附着于金属表面使用

MOONS' 上海鸣志
上海鸣志自动控制设备有限公司
地址：上海市闵行区鸣嘉路168号　电话：021-62968708　021-52634688转1157、2180

精密点检及故障状态诊断服务

服务内容

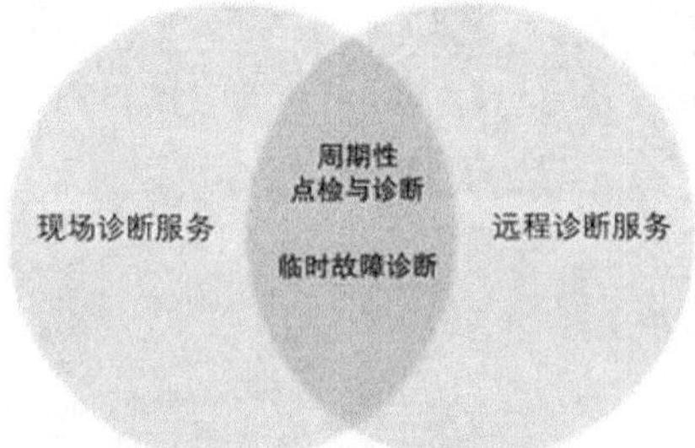

周期性设备诊断：

- 定期设备体检，用于及时发现设备潜在问题及安全隐患
- 通过对已经发现异常设备进行诊断，用于确定设备故障部位及原因，为检修提供检修指导，缩短设备检修时间
- 在设备定修前后进行设备状态诊断，用于发现设备定修前设备潜在故障，为定修提供设备检修指导，节省检修费用；评估定修后设备状态及设备隐患是否排除，达到设备运行要求，保障设备安全运行

临时故障诊断：

- 日常点检发现缺陷后，对缺陷进行准确定位和判断
- 现场主机或辅机的现场动平衡
- 在新装设备后进行设备状态诊断，用于发现新装设备安装及配合问题，保障新装设备快速投入使用

服务方式

	现场服务	现场服务+远程诊断
服务模式	1.按周期对现场约定的设备进行数据采集和诊断 2.响应客户现场发现问题，进行诊断和动平衡等服务	1.电厂技术人员按周期对现场的设备进行数据采集(建议采用鸣志的诊断仪器) 2.鸣志的诊断专家负责对采集回来的数据进行判断和报告的出具，并对疑难问题进行现场的诊断或者服务
优势	1.一站式服务，节省系统和仪器投资 2.利用鸣志的远程平台利于数据积累	1.响应速度快，费用相对较低 2.有利于技术人员的培养和成长

精密点检及故障状态诊断服务

服务流程

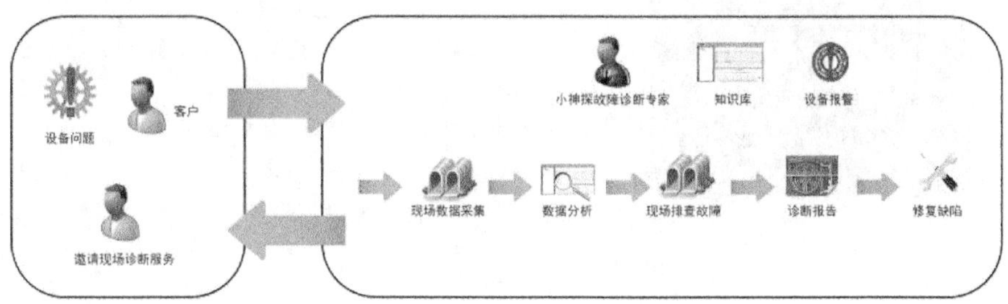

精密点检设备范围及周期建议

设备名称	检测周期
一、汽机专业	
汽动给水泵	1次/3月
给水前置泵	1次/3月
小汽轮机	1次/3月
循环泵水泵	1次/3月
凝结水泵	1次/3月
二、锅炉专业	
送风机	1次/3月
引风机	1次/3月
一次风机	1次/3月
磨煤机	1次/3月
密封风机	1次/3月
火检冷却风机	1次/3月
三、脱硫	
浆液循环泵	1次/3月
氧化风机	1次/3月
增压风机	1次/3月
四、输煤系统	
皮带机	1次/3月
碎煤机	1次/3月

精密点检周期报告

厂名	设备编码	设备名称	正常	异常	时间
01电厂	10023899678	1#风机			2014/5/12
	10023899679	2#风机			2014/5/12
	10023899680	3#风机			2014/5/12
	10023899681	4#风机			2014/5/12
	10023899682	5#风机			2014/5/12
	10023899683	1#磨煤机			2014/5/12
	10023899684	2#磨煤机			2014/5/12
	10023899685	3#磨煤机			2014/5/12
	10023899686	4#磨煤机			2014/5/12
02电厂	20024596678	1#风机			2014/5/12
	20024596679	2#风机			2014/5/12
	20024596680	3#风机			2014/5/12
	20024596681	4#风机			2014/5/12
	20024596682	1#磨煤机			2014/5/12
	20024596683	2#磨煤机			2014/5/12
	20024596684	3#磨煤机			2014/5/12
	20024596685	4#磨煤机			2014/5/12

故障诊断报告

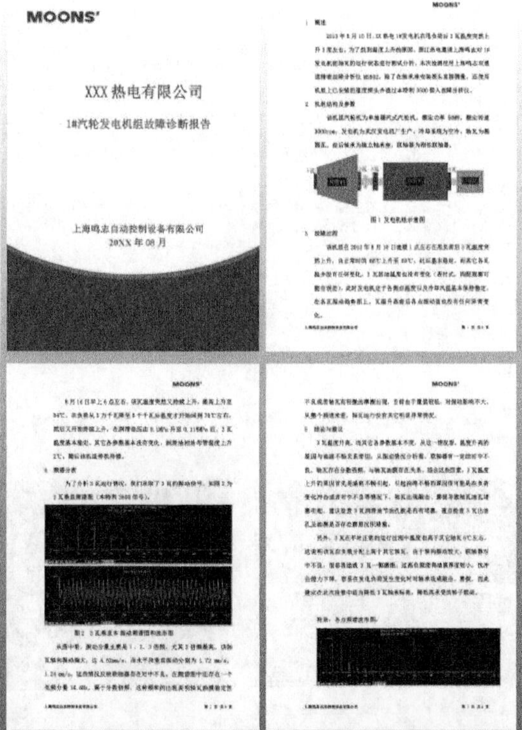
MOONS'

XXX热电有限公司

1#汽轮发电机组故障诊断报告

上海鸣志自动控制设备有限公司

20XX年08月

MOONS' 上海鸣志自动控制设备有限公司

上　海　鸣　志　地址：上海市闵行区鸣嘉路168号　电话：021-62968708　021-52634688转1157、2180

MS502精密故障诊断仪

- 集路径（计划管理）、离线精密分析、临时在线系统、现场动平衡于一体。
- 同时具备0.2Hz超低频加速度信号采集和80KHz高频信号采集。
- 坚固、密封、稳健的外型设计，独具特色的背带和背撑，能够适应各种工作环境。
- 对称的按键布局，常规的测试单手即可完成操作。
- 直观的操作界面，简化了用户的学习和适应过程，熟练掌握易如反掌。
- 提供模块化的系统选项，保证您的投资全都落在实处，同时方便您进行以后的功能扩展。
- 测试数据可上传到小神探设备信息管理平台，保证数据的共享，避免信息孤岛。

MS502特性简介

超宽的频谱范围

运用鸣志独有的低频分析技术，MS502能够精确检测到设备上低达0.2Hz的加速度信号，在许多特殊场合下，能带来极大的便利性。另一方面，高达80KHz的最高测量频率也使MS502能够轻松应对超高速运转设备。

轴承和齿轮早期故障的检测

MS502对轴承和齿轮的早期故障有两种处理方式，一种是共振解调，另一种是峰值包络。共振解调方式对测量的要求很低，基本和普通加速度的测试相同，具有一定的参考性，但它的结果值不具有趋势性，也不能分辨出那些更微弱的由最早期轴承和齿轮磨损所产生的应力波，因而很难作为最后结论的主要依据。峰值包络法是在共振解调基础上发展起来的更先进的检测技术，由于它具备很高的灵敏度和优越的分辨能力，可以分辨出轴承早期故障信号，可以担当低速旋转设备和复杂结构的齿轮箱的检测，也可以用于判断轴承和齿轮的润滑状态。

起停机状态的测试

MS502专门配备用于测试设备在启动和停机过程中振动状态变化的模块。这些记录数据是以一系列频谱图的方式来展现，这就是通常所称的“瀑布图”。从中您能观察到随着时间或转速的变化，频谱的特性是如何随之移动，此消彼长。不仅如此，“瀑布图”的方式还能够运用于普通的，在一段时间内同一测点的多个不同时间下的测试数据的比较，它对您判断状态变化给予了非常直观的效果。

故障点的长时间监测

MS502能长时间自动采集和存储，并且具备以太网网口，能远程控制操作和实时传递测试数据。如果使用外接电源，它就可以这样无限制地工作下去，完全可以作为一台临时在线监测仪。具备远程操控意味着它能在人不进入现场的情况下，如危险场所，照样能轻松完成需要反复按键操作的测试工作。

交叉通道分析

MS502具有轴心轨迹、相关分析、传递函数、相干等多种高级分析功能都从不同的侧面给您提供分析素材。

瞬态分析功能

部分设备的运行状态随各种因素变化非常明显，采用常规的分析方法，得到的结果会飘忽不定，此时MS502可连续采集一段长时间的包含多种变化的信号，然后根据需要截取其中的某几段进行谱分析。

现场动平衡

MS502具有高抗干扰的动平衡性能，能够进行现场动平衡操作，通过图形化的界面，分步骤地引导您完成整个操作，另外还可以充分利用原先的结果，帮您减少试验次数，减轻工作负荷。

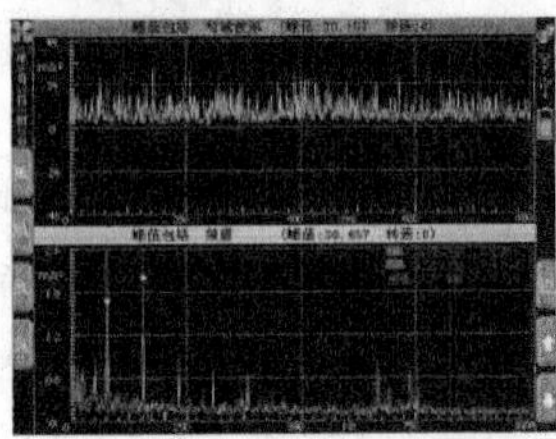

同时显示冲击包络的时间波形和频谱。峰值包络频谱(下部)清楚地显示出滚动轴承的故障

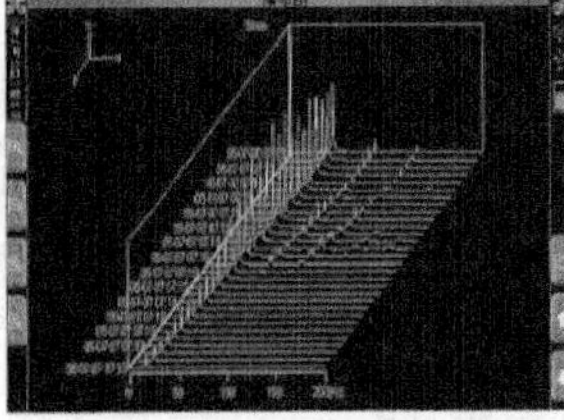

应用瀑布图能够捕获设备在启动、停机、或在一段时间内的振动变化情况

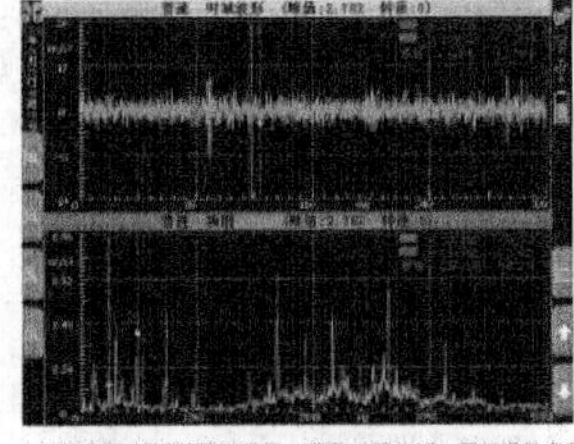

时间波形和频谱可同时显示，便于对照分析，同时提供多种方便的操作，便于更好地观察和分析

MS502精密故障诊断仪

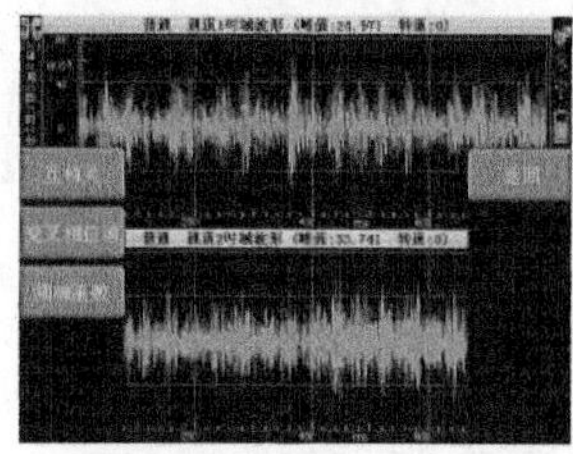
多种双通道独有的分析功能如交叉通道相位、互相关、互谱、频响、相干等，一应俱全

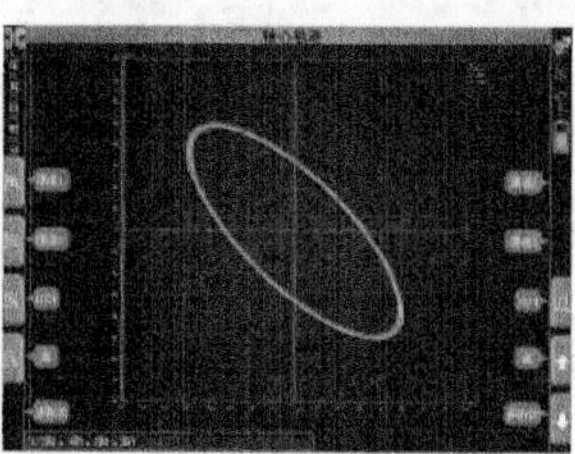
MS502能够显示、存储轴心轨迹图，轴心轨迹图能够提供设备滑动轴承的状态信息

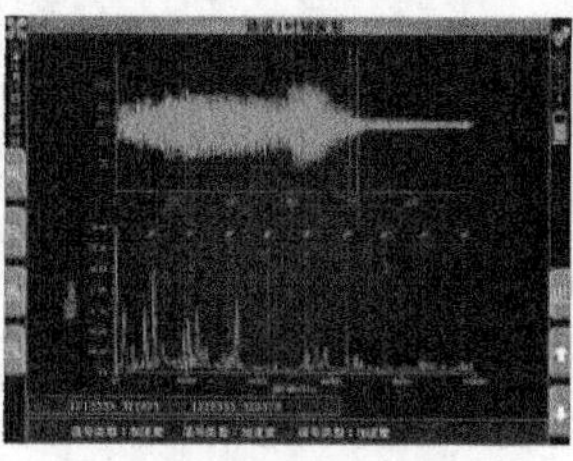
瞬态分析技术能够获取设备在启动、停机过程或是生产变化过程中的全部振动信号,逐段进行分析

产品规格

物理数据

彩色显示
6.5寸LCD液晶显示(室内或室外)，内置背光，640 X 480像素

键盘
易于按下,对称的10个功能软键和方向键，左右手均可方便操作，上下文相关帮助键

尺寸
270 x 195 x 56(mm)

重量
1800g(含电池)

数据存储容量
4GB

通讯方式
USB、以太网口、Wifi

湿度
5%~95%RH(密封外壳,IP65防护等级)

温度
-10~55° C (14~131° F)

供电
两种方式：内部电池和外部直流电源
内部电池：可使用超过8小时，可充电锂离子电池,5000mAH,7.2 V
外部电源：标配的智能充电器

常规的技术参数

通道数
2通道

输入信号范围
供电输入：(2 mA,+24V IEPE供电) 0~15V
非供电输入：+/- 30V

输入阻抗
大于100千欧

转速信号输入
TTL输入，内置用于非TTL信号的调理，可调整触发

转速范围
30转/分钟 ~300，000转/分钟

信号量程
量程自动设定保持了最佳的动态范围
24位A/D转换具有100dB以上的动态范围
(对典型的应用,配合模拟积分可大于120db)

频率范围
直流耦合：0~80kHz，有多个量程可选择
交流耦合：0.2Hz~80kHz，有多个量程可选择

谱线数
100、200、400、800、1600、3200、6400、12800、25600线
真正的细化分析可提供高达30,000线的分辨率

噪声基准
在1000HZ频率范围内,每赫兹上小于0.2微伏

抗混
滤波削弱所有混叠成分至低于噪声基准

触发
手动、幅值、转速

积分
不积分、一次积分或二次积分(模拟或数字)

加窗
汉宁窗(Hanning)和矩形窗(不加窗)

平均方式
普通、指数、峰值保持、阶次跟踪、时间同步平均

平均次数
1~256

分析功能

虚拟转速
为隐藏的轴产生转速脉冲

交流低频信号分析
专门针对频率低至0.2Hz的加速度信号

分析参数
通频值、时间波形、频谱、多个指标分析参数、相位、伯德/奈奎斯特图、倒谱等

细化分析(ZOOM FFT)
可达30，000线的分辨率

峰值包络
内置，可选滤波

共振解调
内置，可选滤波

光标
单光标、双光标、谐波光标、边带光标

阶次跟踪
1、2、4、8、16、32阶可选

轴承和齿轮分析
提供故障频率的直观显示

锤击测试
有手动触发、外触发、幅值触发可选，设备在停机状态和运行状态均可

起停机过程
可选手动触发、等时间间隔触发、等转速间隔触发

其它单通道功能
单面动平衡、自相关，自功率谱

双通道功能
双面动平衡、轴心轨迹、轴心位置、交叉通道相位、互相关、互谱、传递函数、相干等

参　考　文　献

[1] 倪瑞龙，梅挺毅等. 火力发电企业设备点检定修管理导则[M]. 中华人民共和国国家发展和改革委员会，2004.

[2] 倪瑞龙，梅挺毅. 发电设备点检定修管理[M]. 北京：中国电力出版社，2004.

[3] 黄雅罗，黄树红. 发电设备状态检修[M]. 北京：中国电力出版社，2002.

[4] 陆颂元，等. 关于我国发电设备状态检修实施模式的探讨[J]. 汽轮机技术，2004，46(6)：401-404.

[5] 黄树红，李建兰，陈非. 我国火电设备状态检修的发展与展望[J]. 汽轮机技术，2007.

[6] 倪瑞龙. 点检定修管理工作手册.[M]. 北京：中国电力出版社，2006.

[7] 发供电设备检修管理手册编委会. 发供电设备检修管理手册[M]. 1995.

[8] Moubray John. 以可靠性为中心的维修[M]. 石磊，谷宁等译. 北京：机械工业出版社 1995.

[9] ORILLE-FERNANDEZÁ. Failure risk prediction using artificial neural networks for lightning surge protection of underground MV cables[J]. IEEE Transactions on Power Delivery，2006，21(3)：1278-1282.

[10] BOWLESJB. An assessment of RPN prioritization in a failure modes effects and criticality analysis [J]. Proceedings Annual Reliability and Maintainability Symposium，2003：380-385.

[11] PILLAY A，WANG J. Moddified failure mode and risk assessment[J]. Reliability Engineering and System Safety，2003，79：69-85.

[12] J. Delzell，J. Pithan，J. Riker，etc. RCM process yields surprising results，Power Engineer [J]，1996.

[13] LI Suoping，LIU Kunhui. Fuzzy probability-significance based on normal number[J]. Joural of gansu Sciences，2003，15(4)：6-10.

[14] Xu G P，Lu W Z，Wu X Q，et al. MVC-2M fault diagnosis system and its application[J]. American Society of Mechanical Engieers (paper)，jun 3-6 1991，ASME.

[15] 刘俊华，等. 汽轮机故障诊断技术的发展与展望. 全国火电机组状态检修研讨会论文集，2004.

[16] 黄树红，等. 火电厂设备状态检修[J]. 全国火电机组状态检修研讨会论文集，2004.

[17] 美国电力协会(EPRI) MD 中心与 CSI 公司. 综合各项先进诊断技术，全面开展设备状态分析，1997.

[18] Lu S，Tong X，Jin R and Wang J. The research for the system and network of condition monitoring，data management analysis and remote transmission of turbo-genertor group[J]. Sixth International Conference on Roter Dynamics Proceedings，Sydney，Australia，sep. 30 to Oct. 4，2002

[19] The Role of Information Technology in Plant Reliability，Predictive Maintenance Technology Naitional Conference，1998 November Indiana USA.

[20] KRALJB and PCTROvicR. Optimal preventive maintenance scheduling of thermal generating units in power systems A survry of problem formulations and solution mefhod[J]. European Journal of Operational Research Vol. 35. 1988 ppl-15.

[21] 国家电力公司. 火力发电厂实施设备状态检修的指导意见[J]. 中国电力，2002，35(2)：1-5.

[22] 丁玉兰，石来德. 机械设备故障诊断技术[M]. 上海：上海科学技术文献出版社，1994.

[23] 徐敏，等. 设备故障诊断手册[M]. 西安：西安交通大学出版社，1998.

[24] 陆颂元. 汽轮发电机组振动[M]. 北京：中国电力出版社，2000.

[25] 沙德生. 华能淮阴电厂排粉机电机振动及消除[J]. 电站辅机，1996.
[26] 沙德生. 火电厂重要辅机振动标准理解与探索[J]. 电站辅机，2009，1
[27] 赵斌，沙德生，吴国民. 振动故障诊断技术及在华能淮阴电厂的应用[J]. 江苏电机工程，1998.
[28] 陈江，沙德生. 电厂辅机振动故障诊断与处理[J]. 电站辅机，2003.
[29] 陈江，沙德生. 200MW 机组过临界振动分析与处理[J]. 汽轮机技术，2006.
[30] 张国平，沙德生. 电厂设备点检定修制管理模式的探讨[J]. 南京电力高等专科学校学报，1998.
[31] 雷铭. 电力设备诊断手册[M]. 北京：中国电力出版社，2001.
[32] 屈维德. 机械诊断手册[M]. 北京：机械工业出版社，1992.
[33] 杨叔子，等. 机械故障诊断丛书[M]. 西安：西安交通大学出版社，1989-1991.
[34] 钟秉林，黄仁. 机械故障诊断学[M]. 北京：机械工业出版社，1995.
[35] 沙德生. 火电厂重要转机故障诊断系统应用开发[J]. 电站辅机，2006.
[36] 沙德生. 磨煤机出口管道振动原因分析及处理[J]. 电站辅机，1999.
[37] 张国平，张成. 状态检修在华能淮阴电厂的应用[J]. 全国火电机组状态检修研讨会论文集，2004.
[38] 张勇，等. 引风机故障模式/效应及危害度分析研究[J]. 华东电力，2002，(12).
[39] Nowlan FS，Heap HF. Reliability-Centered Maintenance[R]. Department of defence，Washington，DC，1978. Report Number AD-A066579.
[40] Xe K，Tang LC，Xie M，etc. Fuzzy assessment of FMET of engine systems[J]. Reliability Engineering and system safety. 2002，(75)：17-29.
[41] 李耀君，等. 火电厂维修优化技术发展模式的探讨[J]. 全国火电机组状态检修研讨会论文集，2004.
[42] 靳东来. 火力发电设备状态检修技术及其应用[J]. 电力设备，2005，5(5)：1-6.
[43] 黄树红，李建兰. 发电设备状态检修与诊断方法[M]. 北京：中国电力出版社. 2008.
[44] 杨建刚. 旋转机械振动分析与工程应用[M]. 北京：中国电力出版社. 2007.
[45] 张磊，廉根宽. 电站锅炉四管泄漏分析与治理[M]. 北京：中国水利水电出版社. 2009.
[46] 陈江，沙德生. 火电厂设备精密点检及故障诊断案例分析[M]. 北京：中国电力出版社. 2010.
[47] 沙德生. HG1018 四管泄漏治理与防范[J]. 华北电力技术，2014，10.
[48] 沙德生. 电站锅炉四管泄漏分析与应对策略[J]. 中国电业技术，2014，11.
[49] 沙德生. 330MW 机组＃3 瓦轴振不稳定振动消除[J]. 汽轮机技术，2014，10.
[50] 沙德生. 正者有道(管理·人生)[M]. 北京：中国电力出版社，2014，11.